"十二五"职业教育国家规划教材
经全国职业教育教材审定委员会审定

高等职业学校餐饮类专业教材

PENGREN
YUANLIAO

烹饪原料

（第二版）

陈金标 **主编**

中国轻工业出版社

图书在版编目（CIP）数据

烹饪原料 / 陈金标主编. —2版. —北京：中国轻工业
出版社，2020.8

"十二五"职业教育国家规划教材　高等职业学校餐
饮类专业教材

ISBN 978-7-5184-0349-3

Ⅰ.①烹… Ⅱ.①陈… Ⅲ.①烹饪-原料-高等职业教
育-教材 Ⅳ.①TS972.111

中国版本图书馆CIP数据核字（2015）第071634号

责任编辑：史祖福

策划编辑：史祖福　　责任终审：张乃東　　封面设计：锋尚设计
版式设计：锋尚设计　　责任校对：吴大鹏　　责任监印：张　可

出版发行：中国轻工业出版社（北京东长安街6号，邮编：100740）

印　　　刷：河北鑫兆源印刷有限公司

经　　　销：各地新华书店

版　　　次：2020年8月第2版第6次印刷

开　　　本：787×1092　1/16　印张：18.5

字　　　数：411千字

书　　　号：ISBN 978-7-5184-0349-3　定价：39.00元

邮购电话：010-65241695

发行电话：010-85119835　传真：85113293

网　　　址：http://www.chlip.com.cn

Email：club@chlip.com.cn

如发现图书残缺请与我社邮购联系调换

200984J2C206ZBW

前　言（第二版）

2012年12月，教育部发布了《高等职业学校专业教学标准（试行）》，将"烹饪原料"列为旅游大类烹饪工艺与营养专业的核心课程，同时也是西餐工艺专业的基础素能模块课程。事实上，"烹饪原料"课程历来受到重视。30多年前有了高等教育层次的烹饪专业，即有了这门课程。已故烹饪专家聂凤乔主持编撰的《烹饪原料学》（中国商业出版社，1989）是第一部烹饪大专教材。目前，随着餐饮行业日新月异地发展及原料市场层出不穷地变化，如何顺应餐饮行业的需求修订《烹饪原料》教材是摆在编者面前的首要任务。

经过编者多次研讨，梳理出烹饪原料课程培养的职业能力，确定了高职烹饪原料课程的培养目标：让学生掌握从事烹饪生产所必备的烹饪原料基本知识，获得识别、鉴别、合理选择与应用原料的能力，获得自学其他任何原料知识的技能；同时，还制订了烹饪原料课程标准，规范了课程目标、授课内容、教学要求和教学评价。这些工作为教材的合理修订提供了基础保障。新版教材的变化主要表现在：

1. 中高职衔接，突出高职的特色

本教材的使用对象为高职学生，以培养在各类餐饮单位从事生产、经营、管理工作的高素质技能应用型人才为目标。根据餐饮行业的特点，以中、基层管理人员为培养目标是高职烹饪工艺与营养专业的合理定位，依据此定位，在教材内容的选择上突出厨房领班、厨房主管、厨师长等基层管理岗位所需要的原料知识和能力要求。为此，参考中职教材，注意与中职课程内容的衔接和贯通，删除了与中职教材重复的原料知识，如大麦、高粱、燕麦、荞麦、花生、杂豆类、萝卜、大白菜、花椰菜、冬瓜、香菇、海带、竹笋干、雪里蕻、黄花菜、番茄、黑木耳、板栗、核桃和咸肉等，这些内容或变成教材中的课后研究项目，或进入课程拓展资源；在蔬菜、果品、鱼类水产等章节内容增加了部分新原料，结合餐饮业实际开发出新案例分析题及调整了实训项目，让学生积极参与其中，为培养学生拓展和使用新烹饪原料的能力及根据市场行情选用烹饪原料的能力奠定了基础。

2. 结合国家政策及行业变化调整内容

新教材注意收集现代科学技术在烹饪加工方面应用的最新成果，增加了西餐、西点常用原料的烹饪应用规律，如意大利面食及西餐中猪肉、牛肉的应用规律等；增加了卫生部公布的一些新资源食材信息内容，如养殖河豚、种植人参、玛咖等；增加部分烹饪原料的安全知识；删除了与国家法规相悖的原料知识，如冬虫夏草不得作为食品原料等。结合新版《中国食物成分表》及《中国功能食品原料基本成分数据表》，更新了教材中原料的营养数据信息。

3. 课内外结合，多种资源结合，突出能力的培养

第二版教材继续保留前一版教材的特色，章节不变，依然简洁明快、突出能力的培

养。在纸质教材的基础上，配合助教资源；在课内教学的基础上，结合课外调研项目，让学生的手脑都动起来，在前一版教材每章开始的"能力目标"及章末尾的"实训项目"中都有体现，在第二版教材中，将得到进一步调整与强化，从而达到最新专业教学标准中专业核心课程"烹饪原料"的要求。在主教材的基础上，利用课程资源库开发的助学资源和助教资源，包括课程标准、说课课件、电子教案、教学课件、教学方案、部分原料国家标准、图片资源库、测试题及教学经验分享等，利于教师开展富有高职特色的教学活动。

参加本教材编写的主要人员有：无锡商业职业技术学院陈金标、谢强；江苏食品职业技术学院丁玉勇、董道顺；顺德职业技术学院李东文；安徽工商职业学院边昊；无锡金龙凤大酒店张献民等。本书由陈金标担任主编，河北师范大学冯玉珠教授担任主审。

本教材编写得到了教育部餐饮职业教育教学指导委员会的大力支持，无锡商业职业技术学院给予了极大支持，在此谨表谢意！

由于编者水平所限，书中错误、不妥之处在所难免，恳请兄弟院校及读者提出宝贵意见，以便再版时予以修订。

陈金标

2015年3月

目录

CONTENTS

第一章

烹饪原料概述

学习目标

知识目标

- 了解烹饪原料的概念和可食性条件;
- 理解烹饪原料的学名与俗名、烹饪原料的分类方法;
- 掌握烹饪原料课程的学习内容与学习方法;
- 掌握烹饪行业中烹饪原料的检验方法。

能力目标

- 能够根据可食性条件选择烹饪原料;
- 能够利用互联网收集整理烹饪原料知识,解决实际问题;
- 能够在工作中参与野生动植物资源的保护。

第一节　烹饪原料的概念及研究内容

一、烹饪原料的概念

烹饪原料（cooking materials）是指通过烹饪加工可以制作主食、菜肴、面点、小吃等各种食物的可食性原材料,如粮食、蔬菜、果品、畜禽肉、鱼、虾、蟹和调料等。

烹饪原料是烹饪产品加工的物质基础,从采购、贮存、运输,到原料的选择、粗细加工、烹调等每一个环节,都是围绕原料展开的。由此可见,烹饪产品最终质量的优劣,首先取决于原材料质量的优劣。要想烹制出美味可口的食物,保证食物的质量,就必须选择品质佳的烹饪原料。清代袁枚在《随园食单·须知单》中早有论断:"物性不良,虽易牙烹之,亦无味也。"

　　近年来，市场上的烹饪原料除常见的鸡鱼肉蛋外，各种新品种原料、异地特产原料、反季节原料、绿色食品原料、新培育的上市原料、人工合成的调辅料、不常用的新奇原料、国外引进的原料等层出不穷，日益增多，原料的质量规格与档次的差别也日益扩大，但"可食性"是烹饪原料的先决条件。动植物烹饪原料必须同时具备以下五个条件才具有可食性。

（一）必须确保原料的食用安全

　　"民以食为天，食以安为先"。20世纪80年代后期以来，从我国的毒蔬菜、毒大米、"福寿螺"事件至2006年"瘦肉精"中毒、"红心鸭蛋""多宝鱼"等，这些不断发生的食品安全事件不仅严重影响了人们的身体健康，而且严重影响了人们的消费信心，造成了恶劣的社会影响和经济影响。2007年8月，国家集中开展了农产品专项整治，但是农产品质量安全的隐患仍然存在，粮食、蔬菜、水产原料滥用农药、催生素、着色剂、膨松剂、防腐剂等，致使许多动植物原料对人体有害。2008年发生的含三聚氰胺婴幼儿奶粉事件引起党中央、国务院的高度重视，启动了国家重大食品安全事故I级响应。因此，凡是含有毒有害物质且不易去除的原料，都不能用作烹饪原料，如腐败变质的原料、劣质原料、病死动物原料、掺假有害原料、有毒害性原料、被污染的原料等。

特别提示

《中华人民共和国食品安全法》（节选）

（2009年6月1日起施行）

　　第二十八条　禁止生产经营下列食品：

　　（一）用非食品原料生产的食品或者添加食品添加剂以外的化学物质和其他可能危害人体健康物质的食品，或者用回收食品作为原料生产的食品；

　　（二）致病性微生物、农药残留、兽药残留、重金属、污染物质以及其他危害人体健康的物质含量超过食品安全标准限量的食品；

　　（三）营养成分不符合食品安全标准的专供婴幼儿和其他特定人群的主辅食品；

　　（四）腐败变质、油脂酸败、霉变生虫、污秽不洁、混有异物、掺假掺杂或者感官性状异常的食品；

　　（五）病死、毒死或者死因不明的禽、畜、兽、水产动物肉类及其制品；

　　（六）未经动物卫生监督机构检疫或者检疫不合格的肉类，或者未经检验或者检验不合格的肉类制品；

　　（七）被包装材料、容器、运输工具等污染的食品；

　　（八）超过保质期的食品；

　　（九）无标签的预包装食品；

　　（十）国家为防病等特殊需要明令禁止生产经营的食品；

　　（十一）其他不符合食品安全标准或者要求的食品。

（二）必须具有营养价值

作为烹饪利用的原料，必须具有一定的营养价值，即含有一定的营养素。烹饪原料中所含营养物质含量的高低是决定烹饪原料食用价值的一个非常重要的方面。不同的原料品种各类营养素的组成和比例差别很大，通过品种和数量的选择可以使原料之间的营养得以互相补充，从而满足人体的正常需要，达到平衡膳食。少部分允许食用的化学调辅原料（如糖精、人工合成色素、防腐剂等）不含营养素，但要按规定使用。

（三）必须有良好的口感口味

有些原料含有一定量的营养素且对人体无害，但不一定能用于烹饪。有些因组织粗糙无法咀嚼吞咽的原料（如粗劣的老母猪肉、公猪肉），或者因本身污秽不洁、恶臭难闻的原料，将直接影响到烹制出来的菜肴的口感口味。烹饪原料的口感口味越好，其食用价值也越高。

（四）必须遵循法律法规

过去，熊掌、发菜都是名贵的烹饪原料，而今已退出了烹饪舞台。熊早已被列为国家法律保护的珍贵、濒危野生动物；2000年6月，国务院下达了禁止采集、销售发菜的禁令，因为这类原料的使用不仅破坏了自然生态平衡，更危及子孙后代。中国科学院动物所有关人士指出，滥食野生动物有可能对食用者身体造成危害。由于多数被食用的野生动物直接或间接来自野外，有的甚至来自受到化学或生物污染的地方，并且在被食用前都未经过卫生检疫，多数对人体健康有很大威胁，直接拿来食用，可能会对人造成一些疾病传染。基于此，本教材删除了以往烹饪教学中常见的野生畜禽原料知识。

（五）必须杜绝假冒伪劣

添加"吊白块"的粉丝固然不能作为烹饪原料使用，那么对人体无害的假冒伪劣"龙口"粉丝能否作为烹饪原料使用呢？通过鉴别发现，真"龙口"粉丝的丝条匀细、纯净、光亮、洁白晶莹，整齐柔韧，加工时入水即软，清亮透明有弹性，耐煮不烂，食之清嫩、爽滑、耐嚼；而假"龙口"粉丝多以红薯粉、玉米粉等为原料，丝条粗，色泽暗黄，透明度差，加工粗糙，韧性差，煮后泛白，久煮烂锅。用假粉丝代替真"龙口"粉丝，直接的影响就是菜肴的质量无法保证，间接影响的是企业的信誉和消费者的权益，更重要的是假冒伪劣原料严重扰乱市场秩序，许多原料还对人体有害，也一直是工商管理部门打击的对象。因此，即使能够食用的假冒伪劣原料也不宜进入餐饮企业的厨房。

二、烹饪原料学与相关学科的关系

烹饪原料学是随着20世纪80年代高等烹饪教育的建立而发展起来的一门边缘学科。它不仅可为餐饮业烹饪生产加工提供各种原料的物理、化学、生化特性等基础知识，还从营养学、保健学角度，对人们在烹饪中正确选用原料，合理利用烹饪原料的营养，保持健康的饮食生活提供原料方面的知识。因此，烹饪原料学是一门与诸多学科相关联的综合性学科，它涉及农学、营养学、卫生学、食品化学和烹饪工艺学等方面的知识，见图1-1。

（一）烹饪原料学与农学

研究烹饪原料的性状、品质是烹饪原料课程的重要内容。而对于绝大多数由生物得到的烹饪原料，决定其性状和品质的是它的品种、生长环境和培育方法，因此，农学与烹饪原料学有着密切的联系。通过农作物的栽培、畜牧水产的养殖等知识，可以了解影响烹饪原料品质、性状的生产条件方面的因素，同时也对生物生产的育种、农业措施改善、生产环境进步等不断提出指导性要求。

（二）烹饪原料学与营养学、医学

从烹饪原料的使用目的来看，与人体营养学、医学有着非常密切的关系。人体需要的营养素来自原料，对烹饪原料的营养分析和评价，是烹饪原料最重要的内容之一。我国自古就懂得"医食同源"的道理。近年来，随着对医学、免疫学知识的深入研究，从烹饪原料中发现功能性成分，开发药膳烹饪、营养配餐，已经成为重要课题。因此，烹饪原料学与营养学、医学的关系也越来越密切。

图1-1　烹饪原料学与相关学科的联系

（三）烹饪原料学与其他学科

对烹饪原料的品质评价是烹饪原料课程的重要组成部分，它的基础包括化学、生物学、卫生学等学科。当然，烹饪原料是烹饪工艺学的重要基础，是烹饪科学的重要组成部分。例如番茄、胡萝卜等果蔬的加工，就首先离不开对适合加工品种的选择。作为烹饪原料使用的农产品，品质不仅与品种有关，还受栽培管理、施肥、灌溉等条件影响，许多原料的营养、风味、贮藏性、加工性还与其采摘时间、成熟度和采后处理方法有关。由于现代烹饪与市场、流通的关系越来越密切，因此，烹饪原料也要涉及经济学、市场学和关于食品流通的法律、法规方面的知识。

烹饪原料实为农业、畜牧业、食品加工业的产品。由于现代农业科学、食品科学、营养学、卫生学、植物学、动物学等学科的发展，对烹饪原料产生了巨大的影响。例如动物工厂化饲养、水产品的网箱人工饲养、大棚蔬菜的普及、转基因动植物的出现等，导致烹饪原料的构成发生巨大的变化，很多原来比较稀有的烹饪原料的产量大幅度上升；冷库的普及对烹饪原料的保存也产生了巨大的影响。食品加工技术的发展，例如冷冻干燥技术、罐头技术、酿造技术等的发展，使现在半成品烹饪原料的性质和质量与传统的半成品烹饪原料相比有了不可同日而语的差异。交通工具的发展，使烹饪原料的运输和各地间原料交流变得非常容易。

三、烹饪原料课程的研究内容与方法

（一）烹饪原料课程的学习内容

烹饪原料课程主要学习和研究烹饪原料的生产流通、形态结构、分类体系、营养卫生、品质检验、贮藏保鲜、烹饪运用规律等内容，见图1-2。其研究内容主要有以下几个方面。

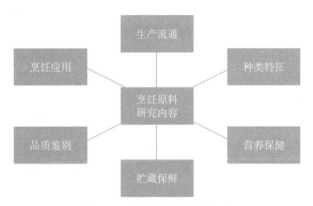

图1-2　烹饪原料的研究内容

1. 原料的生产流通

学习和研究烹饪原料，首先要了解其生产情况，即从原料种植或养殖的角度，对该原料的生产特点进行学习和认识，这也是烹饪原料安全控制的第一关口；同时对原料的消费市场动态和流通概况有一个基本把握，它关系到烹饪原料的保障性和经济性，影响一方民众的生存、生活质量及餐饮生产。

2. 原料的种类特征

原料的种类特征知识是认识原料、鉴别原料的基础。掌握这些知识，有利于餐饮业准确组织优质货源，适时对路。

3. 原料的应用规律

原料的应用规律是烹饪原料的核心部分。掌握某一类或某一种原料在初加工、烹制和调味过程中的一般规律，可以合理地利用烹饪原料，使菜点达到最佳风味效果。

4. 原料的营养保健

营养是食品的一个基本属性，要使食品达到全面、均衡、适度的营养，就必须研究烹饪原料的营养价值，认识对人体有保健功能的原料，只有这样，才能在使用时正确选择和组配烹饪原料，烹制出营养合理的菜点，充分发挥营养保健功能。

5. 原料的品质鉴别

研究烹饪原料品质检验的标准和方法。要求对每一种或每一类烹饪原料的质量要求做出概括性介绍，从而有助于在实际工作中准确地判断原料质量的变化程度，以便准确地判断原料品质的优劣。

6. 原料的贮藏保鲜

研究烹饪原料常用的贮藏保鲜方法及其原理，从而对不同的原料采取相应的保藏措施，

阻止原料质量的劣变，最大限度地延长原料的食用期，减少因腐败变质而造成的浪费。

（二）烹饪原料课程的教学方法

烹饪原料是一门直观性很强的课程，不仅内容丰富，涉及面广，而且课程发展十分迅速，新的原料不断增加，特别是许多原料由于地域性的限制，学生很少或从未见过，文字的叙述不易直观理解和接受。计算机的相关技术，包括各种应用软件、多媒体、网络、数码影像等的不断发展，正日益深刻地影响着社会生活的各个方面，同时也不可避免地对传统的教育观念和教学方法形成了强烈的冲击。烹饪原料课程教学手段的现代化，特别是计算机辅助教学的使用，已成为必然的发展趋势。研究如何将原料课程体系、教学内容和教学手段建立在现代教育技术的平台上，已成为这门课程改革和发展的一个重要方向。

1. 利用多媒体技术进行课堂教学

俗话说"百闻不如一见"，采用直观教学法，可使学生增强感性认识，激发求知欲望，充分调动学习的积极性，这种教学方法正好与原料知识"直观性强"的特点相吻合。通常采用的直观教学法有原料市场参观调查、实物教学、图片投影、音像播放、多媒体技术等。其中多媒体教学法是采用集图片、文字、声音、动画、视频于一体的教学课件，通过移动光标，点取原料，方便灵活，可自由反复进行阅读或讲解，在烹饪专业的众多课程中，原料特别适合多媒体教学，而且任何烹饪原料都可采用多媒体教学。但关键是烹饪原料教学课件的开发，需要通过长时间、多途径地收集烹饪原料素材，建立一套内容丰富、使用方便、易于更新的教学资源素材库，在此基础上，制作多媒体课件、电子版烹饪原料教材、原料专题教学网站及烹饪原料电子标本库等，这样就能在有限的课时内形象生动地将最精华的内容介绍给学生，提高烹饪原料课程教和学的水平，在专业基础课教学中真正实现"素质教育、能力培养、创新精神"的目标，实现教与学、科研与教学相长，实现从传统教学模式向现代教学模式的转变。

2. 利用互联网学习烹饪原料知识

原料知识内容丰富，据不完全统计，中国烹饪原料总数达到万种以上。由于教材、课时所限，不可能详尽介绍每种原料。近年来，互联网以其信息量大、传播速度快、覆盖面广和反馈直接等特点而迅猛发展，已经构成了一个巨大的信息资源库，并为人们快速获取和传递信息提供了重要手段。由于互联网上的信息资源浩如烟海、高度分散且日新月异，要想快速准确地获取对自己有用的信息，如果不经过一段时间的摸索，也并非易事。因此，学会利用互联网获取原料知识，将有助于我们在实际工作中解决烹饪原料营养、卫生、烹饪加工等方面的问题。如通过综合使用互联网上的搜索引擎、虚拟图书馆、电子邮件或专题讨论组等，可获取大量的学习参考资料，包括文本资料和图片等。如果查询某一个专题的内容或某一种原料的资料，只要在搜索引擎的搜索框中输入检索词，即可得到所需资料。输入的检索词越多，检索范围就越小，准确率也越高，但也可能会出现漏检情况。

此外，还必须理论联系实际，重视对原料实物的细致观察，全面分析，发现每一种原料的特点及特性，并在烹饪工艺实践中加以验证与总结；并能总结烹饪原料的共性，找出它们的共同点加以归纳，总结出一般应用规律，促进烹饪技艺的不断提高。

第二节 烹饪原料的命名和分类

一、烹饪原料的命名

由于烹饪原料种类繁多，以及地理、历史、民族、时代和社会行业等各方面的影响，大多数烹饪原料均存在多个名称。以常见的"鳝鱼"为例，见表1-1。

表1-1 　　　　　　　　　　鳝鱼的各种名称及内涵

图例	各种名称	内涵	
	Monopterus albus	拉丁文名称	学名
	rice field eel	英文名称	
	タウナギ	日文名称	
	护子鱼	古代俗称《调鼎集》	俗名
	长鱼	江苏俗称	
	淮鱼	安徽俗称	
	海蛇	黑龙江俗称	
	拱界虫	台湾俗称	
	黄鳝、鳝鱼	动物学名称	
	罗鳝、无鳞公子、蛇鱼	其他俗称	

（中文名称跨多行）

名称上的混乱，不仅对于原料分类和开发利用造成影响，而且对于国内国际的学术交流也会造成困难。尤其是利用互联网搜索某一烹饪原料知识，往往要输入各种名称，才能获取相对全面的信息。

（一）原料的学名

按照国际命名法规的规定，给已知的每一种生物制定了世界统一使用的科学名称，称为"学名"（Scientific name）。每种生物只能有一个正确的学名，不管其来源如何，一律用拉丁文处理，在印刷品中均排斜体，手写时下面划横线。实践证明，一种生物只有一个合法的拉丁文学名，不管哪个国家、使用何种语言，都使用这个相对稳定和统一的学名，不会因为地域和语种的不同而影响交流。又因为目前已没有任何国家用拉丁语作口语，不会由于语言的发展而引起含义上的改变，所以已被各国学者所接受，并已在文献中广泛运用。

中草药学、农学、林学、园艺学、水产养殖学等早已使用拉丁文学名，在烹饪原料中同样提倡使用拉丁文学名，这对于识别原料、利用文献和从事科研工作都是极为有利的，尤其是利用互联网搜索引擎查询某一种烹饪原料的资料时，利用拉丁文学名搜寻是最有效、最准确的方法。

 知识链接

林耐双名法

生物学家很早就对创立世界通用的生物命名法进行了探索，经过200多年的实践，目前国际上已建立了一系列命名法规。如生物种的学名均采用瑞典生物分类学家林耐（Carl von Linne）1753年所创立的双名法。双名法规定，每一种生物的种名都由两个拉丁词构成，即"属名+种加词"，如马铃薯的学名为"*Solanum tuberosum*"，其中"*Solanum*"表示属名，"*tuberosum*"表示种加词。

（二）原料的俗名

除了学名以外，其他无论是何种语言、何种文字的名称均称为"俗名"（Common name）。因此，某种生物不管有多少中文或外文名称，除了拉丁文学名外都是俗名。

加入WTO后，进入中国的外资酒店越来越多，不仅工作语言多为英语，其菜单、原料单也都是英文，所以掌握烹饪原料的英文名称，对于在外资酒店厨房工作的中国厨师极为有利。了解原料的各种中文俗名或地方俗称，对于烹饪原料的采购、使用等有一定的帮助，如江苏两淮地区对黄鳝的加工烹调有独到之处，想要知道黄鳝的加工烹调，利用"长鱼"这一俗称，可查到著名的"长鱼席"菜单及多种黄鳝菜肴的加工烹调技法。

由于许多烹饪原料的中文俗名较多，常常导致一物多名、多物一名等混乱情况。如镇江名菜"白汁鮰鱼"、安徽的"奶汁肥王鱼"、四川的"清蒸江团"，其实所用的原料都是"长吻鮠"，学名*Leiocassis longirostris*；再如山东将带鱼称为"刀鱼"，江苏将刀鲚称为"刀鱼"；民间将石斑鱼属的40多种鱼均称为"石斑鱼"。

有些烹饪原料，单从名称上看，很难知道是什么材料，若望文生义，容易导致错误理解，甚至造成以讹传讹，形成笑话。如西米（不是米，一种淀粉加工制品）、淡菜（不是蔬菜，而是海产贻贝的熟干品）、天鹅蛋（不是天鹅的蛋，而是贝类紫石房蛤）、马蹄（不是马的蹄子，而是荸荠）、虾油、蚝油（两者都不是油，而是鲜味调味品）、鱼肚（不是鱼的胃，而是鱼的沉浮器官——鱼鳔的干制品）。

烹饪原料名称的杂乱对其研究和应用均会造成极大的困扰，需引起我们的注意。

二、烹饪原料的分类

（一）烹饪原料分类的意义

1. 有助于全面深入地认识烹饪原料

通过合理分类，便于了解各类烹饪原料的性能，将研究的对象从每个烹饪原料的个性特征归纳为每类烹饪原料的共性特征。掌握了这类烹饪原料的共性特征，才能深化对烹饪原料的认识，为运输、储存与合理使用烹饪原料创造条件。

2. 有助于科学合理地利用烹饪原料

通过分类，可以运用烹饪原料的内在规律，合理地运用原料，充分发挥原料的性能和特点；也可以根据分类体系编制烹饪原料名录，以进一步调查烹饪原料的资源状况，了解烹饪原料的资源利用情况，开发新的烹饪原料资源。

3. 有利于实现烹饪原料管理的现代化

电子计算机在烹饪原料现代化管理中的广泛应用，为烹饪原料的科学分类、编码及快速处理和存储烹饪原料信息创造了条件，同时对烹饪原料分类和编码提出了更高的要求。一些发达国家在国内外贸易中利用电子计算机和烹饪原料信息系统查询烹饪原料的性能、生产国别、生产经营者、价格、货源量、存放地点等信息，加速了烹饪原料管理现代化的进程。

（二）烹饪原料的分类方法

烹饪原料分类形式众多。按烹饪原料的性质和来源分为植物性原料、动物性原料、矿物性原料、人工合成原料；按加工与否分为鲜活原料、干货原料、复制品原料；按在烹饪中的地位分为主料、配料、调味料；按烹饪原料种类分为粮食、蔬菜、果品、肉类及肉制品、蛋奶、野味、水产品、干货、调味品；按食品资源分为农产原料、畜产原料、水产原料、林产原料、其他原料。我国的营养学家把各种各样的食物分成了五类，包括谷类；蔬菜和水果；鱼、禽、肉、蛋类；奶类和豆类；油脂类，并设计了一个平衡膳食宝塔（详见营养学类书籍）。

在本教材中，参考各种分类形式，结合烹饪原料的商品学特点及其在烹饪中的运用特点，对烹饪原料采用以下的分类体系，见图1-3。

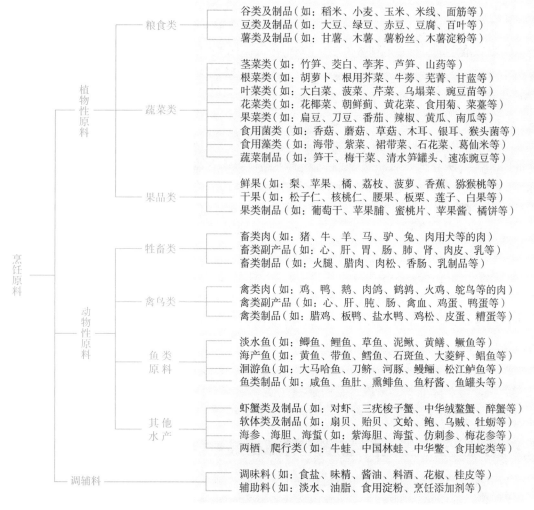

图1-3　烹饪原料的分类

注：本图不含野生的畜禽类原料及使用范围不广的昆虫类、蛛形类、星虫类、沙蚕类原料。

第三节　烹饪原料的标准与品质检验

一、烹饪原料的品质标准

由卫生部制定的2000年6月实施的《餐饮业食品卫生管理办法》第三章第十一条明确指出"餐饮业经营者采购的食品必须符合国家有关卫生标准和规定。"目前，很多农林产品都有权威机构制定的标准，根据我国《标准化法》第六条规定，分为国家标准、行业标准、地方标准、企业标准四级。

（一）国家标准

国家标准由国家标准化管理委员会审批颁布，代号为GB（"国标"二字汉语拼音的第一个字母），为强制性标准，如GB 21044—2007中华鳖、GB 8233—2008芝麻油、GB 4926—2008食品添加剂红曲米（粉）等；代号GB/T的标准为推荐性标准，教材附录一列举了部分烹饪原料的国家标准名单，其中绝大部分是推荐性标准。

（二）行业标准

行业标准由国务院有关行政主管部门制定，并报国务院标准化行政主管部门备案。在公布国家标准之后，该项行业标准即行废止。行业标准的编号由行业标准代号、标准顺序号及年号组成。如：商务部推荐标准SB/T10294—1998腌猪肉；水产行业标准SC/T 3117—2006生食金枪鱼。

（三）地方标准

地方标准由省、自治区、直辖市标准化行政主管部门制定，并报国务院标准化行政主管部门和国务院有关行政主管部门备案。在公布国家标准或者行业标准之后，该项地方标准即行废止。地方标准的编号由地方标准的代号"DB"加上省、自治区、直辖市行政区划代码前两位数，再加斜线、地方标准顺序号及年号组成。如江苏省标准DB 32/T489—2001如皋黄鸡；海南省标准DB 46/T22—2002香蜜杨桃。

（四）企业标准

只要有国家、行业和地方标准，企业都必须执行，没有这些标准或者企业为了产品质量高于这些标准时才可以制定企业标准，作为组织生产的依据。企业的产品标准须报当地主管部门批准才能在企业内部执行。企业标准代号为"Q/×××"（"企"字汉语拼音的第一个字母，×××为能表示企业名称的3个字的汉语拼音的第一个字母）。

2008年，我国参照国际食品法典标准，已制定发布涉及农产品及食品安全的国家标准1800余项、行业标准2900余项，其中强制性国家标准634项。在这些标准中，对各类食品原料要求一般都有感官指标、理化指标和微生物指标等。

二、烹饪原料的品质检验

为了确保原料的质量，烹饪原料在未进入流通或加工前都应根据国家规定的标准或其他执行标准，对原料、辅料、半成品以及成品的品质和卫生质量进行分析、检测，掌握其全面质量，以质定价或进行适宜的加工，这对生产者、经营者、消费者都是极有利的工作。随着科学的进步和生产的发展，检验在质量管理中占有重要的地位，在收购、经营、加工各个环节都应认真执行。

食品质量及卫生状况的好坏，与消费者的健康甚至生命安全息息相关，而烹饪原料是菜点食品质量优劣最重要的物质基础。因此，掌握烹饪原料的品质检验的方法，客观、准确、快速地识别原料品质的优劣，对保证烹饪制品的食用安全性具有十分重要的意义。

（一）烹饪原料品质检验的程序和内容

根据一定的标准，对烹饪原料的品质和卫生质量进行分析、检测的程序一般为：采样、样品制备→感官检验→理化检验→生物学检验，图1-4所示为烹饪原料品质检验的程序。

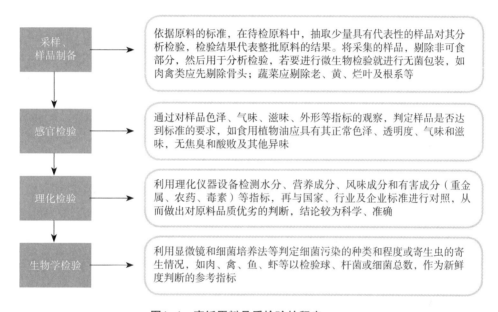

图1-4　烹饪原料品质检验的程序

（二）餐饮业常用的检验方法

餐饮行业中对原料进行品质检验，最常用的就是感官检验法。感官检验是凭借人体自身的感觉器官，即凭借眼、耳、鼻、口和手等，对原料的品质好坏进行判断。在各级食品卫生标准中都有感官指标，就是利用感官检验的方法所取得的。通过对食品感官性状的综合性检查，可以及时地鉴别出食品质量有无异常。感官检验方法直观、手段简便，不需要借助特殊仪器设备、专用的检验场所和专业人员，经验丰富的烹饪技术人员能够察觉理化检验方法所无法鉴别的某些微量变化。感官检验对肉类、水产品、蛋类等动物性原料，更有明显的决定性意义。但感官检验也有它的局限性，它只能凭人的感觉对原料某些特点作粗略的判断，并不能完全反映其内部的本质变化，而且各人的感觉和经验有一定的差别，感官的敏锐程度也有差异，因此检验的结果往往不如理化检验精确可靠。所以对于用感官检验难以作出结论的原料，应借助于理化检验。

理化检验和生物学检验要求相应的理化仪器设备，要求经过培训的专门技术人员，有的方法检测周期较长。一般用在行政监督部分的抽样检验、大型餐饮企业大批量采购时的采购检验中，在居家、饭店零星采购中运用比较少。

三、烹饪原料的卫生管理

烹饪原料的卫生状态关系到食用者的身体健康，甚至是生命安全。因此，加强烹饪原料的卫生管理至关重要。近年来，水污染、化学药品和农药污染等环境问题，使得烹饪原料的安全性问题越来越突出。为此，我国制定了《食品安全法》，其目的也是"为保证食品安全，保障公众身体健康和生命安全"。在相关烹饪原料的国家标准中，几乎每一标准都有关于卫生管理或卫生检验的要求。

HACCP（Hazard Analysis Critical Control Point，危害分析关键控制点）是美国在20世纪60年代实施阿波罗宇宙开发计划时，为了高度保证宇航人员食品绝对安全，提出的食品卫生管理方式。这种方式把过去对最终产品的检验制度，改为对任何有可能发生的不安全因素进行彻底分析，并对所有关键点进行严格控制，使任何危害都不可能发生。由于这种方式的科学、合理和有效性，很快便被世界上许多国家采用。根据HACCP质量管理体系，在对烹饪原料的购入、处理和流通过程危害发生的可能性、产生原因进行分析之后，就需要实施以下工作。

（一）管理过程的关键控制点的确立

原料的栽培、收获过程可能产生污染或变质的环节，如农户施化肥和农药对原料品质的影响；原料供货、流通中各环节可能造成危害的点。例如，果实的采摘时间、预冷温度、时间、贮藏库温度、运输中保管处置等；收货时检查验收各环节可能造成危害的点。

（二）确定管理指标监测方法

对以上确定的可能产生危害的关键点，建立管理评价标准，并进行有效监控。例如，对某些水果规定收获前的农药使用要求，采摘时期、预冷温度和时间，贮藏库保管温度等；不仅要有要求，还要有检测报警系统和记录。

（三）健全卫生管理系统

健全卫生管理系统包括建立管理机构和严格周密的管理制度。按照HACCP方式七原则，对烹饪原料卫生管理除了要确立危害关键点，确定管理指标和监测方法外，还要有效地对这些环节进行落实。即不但及时发现问题，还要不断地解决问题。

第四节　烹饪原料资源的开发与保护

人类的食物几乎完全取自于生物资源，特别是由野生种驯化培育而成的家畜家禽、水果以及其他经济植物。据有关学者估算，地球上物种数大约有1亿。然而，到目前为止，我们已知生物种类只有140万种，还有更多的生物种类等待我们去认识与开发。可是，就在我们认识这些物种之前，有的已经消失了。因此必须科学合理地利用烹饪原料。

一、烹饪原料资源的开发利用

由于世界人口急剧增长，传统食品资源已逐渐不能满足需求，迫切需要开发各种有前景的食品新资源。

（一）生物原料的开发利用潜力

我国是地球上生物多样性最丰富的国家之一，有高等植物3万多种，脊椎动物6300多种，分别约占世界总数的10%和14%；药用植物有11000多种；家养动物有1900多个品种和类群。许多生物类群具有丰富的种类资源，可作为烹饪原料使用，具有很大的开发利用潜力。

植物性食物的利用还有待开发。如人类利用最多的、年总产量超过1000万吨的主要粮食农作物只有7种，即小麦、水稻、玉米、大麦、马铃薯、甘薯和木薯；我国已报道的食用菌有981种，仅云南省境内已发现850种食用菌，约占全国已发现食用菌种类的85.7%。但是，目前人工栽培的食用菌仅60余种，形成大规模商业性产业化生产的仅20种左右；已报道的可食用的野菜有400余种，目前已开发利用的仅占蕴藏量的3%左右；豆科植物约有1万种，是植物世界最大的蛋白质来源，我们利用的仅仅是其中的大豆、花生等少数几种。人类进一步开发利用植物，有助于解决世界粮食问题。

动物性食物的开发利用前景也十分广阔。全世界95%的畜禽产品肉、奶、蛋来自于猪、牛、羊、鸡、鸭5种动物；全世界已经记载的鱼类共有24618种，占脊椎动物的一半以上，但目前人类利用的只有500多种。新资源开发利用方面有蛇、蝎子、蜗牛、牛蛙、蝉的幼虫等。昆虫也是一种食物，某些食用昆虫含有许多人体必需氨基酸，是优质动物蛋白质来源。如利用蚕蛹制备蚕蛹复合氨基酸；蚂蚁体内微量元素硒和锌含量较高，还含有高能磷酸化合物、草体蚁醛及蚁酸等，因而蚂蚁作食用具有双向免疫调节和明显的抗衰老作用。目前，我国可供食用的昆虫就有370多种，这方面的研究工作也亟须加强。

以微生物菌体制作人类新型的食品材料也已经引起人们的关注。自然界微生物资源十分丰富，酵母、真菌、微型球藻以及其他微生物，含蛋白质50%～70%，营养价值较高，是几乎原封未动的"蛋白质仓库"，能够生产出多种自然界资源十分匮乏的食品新材料。

此外，沿海各省市的海洋资源特别丰富，各种海产品的生理活性物质、海洋动植物原料的进一步合理开发，具有良好的前景。

（二）生物原料的开发利用方法

1. 野生驯化

对野生动植物原料的人工栽培和养殖，从古至今已取得很大的成功。在距今七八千年前，人类已学会了种植粟、稷、黍、籼稻等粮食以及白菜、芥菜、芋、薯等蔬菜，驯养猪、牛、羊、马、犬、鸡等畜禽。目前，我国许多地方开展了野猪、香猪、野兔、马鹿、海狸鼠、竹鼠等特畜及野鸡、褐马鸡、红腹锦鸡、野鸭、鹧鸪、大雁、孔雀等特禽的驯养。对野生动植物原料的驯化已成为人类开发食物资源的重要途径之一。

2. 外域引进

古今中外交流中，我国从国外引进了许多烹饪原料，如经汉代"丝绸之路"引进的有胡瓜、胡豆、胡桃、蒲桃和大蒜等；经越南传入中国的有薏米、甘蔗、芭蕉和胡椒等；从欧洲和中亚引进的有莴苣、菠菜、无花果、椰枣、芦笋、甘蓝、洋葱和中南半岛产的苦瓜等；由印度引进了丝瓜、茄子、马铃薯和番茄等；从南洋群岛引进了甘薯、玉米、花生和倭瓜（南瓜）等。近年来，从外国引进的蔬菜有根用芹菜、美洲防风、朝鲜蓟、苦叶生菜、网纹甜瓜等数十种；果品有红毛丹、夏威夷果、腰果等；畜禽类中引进了火鸡、珍珠鸡等；两栖爬行类中引进了牛蛙等；鱼类中引进了非洲鲫鱼、加州鲈鱼、革胡子鲶等；虾蟹贝类中引进了罗氏沼虾、绿壳贻贝等。此外，还有西餐的奶制品，美国的甜玉米、小麦，日本的日式豆腐，东南亚的咖喱等。

3. 良种选育

长期以来，人类致力于对已经运用的烹饪原料进行品种改良，积累了丰富的经验，造就了许多优良品种。特别是在20世纪中期以后，生物遗传育种技术的发展与运用，使高产质优的烹饪原料品种更加丰富，常见的小麦、稻、甘蓝、白菜、猪、牛、羊、鸡、鸭和鹅等都有成百上千个优良品种。仅以稻为例，我国已收集到的地方品种达3500余种。

4. 再制加工

通过加工，不仅丰富了烹饪原料的种类，而且提高了原料的贮藏性能，改善了原料的风味特点。加工制品分为粮食制品、蔬菜制品、果品制品、肉制品、蛋制品、奶制品、水产制品等。如内酯豆腐、面筋、粉丝、中式火腿、松花蛋肠、冰鲜海参、即食鱼翅等。

5. 淘汰与替代

随着原料种类的不断丰富、产量和质量的不断提高，一些过去运用的原料已被逐渐淘汰或极少应用。如因为资源减少不再运用的有熊掌、豹胎、单峰驼的驼峰、麋鹿、野马、锦鸡等；因为质量较差而被质优的原料代替的有先秦时的粮食菰米、沙蓬米、稗、麻籽（被小麦和稻替代）和先秦时的藿（大豆叶）、葵（被品质好的蔬菜替代）；科技的发展引起的替代，如现代的醋代替了古代的梅汁，蔗糖代替了蜂蜜，植物油取代了动物油的主要地位。

 知识链接

太空蔬菜

太空蔬菜是将普通蔬菜种子搭载于航天卫星，经过太空失重、辐射、缺氧等特殊环境变化，内部DNA的遗传链产生突变，返回地面后，经农业专家多年培育而成。自1999年11月21日我国成功发射的"神舟"号飞船搭载十余种植物种子飞越太空，目前已培育出的太空蔬菜有太空苦瓜、太空黄瓜、太空青椒、太空西红柿、太空茄子、太空南瓜、太空大豆等。

太空蔬菜种植过程中，有很强的抗旱和预防病毒入侵的能力，不需要加农药喷洒，耐高温，产量高，耐运输储藏，其所含的维生素及各种微量元素都高于普通蔬菜，比普通蔬菜更加美味可口。如太空紫红薯赖氨酸、铜、锰、钾、锌的含量高于一般红薯3~8倍，尤其是碘、硒的含量比普通红薯高20倍以上，生食味甜，水分足，熟食集香、软、甜于一体，色、香、味俱佳，是城市居民、宾馆、饭店的上等保健食材。

二、烹饪原料资源的保护

在人类居住的地球上，不仅动植物，而且农作物的品种也在日益减少。古代先农们种植过多达数千种的农作物，而只有大约150种被广泛种植，成为人们主要的食物来源。其中，玉米、小麦、水稻约占60%，而大多数其他农作物品种已处于灭绝的边缘。

据统计，自16世纪以来，地球上就已灭绝了哺乳动物150余种，鸟类150余种，两栖爬行动物80余种。这些生物个体较大，更引人注目一些，至于灭绝的植物和个体微小的生物究竟有多少，恐怕难以统计。还有许多本来资源较丰富的烹饪原料，由于人类无节制地利用，超过了自然再生能力，导致资源濒临枯竭。

20世纪六七十年代我国"四大经济海产"中大黄鱼和小黄鱼现已产量锐减；民间所说的"长江三鲜"（图1-5）中的鲥鱼在长江已绝迹，刀鱼和河豚鱼濒临绝迹；云南高原滇池特产的两种螺蛳，它们的肉和雄螺生殖腺（俗称"螺黄"）味道鲜美，经济价值高，近年来，由于湖水严重污染和过度捕捞而濒于灭绝；而米虾属中葛氏米虾、喻氏米虾和滇池米虾原来产量都很高，是当地人民食用的经济虾类，但近年来均已绝迹。

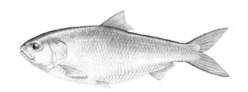

（1）鲥鱼

（2）刀鱼

（3）河豚鱼

图1-5　长江三鲜

由于绝大多数脊椎动物的肉、卵可食，毛皮可衣，并且其中许多种具有很高的药用价值，所以它们历来是人类捕杀的对象。过去北大荒（东北的沼泽湿地）上"棒打狍子瓢舀鱼，野鸡飞到饭锅里"的情景已随着大规模的农垦而消逝。中国在历史上是多虎的国家，虎在许多文学著作中常被生动地描述，但如今不仅在昔日的景阳冈，就是在整个华北、西北和西南都已失去了虎的踪迹。我们祖先生活中不可缺少的许多大型草食兽类，如麋鹿早已从野外灭绝，野生的马鹿、梅花鹿也已从许多地方绝迹。其他因食用价值而受威胁的物种还有穿山甲、果子狸、雉类、龟鳖、大鲵、蛙类、蛇类、鲨鱼（翅）、燕（窝）等，因药用而受到严重威胁的种类如虎、豹（骨）、熊（胆）、麝（香）、鹿（茸）、羚羊（角）、黑叶猴、大壁虎等。

一些野生食用和药用菌，由于过度采收造成资源日益枯竭的状况也较严重。例如冬虫夏草，仅分布在中国青藏高原高海拔地区，20世纪50年代前后年产在20000kg以上，国际贸易额居世界第一位，由于过度挖采，并破坏生态环境，使产冬虫夏草的蝙蝠蛾属昆虫数量急剧下降，产量也逐年下降，且真品少，掺杂不少霍克斯虫草或其他虫草。"口蘑"为著名草原野生食用菌，分布于河北北部、东北西部和内蒙等地，曾大量出口，近年来，由于过度放牧和乱采滥收，此菌在其分布南界张家口地区已基本不见踪影，在重要产地呼伦贝尔草原，产量也急剧下降，1991年内蒙古"口蘑"几乎没有收成。松茸分布于中国长白山、小兴安岭及西南地区，产品远销日本，近年来由于过量采收，数量日趋减少。药用马勃类真菌，如紫色马勃，主要出产于北方草原，同样也出现了自然资源日益枯竭的现象。

目前全世界濒于灭绝的野生哺乳动物有300余种，鸟类1000余种，两栖爬行动物138种，鱼类193种。因此，对自然资源的保护已成为全球关注的问题，许多国家包括我国已制定了野生动植物保护条例或法规。公布了保护动物名录，建立了野生动物自然保护区，这些都是保护野生动物的重要举措。但是，在饮食行业，违禁将珍稀动物或濒危动物作为烹饪原料使用的情况仍时有发生。烹饪工作者应增强动物保护意识，坚决杜绝捕杀、销售和烹制国家保护动物的行为。

同步练习

一、填空题

1. 烹饪原料是指通过烹饪加工可以制作_____等各种食物的可食性原材料。

2. 人类利用最多的、年总产量超过1000万吨的主要粮食农作物有_____。全世界95%的畜禽产品肉、奶、蛋来自于_____5种动物。

3. 食物原料的可食性内涵包括：必须确保原料的食用安全；必须具有营养价值；必须有良好的口感口味；_____；_____5个方面。

4. 原料的开发利用方法有：野生驯化；_____；外域引进；再制加工和淘汰与替代。

二、单项选择题

1. 江苏宜兴市湖滨百合科技有限公司生产的太湖之参牌"宜兴百合"经中国绿色食品发展中心认证，获得绿色食品标志商标使用权，编号为LB-15-0701100113A，"15"代表（   ）。

    A. 绿标　　　　　B. 产品类别　　　　C. 中国　　　　D. 北京市

2. 检测白砂糖、粉丝、腐竹是否添加"吊白块"（甲醛次硫酸氢钠）的最佳方法是（   ）。

    A. 味觉检验　　　B. 生物检验　　　　C. 理化鉴别　　　D. 视觉检验

3. 下列甘薯的名称中，学名是（   ）。

    A. サツマイモ（日语）

    B. Stüβkartoffel（德语）

    C. Спадкий картофепь（俄语）

    D. *Ipomoea batatas*（拉丁语）

4. 下列原料的标准中，作为国家强制性标准的是（   ）。

    A. GB/T 7652—2006 八角　　　　　　B. SB/T 10054—1992 梨脯

    C. DB32/T 393—2000无锡水蜜桃　　　D. GB 2748—2003鲜蛋卫生

5. 中国居民平衡膳食宝塔（2007年）的第三层原料是（　　　）。

    A. 蔬菜类、水果类　　　　　　　　　B. 奶类及奶制品、大豆类及坚果

    C. 畜禽肉类、鱼虾类、蛋类　　　　　D. 谷类薯类及杂豆、水

6. 2003年在中国爆发的"SARS"（非典型肺炎的一种）被医学界人士认为与食用（　　　）有关。

    A. 穿山甲　　　　　B. 果子狸　　　　　C. 野生蛙类　　　　　D. 野生蛇类

三、多项选择题

1. 依照动植物保护法规，现已不能作为烹饪原料使用的是（　　　）。

    A. 宁夏发菜　　　　　　　　　　　　B. 金丝燕的巢穴

    C. 鱼翅　　　　　　　　　　　　　　D. 野生的中华鳖（甲鱼）

    E. 人工养殖的熊的熊掌

2. 下列不能作为烹饪原料使用的猪肉有（　　　）。

    A. 寄生囊尾蚴的米猪肉　　　　　　　B. 含少量瘦肉精的猪肉

    C. 病死猪肉　　　　　　　　　　　　D. 符合卫生的老母猪肉

    E. 贮藏1周的冷鲜肉

3. 下列原料中可以食用的是（　　　）。

    A. 添加一定数量硝酸钠的腌猪肉

    B. 低浓度甲醛水溶液浸泡过的鱿鱼

    C. 添加一定数量"吊白块"的粉丝、腐竹

    D. 碳酸钠水溶液浸泡过的蹄筋

    E. 添加一定数量激素饲养的黄鳝、甲鱼

4. 经汉代"丝绸之路"引进的原料有（　　　）。

    A. 胡桃　　　　　B. 罗氏沼虾　　　　　C. 非洲鲫鱼

    D. 牛蛙　　　　　E. 蚕豆

5. 通过互联网上的搜索引擎，可以获取的原料资料，包括（　　　）。

    A. 原料的营养保健知识　　　　　　　B. 原料图片

    C. 原料的烹饪应用方法　　　　　　　D. 原料的动画与视频素材

    E. 原料的鉴别与储藏知识

四、简述题

1. 什么是烹饪原料？动植物烹饪原料必须同时具备哪些条件才具有可食性？

2. 对烹饪原料分类有何意义？

3. 烹饪原料品质检验的依据和标准是什么？

4. 餐饮业如何利用HACCP管理方式保障烹饪原料的安全？

五、案例分析题

搜查百家餐馆 缴获十余种野生动物

2014年4月22日，贵州省江口县林业局联合县工商部门、梵净山管理局森林公安分局，在全县展开为期3天的清理违法经营野生动物专项行动。专项行动收缴五步蛇、野猫、锦鸡等十余种野生动物。

行动当日，相关部门从梵净山入口处盘溪开始，沿路对各类经营餐饮的店面进行地毯式清理检查。3天的行动里，多部门从梵净山景区沿路至江口县城，对100余家各类餐饮店面、餐饮点进行检查，查获了一批违法经营野生动物及其制品的餐饮店面，并没收了违法经营的野生动物及其制品。

据统计，此次行动查获的野生动物包括五步蛇、野猫、锦鸡等十余种，重达100多千克。24日，相关部门将查获的野生动物死体及其制品完全焚毁。而竹鸡、杂蛇等活体野生动物，工作人员则驱车前往双江镇小龙坳山林中，将其放归大自然。

请根据以上案例，分析以下问题：

1. 为什么不受国家或地方保护的野生五步蛇、野猫、锦鸡等不能在餐馆当烹饪原料使用？

2. 中餐文化的"猎奇"心理和"食补"观念是滥食野生动物的重要原因，试分析滥吃野生动物对人体及环境带来的潜在危害。

实训项目

项目一 地理标志产品、绿色食品原料调查

实训目的

了解地理标志产品及绿色食品的概念、意义，掌握本省的地理标志产品原料及绿色食品原料。

实训内容

1. 知识准备

所谓"地理标志产品"，是指产自特定地域，所具有的质量、声誉或其他特性本质上取决于该产地的自然因素和人文因素，经审核批准以地理名称进行命名的产品。地理标志产品包括：①来自本地区的种植、养殖产品；②原材料全部来自本地区或部分来自其他地区，并在本地区按照特定工艺生产和加工的产品。2005年7月15日起实施《地理标志产品保护规定》，对于更好地保护特产动植物原料资源和声誉，增强市场竞争力具有十分重要的意义。

"绿色食品"是指按特定生产方式生产，并经国家有关的专门机构认定，准许使用

绿色食品标志的无污染、无公害、安全、优质、营养型的食品。1990年5月，农业部正式规定了绿色食品的名称、标准及标志。对于广大消费者而言，在终端销售环节购买这些食品的时候，是无法凭肉眼鉴别出它们是否是真正的"绿色食品"的。因此，学会解读绿色食品的"身份证"十分重要。

2. 网络调查

利用课外时间通过网络调查本省、本市地理标志产品原料及绿色食品情况，网站有：http://www.npgi.com.cn（国家地理标志网）；http://www.greenfood.moa.gov.cn（中国绿色食品发展中心）。

实训要求

1. 学生分工完成"地理标志产品（或绿色食品）原料情况调查表"，样表如下：

表 ＿＿＿×× 省＿＿＿ 地理标志产品原料情况调查表

分工	地域	原料名称	产地	特点	备注
学生A	粮食类				
学生B	蔬菜类				
学生C	水果类				
……	……				

2. 根据烹饪原料的学习内容，以"地理标志产品（或绿色食品）原料——××"为题，介绍某一种烹饪原料。

项目二 有毒、有害烹饪原料调查

实训目的

通过掷出窗外网（http://www.zccw.info）在线数据库了解中国食品安全的状况，认识有害烹饪原料的成因。

实训内容

1. 知识准备

"掷出窗外网"是一个有毒食品警告网站，一个让中国百姓了解食品安全的网站，一个食品安全问题新闻资料库，类似于"有毒食品维基百科"。网站由复旦大学的研究生吴恒联合33名网络志愿者，梳理了2004年至今全国各地的有毒有害食品记录的新闻报道，共查阅17268篇报道，约1000万字，筛选出有明确来源、有受害者的2107篇，制作2849条记录，创建了《中国食品安全问题新闻资料库》，撰写了《中国食品安全状况调查》，反映当下中国食品安全危机的总体状况。

2011年6月17日，发布资料库及调查报告的官方网站"掷出窗外"正式上线并提供查询。掷出窗外包含三部分内容：调查报告、写调查报告的感想和在线数据库。有害食品参考了《食品安全法》分为造假、过期、添加剂、混有异物、包装材料有问题、无证经营、产品不合格、检疫不合格、卫生不达标、其他10种。吴恒总结出中国的食品安全问题有几个特点：涉及面特别广、违法手段特别狡猾、危害特别巨大、查处特别困难。

2. 网络调查

课外时间利用掷出窗外网调查某一类或某一种烹饪原料的新闻报道。

实训要求

1. 根据本章烹饪原料的分类，学生按粮食、蔬菜、果品等进行分组，每组学生个人完成某一种有毒有害烹饪原料的新闻调查。

2. 根据调查，总结某一种有毒有害烹饪原料的成因及对人体的危害。

建议浏览网站及阅读书刊

[1] http://www.mctssc.com（名厨特色食材网）

[2] http://shicai.soyuli.com（食材网）

[3] http://www.tsscw.cn（特色食材网）

[4] 俞为洁. 中国饮食文化专题史：中国食料史. 上海：上海古籍出版社，2011.

[5] [荷]路基·韦尔，[英]吉尔·考克斯. 食材. 沈阳：辽宁科学技术出版社，2011.

[6] 李朝霞. 中国食材辞典. 太原：山西科学技术出版社，2012.

[7] 柴可夫，马纲. 中国食材考. 北京：中国中医药出版社，2013.

[8] 蔡澜. 菜篮：蔡澜食材全书. 广州：广东旅游出版社，2014.

参考文献

[1] 蒋爱民，赵丽芹. 食品原料学. 南京：东南大学出版社，2007.

[2] 汪浩明. 食品检验技术（感官评价部分）. 北京：中国轻工业出版社，2007.

[3] 张丽兵. 国际植物命名法规（维也纳法规）中文版. 北京：科学出版社，2007.

[4] 卜文俊，郑乐怡. 国际动物命名法规（第四版）. 北京：科学出版社，2007.

[5] 陈辉. 食品原料与资源学. 北京：中国轻工业出版社，2007.

[6] 李里特. 食品原料学. 第二版. 北京：中国农业出版社，2011.

[7] 胡爱军，郑捷. 食品原料手册. 北京：化学工业出版社，2012.

第二章

粮食原料

学习目标

知识目标

- 了解粮食的分类、结构、营养与烹饪应用规律；
- 掌握谷类、豆类、薯类、粮食制品的典型品种及烹饪应用；
- 掌握粮食类原料的品质检验与保藏方法。

能力目标

- 能识别和利用各种杂粮；
- 能鉴别大米及面粉的质量。

第一节　粮食原料概述

一、粮食原料的分类

粮食（Grains）是粮食作物的种子、果实或块根、块茎及其加工产品的通称。联合国粮农组织（FAO）所称"粮食"主要指谷物类，包括稻谷、小麦、粗粮（即玉米、大麦、高粱等）三大类。因此，FAO每年公布的"世界粮食总产量"实际上是世界谷物的总产量。根据中国国家统计局每年公布的粮食总产量指标显示，我国粮食的概念包括谷类、豆类和薯类三大类。

 知识链接

世界粮食日（World Food Day）

根据1979年联合国粮农组织大会决定：每年的10月16日为"世界粮食日"，旨在唤起全世界对发展粮食和农业生产的高度重视。1981年10月16日为首个世界粮食日，此后每年的这个日子世界各国政府都要围绕发展粮食和农业生产开展各种纪念活动。

2013年10月16日是第33个世界粮食日，主题是"人们的健康依赖健康食品体系"。中国各地近3000万志愿者参加国家粮食局倡议的24小时饥饿体验活动，提醒我们"丰年不忘灾年，增产不忘节约，消费不能浪费"。2013年由一群热心公益的人发起的"光盘行动"，倡导厉行节约，反对舌尖上的浪费，带动大家珍惜粮食、吃光盘子中的食物，得到从政府到民众的支持。

（一）谷类

谷类也称粮食，以收获成熟果实为目的，经去壳、碾磨等加工程序而成为人类基本食粮的一类作物原料。谷类为食物中热量的主要来源，且因易于种植、运输和贮存，是历史上最早驯化、当前栽培面积最大的作物。我国早在春秋战国时期已有"五谷（稻、黍、麦、菽、粟）为养"之说。

（二）豆类

豆类是指豆科植物中以收获成熟籽粒为目的可供食用的种类。我国是栽培豆类最丰富的国家之一。由于我国对豆类的食用习惯和在粮食流通体制中的位置，一般将大豆算作谷类，而花生算作干果或油料，其他则统称为食用豆类。

（三）薯类

薯类是指以收获富含淀粉和其他多糖类物质的膨大块根、球茎或块茎为目的的一类作物原料。薯类在植物分类上隶属于不同的科，如茄科的马铃薯，旋花科的甘薯，大戟科的木薯，薯蓣科的山药、大薯，天南星科的芋、紫芋、魔芋，菊科的菊芋，豆科的豆薯，美人蕉科的蕉藕等。

（四）粮食制品

粮食制品是以谷、豆、薯类为原料经过进一步的加工得到的成品或半成品。如谷制品：米线、锅巴、通心粉、面筋等；豆制品：豆腐、百叶、腐竹，豆干等；薯类制品主要是淀粉及以淀粉为原料生产的粉丝、粉条等。

二、粮食的结构和营养特点

（一）粮食的组织结构

谷类除玉米外，谷粒外都由稃包裹，除稃后的谷粒就是谷类的可食部分。各种谷类种子形态大小不一，但其结构基本相似，由谷皮、糊粉层、胚乳、胚4个主要部分组成（见图2-1）。谷皮是谷粒的外壳，由多层坚实的角质化细胞构成，对胚和胚乳起保护作用，对于谷物的贮藏具有重要意义；糊粉层位于谷皮与胚乳之间，碾磨加工时易脱落，故加工精度越高，营养物质的损失也越大；胚乳位于谷粒的中部，占谷粒重量的83%～87%，是谷类的主要可食部分；胚位于谷粒的下端，是种子发芽生根的生命中枢。

谷类中的玉米胚部最大，几乎占整个籽粒体积的1/3，占籽粒重量的8%～15%，胚部营养丰富，含有30%以上的蛋白质和较多的可溶性糖，生理活性旺盛，吸湿性强，脂肪含

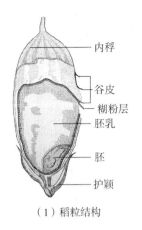

（1）稻粒结构

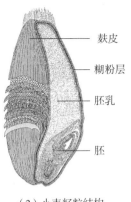

（2）小麦籽粒结构

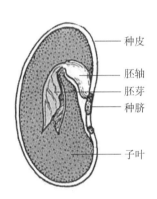

（3）玉米籽粒结构

图2-1 谷类粮食结构

量高，易酸败，酸败也首先从胚部开始，微生物附着量较大，在贮藏期间胚部甚易遭受虫霉侵害，故玉米胚部极易发霉。

豆类的果实为荚果。一些豆类在青嫩时连同荚都可以食用，但在成熟后可食部分为荚内的种子。豆类种子的结构基本相似，主要由种皮和胚构成，见图2-2。种皮是种子最外层的覆被部分，具有保护胚的作用。豆类种皮有多种颜色，黄豆、青豆、黑豆、红豆、绿豆等豆类作物名称就是依据种皮颜色所命名。胚由子叶、胚芽、胚轴和胚根四部分构成。子叶（即豆瓣）肥厚，贮藏大量的营养物质，是豆类的可食部主体。子叶部约占种子的90%，子叶的外侧为表皮和薄膜组织，内部便是蛋白、脂肪和淀粉颗粒组成的子叶主体。

图2-2 豆类种子结构

薯类结构如图2-6所示。

（二）粮食的营养特点

无论从人的营养需求构成，还是从人类饮食历史来看，粮食都是人类获取营养最主要的食物。我国居民膳食中70%～80%的热量和50%左右的蛋白质是由谷物类提供的。随着对谷物营养研究的深入，还发现许多谷类食物含有除三大营养素之外的许多其他维生素、矿物质和功能性生物活性物质成分。

豆类籽粒中蛋白质含量高达20%～30%以上，比禾谷类高1～3倍，比薯类高9～14倍，且赖氨酸含量丰富，正好与谷类蛋白的组成互补。据FAO资料，在全世界，豆类供人类食用的植物蛋白，占全部食用蛋白质的22%。除高蛋白质、高脂肪的大豆外，其他的食用豆类以碳水化合物含量高为特征，其含量基本在50%以上，且多为淀粉，而脂质含量只有2%左右。

薯类作物的地下根茎膨大，由薄壁细胞所组成，以贮存淀粉为主，包括2%左右的蛋白质和一些维生素。

三、粮食的应用特点

谷类无论从味道、食用形态，还是从营养成分来看，都适宜作主食，如各种米饭、粥、面条、馒头等，而且三餐不厌，还可制作各式糕点小吃，如各类花式点心、元宵、粽子、麻花、河粉、锅巴菜肴、面筋菜肴等。

食用豆类历来被中国人视为"珍贵的粮食"，其烹饪利用包括6个方面：利用成熟的干种子作粮食，或加工为多种食品和副食，如粉丝、粉皮、凉粉，以及糕点、饼馅、饮料等；利用绿色成熟的和未成熟的种子作为蔬菜鲜食或制成罐头、冷冻制品，如以豌豆、蚕豆、菜豆、鹰嘴豆、利马豆等加工制成的各种罐头，嫩豌豆、嫩蚕豆等冷冻贮藏；以绿豆、豌豆或蚕豆制作的粉丝更是大众化的副食品；利用未成熟的嫩豆荚或嫩茎叶作蔬菜，如豌豆苗；利用发芽的种子，如黄豆芽、绿豆芽、蚕豆芽、豌豆芽、小扁豆芽；利用豆类发酵产品，如酱油、豆豉、豆瓣酱、酿酒等；提取种子的蛋白质再进一步加工制成植物肉和植物奶利用。

第二节　粮食的品种及烹饪应用

一、谷类

常见的谷类有稻米、小麦、玉米、大麦、燕麦、黑麦、粟、黍、高粱、薏米等禾本科植物的种子。蓼科的荞麦、藜科的藜谷以及苋科的苋谷等，因其用途与禾本科粮食作物相似，通常也归入谷类作物，或名为假谷类。这里主要介绍稻米、小麦和玉米。

（一）稻米

稻谷（*Oryza sativa* L.）是世界上最重要的粮食作物之一，全世界约一半以上的人口以大米为主食。稻米是单位面积可以生产最多的碳水化合物、热量的主食作物。我国是稻的发源地之一，种植水稻已有7000多年历史，稻产量和种植面积均居世界第一位，总产量占世界30%左右。我国稻产区主要集中在长江流域和珠江流域。

（1）品种特征　从碾磨和加工方式上分为蒸谷米、糙米、半精白米、精白米、发芽米、营养强化米、即食米等，见图2-3。这些米的营养成分、色泽和蒸煮时间不同。如蒸谷米（Parboiled rice）具有营养价值高、出油率高、出饭率高、贮存期长、蒸煮时间短等特点，在欧美、中东、印度等区以健康米、绿色米著称，非常畅销，因此全世界每年有1/5的稻谷加工成蒸谷米。由于蒸谷米渗透了米皮的颜色（所以又称"金色的营养米"），不像一般精白米具有洁白的外观，在中国几乎没有市场。

根据大米的粒长分为：超长米、长粒米、中粒米和短粒米。国际水稻研究所将超长米粒长定为>7.50mm，短粒米<5.50mm。产于印度的巴斯马蒂白香米（Basmati rice）是一种长粒米，此米在烹饪过程中，长度会越变越长，而宽度却不变。根据大米的外皮和研磨物的外层颜色，可分为：白米、红米、黑米等。黑米糠层含花青素，红米糠层含单宁色素。

我国根据稻谷的分类（籼稻、粳稻、糯稻）将大米分为籼米、粳米和糯米。籼米粒一

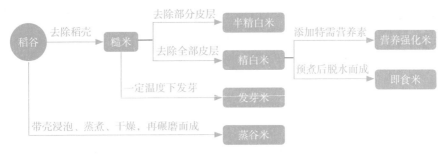

图2-3 不同加工方式的各种米

般呈长椭圆形或细长形，籼米饭口感较硬，米粒松散，符合我国南方地区和东南亚人们的口味；粳米粒一般呈椭圆形，做饭口感较软有黏性；糯米按其粒形分为籼糯米和粳糯米，糯米胚乳内存在着空气间隙，所以胚乳完全不透明。糯米支链淀粉达98%以上，糯米饭黏性大，最为柔软。

此外，还有一些新型特用米，如针对过敏体质人群的"低球蛋白米"；针对肾脏病患者的"低谷蛋白米"；做米饭有强黏性，冷却后不易变硬的"低直链淀粉米"；胚芽是普通米的2～3倍的"巨胚米"；蛋白质大于10.0%的"高蛋白米"等。

知识链接

你认识这些"米"吗?

野米 市场上有一种又长又细又硬、颜色为褐色的冰湖野米，是一种湖泊水草"沼生菰"（Zizania Palustris）的种子。产于美国与加拿大交界处的苏比尔尔湖（全球最大的淡水湖），营养丰富，有"谷物中的鱼子酱"之称。

皂角米 是豆科植物皂荚的种子，主要产于云南和贵州。水中加热能膨胀，具有胶质半透明、香糯润口的特点，是调和人体脏腑功能的珍贵纯天然绿色滋补食材。

竹米 也称竹香米，是竹子的种子。竹子极少开花，竹花过后，才结成竹米，竹林则成片死亡，这是竹子延续后代的方式。古代有凤凰"非梧桐不栖，非竹实不食"之说。

岩米 一种古老的孑遗植物籽，生长在中国-尼泊尔交界的洛子峰上，在山崖涧谷的岩石缝隙内，四周云雾缭绕，故称岩米，气味清香，色泽黄绿半透明，柔软可口有嚼劲。

菌米 又称龙芽米，是一种根茎类植物的根，晒干之后形如大米，清香似淮山，口感有弹性，米中间有条隐隐金线，原产于南美洲安第斯山区，是印加土著居民的主要传统食物，广东罗浮山一带有引种。1980年被用于美国宇航员的航空食品。

（2）烹饪应用 中国、日本和东南亚一带的6个国家以不黏的大米为主食，而用糯米做甜食。利用大米制作饭、粥、糕点、小吃和菜肴。如可蒸、煮成饭或烤制成竹筒饭；可添加各种配料制成盖浇饭、海南鸡饭等；白米饭又可用来制作各色炒饭；加多量水熬煮可形成白粥或多种风味的粥品；制作粽子、烧卖、江米藕、三鲜豆皮等糕点、小吃。糯米煮饭后可制成糍粑、粢饭团等；将籼米、粳米、糯米磨成细粉，按一定比例掺和后，可制成各色各样的糕团点心。

西餐中常用长粒米和中粒米与开胃菜和主菜搭配，而短粒米有小而圆的仁使其在烹制中变得硬实，是做大米布丁的原料。印度做咖喱饭、肉饭、印度尼西亚菜饭用的是长粒非黏性米，日本产的米多为短粒黏米，适合用来做寿司。糙米表面有麦麸，烹调时间大约为白米的2倍。

（3）营养价值　一般大米中含碳水化合物75%左右，蛋白质7%～8%，脂肪1.3%～1.8%，并含有丰富的B族维生素等，加工精度越高，营养损失越大。大米中的碳水化合物主要是淀粉，直链淀粉的含量是影响大米蒸煮食用品质的最主要因素，含量越高，米饭的口感越硬，黏性越低；相反，支链淀粉高的大米饭软黏可口。大米的蛋白质是谷类中较高的一种，生物价比小麦、大麦、小米、玉米等禾谷类作物高，但赖氨酸的含量比较少，是一种半完全蛋白质。稻谷中的脂肪主要集中在米糠中，大米中的脂肪含量很少。维生素B_1和维生素B_2主要在胚和糊粉层中，因此精米的维生素B_1、维生素B_2含量只有糙米的1/3左右。稻米中不含维生素A、维生素D和维生素C。

（二）小麦粉

小麦（*Triticum aestivum* L.）是世界上最重要的粮食作物，适应性强，分布广，用途多，占全世界35%的人口以小麦为主要粮食。中国种植小麦历史悠久，小麦栽培在中国至少有四五千年的历史，从黑龙江到海南几乎全国各地都种植小麦，小麦约占全国粮食总产量的23%，仅次于稻谷居第二位。

（1）品种特征　全世界作为粮食作物栽培的小麦主要是普通系小麦（染色体数42）和硬粒小麦（染色体数28），前者种植面积达90%，而且大部分是面包小麦。硬粒小麦主要有美国的杜隆小麦（Durum wheat）、阿尔及利亚小麦、印度小麦等，种植总面积达10%，其胚乳极硬，蛋白质含量高于普通小麦，不适合做面包，原因是麦谷蛋白含量较高，造成面团弹性、韧性太强，面团膨胀不起来，所以硬粒小麦被大量用来生产不需延伸性太强的意大利系列面食。

我国北方冬小麦蛋白质含量较高，质量较好；南方冬小麦蛋白质和面筋含量较低。由于麦粒的皮层厚且紧实而韧，脱皮较难，同时因麦粒腹沟较深，腹沟中的皮很难碾去。另外，胚乳中的面筋质可使食品形成韧筋、松软等特色，如仅碾去麦粒皮层而不磨成粉，便不能发挥面筋质的这种特殊效用，所以小麦大都磨制成粉供食用，而不制成麦米。

（2）烹饪应用　小麦可直接加工成麦片、麦仁，用以制作麦片粥、麦仁饭、麦仁粥等，或者将小麦先炒熟再磨成粉，以沸水冲泡搅匀而食。小麦也可以作为制淀粉、葡萄糖、白酒、酱油、醋的原料。

小麦的主要用途还是加工成面粉，然后再加工成各类食品。中餐用小麦粉加工成各种中式点心、小吃，如馒头包子类、面条饺子类、烙饼油条类和各种糕点类。西餐根据面筋含量的多少，将小麦粉分为面包粉、蛋糕粉和馅饼粉。面包粉是一种用于烘烤面包、硬餐包以及任何需面筋含量多的食品的高筋面粉；蛋糕粉是一种从软麦中提出来的低筋面粉，柔软光滑，颜色为纯白色，用于做蛋糕以及其他不需太多面筋的精致的烘烤食品；馅饼粉面筋含量介于面包粉与蛋糕粉之间，其奶白色与面包粉类似，但异于蛋糕粉那种纯白。馅饼粉用于做饼干、派、甜面团以及甜饼干和松饼。

（3）营养价值 小麦面粉中主要的营养素是碳水化合物，占73%～78%。蛋白质含量平均在9%～13%，比大米高。一般硬质粒比软质粒含量多，生长在氮肥多的土壤以及干燥少雨地区的含量多。因此，我国生产的小麦蛋白质含量，自南而北随着雨量和相对湿度的递减而逐渐增加。小麦蛋白质所含赖氨酸较少，生物价次于大米，但高于大麦、高粱、小米和玉米等，具有较好的营养价值。小麦中含丰富的维生素B和维生素E，主要分布在胚、糊粉层和皮层中，加工精度越高，营养损失越多。

小麦中的麦胶蛋白（43%）和麦谷蛋白（39%）不溶于水，遇水能相互黏聚在一起形成面筋（gluten），因此也称面筋蛋白，这是小麦粉加工的最大优势。面筋在面团发酵时能形成面筋网络，保持住面团中酵母发酵所产生的气体，而使蒸烤的馒头、面包等食品具有多孔性，松软可口，并有利于消化吸收；同时发酵后，发酵食品中的植酸盐有55%～65%被水解，更有利于钙和锌的吸收和利用。

（4）品质鉴别 学会用视觉和触觉来分辨面包粉、蛋糕粉和馅饼粉，这样能消除麻烦，因为总会发生面粉放错位置的情况。面包粉在手指间轻捏时会有细微的粗糙感，如果用手握住的话，手一张开面粉就散开了，其色为奶白色；蛋糕粉手感又滑又舒服，如用手握住，将手张开之后会变成一个团，其色为纯白色；馅饼粉手感类似蛋糕粉，但其奶白色异于面包粉的纯白色。

（三）玉米

玉米（*Zea mays*）别名苞谷、棒子、苞米等，是谷物中单产最高的作物。在世界谷类作物中，玉米是分布最广泛的粮食作物之一，种植面积和总产量仅次于小麦、水稻而居第三位，玉米是美国最重要的粮食作物，产量约占世界产量的一半，其中约2/5外销。中国的玉米栽培面积和总产量均居世界第二位。目前全国各地都有种植，尤以东北、华北和西南各省较多。

（1）品种特征 玉米根据其形态特征分为硬粒型、马齿型、爆裂型（专做爆米花）、糯质型、甜质型等，见图2-4。

其中硬粒型籽粒品味好，主要作粮食用，是我国栽培较多的类型；马齿型产量高，但食感较差，是世界上及我国栽培最多的一种类型，适宜制造淀粉或作饲料；糯质型和甜质型常作嫩玉米鲜食。

根据玉米粒色和粒质不同，分为黄玉米、白玉米、糯玉米和杂玉米，以黄、白色者居多。根据品质和功能不同，分为常规玉米和特用玉米，特用玉米有高油玉米、高赖氨酸玉米、高淀粉玉米、笋玉米、紫玉米等，其中高油玉米含油量比普通玉米平均高50%以上；高赖氨酸玉米的胚乳赖氨酸含量与普通玉米相比高达69%。由于特用玉米具有更大的经济价值，国外称之为"高值玉米"。

（2）烹饪应用 玉米是中国北方和西南山区的主要粮食之一。通常将玉米磨成粉或玉米渣供食用，可做成玉米粥、玉米面条、窝窝头、发糕、玉米饼以及面条等主食。玉米粉也可与其他粉类掺合使用，制成主食、面点、小吃等各类食品。煮玉米是城市街头常见的小吃之一。嫩玉米粒可入菜肴做配料，且色泽、口感俱佳。

用玉米粗粉或细粉制成的玉米片是欧美很普遍的早餐，煮熟的甜玉米粒是沙拉常用的材

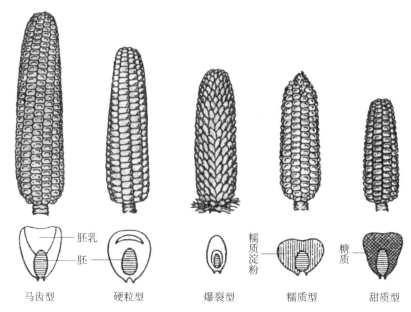

马齿型　　　硬粒型　　　爆裂型　　　糯质型　　　甜质型

图2-4　玉米主要类型及籽粒切面图

料，也可做奶油玉米浓汤、玉米布丁酥、玉米忌廉汤等。在玉米的故乡——墨西哥，常用一种大型的玉米粒和肉类烹调汤类食物pozole，国菜"玉米饼"的年消耗量达到1200万吨之多。

（3）营养价值　玉米含碳水化合物72%左右，每500g玉米可放出热量约1 800kJ，蛋白质含量约为8.5%，略高于大米，而稍低于小麦。玉米中的蛋白质所含赖氨酸和色氨酸较少，是半完全蛋白质。玉米中缺少色氨酸，而且所含维生素B_5为结合型的，不能为人体所吸收利用，故以玉米为主食的地区，人们容易患维生素B_5缺乏的癞皮病。但用碱液处理玉米，维生素B_5便可从结合型转化为游离型而容易被人体所吸收利用，能预防癞皮病。另外，大米、大豆、马铃薯等都含有较多的色氨酸，如果将玉米与这些食物搭配食用，便可以起到互补的作用。玉米含脂肪较多，并且有34%～62%的亚油酸，主要存在于胚部与糊粉层中，所以食用玉米胚芽油有较好的生理功能。黄玉米含有较多的β胡萝卜素，鲜玉米中还含有维生素C，这些在其他谷物中不多见。

（4）注意事项　玉米的贮藏方法有籽粒贮藏和果穗贮藏两种，为防止贮藏中玉米的劣化霉变，最重要的措施是水分管理。一般情况下，玉米的安全水分为12.9%，不能超过14%。

二、豆类

常见的有大豆、花生、蚕豆、豌豆、绿豆、赤豆、豇豆、菜豆、扁豆等，还有许多种植较少，或近年从国外传入的豆种，如四棱豆、木豆、利马豆、鹰嘴豆、黎豆、瓜尔豆等。这里重点介绍大豆和绿豆。

（一）大豆

大豆（*Glycine max*）原产我国，至今已有5000多年的栽培历史，现全国普遍种植，以东北大豆产量最大、质量最优。大豆在我国作为主食的一部分有着丰富的食用形态，而在欧美等国，大豆是一种油料作物。

（1）品种特征　大豆是我国主要的油料与蛋白作物之一，皮色为黄色的大豆产量占豆类总产量的90%以上，所以又称黄豆，其余为杂色大豆，皮色有青、黑、褐、茶或赤等色。食用大豆一般分油用大豆、粮用大豆和菜用大豆3类，见图2-5。粗脂肪含量大于等于16%（干基）的大豆可作为油用大豆；水溶性蛋白含量大于等于30%（干基）的大豆可作为粮用大豆；菜用大豆（又称毛豆）一般要求烹调容易，味道香甜的鲜豆或青豆。东北大豆产地多种植油脂含量较高的油用大豆，南方多种植蛋白质含量较高的食用大豆。

干大豆　　毛豆荚

黄豆芽　　毛豆仁

图2-5　大豆的植株及食用形态

（2）烹饪应用　黄大豆可作菜肴原料，适用多种烹调方法，宜于多种调味，可做多种冷热菜式或做汤做羹，还可制成多种小吃。如将黄豆炒熟，趁热倒入调味汁盖严，待泡胀后供馔，最宜下酒；江浙一带的"油氽黄豆"，油氽后拌盐可作小菜；还有"卤黄豆"（以卤肉汁煮成）、"酱笋豆"之类，可用作冷盘。做热菜时，应注意其不易烂的特点。如配肉类菜时，宜与主料同时下锅，一同炖焖煨焗（如黄豆猪手煲、黄豆炖肉等）；配炒、烩菜时，则可先煮烂或炸酥，再行配用成菜；做汤羹菜，应先将黄豆煨、熬，至汤浓豆烂，再配入主料成菜，如"黄豆榨菜肉丝汤"之类；"黄豆鸭架汤"、"黄豆排骨汤"等，可同时下锅煨熬。黄豆汤汁十分醇浓鲜美，清代《素食说略》即曾指出："黄豆煮汤，豆极烂时，豆别用，汤仍留作各菜之汤，尤为隽永"。是为调制素汤的重要原料之一。黄大豆可磨粉单独食用，北方民间多与其他面粉混合食用，既改善粉质，也增加营养。

在烹饪中利用得较多的还是大豆的加工产品，如豆腐、大豆色拉油、黄豆酱、豆豉、黄豆芽等。

（3）营养保健　大豆主要营养成分是蛋白质和脂肪。蛋白质含量位居植物性食品原料之首，高达40%左右，含有8种人体必需的氨基酸，且组成比较合理，尤其是赖氨酸较高；含20%左右的油脂，是世界上主要的油料作物，全球大约一半的植物油脂来自于大豆，其中不饱和脂肪酸含量高达80%以上，还含有1.3%～3.2%的磷脂。大豆中的碳水化合物含量约为25%，矿物质总含量为4.0%～4.5%，其中的钙含量是大米的40倍，而且其生物利用率与牛奶中的钙相近。大豆中的维生素含量较少，品种不多。

大豆中还有一些重要的微量成分，如大豆异黄酮、大豆皂苷，研究表明：大豆异黄酮对癌症、动脉硬化症、骨质疏松症以及更年期综合征具有预防甚至治愈作用；大豆皂苷具有抗高血压和抗肿瘤等活性。

（4）注意事项　大豆中含有一些能够引起食品营养价值下降、风味变劣甚至对人体有害的抗营养因子，主要有胰蛋白酶抑制素、血细胞凝集素、甲状腺肿素，但受热后可失去活性或钝化其活性，所以加热过的大豆食品，不会对人体造成不良影响。

（二）绿豆

绿豆（*Phaseolusaureus*）又称吉豆，因色绿而得名。原产于亚洲东南部，主要分布在印度、中国、泰国等以及其他东南亚国家。绿豆在印度种植面积最大，约占世界绿豆面积的75%。中国主要集中在黄河和淮河地区。

（1）品种特征　绿豆种子为圆柱形或球形，种皮通常为绿色，也有黄、棕、褐、黑青、蓝等色；按种皮光泽可分为有光泽和无光泽两种。GB/T 10462—2008绿豆国标根据种皮的颜色和光泽，将绿豆分为明绿豆、黄绿豆、灰绿豆、杂绿豆四类。地方名产有安徽明光绿豆、河北宣化绿豆、浙江嘉兴绿豆、山东龙口绿豆和黑龙江杜尔伯特绿豆等。

（2）烹饪应用　绿豆具特有清香，食用品质极好，自古以来便是我国人民餐桌的常食佳品。绿豆入馔多作糕点原料，也可制作菜肴，如"绿豆糕""炒绿豆泥""糯米绿豆丸子""绿豆南瓜汤""绿豆水晶鸡""绿豆肘棒"等。民间习惯于夏日用绿豆煮稀饭食用，或熬制绿豆汤饮用，用于清热解暑。用绿豆做的小吃有福建泉州的著名素馔"绿豆饼"、北京的"豆汁"、开封的"绿豆糊涂"等，绿豆凉粉是中国传统夏令小吃之一。以绿豆淀粉为原料可制成优质粉丝、粉皮、豆沙等传统食材。

（3）营养保健　绿豆营养价值高，含有蛋白质（约24%）、中淀粉（约53%）、低脂肪（约1%），富含多种矿物元素，多种维生素，尤其富含维生素B_1和维生素B_2。绿豆蛋白主要为球蛋白，为近全价蛋白，如与小米共煮粥，则可进一步提高营养价值。绿豆中含有较多的半纤维素、戊聚糖、半乳聚糖，它们不仅有整肠等生理功能，还可以增加绿豆粒制品的黏性。因此，它是优质粉条、凉粉的理想原料。绿豆皮中含有21种无机元素，磷含量最高。另有牡荆素、β谷甾醇等功能性成分。

绿豆芽不仅美味可口，而且具有较高营养价值。绿豆在发芽过程中，酶会促使植酸降解，释放出更多的磷、锌等矿物质，有利于人体充分利用。绿豆在发芽时，所含的胡萝卜素会增加2~3倍，维生素B_2增加2~4倍，叶酸成倍增加，维生素B_{12}增加10倍。

绿豆不仅营养丰富，而且按中医理论还具有消热、解毒的药理作用，被称为"医食同源"的豆类。近年来研究发现，绿豆还具有降血脂、降胆固醇、抗过敏、抗菌、抗肿瘤、增强食欲、保肝护肾等药用功效。

三、薯类

通常甘薯多作粮食食用，木薯主要供食品工业制取淀粉，马铃薯、山药、芋、豆薯等多作菜食用，这里主要介绍马铃薯和甘薯。

（一）马铃薯

马铃薯（*Solanum tuberosum*）别名土豆、洋山芋等。原产于南美洲，约15世纪中期传入中国。马铃薯的可食部分为其块茎，它富含优质淀粉，主要作粮食、蔬菜和饲料，现在我国已成为世界上第一大马铃薯生产国。

（1）种类特征　马铃薯有200多种，按薯块的颜色分为黄肉种和白肉种，皮色有黄、白、红、紫；按形状分为圆形、椭圆、长筒和卵形等；按消费用途分烹调菜用、食品加工用（用于炸薯片、薯条、薯泥）和加工淀粉用（淀粉含量要求大于16%）3类。观察蒸煮熟的马铃薯内部，如果细胞颗粒闪亮光泽，在口中有干面感的称为粉质马铃薯；反之，内部有透明感，食感湿而发黏为黏质马铃薯。

马铃薯的横切面由外及内为周皮、皮层、维管束环、外髓及内髓（见图2-6）。内髓的细胞主要充填有淀粉，鲜薯淀粉颗粒被较厚细胞壁所包裹，以细胞淀粉形式存在，即使蒸煮熟化，只要不强力搅动，糊化了的淀粉还会包裹在原来的细胞中。因此烤（蒸煮）薯不仅给人以干面的口感，而且可以做成如豆沙那样的薯泥产品。

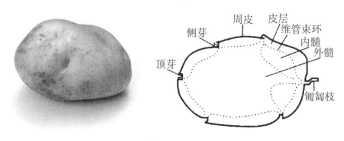

图2-6　马铃薯及块茎结构

（2）烹饪应用　马铃薯由于营养全面、烹煮方便、味道平淡，可与各种调味料、香辛料调和，所以在包括俄罗斯、德国等的北欧及美洲国家，它是深受欢迎的主食。美国等马铃薯主产国鲜薯的70%以上用于加工马铃薯食品，美国人消耗的马铃薯超过其他任何蔬菜，每人每天约食用150g。西餐根据马铃薯淀粉的含量来决定其最佳用途：淀粉含量低的、水分和糖分含量高的品种适于蒸和煮，可做色拉、汤、肉末土豆或需要土豆来做形的其他配料；淀粉含量较高、水分及糖分较低的品种适于烤且最适于做炸薯条，可捣碎烹调，适用于制作土豆泥等对形状不做要求的烹饪。

我国东北、西北及西南高山地区粮菜兼用，华北及江淮流域多作蔬菜应用。鲜食用马铃薯可供切块、丁、片、条、丝应用，也可制泥成菜；可做主料，也可配荤素各料；适于炒、烧、炸、煎、蒸、烤等各种烹调方法；也宜于各种味型。菜式如拔丝土豆、炒土豆丝、葱油土豆泥、土豆烧肉等。

（3）营养保健　马铃薯是能量和维生素C的宝库。鲜块茎水分含量在79.5%左右，碳水化合物17.2%、蛋白质2.0%、脂肪0.2%。糖质几乎都是淀粉，有少量葡萄糖、蔗糖、果糖、戊聚糖、糊精。马铃薯蛋白质虽只有2%左右，但氨基酸组成比较合理，与其他来源的蛋白质比较，更容易被人和动物吸收。马铃薯中含有维生素C、维生素B$_1$、维生素B$_2$、维生素PP等多种维生素，尤其是含有丰富的维生素C，且不易受热破坏，是珍贵的全面营养食品。含钙虽不及甘薯，但含钾与之相当，作为预防高血压食品，受到关注。因其营养丰富、养分平衡，在欧洲被称为第二面包作物。

（4）注意事项　鲜薯中含有易使马铃薯褐变的多酚氧化酶、酪氨酸酶，因此去皮或切断加工时，暴露于空气的切面易发生褐变。加工时可将去皮后的马铃薯用水洗后再泡入水中，能防止褐变。

马铃薯的理想储藏温度为7～10℃。若温度偏高，便可能发芽或腐败，在芽眼或泛绿部位会含有大量有毒的龙葵碱，加工时需削除，或干脆整个丢弃；若温度较低，其新陈代谢会使部分淀粉分解为葡萄糖和果糖，制造薯片很易变成褐色，并产生苦味。

（二）甘薯

甘薯（*Ipomoea batatas*）别名番薯、红薯、山芋、地瓜等。原产于南美北部，明朝万历年间被引入我国，在全国普遍栽种。我国甘薯栽种面积居世界首位，目前，除青藏高原、新疆等少数地区外，其他各省区均有栽培，以黄淮平原、四川、长江中下游平原和东南沿海栽培面积较大。

（1）品种特征　甘薯的结构包括含有花青素的表皮（通称为薯皮）、皮层和内侧可食用的中心柱部分，中心柱中不断分化出大量薄壁细胞并充满淀粉粒，使块根能迅速膨大。甘薯因品种、土壤和栽培条件不同，形成纺锤形、圆筒形、块形等多种形状（见图2-7）；皮色有白、黄、红、紫红等；肉色有白、黄、淡黄、橘红、紫红等。

根据用途不同又可分为生鲜蒸烤用、淀粉用、糕点用等，根据烤熟后薯肉的口感可分为粉质（干面口感型）、中间质和黏质等品种。因水分含量高，直接蒸烤即可食，不像谷类那样需加水才能使淀粉糊化。贮存或蒸煮时，由于酵素能将部分淀粉分解为麦芽糖，使甜味增强，缓慢烘烤让酵素有较多时间发挥作用，甜度便高于用蒸煮、沸煮或微波炉等快速加热的烹煮法。秋季鲜采的甘薯所含酵素活性较弱，因此烹煮后不会那么甜、那么湿润。

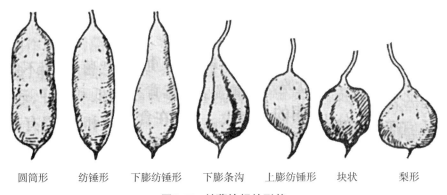

圆筒形　　纺锤形　　下膨纺锤形　　下膨条沟　　上膨纺锤形　　块状　　梨形

图2-7　甘薯块根的形状

（2）烹饪应用　甘薯供馔，可做主食，也可做菜肴、面点、小吃等，适用面十分广泛。鲜薯可代粮充饥，在我国过去被作为救荒作物，烧、烤、蒸、煮、炕、煨是最常见、最可口的食用方法，与马铃薯一样，淀粉以细胞淀粉形式存在，因此，烤（蒸、煮）红薯给人以干面的口感。甘薯可切片（条）、刨丝经干制后贮以供用；也可切成丁、块配米煮制粥、饭；还可干蒸、煮熟后去皮，加工成薯泥，拌入其他粉类制成面条、饼子、馍馍、花卷、发糕，或制成面皮包馅做成各类主食、糕点等。因其味偏甜，常用做甜菜。但因为鲜薯不易长期贮藏，故大量作为食品加工原料，供制粉丝、粉条、淀粉、制糖、酿酒、制醋、制酱等。近几年由于对甘薯健康功能的再认识，甘薯像水果一样成为餐桌佳肴。

甘薯嫩茎俗称"山芋藤"，富含维生素，可供作蔬菜应用，许多地方流行炒食。

（3）营养保健　甘薯块根中含60%～80%的水分、10%～30%的淀粉、5%左右的糖分及少量蛋白质、油脂、纤维素、半纤维素、果胶、矿物质等。以2.5kg鲜薯折成0.5kg粮食计算，新鲜甘薯块根的营养成分除脂肪外，其他比大米和面粉都高，发热量也超过许多粮食作物。甘薯中蛋白质组成与大米相似，其中必需氨基酸的含量高，特别是大米、面粉中比较稀缺的赖氨酸的含量丰富。维生素A、维生素B、维生素C和烟酸的含量都比其他粮食高，钙、磷、铁等无机物较多。甘薯中尤其以胡萝卜素和维生素C的含量最为丰富，这是其他粮食作物极少或几乎不含的营养素，所以甘薯与其他粮食搭配可提高主食的营养价值。此外，甘薯还是一种生理性碱性食品，可调节人体的酸碱平衡。所含的膳食纤维可起到调节肠内菌，防止便秘，预防大肠癌，降低胆固醇的作用。

（4）注意事项　甘薯储藏温度以13～16℃为宜。甘薯受冻会出现"硬心"，若有这种情况，即使经烹煮，硬心依然很硬。

第三节　粮食制品及烹饪应用

一、米面制品

米面制品品种多样，是中国人的主食之一，社会消费量极大。包括米制品和面制品两大类，见图2-8。

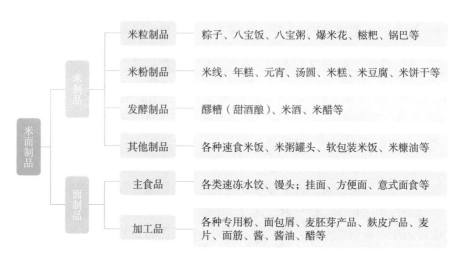

图2-8　米面制品种类

上述米面制品中，有的直接可以食用，有的经过简单烹煮即可食用，有的则是在烹饪中应用的原材料，如米线、面筋、锅巴、面包屑及各种调味品等。

（一）面筋

面筋是将面粉加水揉捏调成面团，再用清水边揉捏边冲洗，洗去面团中淀粉后，得到的一种浅灰色、柔软并富有弹性的胶状物。面筋的主要成分是麦胶蛋白和麦谷蛋白，在蛋白质间隙还有少量的淀粉、脂肪等。

（1）品种特征　面筋在我国南方和北方都有生产。小麦的品种、质地不同，所生产的面筋的质量也就不同。质量好的面筋颜色呈灰白色，质地柔软且富有弹性。刚洗出的面筋称为生面筋。生面筋容易发酵变质，不易贮存，常按不同的加工方法进一步制成水面筋、素肠、烤麸、油面筋、谷朊粉等多种制品，见图2-9。

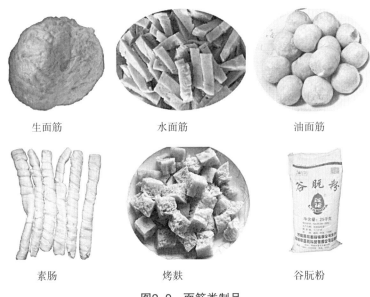

生面筋　　　　　水面筋　　　　　油面筋

素肠　　　　　烤麸　　　　　谷朊粉

图2-9　面筋类制品

水面筋：将生面筋制成块状或条状，用沸水煮熟而成。色灰白、有光泽、富弹性。

素肠：将生面筋捏成扁平长条，缠绕在筷子上，沸水煮熟后抽去筷子，成型后为管状面筋。其色泽、质地同水面筋。

烤麸：大块生面筋盛入容器内，自然发酵成泡后，用高温蒸制成大块饼状，称为烤麸。色橙黄，松软而有弹性，质地多孔，呈海绵状。

油面筋：在生面筋中加入30%的面粉揉搓后，摘成小团块，油炸成金黄色圆球泡状体，称为油面筋，是江苏无锡的传统特产。

谷朊粉：又称活性面筋粉，用生面筋经干燥粉碎可制得谷朊粉，具有黏性、弹性、延伸性、薄膜成型性和吸脂性，是一种优良的面团改良剂，广泛用于面包、面条、方便面的生产中，也可用于肉类制品中作为保水剂。目前国内还把谷朊粉作为一种高效的绿色面粉增筋剂，将其用于高筋粉、面包专用粉的生产，添加量不受限制。谷朊粉还是增加食品中植物蛋白质含量的有效方法。

（2）烹饪应用　面筋在烹饪中主要是制作菜肴，适用于多种烹调方法。面筋本身呈海绵状，不显味，可饱吸汤汁呈味，制作的菜肴口感和风味都很有特色。水面筋可用于制作各式素菜，如素肉丸、素鱼丝等，也可与其他原料配菜，与畜禽原料配菜效果最好；素肠经红烧或卤制可制成素肠菜，如山东的九转素大肠；烤麸制作的菜肴多汁、鲜香，如三鲜烤麸、油焖烤麸、粉蒸素肉等；油面筋可烧、烩、做汤，也可制作填馅菜，如面筋塞肉、虾籽面筋等。

（二）意式面食

意式面食泛指所有源自意大利的由面粉及水、有时会加入鸡蛋制成的面食。在意大利本地，面食被明文规定须采用100%杜隆小麦磨制的粗粒粉（俗称"砂子面"）及煮过的良质水制作，且不论手工或机器制作，都不可添加色素及防腐剂。试验表明，杜隆小麦粗粒中蛋白含量高达14%左右、麦谷蛋白含量较多而碱溶蛋白含量较少，直链淀粉含量多、糊化温度高，这是它特别适合制作意大利面食的重要原因。因此，意大利面食有很高的强度、优良的烹煮特性与口感、光滑透明带玻泊色的诱人外观及良好的回锅特性，备受全世界人民的欢迎。

（1）种类特征　意大利人针对意大利面做法投注了包罗万象的巧思，让意大利面成为今日做法最多样化的西式面食之一。意式面食的形状和大小千奇百怪，令人目不暇接，仅从外形上分辨，面的名称就多达300多种。每一种有不同的做法，因为使用沙司（酱汁）不同或装饰配料不同就产生上千种的意大利面料理。表2-1所示为最常用的形状和使用的建议。

表2-1　　　　　　　　　　　　　意式面食的形状和用途

名称		形状	建议用法
实心面	细条实心面	又细又长又圆的，最平民化	类似意大利面条，适合配橄榄油和海鲜沙司
	细面条	很细	适合配轻盈精致的沙司
	扁的面条	有点像意大利式细面条	类似意大利面条，适合配蛤沙司
	螺纹面条	长型，螺旋状	适合配厚的奶油沙司
通心粉	长通心粉	长而空的，圆管状	尤其是适合配肉沙司
	肘状通心粉	短的，弯曲的通心粉	在色拉里为冰凉的，烤制的
	粗的通心粉	空心，斜切，有时有皱	烤制的，适合配肉沙司和番茄芝士沙司 现做现食，适合配番茄沙司
	短的通心粉	短而空的，切成直的	
	粗皱通心粉	皱起的大管状	
鸡蛋粉	宽粉	宽而平的面，常有叠起的边	加入肉、奶酪或蔬菜馅后一起烤
	螺粉	贝壳状	适合配海鲜或肉沙司，小块的可以用做色拉
	蝴蝶结粉	蝴蝶结状	适合配含有大块肉、肠或蔬菜的沙司
	小面食	空管状的管粉、大米粒状的米粒粉、小星星状的星粉等	可放入汤中，冷的可放入色拉中，与黄油炒可作为配菜

意式面食的颜色色彩缤纷，除原色外，还有红、橙、黄、绿、灰、黑等。红色面是在制面的过程中混入红甜椒或甜椒根；橙色面是混入红葡萄或番茄；黄色面是混入番红花蕊或南瓜；绿色面是混入菠菜；灰色面是葵花子粉末；黑色面最具视觉震撼，用的是墨鱼的墨汁，所有颜色皆来自天然食料，而不是色素。

（2）烹饪应用　意式面食需要水煮后食用。通常在烹调前，烧一锅开水，把面食放进去煮，为了增添风味或防止面条粘黏，可加入盐和少许橄榄油。煮面时要不断轻轻搅拌锅里的面，以免面食粘在锅底。当面食煮至软硬适中时，就可捞起滤掉水分，与煮好的酱汁一起搅拌，待拌匀面条入味，即可享用。

意式面食的酱汁基本可分为红酱和白酱，红酱是用番茄为底的红色酱汁，白酱则是以面粉、牛奶及奶油为底的白酱汁，此外，还有用橄榄油调味的面和用香草类调配的香草酱。这些酱汁还能搭配海鲜、牛肉、蔬菜，或者单纯配上香料，变化成各种不同的口味。

（3）注意事项　意式面食应该做得很筋道，如果烹制过度就会失去风味。对于不同形状和大小的意式面食，烹制时间不尽相同。根据种类与品牌不同，烹调时间在8~13min不等。一般来说，新鲜面条因易吸收酱汁，故较适合浓稠的酱汁；而干燥面条可搭配味道浓淡的酱汁。若以体积来看，粗面适合口味浓醇的酱汁，而细面条则适合清淡稀薄的酱。如用天使面（*Angel Hair*，一种细长条的意大利面），配上浓稠的奶油酱，可能吃几口就觉得腻了，而且酱汁的味道太浓，完全盖掉了面的滋味，就不是很配的组合。还应注意：烹调蛋面类的意大利面，不用海鲜类的材料；以海鲜为主的意大利面，一般不加奶酪。

二、豆制品

豆制品是以豆类为原料加工而成的各种制品，为人类提供了优质蛋白质，在烹饪中应用广泛。以大豆制品种类最多，有几百个品种，按类可分为：豆腐类、半脱水制品、卤制品、油炸制品、炸卤制品、熏制品、冷冻制品、烘干制品、发酵制品等。见图2-10。

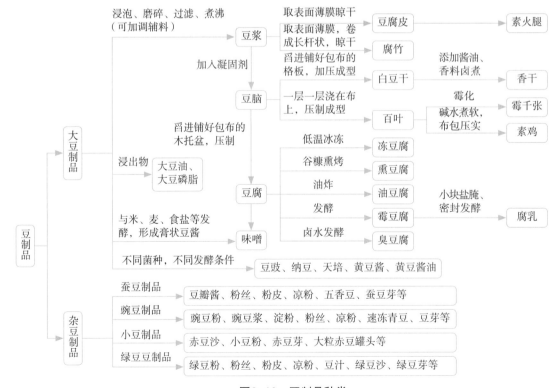

图2-10　豆制品种类

（一）豆腐

豆腐是以大豆为原料，经过浸泡、磨浆、过滤、煮浆、点卤（或加石膏）、压制成型等一系列工序制作而成的产品。制作豆腐是利用蛋白质的盐析现象，即在豆浆中加入钙盐，使蛋白质沉淀凝固后，经压制而成。

（1）品种特征　豆腐按所用的凝固剂不同，可分为南豆腐、北豆腐和内酯豆腐等种类。南豆腐又称嫩豆腐，以石膏（硫酸钙）作凝固剂，用布包轻压成型制成。南豆腐含水量达90%左右，色雪白，质细嫩，味略甜而鲜。适于拌、炒、烩、烧及制羹、氽汤等，不适于炸、煎。北豆腐又称老豆腐，以卤盐（氯化镁）作凝固剂，经模具紧压成型制成。北豆腐含水量约85%，色乳白，质地结实，口感较老，味微甜略苦，适于煎、炸、炒、熘、凉拌、制馅等。内酯豆腐以葡萄糖酸$-\delta-$内酯作凝固剂制成的豆腐。内酯豆腐质地细腻有弹性，但微有酸味。

将豆腐进一步加工，还可制成多种豆腐制品。如将豆腐置于冰点以下冻结，然后解冻制成的"冻豆腐"；将质地较老的豆腐切成块状，经油炸使其表面结壳制成的"油豆腐"（又称豆腐果）；将豆腐经特殊发酵制成的"臭豆腐"等。做成菜肴，别有特色。

随着豆腐制作工艺的日益现代化，海内外不断出现豆腐新种，如豆腐粉、豆腐冻、球型豆腐、海绵豆腐、液体豆腐和蔬菜豆腐、鸡蛋豆腐、咖啡豆腐、海藻豆腐、牛奶豆腐、维生素强化豆腐等。

（2）烹饪应用　豆腐的烹饪运用极其广泛，可以做成冷菜、热炒、大菜、汤羹、火锅等各种菜式，也可用于做馅，以豆腐制作菜肴达数千种。适于多种刀工成型，如条、块、丁、粒、末、泥等；适于多种烹饪方法成菜，如拌、炒、炸、煎、烩、烧及制羹、氽汤等；豆腐本身味清淡，适于调制各种味型；豆腐是素菜的重要原料，也可与荤菜搭配，还可做造型菜和馅料等。著名的豆腐菜肴有"麻婆豆腐""镜箱豆腐""莲蓬豆腐""徽州毛豆腐"等。全国许多地方研制了"豆腐宴"，如淮南豆腐宴、延庆柳沟豆腐宴、成都豆腐宴等。

豆腐非常受人们的喜爱，现在已经发展成为世界食品，美国和日本的豆腐业也有了飞速发展，《华盛顿明星报》曾预言，豆腐就像奶酪一样，将成为美国人最喜欢吃的食品之一。

（3）营养保健　豆腐包含了大豆的全部营养成分，豆腐制作时加入了点卤剂，使豆腐中的钙、镁含量增加。与大豆比较，豆腐不仅去除了豆腥味，也大大提高了蛋白质的消化吸收率（大豆蛋白质的消化率为65.3%，豆腐蛋白质消化率可达92%~96%）。豆腐高蛋白、低脂肪、不含胆固醇，长期食用可以防止动脉粥样硬化。

（二）腐竹

腐竹是我国传统的素食原料之一，豆制品中的高档食品，具有滋味鲜美、风格独特、营养丰富、价格便宜等特点，被人们广称为"素中之荤"。腐竹加工始于唐朝，距今已有1000多年的历史，深受我国人民的喜爱，不仅畅销国内，而且远销海外。

（1）品种特征　大豆经浸泡，磨浆过滤后得豆浆，经加热煮沸，然后在一定温度下保温一定的时间使水分从表面蒸发，在豆浆表面自然凝固成薄膜状，用长竹筷将薄膜挑起卷成长条状再干制，其外形似干竹枝，故称腐竹。《素食说略》谓其"晾干收之，经久不坏，可以随时取食，各菜可酌加。"如挑出平摊成半圆形片状后烘干或晾干，就是腐皮（又称"油皮"），每500g在20张以上即为上品。腐竹其实就是蛋白质-脂类薄膜，是由于豆浆中的蛋白质受热变性与脂类物质在空气表面吸热聚合，同时蒸发脱水凝结而成。

质量好的腐竹色泽淡黄，有浓郁的豆香味，油面光亮，粗细均匀，空心松脆，蜂窝均匀，折之易断，外形完整，质地干燥，无异味。我国名产有河南许昌县"河街腐竹"、广西"桂林腐竹"、广东"三边腐竹"、江西的"高安腐竹"、山西的"洪洞腐竹"等。

（2）烹饪应用　腐竹清鲜素净，为素食中的上等原料。烹调前，须用凉水泡发回软，这样可使腐竹条形整洁美观，如用热水泡，则腐竹易碎。腐竹的吃法很多，可单独成菜，可制作素干贝，还可与荤素原料配合成菜，可烧、炒、凉拌、汤食、火锅等，食之清香爽口，别有风味。如"油焖腐竹""虾籽拌腐竹""卤腐竹"等。

（3）营养保健　腐竹在豆制品中营养素的密度很高，能量配比均衡。每100g豆浆、豆腐、腐竹的蛋白质含量分别为1.8g、8.1g、44.6g；含碳水化合物分别为1.1g、4.2g、22.3g；而水分含量则是96.4g、82.8g、7.9g。腐竹含蛋白质丰富而含水量少，这与它在制作过程中经过烘干，浓缩了豆浆中的营养有关。

腐竹具有良好的健脑作用，能预防老年痴呆症的发生。这是因为腐竹中谷氨酸含量很高，为其他豆类或动物性食物的2～5倍，而谷氨酸在大脑活动中起着重要作用。此外，腐竹中所含有的磷脂还能降低血液中胆固醇的含量，达到防治高脂血症、动脉硬化的效果；其中的大豆皂苷有抗炎、抗溃疡等作用。

三、淀粉制品

淀粉制品指以碳水化合物含量较高的谷类、豆类和薯类为原料提制淀粉后再加工而成。主要有用作主配料的粉丝、粉皮、西米、凉粉和用作调辅料的芡粉等。

（一）粉丝

粉丝又称线粉、粉条等。是以豆类、薯类等的淀粉为原料，利用淀粉的糊化和老化的原理，加工而成的面条状的制品。

（1）品种特征　按使用的淀粉原料可分为豆粉丝、薯粉丝和混合粉丝三大类。豆粉丝是以豆类为原料加工制成的粉丝，有绿豆粉丝、蚕豆粉丝、豌豆粉丝等。豆粉丝中以绿豆粉丝为最好，其粉丝细长均匀，细度在0.7mm以内，光亮透明，弹性好、韧性强，可以任意扭曲包扎而不断，名产如山东"龙口粉丝"。蚕豆粉丝或豌豆粉丝的韧性较差，成品的颜色和条形均不及绿豆粉丝；薯粉丝以甘薯、马铃薯、木薯、蕉芋等淀粉制成，成品短粗，色光呆白或黯黑、灰黄，不透明，易断碎；混合粉丝用蚕豆、甘薯、玉米等淀粉混合加工制成，色泽稍白，有韧性，但涨性大，煮后易软烂，品质介于豆粉丝与薯粉丝之间。

（2）烹饪应用　粉丝入馔可作主食，像面条一样煮食；也可作菜肴，小吃、点心。用于菜肴，可配荤素各料制成多种菜品，是素馔的主要原料。多用于拌、烩、炒、煮，还可作汤及火锅等菜式。北方人常把粉丝切碎用于包子、饺子的馅料。用粉丝制作的菜品有"凉拌粉丝""蚂蚁上树""五色龙须""粉丝牛肉汤""粉丝板鸭汤"等。干粉丝炸制呈松泡状，可以配入菜肴，也可作为菜肴的垫衬、装饰，如制作"雀巢"之类。

（二）西米

西米不是米，是由几种棕榈树干内所储碳水化合物经人工加工成的食用淀粉粒（见图2-11）。最正宗的西米是由棕榈科植物西谷椰子（Sago palm）木髓部提炼出来的淀粉经过粉碎、筛浆过滤、反复漂洗、沉淀、干燥等过程制成淀粉，淀粉晒至未十分干燥时，破碎后纳入布袋，摇成细粒，再行晒干，即为西米。现在市面上所售西米大都是从成本低廉的豆类、薯类中提取的淀粉制成的。

图2-11 西米

（1）品种特征 西米主要原料是*Metroxylon rumphii*和西谷椰子两种原产于印度尼西亚群岛的西米棕榈。西米粉88%是碳水化合物，5%是蛋白质，还有少许脂肪和B族维生素。西米色泽白净，硬而不碎，光滑圆润，颗粒均匀而坚实，以熟制后晶莹透明，口感爽滑不黏糊，有一定韧性为佳。根据颗粒大小分为珍珠西米（直径为2～3mm）和弹丸西米（直径8mm）。

（2）烹饪应用 西谷米使用前需要预煮，然后泡于冷水中备用。西米多用于制作甜品和一些工艺点心，热品、冷品都合适，如珍珠奶茶、白果西米羹、银耳西米羹、椰汁西米露等，也可单独煮熟后加糖食用。烹制时，煮到发现西米已变得透明或西米粒内层无任何乳白色圆点，则表明西米已煮熟，不宜久煮，以免黏糊失去韧性和形状。在太平洋西南地区，西米是主要食物，用其粗粉做汤、糕饼和布丁。在世界各地，主要的食用方法是制布丁或酱汁增稠剂。

注意事项 西米是用淀粉做的，但不同于淀粉加工的粉条或粉皮，制粉条和粉皮时是把淀粉加水、定形加热成熟干燥等工艺得出的成品。西米在制作的时候，没有成熟这一过程，是生淀粉的加工品，淀粉没有糊化变性，如用水作长时间的浸泡会泡散。加热时，需沸水下锅。

 知识链接

能产"大米"的树

在南洋生长着一种能产"大米"的椰子树，名西谷椰子树，当地人叫它"米树"。西谷椰子树树干挺直，叶子很长，有3～6m，终年常绿，但寿命只有10～20年。一生中只开一次花，而且开花后不到几个月就枯死了。米树的树皮内全是淀粉，开花之前，是树干一生中淀粉贮存的最高峰。然而奇怪的是，这些积存了一生的几百kg的淀粉竟会在它开花后的很短时间内消失光，只留下一株空空的树干。为了及时收获大自然赐给人类的食粮，当地人未等米树开花就把它砍倒，刮取树干内的淀粉。自古以来，米树的淀粉一直是当地土著居民的重要食粮。他们把刮到的淀粉放在桶内，加水搅拌成米汤，澄清后干燥，然后再加工成一粒粒洁白晶莹的"大米"，这就是著名的"西谷米"。用它做饭，喷香可口，营养丰富。目前世界上仍有几百万人还依靠西谷米来维持生计。以致在许多生长西谷椰子的地方，人们认为"哪里有西谷椰子，哪里就不会有饥饿发生"。

第四节 粮食的品质检验与保藏

粮食种类较多，鉴定方法与保藏要求各不相同，这里以人类每日不可或缺的主食米面为例，说明粮食的品质检验与保藏。

一、粮食的品质检验

（一）大米的品质检验

大米以当年所产的新米为佳，质量要求粒形完整，色正而有光泽。质地坚实，手搓不易碎裂，腹白（米粒腹部白色不透明部分）、心白（米粒中心白色不透明部分）、腰爆（米粒上有裂纹）及碎米少，米糠粉、带壳稗粒、稻谷粒、砂石等杂质少。做饭沥出的米汤浓且黏，有特有的滑香味，饭粒黏而有嚼劲，无陈仓米的陈腐味。

我国GB1354—2009《大米》中对做米饭用的大米检测项目包括加工精度、不完善粒、最大限度杂质（糠粉、矿物质、带壳稗粒、稻谷粒）、碎米率、水分、色泽、气味、口味等。对于经过贮藏的大米，判断其品质变化除了外观、色泽、气味等简单观察外，常用的检验项目有水分变化、发芽率、发芽活性测定、脂肪酸度、还原糖量、维生素B_1含量、酶测定等。精白米中脂肪含量随加工精度的提高而降低，因此脂类含量被用来测定精米程度。白米中脂肪成分的酸败是大米贮存中风味劣变的重要原因，所以游离脂肪酸测定成为判断大米新陈的指标。

（二）面粉质量的感官检验

我国GB1355—2005《小麦粉》中的检测指标有灰分（干基）、面筋质（湿基）、粗细度、含砂量、磁性金属物、水分、脂肪酸值、气味、口味等，需要由专门人员利用特定仪器进行品质检测。一般餐饮业及家庭主要掌握面粉质量的感官检验方法，见表2-2。

表2-2　　　　　　　　　　　面粉质量的感官检验方法

指标	检验方法	良质面粉	次质面粉	劣质面粉
色泽	将面粉样品在黑纸上撒一薄层，然后与适当的标准颜色或标准样品做比较，仔细观察其色泽异同	色泽呈白色或微黄色，不发暗，无杂质的颜色	色泽暗淡	色泽呈灰白或深黄色，发暗，色泽不均
组织状态	将面粉样品在黑纸上撒一薄层，仔细观察有无发霉、结块、生虫及杂质等，然后用手捻捏，以试手感	面粉呈细粉末状，不含杂质，手指捻捏时无粗粒感，无虫子和结块，置于手中紧捏后放开不成团	面粉手捏时有粗粒感，生虫或有杂质	面粉吸潮后霉变，有结块或手捏成团
气味	取少量面粉样品置于手掌中，用嘴哈气使之稍热，为了增强气味，也可将样品置于有塞的瓶中，加入60℃热水，紧塞片刻，然后将水倒出嗅其气味	具有面粉的正常气味，无其他异味	微有异味	有霉臭味、酸味、煤油味以及其他异味
滋味	取少量面粉样品细嚼，遇有可疑情况，应将样品加水煮沸后尝试之	良质面粉味道可口，淡而微甜，没有发酸、刺喉、发苦、发甜以及外来滋味，咀嚼时没有沙声	面粉淡而乏味，微有异味，咀嚼时有沙声	面粉有苦味，酸味，发甜或其他异味，有刺喉感

二、粮食的保藏

粮食的贮存有多种多样的方法，一般说来，在贮存时应注意调节温度、控制湿度、避免感染和防止虫、鼠害。

（一）大米贮藏

1. 大米品质的变化

大米没有外壳保护，营养物质直接暴露于外，因此，对外界温度、湿度、氧气的影响比较敏感，吸湿性强，害虫、真菌易于直接危害，易导致营养物质加速代谢。所以大米比稻谷容易受潮、发热、生霉、生虫、不耐贮藏。大米贮藏日久，色泽逐渐变暗，失去新米的清香，出现糠酸味，酸度增加，产生不良的"陈米臭"。游离脂肪酸、蛋白质与淀粉相互作用可形成环状结构，加强了淀粉分子间的氢键结合，影响大米蒸煮时的膨润和软化。与新米相比，陈米做的饭硬，且黏度下降，烹煮时间延长。水分越大，温度越高，贮藏时间越久，陈化越严重。大米如果直接吹风或骤然冷却降温、高温烘干或阳光直射暴晒降湿，易造成大米爆腰，降低品质。另外，未熟粒、虫害粒等受伤害或发育不健全的米粒，不仅易发生劣变，还会导致正常大米的劣变。

2. 大米的贮藏方法

要抑制大米的不良变化，首先要注意，精白米不宜长期贮藏。因为精白米无生命，而毛稻、糙米有生命状态，贮藏期间较长。其次，保藏条件最重要的是低温和低湿，低温是抑制微生物、虫害、大米自身生化变化所引起劣变的重要措施。在15℃以下一般微生物活动得到抑制；10℃左右大米害虫几乎停止繁殖；而20℃以上，微生物、害虫就会较快繁殖。气候较暖的地方常温贮藏6个月后，理化指标将会发生大的变化；10个月口味明显降低。如何安全度夏是稻米储藏中最重要的课题。除了控制温度和湿度外，大米堆放时要架高，并有铺垫物，适时通风，既能降温，又可散湿防潮。另外，进货时不能一次进得太多，以免一时用不完而吸湿霉变。

（二）面粉的贮藏

1. 面粉品质的变化

面粉颗粒细小，与外界接触面积大，吸湿性强，同时，粉堆空隙小，导热性特差，最易发热霉变；小麦粉在高温高湿的环境下贮存或贮存时间过久，其中的脂肪容易在酶和微生物或空气中氧作用下被不断分解产生低级脂肪酸和醛、酮等酸、苦、臭物质，使小麦粉发酸变苦；小麦粉颗粒小，堆垛下层常易受压结块成团，贮藏时间越长，水分越大，结块成团就越严重；由于小麦粉蛋白质中含有半胱氨酸，它的存在往往使得面团发黏，结构松散，不仅加工时不易操作，而且发酵时的面团的保气力下降，造成成品品质下降。面粉在贮藏一段时间后，由于半胱氨酸的巯基会逐渐氧化成双硫基而转化成胱氨酸，加工品质会因此得到改善，所以这一过程也称面粉的熟成（又称陈化）。除了贮藏一段时间使面粉自然熟成外，为了使SH基尽快氧化成—S—S—基，常采用面粉处理剂ADA（偶氮甲酰胺）促使面粉氧化，ADA是当今国际上风行和公认的可安全用于食品的面粉改良剂，既可以增筋，还可以漂白，最大使用量为0.045g/kg（GB2760—2011）。

2. 面粉的贮藏方法

小麦粉是直接食用的成品粮，要求仓房必须清洁、干燥、无虫；包装器材应洁净无毒；切忌与有异味的物品堆在一起，以免吸附异味，面粉的贮藏在相对湿度55%～65%，温度8～24℃的条件下较为适宜。小麦粉贮藏多系袋装堆放，袋装堆放有实堆、通风堆等。干燥低温的小麦粉，宜用实堆、大堆，以减少接触空气的面积；新加工的热机粉宜堆小堆、通风堆，以便散湿散热。不论哪种堆型，袋口都要向内，堆面要平整，堆底要铺垫好，防止吸湿生霉。大量贮存小麦粉时，新陈小麦粉应分开堆放，便于推陈贮新，并经常翻倒，以防结块成团。

同步练习

一、填空题

1. 我国的"粮食"包括＿＿＿＿＿＿三大类，世界三大薯类是指＿＿＿＿＿＿。

2. 据FAO资料，在全世界，豆类供人类食用的植物蛋白，占全部食用蛋白质的＿＿＿＿＿＿。

3. 薯类中的甘薯多当＿＿＿＿＿＿食用，木薯主要供食品工业＿＿＿＿＿＿。马铃薯、山药、芋、豆薯等多当＿＿＿＿＿＿食用。

4. 大多谷类蛋白质的限制氨基酸是＿＿＿＿＿＿，玉米蛋白质的限制氨基酸还有＿＿＿＿＿＿，荞麦、大豆蛋白中的限制氨基酸是＿＿＿＿＿＿。

5. 我国GB1354—2009《大米》将商品大米分为3类：① ＿＿＿＿＿＿；② ＿＿＿＿＿＿；③ ＿＿＿＿＿＿。

二、单项选择题

1. 联合国粮农组织（FAO）的"粮食"主要指（　　）。
   A. 谷类、豆类　　　　　　　　　　B. 玉米、大麦、高粱
   C. 谷类、豆类和薯类　　　　　　　D. 小麦、粗粮、稻谷

2. 我国居民膳食中70%～80%的热量和50%左右的蛋白质是由（　　）提供的。
   A. 谷类　　　　　　　　　　　　　B. 豆类
   C. 薯类　　　　　　　　　　　　　D. 谷类、豆类和薯类

3. 谷类的主要可食部分是（　　）。
   A. 谷皮　　　　B. 糊粉层　　　　C. 胚乳　　　　D. 胚

4. 藏族人民食用的"糌粑"是用（　　）炒熟以后磨成粉，拌以酥油茶制成的面团。
   A. 高粱　　　　B. 元麦　　　　C. 青稞　　　　D. 米大麦

5. 下列原料中的油脂占其质量的比例由高到低排列错误的是（　　）。
   A. 芝麻＞花生仁＞油菜　　　　　　B. 芝麻＞花生仁＞棉籽

C. 芝麻＞花生仁＞大豆　　　　　　D. 大豆＞花生仁＞芝麻

三、多项选择题

1. 我国早在春秋战国时期已有"五谷为养"之说，属于传统"五谷"的有（　　）。

　　A. 稻谷　　　　　　B. 玉米　　　　　　C. 大麦

　　D. 豆类　　　　　　E. 薏米

2. 假谷类包括（　　）。

　　A. 蓼科的荞麦　　　B. 豆科的豆薯　　　C. 苋科的苋谷

　　D. 禾本科的薏米　　E. 藜科的藜谷

3. 莜麦是一种耐饥抗寒的食物原料，在加工莜麦粉时必须经过的"三熟"指（　　）。

　　A. 磨粉前要炒熟　　B. 磨成的粉要炒熟　C. 和面前要蒸熟

　　D. 和面时要烫熟　　E. 制坯后要蒸煮熟

4. 被卫生部门列为既是食品又是药品的原料包括（　　）。

　　A. 刀豆　　　　　　B. 山药　　　　　　C. 薏米

　　D. 葛根　　　　　　E. 赤小豆

5. 大豆中含有的能引起食品营养价值下降、风味变劣甚至有害的抗营养因子有（　　）。

　　A. 胰蛋白酶抑制素　B. 血球凝集素　　　C. 大豆异黄酮

　　D. 甲状腺肿素　　　E. 大豆皂苷

四、简述题

1. 谷类粮食和豆类粮食的结构和营养组成有何关系？

2. 分析糙米、蒸谷米、发芽米、精白米的营养特点及烹饪运用。

3. 比较特制粉、标准粉和普通粉的区别。

4. "薏米"被卫生部列为既是食品又是药品的物品，说明其营养保健功能及烹饪应用方法。

五、案例分析题

全球杂粮食品开发日趋多元化

2012年9月，北京第二届中美干豆在食品工业中的应用研讨会上的专家指出，2012年全球杂粮消费预计达到2.3亿吨。我国杂粮种植品种多、分布广、产量大，素有"杂粮王国"之称。日本和东南亚国家居民对杂粮食品特别青睐，是我国杂粮的主要进口国，欧美国家目前也开始认识到杂粮食品的营养和保健功效，增加了进口量。日本每年要进口荞麦八九万吨，特别把从我国进口的荞麦作为保健食品的重要品种。

长期以来，我国的杂粮以原粮出口居多，加工水平较低。国外早已领先，特别是在早餐谷物领域。研讨会上，美国的研发人员展示了杂粮巧克力派等种类繁多的杂粮休闲食品；美国林肯大学已尝试着将食用干豆粉添加到面条及其他相关产品中；中国农科院的研究人员带来的一款名为"三豆饮"的新型杂豆饮品，以绿豆、红小豆、黑豆为主要原料，利用植物萃取技术研发而成，投放市场以来，受到消费者普遍喜爱。中国粮食行业协会推行"杂粮上餐桌"工程，必须大力度培育杂粮产业的龙头企业，实现规模经营和科学种植、精深加工。

请根据以上案例，分析以下问题：

1. 从杂粮的营养保健功能分析中国粮食行业协会推行"杂粮上餐桌"工程的意义。

2. 杂粮已成为百姓餐桌上的新宠，餐饮企业如何开发杂粮食品？

实训项目

项　目：杂粮的识别与调查

实训目的

认识常见杂粮品种的形态特征，了解其营养保健功能及烹饪运用。

实训内容

1. 素材准备

杂粮通常是指水稻、小麦、玉米、大豆和薯类五大作物以外的杂谷及杂豆类作物。按表2-3杂粮的种类，提前准备各种杂粮的实物，通过观察杂粮的形状、色泽，闻杂粮的气味等，认识各种杂粮的感官特征。

表2-3 　　　　　　　　　　　　　　　杂粮的种类

类别	品种
杂谷类	大麦、燕麦、黑麦、粟（小米）、黍、高粱、薏米、荞麦、莜麦、糜子、藜麦、籽粒苋
杂豆类	蚕豆、豌豆、芸豆、赤豆、豇豆、菜豆、扁豆、四棱豆、木豆、利马豆、鹰嘴豆、黎豆、瓜尔豆
其他	野米、皂角米、竹米、菌米、龙芽米、莲子、芡实

2. 杂粮市场调查

通过淘宝网（http://www.taobao.com）的搜索引擎，能检索出销售杂粮的店铺达8000多家。挑选杂粮品种多、销售量高的店铺作为调查对象，学生按指定的店铺进行杂粮调查。

也可在课外去附近的超市或菜场进行杂粮的调查，了解当地杂粮的商品流通情况。

3. 杂粮品种研究

根据表2-3杂粮的种类进行任务分工，每位学生研究一个杂粮品种（尽量不重复），围绕指定杂粮品种利用网络搜集学习素材：通过中国知网、百度文库等搜集文本素材；通过维基百科、百度百科等搜集网页素材；通过昵图网、百度图库、雅虎官网搜集图片素材；通过百度视频、央视网等搜集视频素材。通过不同的素材，学习研究指定杂粮品种。

实训要求

1. 完成"××店铺杂粮资源调查表"，内容包括：品种名称、产地、价格、食用特点等。

2. 根据指定杂粮品种的素材资源，从种类特征、烹饪应用、营养保健、贮藏保鲜等方面进行研究，完成800～1500字的品种介绍。

3. 在杂粮介绍文本的基础上，结合搜集的图片、视频等素材，制作PPT，用于课堂交流。

建议浏览网站及阅读书刊

[1] http：//www.cereal.com.cn/（中国粮食网）

[2] http：//www.cnwfn.com/index.asp（中国面食网）

[3] http://www.cbpanet.com/（中国豆制品网）

[4] 范志红. 膳食根基——谷类的营养. 北京：北京师范大学出版社，2007.

[5] 李里特，孙君茂. 素食精品——豆类的营养. 北京：北京师范大学出版社，2007.

[6] 刘绍军. 根本养生——薯类的营养. 北京：北京师范大学出版社，2007.

[7] 中国大百科全书普及版编委会. 刀耕火种. 北京：中国大百科全书出版社，2013.

[8] 赵瑞芹. 五谷杂粮这样吃. 北京：中国纺织出版社，2014.

参考文献

[1] [美]韦恩·吉斯伦. 专业烘焙. 第3版. 大连：大连理工大学出版社，2004.

[2] [美]韦恩·吉斯伦. 专业烹饪. 第4版. 大连：大连理工大学出版社，2005.

[3] [美]斯瑞·欧文. 大米的正确吃法. 台北：东方出版社，2010.

[4] 张东杰，翟爱华，王颖. 大米质量安全关键控制技术. 北京：科学出版社，2011.

[5] 陶承光. 中国玉米种业. 沈阳：辽宁大学出版社，2013.

[6] 迟玉森. 新编大豆食品加工原理与技术. 北京：科学出版社，2014.

第三章

蔬菜原料

第一节　蔬菜原料概述

一、蔬菜原料的分类

蔬菜一般指可以作菜食用的草本植物，以十字花科和葫芦科的植物居多，如白菜、萝卜、南瓜等；也包括少数可作副食品的木本植物的嫩茎、嫩芽、嫩叶（如竹笋、香椿等）和食用菌类、蕨类及藻类等。蔬菜能补充人体所需的维生素、矿物元素、微量元素及膳食纤维，是人们重要的食物资源，按照《中国居民膳食指南（2007）》建议，成人消费者每人每天应摄入蔬菜300～500g，深色蔬菜最好约占一半。

我国国土辽阔，地跨寒、温、热三带，气候类型复杂，在由此而形成的不同生态环境中，产生了极其丰富的作物遗传资源，是世界重要的栽培植物起源中心之一。中国也是最早引进外域蔬菜的国家之一，经过长期栽培和选择，中国栽培蔬菜的种类涉及45个科，158个种（或变种）。据2014年5月中国蔬菜产业大会（常熟）专家介绍，我国蔬菜种植面积达到 3 亿多亩，年产量超过7亿吨，人均占有量500多kg，均居世界第一位。

为了便于学习和研究，必须对种类繁多的蔬菜进行系统分类。目前常用的方法是根据蔬菜的主要食用部位进行分类，主要可分为六大类，见表3-1。

表3-1　　　　　　　　　　　　　　蔬菜原料的分类

类别		实例
根菜类	肉质根类	萝卜、胡萝卜、牛蒡、芜菁、芜菁甘蓝、婆罗门参、美洲防风等
	块根菜	豆薯、葛根、首乌等
茎菜类	地上茎类	竹笋、茭白、芦笋、茎用莴笋、茎用芥菜、球茎甘蓝等
	地下茎类	块茎：马铃薯、菊芋、草石蚕、山药等；根茎：藕、姜等；鳞茎：洋葱、大蒜、薤、百合等；球茎：荸荠、慈姑、芋艿等
叶菜类	普通叶菜类	白菜、乌塌菜、豌豆苗、菠菜、苋菜、蕹菜、茼蒿、莼菜等
	香辛叶菜类	芹菜、芫荽、茴香、球茎茴香、韭菜、大葱、番芫荽、藿香等
	结球叶菜类	结球白菜、结球甘蓝、结球莴苣、孢子甘蓝等
花菜类	花器类	朝鲜蓟、黄花菜、食用菊、荷花、霸王花等
	花枝类	花椰菜、青花菜、菜薹等
果菜类	瓠果类	西葫芦、笋瓜、冬瓜、丝瓜、苦瓜、瓠瓜、蛇瓜、节瓜等
	浆果类	茄子、番茄、辣椒等
	荚果类	菜豆、豇豆、扁豆、刀豆、菜用大豆、豌豆、蚕豆、青豆等
孢子植物类	食用菌类	蘑菇、香菇、草菇、木耳、银耳、平菇、滑菇等
	食用藻类	海带、紫菜、石花菜、石莼、浒苔、江蓠、裙带菜、螺旋藻等
	食用蕨类	蕨菜、紫萁（薇菜）、观音座莲等
	食用地衣	石耳、树花、石蕊、冰岛衣等

其中，根菜类、茎菜类、叶菜类、花菜类、果菜类在植物学上均属于种子植物门，所以也称"种子植物蔬菜"，它们均具有营养器官（根、茎、叶）、生殖器官（花、果实、种子）及变态器官，其食用器官或部位与植株的关系如图3-1所示。不同的食用器官在形态结构、特性和功能上均有很大的差异，也直接涉及烹饪加工利用。

孢子植物是指能产生孢子的植物，主要包括藻类植物、菌类植物、地衣植物、苔藓植物和蕨类植物5类。孢子植物蔬菜不产生种子，以孢子进行繁殖。该类蔬菜种类多，分布广，绝大多数种类尚处于野生状态，规模栽培的种类主要是部分食用菌。

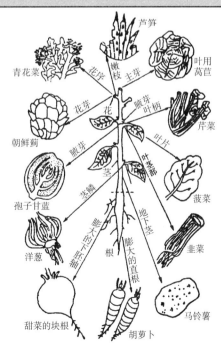

图3-1　蔬菜食用器官与植株的关系

二、蔬菜的化学成分

蔬菜中的化学成分不仅有人体所需要的营养成分，也有决定蔬菜颜色、风味、质地、耐储性和加工适应性的必要因子。包括可溶性成分（如糖、果胶、有机酸、单宁、可溶矿物质、色素、水溶性维生素等）和非水溶性物质（如纤维素、原果胶、淀粉、脂肪、脂溶性维生素等），见表3-2。在蔬菜的成分中，含量最多的是水，大多数的蔬菜含有至少80%的水分。

表3-2 　　　　　　　　　　　蔬菜原料的化学成分

类别		成分
营养成分	含氮物质	蛋白质、氨基酸、酰胺及某些铵盐和硝酸盐
	脂类物质	油脂（含于蔬菜种子内）、蜡质（高级脂肪酸和酯）
	碳水化合物	糖（葡萄糖、果糖、蔗糖等）、淀粉、纤维素、果胶
	矿物质	以硫酸盐、磷酸盐、硝酸盐和有机酸盐状态存在
	维生素	以胡萝卜素（维生素A源）和抗坏血酸最为重要，还有维生素B_1、维生素B_2等
色素类物质	叶绿素	主要为叶绿素a和叶绿素b
	花青素	如飞燕草色素、矢车菊色素等
	类胡萝卜素	番茄红素及α-胡萝卜素、β-胡萝卜素、γ-胡萝卜素、叶黄素、玉米黄素、隐黄素、辣椒红素
风味物质	香辛成分	主要成分为醇、酯、醛、酮、烃、醚、含硫化合物等
	辛辣成分	姜中的姜酮、姜脑、莰酚；蒜和葱含硫醚类化合物；芥菜中的芥子苷；红辣椒中的辣椒素和二氢辣椒素
	酸涩味成分	琥珀酸、酒石酸和草酸、柠檬酸、苹果酸、奎宁酸、单宁等

三、蔬菜的烹饪应用

蔬菜种类繁多，色泽各异，风味不同，是人们饮食生活中的主要食品，日不可缺。掌握蔬菜的烹饪特性和应用规律，才能正确运用蔬菜类原料烹制出营养丰富，且色、香、味、形俱全的菜肴。

（一）中餐对蔬菜的应用

我国蔬菜主要用于烹调，品种繁多，作用不同：如高淀粉的马铃薯可代替粮食作主食；绝大多数蔬菜可作菜肴的主料、配料和糕点、小吃的馅料；含有挥发油的辛香辣味品种可作调味品；有些还可作为菜肴的调色料、配形料和装饰料等。以蔬菜为原料的另一个利用途径是食品加工见图3-2。在工业化生产发达的国家，以蔬菜为原料进行加工的约占总产的60%，即使以鲜菜进入市场的也都经过商品化处理或半加工处理，以净菜形式出现在货架上。

（二）西餐对蔬菜的应用

西餐对加工处理好的蔬菜，常采用煮和蒸、炒和煎、炖、烤、炸的方法烹调。几乎所有蔬菜都要通过煮或蒸来制作，这是两种最常见的方法，因其简单、经济且适用。多数情

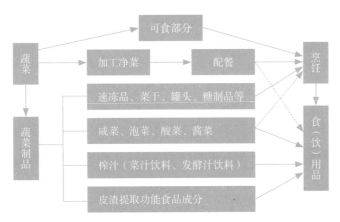

图3-2　蔬菜原料的加工途径

况下，在蒸和煮之后再进行其他步骤，比如放入黄油、调料以及汤汁；或用黄油在很短的时间快炒；或再采用其他烹制方法。

芹菜、卷心菜在中餐多炒制成菜，西餐则可加工成炖卷心菜、炖芹菜，加热时间在20～30min。对淀粉多的蔬菜，如土豆、冬南瓜、甜薯等从生到熟烤制，干性加热法能产生理想的效果，如上色或糖的焦化。茄子、青椒、蘑菇、番茄、元葱、小胡瓜可以直接炸制成菜，菊苣心、芹菜、芦笋、黄瓜、花椰菜、茴香、球芽甘蓝、秋葵、胡萝卜、菜花等蔬菜采用炸的方法，一般要先烹制然后裹上面包屑或面糊再炸。蔬菜还可加工成蔬菜清汤和蔬菜浓汤。

与中餐相比，西餐最有特色的应用是制作蔬菜色拉。如色拉专用的绿色蔬菜有：冰山莴苣、长叶莴苣、波士顿莴苣、绿柠檬石莴苣、散叶莴苣、宽叶绿色蔬菜、菊苣或卷曲的苣荬菜、比利时苣荬菜、卷心菜、菠菜、蒲公英、水田芥、红卷心菜等，这些带叶的蔬菜常被提前洗好、切好，装在密封的大塑料袋里出售。其他蔬菜加工色拉，有的是生着用的，如芹菜、黄瓜、小萝卜、番茄和青椒等；有些则是经烹调或冷藏再用，如洋蓟、青豆、甜菜和芦笋等。

四、蔬菜的风味控制与营养保护

蔬菜不仅因为具有较高的营养价值，而且因其种类繁多、富含风味成分、美观诱人，还能为菜单增加优雅性和适宜的复杂性而广受欢迎。由于蔬菜极易腐烂，从收货到上桌食用，都需要精心处理。新鲜是蔬菜应具有的最吸引人的、最重要的特征，因而应格外小心。采用正确的烹饪蔬菜的方法，可以保持并加强蔬菜的味道、质地、色泽和营养。

（一）蔬菜质地变化的控制

烹煮蔬菜的主要目的，在于破坏它的淀粉质和纤维素，好让这些成分容易消化。蔬菜的纤维结构可以使蔬菜成形并增加其坚硬性，通过烹饪可以使这些成分软化。一般酸性物质（如柠檬汁、醋、番茄等）和糖类物质可以使蔬菜纤维变得更坚硬；长时间的煮制或加入碱性物质会使蔬菜变软。富含淀粉的蔬菜，如土豆、甘薯，通过煮制可以使淀粉颗粒变软。对于大多数蔬菜来说，最好是简单地炒制一下，达到脆软状即可，此时蔬菜不仅具有最好的质地，还具有最佳的口感、最完美的色泽和最丰富的营养。

（二）蔬菜味道变化的控制

许多食物的香味在烹饪中会由于调料或蒸发而散失。蔬菜烹饪的时间越长，其香味散失的越多，所以防止香味散失，烹饪时间越短越好，沸水中加入盐烹煮蔬菜或用蒸汽在合适的时间蒸蔬菜，也能防止香味的散失。对于大蒜、韭菜、元葱、卷心菜、花椰菜、萝卜等气味浓郁的蔬菜，应使其气味散失一部分，以使其更加美味可口，烹饪时要开盖，以使气味散失。尤其烹制卷心菜，时间过长会产生难闻、浓烈的气味，因此应尽快烹制，且不应加盖。

（三）蔬菜色泽变化的控制

在烹制蔬菜时，要尽可能地保持其原有颜色。有些蔬菜不论生鲜或煮熟，只要一接触空气就会变色，主要原因是多酚氧化酶催化多酚类底物所引起的氧化反应。可将鲜切根茎类、苹果等浸在加了含酸物的水里（厨师经常在水中挤点柠檬汁），有显著的护色效果，因为柠檬酸是一种无毒抗氧化剂。

余烫可以帮助留住蔬菜的色泽，尤其是对绿色蔬菜最为有效，但有些蔬菜的色素却会流失。像紫色花椰菜含有叶绿素（绿色）及花青素（紫色），其中花青素是水溶性的，所以水煮过的紫色花椰菜会变成绿色。烹制红色和白色蔬菜时可放入少量的含酸物（如醋、柠檬汁），能保持原有的色泽。而酸却是绿色蔬菜中叶绿素的天敌，如果加酸或者烹制时间过长都会使绿色变成橄榄绿。保持蔬菜的绿色可以敞着锅煮，以使酸跑掉，烹饪时间尽量短，分小批量烹调，以免烹制时间太长。

不要使用烘焙用的苏打保持绿色，苏打会破坏维生素并使蔬菜成为一团乱糟糟的糊状物。

（四）蔬菜营养的保护

蔬菜表皮下通常是维生素含量最丰富的部分，所以去皮时要削薄点。刀切形状越细，原料越小，与空气接触面越大，维生素C和无机盐等水溶性营养物质越容易氧化损失或流失。另外，生食类的蔬菜营养非常丰富，但要求蔬菜一定要非常的新鲜、清洁卫生，以保证食用安全。

对大多数的蔬菜而言，理想的烹煮时间是越短越好，如此才能保存它们的特性、味道及新鲜。蒸、炖、焖对碳水化合物和蛋白质起到部分水解作用，有助于消化吸收，但水溶性维生素，特别是维生素C的损失较大，主要适用的菜类有萝卜、芋头、马铃薯、冬瓜等；炒是烹调蔬菜的常用方法，对蔬菜进行短时熟制的过程，营养损失比起煮、炖要小一些，此法大多用于一些快熟类的蔬菜如菠菜、蕹菜、苋菜、木耳菜、青椒、韭菜、芹菜等；炸或焙烤主要用于薯类食品，经油炸或焙烤的薯类维生素C的损失达20%以上，油脂含量升高。压力锅及微波炉也能保存蔬菜中的大多数养分。不管选用何种烹饪方法，做好的蔬菜最好一次全部食用完，如果重热，则营养损失更大，未食用完的隔夜茎叶菜类，还会产生致病的亚硝酸盐。

总之，在烹饪的过程中应尽量保存蔬菜的营养，提高食用价值，在很多国家，多提倡鲜食或进行最少的加工，以使消费者从蔬菜中获得更多营养。

第二节 典型蔬菜品种及烹饪应用

一、根菜类蔬菜

根菜类是指以植物膨大的肉质根作为蔬菜食用。这种根为植物的变态根，属营养贮藏器官，富含大量的水分、碳水化合物及一定量的维生素和矿物质。根菜类又分为肉质直根和肉质块根，肉质直根由主根膨大而成，一株植物仅能形成一个肉质直根，如芜菁、牛蒡、芜菁甘蓝、婆罗门参、美洲防风等；肉质块根由侧根膨大而成，外形上不是很规则，一株植物可以形成许多膨大的块根，豆薯、葛根、首乌等属此类。根菜类蔬菜具有产量高、耐贮藏、适于加工腌制等特点，在北方冬、春季节蔬菜短缺时占有重要地位。以牛蒡为例。

牛蒡（*Arctium lappa*）又称黑根、东洋萝卜，为菊科草本直根类植物，原产中国，公元940年左右传入日本，在日本栽培驯化出多个品种，并成为日本寻常百姓家强身健体、防病治病的保健菜，可与人参相媲美，因此被称作东洋参。20世纪80年代末由日本引种菜用牛蒡，大部分出口，少量进入国内市场。牛蒡在我国长期作为药用，近年来才开始对牛蒡的营养价值、食用价值和药理进行研究。

（1）品种特征　牛蒡根为圆柱形（见图3-3），长60～100cm，直径3～4cm，外皮粗糙，暗黑色；根肉灰白色，收迟易空心。中国引进栽培的牛蒡，按生育期长短可分为3种类型：早熟品种又称小牛蒡，中熟品种又称中牛蒡，晚熟品种又称大牛蒡。目前国内常用的品种有柳川理想（中国栽培的主要品种，属大牛蒡类型）、渡边早生、地皇牛蒡等。

图3-3　牛蒡

（2）烹饪应用　牛蒡以其肥大的肉质根供食用。刮去外皮，洗净后，再以沸水焯过或水浸过即可加工应用。可刀工加工成块、段、丁、条、丝等，供拌、炒、蒸、烧、炖、炸等法成菜，可与荤、素等多种原料组配，又可供腌、酱制成小菜。牛蒡在日本、中国台湾、韩国作为高档食品十分盛行，日本的牛蒡菜式有"煮黑根""猪肉黑根酱汤"，台湾菜有"炒牛蒡"等。原根洗净留皮，晒干切片可沏茶，有养生作用。正是由于牛蒡的营养价值和药用功能使有识之士开发出牛蒡菜、牛蒡茶、牛蒡酒、牛蒡糊等系列产品。

（3）营养保健　每100g牛蒡中含水分约87g，蛋白质4.1～4.7g，碳水化合物3.0～3.5g，脂肪0.1g，纤维素1.3～1.5g，胡萝卜素390mg（所含胡萝卜素比胡萝卜高280倍），维生素C 1.9mg，钙240mg，磷106mg，铁7.6mg，并含有其他多种营养素。

牛蒡根同牛蒡子一起被卫生部门列入可用于保健食品原料的名单。我国《现代中药学大辞典》《中药大辞典》等国家权威药典中把牛蒡的药理作用概括为：①有促进生长作用；

②含有抑制肿瘤生长的物质；③有抗菌和抗真菌作用。经常食用牛蒡根有促进血液循环、清除肠胃垃圾、防止人体过早衰老、润泽肌肤、防止脑卒中和高血压、降低胆固醇和血糖的作用，并适合糖尿病患者长期食用，对类风湿、抗真菌有一定疗效，对癌症和尿毒症也有很好的预防和抑制作用，因此被誉为大自然的最佳清血剂。

二、茎菜类蔬菜

茎菜类指以植物的嫩茎或变态茎作为主要食用部位的蔬菜，包括地上茎和地下茎。地上茎包括植物柔嫩的茎、芽和肉质化的茎，如芦笋、茭白、竹笋、莴苣、水芹、茎用芥菜、球茎甘蓝、香椿等；地下茎类蔬菜生长于地面下，为变态的植物茎，根据食用部位的形态结构特点，又分为球茎（如芋头、魔芋、荸荠、慈姑）、块茎（如山药）、根状茎（如莲藕、姜）、鳞茎或芽（如洋葱、大蒜、百合）。这里介绍芦笋。

芦笋（*Asparagus officinalis*）又称石刁柏、龙须菜，因其供食用的嫩茎形似芦苇的嫩芽和竹笋而得名，为百合科天门冬属多年生宿根草本植物。原产欧洲，19世纪末传入中国。目前，芦笋是中国主要创汇蔬菜，主要销往美国、日本、欧洲等国和中国香港地区。山东省是芦笋的主要生产基地，年出口芦笋罐头约占全国出口总量的1/3。

（1）品种特征　芦笋以抽出的笋状嫩芽供食用，见图3-4，按嫩茎抽生早晚分早、中、晚3类，早熟类型嫩茎多而细，晚熟类型茎少而粗。按颜色分绿色种、白色种和紫色种，其中较瘦长的绿色种在英国称为"sprue"，而法国、比利时、意大利及德国比较喜欢白芦笋，白芦笋常作为冷冻或罐头加工原料。紫芦笋是美国育成的第一个多倍体新品种，顶端略呈圆形，鳞片包裹紧密，嫩茎紫罗兰色，即使培覆土中不见日光，顶端也呈淡紫色或紫红色，滋味鲜美，气味浓郁，没有苦涩味，生食口感极佳。

图3-4　芦笋（青）

芦笋以鲜嫩条整带笋尖，切口平整，笋尖紧密，形态完整良好，没有硬化粗纤维组织，不带泥沙，无空心、开裂、畸形、病虫害、锈斑和其他损伤，长度12~16cm，基部平均直径1~3cm为佳。

（2）烹饪应用　芦笋具有味美醇香、脆嫩爽口、清淡开胃、食而不腻、具特有清香的特点。去外皮和根部，用沸水略烫即可用于烹调。在烹调应用中，可作主料单用，也可和其他原料配用；将其切成丝、片或丁后可炒、可拌、可汤，还可用于荤菜的垫底、围边等，是宴会上的稀珍菜肴。西餐中有黄油芦笋、色拉芦笋等。因其质地柔嫩，不宜长时间加热烹调，在烹饪时不要将其苦涩之味除尽，因其苦涩味是一种特有的"苷"素，在炎夏盛暑食后，有保健强身之效。

（3）营养保健　每100g芦笋嫩茎含蛋白质3.4g、脂肪0.3g、碳水化合物2.2g、胡萝卜素0.76mg、烟酸1.8mg、维生素B_1 0.24mg、维生素B_2 0.36mg、维生素C 51.0mg、钾71.6mg、钠20.2mg、镁22.5mg、铁54mg。与番茄相比，其胡萝卜素含量高出1~2倍，维生素C含量高出1.5~2倍，烟酸含量高出1~2.5倍，维生素B_1和维生素B_2量分别高出3~6倍和3~7倍。

常食芦笋能增强人体新陈代谢，特别对人体蛋白质代谢和肝功能障碍等症，有独到的调节和改善功效。因此，芦笋被国内外医学界公认为是对肝硬化、急慢性肝炎及糖尿病、结石症、膀胱炎、排尿困难等疾病有较好疗效的保健食品。芦笋还含有一般蔬菜所没有的芦丁甘露聚糖以及胆碱等成分，对高血压及脑出血等症有很好的辅助疗效。芦笋还含有十分丰富的叶酸、核酸及芳香苷等物质，故对癌症也具有一定的预防作用。

（4）注意事项　采收之后的芦笋要尽快烹调。鲜嫩的芦笋含有丰富汁液，而且带有明显甜味（含糖量或可达4%），芦笋根茎储藏的能量会随着时间逐渐耗竭，而嫩芽的含糖量也会逐渐降低，采收之后，活跃的嫩芽仍会继续成长、不断消耗糖分，而且消耗速度超过其他一切常见的蔬菜。芦笋风味因此变得清淡，所含汁液流失，纤维质也从根基部开始越变越粗。采收之后的前24小时，这种变化特别迅速，高温和光线更会加速进程。

三、叶菜类蔬菜

叶菜类蔬菜是指以植物肥嫩的叶作为食用对象的蔬菜。按其栽培特点分为普通叶菜、结球叶菜和香辛叶菜3种类型。

普通叶菜以植物幼嫩的绿叶、叶柄或嫩茎供食用，生长期较短，成熟快，品种较多，形态、结构和风味各有特点，我国南方和北方都有种植。如小白菜、叶用芥菜、乌塌菜、薹菜、芥菜、荠菜、菠菜、苋菜、番杏、叶用甜菜、莴苣、茼蒿、芹菜等。

结球叶菜的叶片大而圆，叶柄肥宽，在营养生长的末期包心而形成紧实的叶球，由于收获后处于休眠状态而耐贮藏，因而是冬、春缺菜季节的重要应市品种。如大白菜、结球甘蓝、结球莴苣、包心芥菜。

香辛叶菜多为绿叶蔬菜，在其叶片和叶柄中含有挥发油（香气）成分，因而该类品种还具有调味作用。如葱、韭菜、芫荽、茴香等。

这里介绍一种珍贵的水生叶菜——莼菜。

莼菜（*Brasenia schreberi*）又称水案板、马蹄草、水荷叶等，为睡莲科莼菜属水生草本植物，见图3-5。原产中国，是江南的名菜，民间采取野生或半野生的食用或出售。在长江流域中下游地区的湖泊、河道、港汊、塘堰都有分布，每年5~10月上市。除供国内市场外，还有少量瓶装出口。国务院于1999年8月4日将莼菜列为国家Ⅰ级重点保护野生植物。

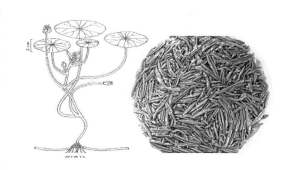

图3-5　莼菜

（1）品种特征　目前在长江流域栽培的莼菜主要有以下几个优良品种：① 西湖红叶莼菜：属杭州特产蔬菜，叶正面深绿色，背面紫红色，叶片较小，生长势强，卷叶上胶质较厚，品质好；② 太湖绿叶莼菜：原产于江苏太湖地区，叶正面绿色，背面边缘紫红色，中央淡变成绿色，卷叶绿色，其上胶质厚，加工后色泽美观、品质优良，为理想的加工品种；③ 利川红叶莼菜：原产湖北利川市，叶正面深绿色，背面鲜红色，主脉绿色，卷叶绿色，包有厚胶质，品质优良。

莼菜以嫩叶自然卷曲，色泽暗红或绿色，无虫斑、不枯黄者为佳。

（2）烹饪应用　莼菜入烹，取其未舒展的嫩卷叶和嫩茎供用，以春夏之间产者为最佳，因其茎叶外包有一层黏液汁，除色绿、脆嫩、清香外，还具特有滑润滋感，吃口极为舒适。烹调时，可与鱼、鸡、火腿、虾、蟹、鲜贝、蘑菇、面筋、腐竹相配，其叶柔嫩而爽滑，碧绿清香，多用于制汤，如"西湖莼菜汤""莼菜氽塘鳢片"等；又可作羹，如"三丝莼菜羹""莼菜鱼片羹"等，还可用拌、烩、炒等法成菜。

（3）营养保健　莼菜嫩茎外附透明胶质，含多种氨基酸、多糖及维生素B_1、维生素B_2，莼菜嫩叶不仅含有丰富的蛋白质、多种氨基酸、各种碳水化合物，还含有多种矿物质，尤其含有较多的锌。莼菜对锌具有很强的富集能力，吸收利用环境中锌的能力远远超过其他植物，是一种强集锌植物，而锌是人体所必需的一种微量元素，是人体内多种酶的组成元素，它参与机体内的各种新陈代谢，因此，锌被誉为"生命元素"。

莼菜不仅是味道鲜美的一种水生蔬菜，而且还有很高的药用价值。中医认为莼菜清热利水、消肿解毒、止咳、止泻，还可缓解痈疽、疔疮、胃痛、高血压等病症。近代药理研究，莼菜含有丰富的黏多糖物质，而黏多糖是一种较好的免疫促进剂，能促进巨噬细胞吞噬异物，从而抑制肿瘤产生和生长。

四、花菜类蔬菜

花菜类蔬菜是以植物的花或幼嫩花序作为食用对象，该类蔬菜品种不多，但经济价值和食用价值较高。供食用的部位依蔬菜种类不同而异，有的种类以整个花序（花球）供食用，如花椰菜和西兰花；有的种类以整朵花供食用，如霸王花、黄花菜、金银花、食用菊等；有的种类以花瓣为主要食用对象，如菊花；这里介绍一种以肥嫩的总苞片（花序外围的变态叶）为食用对象的朝鲜蓟。

朝鲜蓟（*Cynara scolymus*）又称洋蓟、法国百合、荷花百合等，为菊科蓟属多年生草本植物，19世纪由法国传入我国上海。原产地中海沿岸，在欧洲地中海沿岸有悠久食用历史，早在2000多年前罗马人已食用此菜。目前以法国、意大利、西班牙栽培最多，已成为欧洲许多国家的高档蔬菜。我国主要在上海、浙江、湖南、云南等地有少量栽培，台湾有较大面积种植，产品供出口创汇。目前世界上朝鲜蓟罐头年需求量在10万吨以上。

（1）形态特征　朝鲜蓟以肥大而嫩的花序托和肉质鳞片状的花苞供食用，一般在花蕾（花序）充分长大将要开放时采收（见图3-6）。按苞片颜色可分为紫色、绿色、紫绿相间3种类型；按蓓蕾形状可分为鸡心形、球形、平顶圆形3种。

朝鲜蓟的品质以花蕾球形，肉质鳞片大而紧，撕裂整齐色泽鲜绿，有香味者为佳。

（2）烹饪应用　朝鲜蓟食用方法较多，可切片后作水果生食，有似板栗的宜人清香，回味无穷；可在沸水内煮熟，取下花苞、花托改刀后，选用辣椒酱、番茄沙司等调味品拌和食用；可炒食；可切

图3-6　朝鲜蓟

片后挂全蛋糊，油炸后蘸椒盐或胡椒粉食用；处理后的花托放置由奶油、鸡蛋、火腿、肉丁调成的馅，经烤箱烤制后食用，味香宜人，香甜可口；也可腌制、制酱、做汤等。西餐多用其制作开胃菜、色拉、酿馅，此外还可用来制作罐头、饮料和酒。

朝鲜蓟食前需先在清水中煮25～45min，待苞片易于剥落时取出，分离苞片、花托，切成所需形状，烹制菜肴。若烹调时加入橄榄油、柠檬汁、大蒜、辣椒、盐等调味品，则具有独特的清香味。烹制时要注意朝鲜蓟切口易变黑，烹制前需进行加工处理或切后用柠檬汁或白醋拌匀以防褐变。

（3）营养保健 朝鲜蓟的花蕾营养丰富，每100g食用部分含水分85.4%，蛋白质2.7g，脂肪0.2g，碳水化合物10.9g，膳食纤维1.1g，维生素A13μgRE，β胡萝卜素80μg，维生素$B_1$0.08mg，维生素$B_2$0.06mg，维生素C11.0mg，钙255mg，磷88mg，铁1.6mg。

药理学研究证明，鲜朝鲜蓟叶片内的菜蓟素、天门冬酰胺、黄酮类化合物等可增强人体胆汁分泌，促进氨基酸代谢，增强肝、肾功能。对治疗慢性肝炎、低胆固醇有辅助作用，医药上已利用茎叶加工成助消化片剂和开胃酒。近期研究表明朝鲜蓟可用来防治心血管疾病，其提取物有降血脂和抗氧化效果。

五、果菜类蔬菜

果菜类是指以植物的果实或幼嫩的种子作为主要供食部位的蔬菜。其主要类型有瓠果、浆果和荚果。

瓠果指瓜类蔬菜，是葫芦科植物中以瓠果供食的栽培种群，果实成熟时，果皮肉质肥厚，是食用的主要部分，如南瓜、冬瓜等，有些瓜类的胎座肉质化并充满子房，成为主要食用对象，如西瓜，目前世界上广为栽培的瓜类蔬菜有黄瓜、西瓜、甜瓜、西葫芦和南瓜等。

浆果指茄果类蔬菜，是茄科植物中以浆果供食的栽培种群，其外果皮薄，中果皮、内果皮和胎座均肉质多汁（浆状），是食用的主要对象。目前世界上普遍栽培的茄果类蔬菜有番茄、茄子、辣椒等。

荚果指豆类蔬菜，是豆科植物中以嫩豆荚或嫩豆粒供食的栽培种群，果实的果皮在幼嫩时肉质，可供蔬食；当果皮成熟后则干燥开裂，不可食用。目前世界上栽培较多的豆类有荷兰豆、菜豆、豇豆、扁豆、菜用大豆、蚕豆、豌豆等，除豌豆、蚕豆适宜冷凉气候条件外，其他均喜温暖，不耐寒，主要分布在热带、亚热带及温带地区。

这里介绍一种具有较高营养价值的新型保健蔬菜——黄秋葵。

黄秋葵（*Abelmoschus esculentus*）别名羊角豆、羊角椒、秋葵夹、黄蜀葵等，为锦葵科秋葵属一年生草本植物，原产于非洲，清末传入中国。世界各地均有栽培，最大的产地是美国南部，在美国内战期间南方咖啡豆短缺时，就以黄秋葵的种子作为替代品，所以又称"咖啡黄葵"。

（1）种类特征 黄秋葵的食用部位是未成熟的种荚（或称蒴果），按果实外形可分为圆果种和棱角种，棱角种具独特五角造型，横切面呈星形（见图3-7）；依果实长度又可分为长果种和短果种，一般长度为5～10cm，细长似手指，在印度、欧洲等地又名"女人指"；按果实颜色可分为绿果种和红果种，青绿色肉质较好，食用性、观赏性强；紫红色肉质则较差。目前常见品种有长绿、绿五星、东京五角、台湾五福、日本卡里巴等。

图3-7　黄秋葵

秋葵果实有的表面长毛，有的甚至长刺，内部各层还长有纤维束，而且成熟后会变得更粗、更坚韧。3~5d大的小型幼果质地最嫩。黄秋葵种荚含黏质，素以黏腻闻名。

（2）烹饪应用　黄秋葵幼嫩荚果柔嫩多汁，生吃味道香甜，独特的青香味中凸现脆嫩多汁的圆润口感，为美国人喜食。除生食外，还有炒食、煮汤、做色拉、油炸、凉拌、酱渍、醋渍、制泡菜等多种烹调方法，既可以单独煮食也可以和其他食物一起烹调。黄秋葵常被用来熬制浓汤或者炖肉，汤的口感就变得浓稠，味道也很鲜美。这是由于黄秋葵特有的果胶成分，可以当成浓稠剂，使汤变稠。煎炒、油炸或烘烤方法，可把黏性降至最低。

在欧美国家，黄秋葵很受欢迎，秋葵拌空心粉色拉很常见，美国的南方纽奥良还有一道名餐秋葵什锦汤饭。在日本，黄秋葵还常被用来和酱油或柴鱼片凉拌，或者做成秋葵烤鳗鱼拌饭、秋葵寿司卷等。黄秋葵还常常被干制并且粉碎成粉末状作为调味料，这种调味料可以提供风味、增加黏度和色泽。除嫩荚外，嫩花、叶和芽也可食用，成熟的种子具有特殊的香味，可榨油，也可炒热后磨粉作咖啡代用品。

（3）营养保健　黄秋葵营养价值高，在日韩称之为"绿色人参"。每100g嫩果中含有蛋白质2.5g、脂肪0.1g、碳水化合物11g、粗纤维3.9g，及维生素C、维生素E和磷、铁、钾、钙、锌、硒等矿物元素。各个部分都含有半纤维素、纤维素和木质素，所以是高纤食品。嫩果含有丰富的蛋白质、游离氨基酸。独具的黏性物质由果胶、黏性糖蛋白和钾等组成，可促进胃肠蠕动，保护胃壁，对治疗胃炎、胃溃疡有辅助作用，并可保护肝脏。黄秋葵可消除疲劳、增强人体耐力，在2008年北京奥运会上指定为"奥运蔬菜"。

在食品行业黄秋葵黏液可以增加冷冻奶制甜品的稳定性，并可作为脂肪的替代品。黄秋葵籽中含有较高的油脂和蛋白质，含油率约20%，可作为一种新型的油脂和蛋白质资源加以利用。但是秋葵属于性味偏寒凉的蔬菜，胃肠虚寒、功能不佳、经常腹泻的人不可多食。

（4）注意事项　黄秋葵呼吸作用强，采后极易发黄变老而使口感变差，室温下仅能贮藏2~3d。如不能及时加工食用，应注意保鲜。将嫩荚装入塑料袋中，再贮于7~10℃的冰箱中，可保鲜7~10d。如嫩荚发暗、萎软变黄时，应即处理，不可再贮藏。

知识链接

山野菜

山野菜在我国种类分布广，人们历来有采食山野菜的习惯。在长期的实践中，发现并食用的野菜多达几百种，常见的也有100多种，多生长在田间、田埂、路旁、沟边或林木之下。山野菜种类多，全株可食用的野菜有蒲公英、苦菜、猪毛菜、鱼腥草、马齿苋、荠菜等；以食用嫩叶为主的有藿香、蕨类、刺五加、北五味子等；以食用花朵的有百合花、野黄花、霸王花、鸡冠花及一些豆科、菊科植物的花；以食用果实的有酸浆、薏米、苦荞、芡实、菱角等；还有食根的品种，如蕨菜、桔梗、野葛、马棘等的根。

在回归自然的呼声中，由于山野菜是天然无公害，营养价值高（其营养成分大多高于栽培蔬菜），风味独特，吃法多样，且多具有一定的食疗价值，商品价值高，因而近几年山野菜的开发在升温，有的野菜因消费者需求的增加，也在逐步转向人工栽培，如蕺菜、马兰头、荠菜等。山野菜食用的方法多种多样，一般烹饪时多为凉拌、炒食、做汤等。

六、食用菌类蔬菜

食用菌一般是指真菌中能形成肉质或胶质子实体并能供人们食用的大型真菌，常被称为"蕈""菌""菇""耳"等。虽然餐饮业将食用菌归为蔬菜类使用，其实食用菌不是真正的植物，而与霉菌、酵母菌一样，隶属另一个生物界——真菌。

全世界已知食用菌有2000多种，我国已报道的食用菌有981种，进行商业化栽培的已有60余种，当今世界性商业化栽培的10余种食用菌，绝大多数都起源于中国。目前，我国形成了以平菇、香菇、木耳、双孢菇、金针菇为主导，鸡腿菇、滑子菇、茶树菇等30多个规模种植生产的食用菌品种共同发展的格局。据中国食用菌协会统计，2011年全国食用菌生产总量达到2571.7万吨，占世界总产量的70%，产值超过1400亿元，出口创汇24.07亿美元，我国已成为全球食用菌产量第一大国。

（一）食用菌类别、特征

作为烹饪原料的食用菌有两个来源：人工栽培和野生采摘。长在腐朽植物上的菌菇向来都容易栽植，我国近年来人工驯化及开发了大量的珍稀菇类，如真姬菇、姬松茸、杏鲍菇、阿魏蘑、白灵菇、茶树菇、杨树菇、鸡腿菇、灰树花、榆黄蘑、白金针菇、大球盖菇等，珍稀菇类品质好、口感好，有的有特殊营养价值和药用价值，很受消费者欢迎，栽培面积逐年扩大。而共生型品种就很难培育，因为菌菇必须长在活乔木身上，双方互惠互利：菌菇收集土壤中的矿物质，并与树根分享，树根则以糖分回报，要大量生产就得有一整片森林。因此牛肝菌、鸡油菌和松露才那么稀罕又昂贵，这类食材仍需在野地采摘。

依据真菌分类学及生活方式、感官特征、产品类型的不同，食用菌也有不同的类别，如表3-3所示。

表3-3　　　　　　　　　　　　　　食用菌类别与特征

依据	类别	品种或特征
真菌界	担子菌门	占94%左右。各种蘑菇、牛肝菌、口蘑、侧耳、红菇、桩菇、齿菌、油菌、珊瑚菌、牛肝菌、银耳、木耳、花耳等
	子囊菌门	占6%左右。如羊肚菌、鹿花菌、竹黄、冬虫夏草等
生活方式	腐生型	绝大多数食用菌都是腐生，如草菇、香菇、双孢菇等
	兼性寄生型	如蜜环菌，既寄生又腐生
	共生和伴生	食用菌和高等植物共生，如牛肝菌、松口蘑、松乳菇等

续表

依据	类别	品种或特征
感官特征	菌盖形态	有圆形、半球形、斗笠形、钟形、扇形、杯形、喇叭形
	菌柄形态	有棒状、粗桶状、纺锤状、侧生、偏生、无柄、空心等
	颜色	有白色、红色、棕色、灰色、褐色、黑色、黄色、青色等多种颜色
	质地	有胶质、革质、肉质、海绵质、木质等质感
产品类型	鲜品	如个同规格包装的蘑菇、杏菇、半菇、阜菇、金针菇、茶树菇等
	干品	不同规格包装的香菇、银耳、黑木耳、猴头菇、金针菇、姬松茸等
	罐头制品	如金针菇、蘑菇、白灵菇、草菇等的金属、玻璃或软包装罐头
	深加工食品	食用菌调味品、食用菌饮料、食用菌风味休闲食品等，如茯苓夹饼
	保健品及药品	灵芝、冬虫夏草等

（二）食用菌的营养特点

食用菌是一类营养丰富并兼具食疗价值的食品原料。其子实体的蛋白质含量为鲜重的3%～4%或干重的20%～40%，介于肉类和蔬菜之间，含氨基酸种类齐全，如1kg干蘑菇蛋白质含量相当于2kg瘦肉、3kg鸡蛋、12kg牛奶所含的蛋白质，有"植物肉"之称。科学家们预言，21世纪食用菌将发展成为人类主要的蛋白质食品之一。此外，还含有较多的核酸和各种维生素，包括维生素B_1、维生素B_2、维生素PP、维生素B_{12}和维生素C等。其矿物质的含量也很丰富，特别是含磷较多，有利于人体各项生理功能的调节。食用菌中还含有具抗癌活性的真菌多糖等有效成分。

（三）食用菌的风味与烹调

食用菌风味浓郁，可与肉类媲美，为众多的菜肴增色，这些特性大半来自高含量的游离氨基酸，包括谷氨酸。还有一种增味剂也能与谷氨酸盐共同作用，赋予菌菇类浓郁的滋味，这种成分最早是在香菇中发现的，称为鸟苷酸（GMP），干燥的香菇含有的鸟苷酸是鲜香菇的2倍左右。

许多食用菌能散发各式各样的香气。新鲜的双孢蘑菇的典型香气主要来自辛烯醇，菌褶组织比其他部位产生更多辛烯醇，因此菌伞未开展的未成熟蘑菇比较清淡，而菌褶明显成熟的蘑菇滋味较浓。干香菇的强烈芳香味归功于一种罕见分子，称为香菇香精，从鲜香菇中几乎检验不出来，香菇香精是在香菇的干燥和烹调过程中，香菇酸通过酶的作用和非酶的作用生成的。所以鲜香菇没有干香菇那么香，要得到更多的香菇香精，可以对香菇先予干燥处理，随后用温水浸泡，须特别注意干香菇的泡水温度最好为60～70℃，水温过高或过低都会使香菇香精的产量降低。除了鸡油菌、鲍鱼菇和松茸等少数品种，干燥法都能增添菌菇的风味。

食用菌有多种烹调法。以煎、炒、烤等干式加热方式慢慢烹调，酵素（酶）才有时间产生作用，不致过早失效，所得的风味往往最强，也最成熟，这样同时也可以把大量水分烹干一部分，让氨基酸、糖分和香气更浓缩。菌菇丧失水分和空气，体积会大为缩减，质地更结实。此外，菌菇经长时间烹调也不会变糊，是因为菌菇的外表皮层是不溶于水的几丁质，这是碳水化合物和胺的复合物质。而黑、白木耳都含有极多的可溶性碳水化合物，因此会产生一种凝胶状质地。需要注意的是，多种菌菇都含有丰富的褐变酶，特别是菌褶部位，一旦切开或受了挤压，颜色很快就会变深。这些深暗色素都溶于水，还会让其他食材染上色泽，所以要尽快食用。

（四）部分食用菌介绍

1. 松茸

松茸（*Tricholoma matsutake*）又称松口蘑、松覃、老鹰菌、青岗菌、鸡丝菌等，属伞菌目口蘑科口蘑属，被列为四大菌王（松茸、灵芝、冬虫夏草、羊肚菌）之首。松茸是一种纯天然的珍稀名贵食用菌类，1945年广岛遭原子弹袭击后，最先生长出来的就是松茸，所以日本人对它的生命力和抗辐射力近乎崇拜和迷信，嗜食并珍视之，研究较深，素有"海里的鲜鱼子，陆地上的松茸"的说法。松茸长在寒温带海拔3500m以上的高山林地，主要生长区为中国、日本和朝鲜，目前全世界都不能人工培植。其产量在世界范围内呈下降趋势，而需求量却不断上升。中国所产大都出口，日本占有较大份额。

（1）种类特征　我国松茸主产于云南省滇西北和滇中一带和吉林省延边朝鲜族自治州，是长白山区的著名特产，在丽江纳西族地区，松茸也是婚宴上的珍贵菜肴之一。松茸生长于松林地和针阔叶混交林地，每年7、8、9月出菇。新鲜的松茸散生或群生，群生多形成蘑菇圈，属外生菌根菌。子实体扁半球形至近平展，形若伞状，菌盖直径5～20cm，色泽鲜明，菌盖呈褐色，菌柄为白色，均有纤维状茸毛鳞片（见图3-8）；菌肉肥厚嫩白；菌褶白色或稍带乳黄色，较密，弯生，不等长，有浓郁的特殊香气。

图3-8　松茸

（2）烹饪应用　松茸有特别的浓香，口感如鲍鱼，极润滑爽口，不仅味道鲜美，还对人体健康有益。产地多用鲜品，也有干品、腌品和罐头制品。烹制时适用多种烹调法，可切丝切片，烧、炒、煮皆宜，且因个大整齐而适于造型。名菜有"扒松茸鲍鱼""辣味松茸肉""烧冬笋松茸""烩松茸""松茸蒸饭"等。在西藏人们将此菌火烤蘸盐吃，味道很好。不少国家已将其列为国宴上的珍馐，招待贵宾。2001年上海APEC会议盛大欢迎晚宴上，宴请20个国家和地区领导人在内的1002位贵宾的第一道热菜是"松茸竹荪汤"。

（3）营养保健　干松茸每100g可食部含蛋白质12.5g，脂肪3.0g，碳水化合物66.5g，膳食纤维35.1g，灰分7.4g，维生素$A_1$6μgRE，β-胡萝卜素97μg，维生素$B_1$0.08mg，维生素$B_2$1.48mg，烟酸23.42mg，叶酸97.1mg，铁156.5mg，锌5.49mg，铜1.76mg，硒102.6μg等。它还含有菌类中少有的B—G酸、核酸衍生物、肽类、有机锗、多糖等。在日本、美国和欧洲国家，把松茸推崇为"菇中之王""蕈中珍品"。

松茸中还含有松茸醇、异松茸醇等药用成分，有强身、益肠胃、止痛等功效，可用其治疗手足麻木、腰脚疼痛等病症，同时松茸具有强身、益肠胃、止痛、理气化痰、驱虫等功效。现代科学研究表明，松茸中的松茸多糖具有治疗糖尿病的作用，能强烈地抗辐射、抗肿瘤、抗放射性物质伤害机体细胞和抑制肿瘤细胞增殖，并吸收、排泄致癌物质，阻止化学物质、放射线和病毒致癌，还能提高人体的自身免疫能力，是食药兼用真菌中抗癌效果较好的一种。

2. 羊肚菌

羊肚菌（*Morchella* spp.）是子囊菌中最著名的美味食用菌，被称为"菌中之王"，分布于我国云南、四川、陕西、青海、西藏、新疆、山西、吉林等地，春末夏初及初秋生于阔叶林中地或林缘空旷处以及草丛、河滩地上，有时也见于腐木上。我国食用很早，明潘之恒的《广菌谱》、清袁枚的《随园食单》和薛宝晨的《素食说略》均有羊肚菌记载。丽江纳西族地区，食用羊肚菌也有悠久的历史，过去纳西族头人曾把羊肚菌作为向皇帝朝贡的珍品之一。

（1）品种特征　羊肚菌真菌学分类属盘菌目，羊肚菌科，羊肚菌属，子实体肉质，稍脆；菌盖近球形至卵形，顶端钝圆，长3.5～9.5cm，直径2.5～6cm，表面有许多的小凹坑，外观似羊肚，故名羊肚菌（见图3-9）；小凹坑呈不规则形或近圆形，白色、黄色至蛋壳色，干后变褐色或黑色；棱纹色较浅淡，纵横相互交叉，呈不规则的近圆形的网眼状。

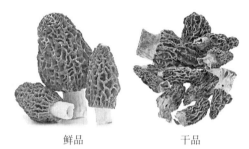

鲜品　　　　　　干品

图3-9　羊肚菌

在全世界已知约15种，中国已知的约7种，包括羊肚菌、小羊肚菌、黑脉羊肚菌、尖顶羊肚菌、粗柄羊肚菌等。

（2）烹饪应用　羊肚菌其味鲜美，肉质脆嫩，香甜可口，是宴席上的珍品。在欧美等国，羊肚菌也备受欢迎，极为畅销，尤其是法国烹饪，很多人每年寻找羊肚菌只是为了享受它的美味以及寻找过程中的乐趣。

羊肚菌有很多烹调方法，可用清水浸1～2小时，再洗净泥沙，即可配肉类焖、炖、煮、炒或泡酒，中西餐皆宜。羊肚菌炒鸡蛋是中国民间常见的食用方法。法国人喜欢用奶油来烹烧羊肚菌，据说这样能把羊肚菌的味道带到最好。羊肚菌荤素皆宜，既可烧菜也可煲汤，只要用上发菌的原汤，任何家常方法均可烧出美味绝伦的佳肴。

（3）营养保健　干羊肚菌每100g可食部含蛋白质26.9g，脂肪7.1g，碳水化合物43.7g，膳食纤维12.9g，灰分8.0g，维生素A 78μgRE，β-胡萝卜素1070μg，维生素$B_1$0.1mg，维生素$B_2$2.25mg，烟酸8.8mg，维生素C 3.0mg，钙87mg，铁30.7mg，锌12.11mg及铜、锰、镁、硒等。羊肚菌不仅氨基酸种类繁多，其含量也很丰富，人体所必需的8种氨基酸都有。国外现已广泛用作调味品和食品添加剂，以补充蛋白质和维生素等营养物质。印度科学家研究发现，羊肚菌可以迅速缓解患者疼痛感，并可以阻止肿瘤细胞的扩散。

羊肚菌是久负盛名的食补良品，民间有"年年吃羊肚，八十照样满山走"的说法。中医认为，羊肚菌性平味甘，有益肠胃、消化助食和化痰理气之功效，可用于治疗脾胃虚弱、消化不良、痰多气短等，是一种不含任何激素，无任何副作用的天然营养滋补品。

3. 松露

松露（*truffle*）又称块菌、土茯苓（四川）、猪拱菌（云南），是一类只能与松树、橡树等乔木共生的外生菌根真菌，属于子囊菌门、块菌科、块菌属（*Tuber*）的真菌种类。

和其他菌菇不同，松露始终藏身地下，它们散发一种气味，吸引松鼠、兔子和鹿等动物寻觅取食，于是孢子就随动物的粪便散布四方。也因此至今人们仍然训练犬、猪，靠它们帮忙采集松露，不然就要找出"松露苍蝇"出没之处，这种昆虫在松露生长地带的上空盘旋，把卵产在地面，然后幼虫就可以向下钻穴，吃地下的真菌。松露对生长环境的要求极其苛刻，加上其具有的独特香味，致使它珍稀昂贵、价值非凡、备受欢迎。

（1）品种特征　全球范围内报道的块菌属已超过200种，且多分布于意大利、法国、西班牙等欧洲地区，产自我国的块菌属有25种左右，云南、四川等地是国内块菌的主要产地，攀枝花市有"中国块菌之乡"称号。块菌属中，具有很高的商业价值的只是少数几种，如黑孢块菌（*T. melanosporum*）、白块菌（*T. magnatum*）、夏块菌（*T. aestivum*）等。

松露多在乔木树的根部着丝生长，散布于树底120~150cm方圆，块状主体藏于地下5~40cm。典型松露是布满疙瘩的致密团块（见图3-10），尺寸从胡桃到拳头甚或更大都有，球形、椭圆形、棕色或褐色。幼时内部初为白色，质地均匀，成熟后变成深黑色，经切片便露出内部构造：细致脉理网络在长孢子的细胞团块之间交错，

白松露　　　　　　黑松露

图3-10　松露

类似大理石状纹理，并散发出森林般潮湿气味，带有干果香气。它不像一般的菌菇柔软多汁，反而质地较坚硬。松露偏好碱性土质，高品质的松露主要出产于石灰质地形区内。

（2）烹饪应用　松露因为价格高，而且味道浓烈，西餐常只用一点点作配料，即会使整道菜浓香四溢。在法国和意大利，松露经常是不经过烹调就食用的，为的就是保留其独特的香味。

黑、白松露风味迥异。法国佩里戈尔的黑松露被认为是最香的，而意大利的白松露被认为是香气最好的，夏块菌的香味比黑松露和白松露稍逊一些。白松露一般是削成纸张般的薄片上桌生食，或磨碎后撒在意大利面或煎蛋上。白松露容易变味，所以最好在享用前片刻再加工。黑松露的风味比较细致，混有十几种醇和醛类的味道，还有些二甲基硫。一般认为黑松露经小火烹煮可以提味，可以切成薄片加在肉里一同烤制，或用来烤鹅肝，有些奶酪中也可以添加松露，还可用来做松露盐或松露蜂蜜。过去松露要去皮，现在多采用研磨避免浪费。

（3）营养保健　研究数据显示，松露子实体中含有丰富的蛋白质、氨基酸、碳水化合物、麦角固醇、甾醇等营养物质和芳香成分。与其他食用菌相比，松露的蛋白质含量普遍较高，可谓素中之荤。同时含有Si、K、Na、Ca、Mg、Mn、Fe、P、S、Cu和Zn等多种矿质元素。铁、锌含量是一般水果的8~10倍。此外，块菌还含有抗衰老的微量元素硒。

松露除了具有优良的营养价值、独特的香气和风味，还拥有良好的生物活性，已经确定的生物活性包括抗病毒、抑菌、抗氧化、保肝、抗突变和消炎等。生物活性使其有了制成药品的潜力，使其越来越受到世人的关注。

（4）贮藏保鲜　新鲜松露非常容易变质，储藏时会释放出香气。最好置入密封容器

4℃冷藏保存，里面放些吸水材料（通常是米粒），不使表面沾染湿气，以防微生物入侵导致腐败。这种保藏方法能够有效地减少由微生物引起的和内源的腐败变质，同时最大限度地保持松露的香气、营养和生物活性。

卫生部：冬虫夏草不得作为普通食品原料

2009年8月上海市食品药品监督管理局在市售部分"食"字号普通食品中发现冬虫夏草，由此请示卫生部，冬虫夏草是否可作为生产"食"字号普通食品的原料。卫生部卫生监督中心认定冬虫夏草（*Cordyceps sinensis*）为名贵中药材，但卫生部未曾批准过冬虫夏草作为普通食品原料使用。国家中医药管理局组织专家讨论后也认为，目前冬虫夏草尚缺少作为食品长期服用的安全性评价研究数据，建议暂不作为食品原料使用。

但是，卫生部发布了关于批准蛹虫草（*Cordyceps militaris*）（2009年第3号）和广东虫草子实体（*Cordyceps guangdongensis*）（2013年第1号）为新资源食品的公告，同时规定蛹虫草的食用量≤2g/d，广东虫草子实体食用量≤3g/d，针对婴幼儿、儿童、食用真菌过敏者，二者均不宜食用。

所以传统餐饮食谱上的名菜"虫草鸭子""虫草汽锅鸡"等不能生产经营，但可以开发蛹虫草和广东虫草子实体系列新菜品。

七、食用藻类蔬菜

可供人类食用的藻类植物（*algae*）称为食用藻类蔬菜。藻类是自然界中低等的植物，它们的植物体没有根、茎、叶分化，含有光合作用色素，能进行光合作用，属自养植物。绝大多数藻类生活在水中，因此常称藻类为水藻或海藻。

藻类植物的大小和形态构造差异很大，有单细胞体（螺旋藻）、丝状体（发菜）、多细胞体（海白菜、紫菜）、拟薄壁组织体（石花菜）和薄壁组织体（海带、裙带菜）等多种类型；藻体的颜色也因所含的光合作用色素种类的差异，而呈现蓝、绿、红、黄、褐等变化。其中蓝藻门、绿藻门、红藻门及褐藻门中的一些种类具有食用价值，可作蔬菜。丝状体的发菜分布于我国宁夏、青海、甘肃、新疆、内蒙古等省区，是宁夏传统的"五宝"之一，由于人们疯狂采集发菜，天然发菜资源已面临枯竭，国务院1999年8月将发菜列为国家Ⅰ级重点保护野生植物，禁止采集发菜，取缔发菜贸易。

这里介绍蓝藻门里单细胞体的葛仙米。

葛仙米（*Nostoc sphaeroids* Kutz.）是一种淡水野生藻类植物，因其生长对自然条件要求极高，当今世界上仅有极少量发现，我国目前主要分布在湖南与湖北交界一带。《本草纲目》记载："葛仙米，生湖广沿溪（今湖北鹤峰走马镇）穴中石上，遇大雨冲开口，此米随流而出。土人捞取，初取时如小鲜木耳，紫绿色，以醋拌之，肥绿可食，土名开仙菜，干则天仙米，晋葛洪（东晋炼丹家）隐此乏粮，采以为食，故名'葛仙米'。"2008年鹤峰走马葛仙米获得绿色食品认证和农业部农产品地理标志认证。

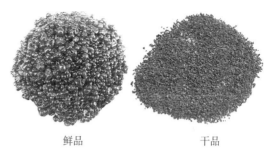

鲜品　　　　干品

图3-11　葛仙米

（1）品种特征　葛仙米属蓝藻门、蓝藻纲、段殖藻目、拟球状念珠藻植物，生长于清澈的山泉中，附生于稻田、浅水池沼、湖、溪的砂石间或阴湿的泥土上，对环境要求很高，水温在-5℃～5℃才能存活。葛仙米是单细胞，没有根、茎、叶，漂浮在水中，墨绿色球形胶质状，纯野生。外形像木耳，因此称之为"水木耳"或"田木耳"。采集干燥后颗粒圆形（见图3-11），像米粒一样，经晒干贮藏，低温可长期保存。

（2）烹饪应用　葛仙米是宴席上的珍稀佳品，堪称中国一绝，世界珍稀。清代《调鼎集》和《素食说略》中，均记载有对葛仙米的烹调制食法。食用方法多样，干、鲜宜烹，糖盐可调，蒸、煮、炒、做汤、凉拌不拘，与各种配料相处和谐。因它性淡而调味宜浓，用作辅料为佳。干品取需量，入水浸泡数小时，待充分复原成嫩绿的球状时，复原率数十倍。捞起沥干备用，低温可长期保存。热油下锅，翻炒要有爆声，放点酒去泥腥味，再放进肉末等配料和调味品即成，做汤，炒好后掺汤加调味品勾薄芡，堪称黑珍珠汤；甜汤不用炒，味道最佳；蒸是品味独特的烹调法，将复原葛仙米放入容器，加冰糖和水，要蒸发泡成立体形；凉拌，可放醋、香料等调料生食，古人称其味美绝。葛仙米食用广泛，除烹调外，还可加工成葛仙米罐头、葛仙米酱和葛仙米饮料等系列食品，是一种具有开发利用价值的食品资源，值得大力推广食用。

（3）营养保健　葛仙米生长在不发达的山区水域，天然无公害，地道的绿色食品，营养价值高，内含18种氨基酸，人体所需8种必需氨基酸葛仙米占7种，干物质总蛋白高达56%，粗脂肪8.11%，碳水化合物12.69%，维生素C含量接近鲜枣，比山楂高5倍多，比柑橘高15倍；维生素B_1、维生素B_2高于一般菌藻类，含矿物质15种，含钙量高于一般蔬菜，是一种极好的天然富钙营养食品。

葛仙米不仅营养丰富，还具有一定食疗价值。《全国中草药汇编》记载：葛仙米性寒，味淡，可以清热、收敛、益气、明目，能治疗夜盲症、脱肛，外用可治疗烧伤、烫伤等症。

第三节　蔬菜制品及烹饪应用

一、蔬菜制品的种类

以新鲜蔬菜为原料，经不同方法加工后的产品称为蔬菜制品。通过加工利用，延长蔬菜的保存时间，也延长消费及市场买卖的时间，使区域性食品得以有效地供应任何缺少此种产品的地方。生产季节性强的果蔬，通过旺季加工，可以满足淡季的需要，调节果蔬淡旺季供应，避免旺季充斥市场时廉价出售的损失。也有的果蔬鲜食风味并不好，如柠檬、黄桃、梅、叶用芥菜、草食蚕等，需经过加工处理，才能改进品质、风味、营养，受消费者喜爱。另外，天然果蔬大多粗重体大，加工后体积缩小或重量减轻并除去了不可食部分，更利于运输贮存，又切合实用。

蔬菜制品按其加工方法可分为脱水蔬菜、速冻蔬菜、蔬菜罐头、酱腌泡菜制品、糖渍蔬菜制品、蔬菜汁及蔬菜饮料等。

（一）脱水蔬菜

脱水蔬菜指新鲜蔬菜经自然干燥或人工脱水干燥制成的加工品。脱水菜的特点是便于包装、携带、运输、食用和保存。包括金针菜、竹笋干、干辣椒、香菇、黑木耳、胡萝卜、葱、老姜、马铃薯、洋葱、豇豆、刀豆、番茄（制粉）等，许多干品是中国传统的脱水菜。

（二）速冻蔬菜

整体或切分后的新鲜蔬菜，经快速冻结后的一种加工品。美国物理学家克拉伦斯·伯宰（Clarence Birdseve）于1929年发明速冻蔬菜，今日广为使用。其特点是耐贮存，解冻后品质和风味接近于新鲜蔬菜。包括速冻蘑菇、青豌豆、青刀豆、菜豆、甜玉米、芹菜、花菜、蒜薹、胡萝卜、芦笋、青椒、甘蓝、朝鲜蓟、青花菜、洋葱等。

（三）蔬菜罐头

将完整或切块的新鲜蔬菜经预处理、装罐、排气、密封、杀菌等处理后制成的成品。法国化学家尼可拉斯·阿佩尔（Nicolas Appert）在18世纪末首先研制了罐头食品，改革了蔬菜的行销活动。其特点是耐贮藏，便于运输。如清水竹笋、清水马蹄（即荸荠）、菜豆、青豌豆、蚕豆、金针菇、蘑菇、草菇、胡萝卜、芦笋罐头等。

（四）酱腌泡菜制品

酱腌泡菜是将新鲜蔬菜用食盐腌制或盐液浸渍后的加工品。其特点是保藏性强，组织变脆，风味好。包括：① 咸菜类：青菜头、叶用芥菜、雪里蕻、大头菜、白萝卜、胡萝卜等；② 泡菜类：嫩豇豆、姜、薤（头）、苦瓜、茎蓝、菊芋、大蒜、萝卜、青菜头、甘蓝、草食蚕、辣椒、嫩黄瓜、莴苣等；③ 酸菜类：大白菜、甘蓝、叶用青菜、萝卜等；④ 酱渍菜：菜瓜、甜瓜、黄瓜、辣椒、草食蚕、芜菁、萝卜、大蒜、姜、茄子、辣椒、莴苣；⑤ 糖醋渍菜：大蒜、薤（头）、姜、青菜头等。我国名特产品有四川榨菜、独山盐酸菜、绍兴霉干菜、云南大头菜、天津冬菜和扬州酱菜等。

（五）糖渍蔬菜制品

以蔬菜为原料，利用多量食糖腌制或煮制的加工品。其特点是保藏性强，色、香、味、外观及质地有不同程度的改变。包括果酱类：番茄、南瓜、大黄；蜜饯类：苦瓜、香瓜、西瓜皮、荸荠、胡萝卜、甘薯、冬瓜、茄子、藕、辣椒、嫩姜等。

二、烹饪中使用的蔬菜制品

蔬菜制品中的酱腌泡菜多作粥、汤面的佐餐小菜或筵席的味碟，少量的可做菜肴的辅料；解冻的速冻蔬菜和罐头蔬菜与新鲜蔬菜烹调应用基本相同；糖渍蔬菜、蔬菜汁及蔬菜饮料可直接食用或做菜肴面点的辅料。烹饪中应用较多的还是脱水蔬菜及部分腌制菜。这里介绍两种新食材资源——黑蒜和玛咖。

（一）黑蒜

黑蒜是一种非常神奇的纯天然大蒜制品，用新鲜带皮的生蒜头在高温高湿的发酵箱里自然发酵而成。日本学者经过数十年的研究发现，大蒜在控制温度和湿度的情况下，经过长时间的发酵，发生美拉德反应、酶促反应等，产生蛋白黑素，使大蒜鳞茎呈现黑色，故称之为黑蒜。

（1）品种特征 我国的大蒜种类很多，外皮颜色上有白皮蒜、红皮蒜、紫皮蒜；蒜瓣形状上有独头蒜、四瓣蒜、六瓣蒜、八瓣蒜等，这些大蒜都可以用来生产黑蒜。

选择圆满充实、没有破损和伤痕的大蒜，保持在50～60℃、相对湿度85%左右发酵30d，之后在常温下，让大蒜进一步成熟发酵，经过90d，大蒜的蒜皮和蒜肉部分分离，蒜肉变成了墨褐色，硬度降低，质地变得比较柔软（图3-12）。内在品质上，大蒜蒜肉的水分降低，质量变轻，没有生大蒜的辛辣味，蒜肉可以直接食用，有糖浆的味道，还带有香醋或酸角的味道。

生蒜　　　发酵15d　　发酵30d　　发酵60d　　发酵90d

图3-12 独头黑蒜及发酵过程

黑蒜的发酵过程无需任何添加剂，其本身有一种处于休眠状态的活性酶，达到一定的温度和湿度要求以后，会被激活，自我发酵，所以黑蒜形成与微生物无关。而大蒜蒜皮纤维素含量非常高，基本不产生酶促反应，这也是黑蒜外白里黑的奥秘之一。

（2）烹饪应用 黑蒜的氨基酸含量比普通大蒜增加了2.5倍，所以味道甜酸，美味可口，直接食用就像果冻一样柔软，且食后没有生大蒜所特有的气味，同时也不会对肠胃产生不良刺激。

许多高级酒店将黑蒜作为餐饮特色新食材，开发出许多新颖的黑蒜菜品。可作凉菜辅料，如黑蒜腰果、人参黑蒜果冻、凉拌黑蒜黄瓜等；作热菜辅料，如黑蒜芒果蒸鱼、黑蒜扇贝、黑蒜腊肠、黑蒜肉末豆腐、黑蒜辽参、黑蒜蜜汁山药等；可以煲汤，如黑蒜养生汤、黑蒜赤味噌金针蘑菇汤；可加工成调味汁，如黑蒜黄油酱汁；可做主食面点，如黑蒜面条、黑蒜烧卖、黑蒜土豆饼等。西餐食品有：有机黑蒜色拉、烤香蕉夹黑蒜酱色拉、黑蒜大虾意大利面条、黑金日式猪扒饭、有机黑蒜天妇罗等。烹饪中，还可利用黑蒜的开发产品，如黑蒜粉、黑蒜泥、黑蒜酱、黑蒜汁、黑蒜醋、黑蒜酱油、黑蒜糖、黑蒜酒等。

（3）营养保健　通过发酵以后，黑蒜与普通大蒜相比，水分、脂肪含量有明显的降低，微量元素含量有明显提高，它在保留生大蒜原有成分的基础上，使生大蒜的抗氧化、抗酸化功效提高了很多倍，又把生大蒜本身的蛋白质大量转化成为人体所必需的18种氨基酸，进而被人体迅速吸收，对增强人体免疫力、恢复人体疲劳、保持人体健康起到很大的作用。

科学分析证明：黑蒜不但能增强人体免疫力，而且对于高血糖、高血脂、高血压、失眠、便秘等人群也有一定的保健作用。黑蒜超高的营养价值以及"甜、软、糯"的口感正逐渐被人们认识和认可，正逐步走向百姓生活。

（二）玛咖

玛咖（*Lepidium meyenii* Walp.）是Maca的音译，十字花科独行菜属的草本植物，又称安第斯人参，原产于秘鲁海拔4000m以上的安第斯山区，在南美的栽培和食用历史悠久，当地人主要作食物材料用，也作传统药物使用。中国玛咖2003年引种成功，产地位于云贵高原和青藏高原过渡地区。我国卫生部批准玛咖粉作为新资源食品（2011年第13号），规定食用量≤25g/d。

（1）品种特征　玛咖主要食用部分为成熟膨大的块根（图3-13），类似中国的长缨萝卜，品种多达100多种，其中有11种在秘鲁生长。按照表皮色泽可以分为黑玛咖、紫玛咖、红玛咖、奶油色玛咖等。玛咖耕种需要特殊的环境和气候，它要求海拔4000m以上的高原，气候恶劣而土地肥沃，日夜温差达60℃以上，这样的地方在全世界都很少。即使这

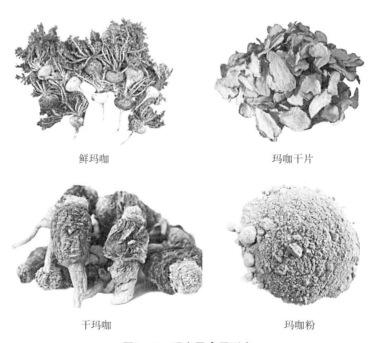

鲜玛咖　　　　　　　　　　　　玛咖干片

干玛咖　　　　　　　　　　　　玛咖粉

图3-13　玛咖及食用形态

样少的土地，种一次玛咖后，土地要休养7年以上用以恢复肥力，否则土地不能耕种。其中黑玛咖的生长条件最为苛刻，产出也最少，紫玛咖次之。黑玛咖最珍贵，产量一般占3%~5%；紫玛咖占10%~15%。

中国玛咖最大的产地位于云南丽江的玉龙雪山和人迹罕至的香格里拉哈巴雪山及新疆帕米尔高原等地。据研究，玉龙雪山的玛咖质量能与秘鲁玛咖相媲美。

（2）烹饪应用 玛咖的主要食用部位是玛咖根，刚出土的鲜品玛咖可以直接嚼食，因含有芥子油苷，具有强烈的刺激性辛辣味。鲜玛咖可泡茶、泡酒，可榨汁饮用，可以制成凉拌菜，可作蔬菜炒着吃；可煲汤，如鲜玛咖汽锅鸡；鲜玛咖洗净切片可做火锅的副菜。经烹饪后，玛咖的营养物质溶入饭菜中，使菜品、菜味、菜相更好，辛辣味被减淡，并产生香味，使得饭菜味道更佳、营养更全面。秘鲁人常把玛咖和着土豆、苹果、燕麦、藜麦、蚕豆一起煮粥吃，还把玛咖捣碎发酵酿成玛咖干啤，是当地非常流行的饮料之一，收获的季节，用玛咖叶子拌色拉吃。

新鲜玛咖晒干后，非常适合储存，吃的时候可以切片，也可以磨粉，用水或牛奶煮熟即可食用。可与鸡、鸭、牛、羊肉及排骨等炖汤，也可直接口服玛咖粉或用玛咖粉泡牛奶、咖啡饮用。

（3）营养保健 玛咖根中的化学组成成分：蛋白质含量为10%以上，碳水化合物59%，膳食纤维8.5%，内含丰富的锌、钙、铁、钛、铷、钾、钠、铜、锰、镁、锶、磷、碘等矿物质，并含有维生素C、维生素B_1、维生素B_2、维生素B_6、维生素A、维生素E、维生素B_{12}、维生素B_5，脂肪含量不高，但其中多为不饱和脂肪酸，亚油酸和亚麻酸的含量达53%以上，天然活性成分包括生物碱、芥子油苷及其分解产物异硫氰酸苄酯、甾醇、多酚类物质等。

1999年，美国科学家发现了玛咖中含有两类新的植物活性成分——玛咖酰胺和玛咖烯，并确定这两种物质对平衡人体荷尔蒙分泌有显著作用，所以玛咖又被称为天然荷尔蒙发动机。其中，黑玛咖的玛咖烯、玛咖酰胺、维生素和氨基酸等核心指标的含量显著高于紫玛咖，紫玛咖显著高于黄玛咖。

此外，玛咖在抗氧化、降血脂、防止动脉硬化、坚固免疫系统、改善亚健康状态、促进新陈代谢、保肝护肝、补血补钙、改善骨质疏松、调节女性更年期综合征等方面都有一定作用，尤其对增强肌肉耐力和力量、抵抗运动性疲劳、减少肌肉分解和运动性贫血具有显著的功效，可以替代国际禁止运动员使用的合成类固醇兴奋剂而对人体不产生副作用。

 知识链接

卫生部公布人参（人工种植）为新资源食品

我国吉林省是人参主产区，人参栽培总面积在3500万平方米左右，年产成品人参4000t左右，人参产量已占全国的80%，占全球产量的70%左右。由于人参属于传统的中药材，用于中药和保健食品原料，客观上限制了人参食品、饮食等产品的研发和销售，所以我国的人参主要用于出口而非内销。反观美国等发达国家，人参与其他植物药一样可用于食品中，故人参类食品在美国等国家非常畅销。

研究结果表明，在规定条件与剂量范围内，人工种植人参对动物无毒性作用，健康人群食用人工种植人参是安全的。卫生部根据人工种植人参食用安全性评估结果，发布公告（2012年第17号），批准人参（人工种植）作为新资源食品。人参从此合法地进入食品领域，不仅促进了人参产地经济的发展，餐饮行业也多了一种宝贵的健康食材新资源。

第四节　蔬菜的品质检验与贮存保鲜

一、蔬菜感官品质的变化

蔬菜大多是以鲜活的形式上市的，采收后的蔬菜含水量高，营养丰富，生理代谢仍较旺盛。在保鲜贮存过程中，蔬菜自身一系列的生理生化变化会引起生理、风味、质地和营养成分的改变和降低；同时，微生物侵袭也极易引起蔬菜腐烂变质，失去良好的食用品质。

（一）失水萎蔫

水是新鲜蔬菜的主要成分，大部分蔬菜组织内的水分含量达90%以上，充足的水分可维持细胞内水的膨胀压力，使组织坚实挺直，保持蔬菜新鲜饱满的外观品质。膨胀压力是由水和原生质膜的半渗透性来维持的。由于采后蔬菜的蒸腾作用一直在进行，若贮藏运输中遇到高温、干燥和空气流速快，又无包装，会使蒸腾作用大大加强，失去水分，膨压降低，失水达到5%，这类蔬菜就会萎蔫、疲软、皱缩、光泽消退、重量大大下降，失去蔬菜新鲜状态。

（二）色泽变化

由于蔬菜含有叶绿素、类胡萝卜素等色素，因此，任何一种蔬菜都有其自身固有的颜色，并在一定的时间内保持其色泽。采收后的蔬菜因为叶绿体自身不能更新而被分解，叶绿素分子遭到破坏而使绿色消失。此时，其他色素如胡萝卜素、叶黄素等显示出来，蔬菜由绿色变为黄色、红色或其他颜色。有些蔬菜因酶、采收后有切口或碰伤、长期光的照射等，在流通过程中发生变色，如褐变、伤口处的变色。

（三）发芽抽薹

蔬菜除了可食用部分以外，还有那些体积很小、所占比例极少的种子及潜伏芽。这些幼小器官对蔬菜的保鲜起着关键的调控作用，也是促进蔬菜衰老的重要因素。从生命活动强度看，这些幼小器官一旦活动起来比其他部分更为活跃，生命力更旺盛，因为这些器官是与延续后代相关联的；蔬菜的其他部分甚至会以自身器官的死亡来保证这一部分成活。如休眠芽（马铃薯）及鳞芽（洋葱、大蒜）的萌发和生长；花茎的伸长和生长，即抽苔现象。衰老的组织内所含的有机物质大量向幼嫩的部分或子代转移，这是生物学中的一个普遍规律，转移越快，消耗养分越多，蔬菜衰老得也越快。

（四）霉烂虫害

蔬菜是营养体，大多生长在土壤中，易携带微生物。新鲜的蔬菜抗病菌感染的能力很强，例如，用刀切割新鲜的马铃薯块茎，在切面会很快形成木栓层以防止块茎组织干燥及真菌的侵袭。若采收运输中的不当引起碰伤或是空气湿度过大，环境温度忽高忽低，菜堆大引起内外温差，形成蔬菜的水面凝结水滴，称为"发汗"，均易引起病菌的侵染、繁殖，并且随着蔬菜贮存时间的延长，病菌侵染率直线上升，感病率高达80%，使蔬菜发生霉烂、变质。优质的蔬菜完整饱满，无病虫斑；质次的蔬菜有病虫斑，经处理后仍可食用，若蔬菜出现严重虫蛀或空心现象，则基本失去食用价值。

（五）后熟和衰老

蔬菜可以在不同的时期采收，有些是未成熟的，有些是成熟的，皆可作为烹饪原料上市销售。凡是未成熟阶段采摘的蔬菜，例如豆类和甜玉米，其代谢活动高，常附带着非种籽部分（如豆荚的果皮）。而完全成熟时采收的种子和荚果，其含水量低，代谢速率也低。种子在未成熟阶段要甜一些、嫩一些，新鲜的玉米就是如此；随着种子成熟度的增加，糖转化为淀粉，因而失去甜味，同时水分减少，纤维素增加。休眠种子则是在其含水量低于15%时采收的，而供人们当鲜菜食用的种子在其含水量约为70%时采收，随着成熟过程的继续，则衰老加剧，产品形态变劣，组织粗老，品质下降。

（六）风味变化

蔬菜达到一定的成熟度，会现出它特有的风味。而大多数蔬菜由成熟向衰老过渡时会逐渐失去风味。衰老的蔬菜，味变淡，色变浅，纤维增多。例如，幼嫩的黄瓜，稍带涩味并散发出浓郁的芳香，而当它向衰老过渡时，首先失去涩味，然后变甜，表皮渐渐脱绿发黄；到衰老后期则果肉发酸而失去食用价值，此时的黄瓜种子却达到了完全成熟。

二、蔬菜的品质检验

蔬菜的品质是指蔬菜为满足食用价值全部有利特征的总和，主要是指食用时蔬菜外观、风味和营养价值的优越程度。蔬菜原料的品质检验是指依据一定的标准、运用一定的方法，对蔬菜原料质量优劣进行鉴别或检测。因为蔬菜原料质量的好坏不仅对菜肴质量有着决定性的影响，而且若原料遭到污染则可能会危及人体健康。高质量的菜肴必须以优质的烹饪原料作为基础，所谓优质的蔬菜原料必须是有营养的、新鲜的和安全卫生的。

国内外食品行业在生产上已经开始应用果蔬无损伤的检测方法，包括光学技术、电磁技术、力学技术及放射线技术等。如利用"近红外分析法"快速测定蔬菜表面附着的农药种类及浓度，以便鉴定出残留农药是否超标而不会损伤蔬菜表面；利用"力学成熟度空洞分析法"判断出西瓜的成熟度和有无空洞现象；利用"电子鼻分析法"测出果蔬腐烂过程中释放出的一氧化碳、乙烯、硫化氢等气体浓度，判断果蔬是否快要腐烂。在餐饮业，烹饪专业人员主要通过感官检验，判断蔬菜的新鲜度。这里以3种常见的蔬菜制品为例，介绍感官检验方法。

（一）笋干的质量鉴别

笋干的品质以笋色淡黄或褐黄（乌笋干和烟笋干要求乌黑），有光泽、质嫩、有清新的竹香味，根薄、干燥、片形整齐者为佳。玉兰片的品质以色泽玉白或奶白，身短肉厚，笋节紧密，笋面光洁，质嫩无老根，身干无焦斑和霉蛀者为佳。

（二）黄花菜的质量鉴别

吃黄花菜引起中毒多在鲜黄花菜大锅炒食时发生，因其所含的秋水仙碱所引起。一般食后0.5～4h出现中毒症状，轻者恶心、呕吐，重者腹痛、腹胀、腹泻等，因此，食用已经过加工的干品为好。干品以色泽金黄、油性大、条子长、粗壮均匀、少量裂嘴、不超过1cm、无霉变、无杂质、无虫蛀者为佳。

（三）黑木耳的质量鉴别

黑木耳干品的质量以颜色乌黑光润，片大均匀，体轻干燥轻松，半透明，耳瓣舒展，朵片有弹性，嗅之有清香之气，无杂质，胀性好者为佳。如果木耳的颜色呈菱黑或褐色、体质沉重、身湿肉薄、朵形碎小、蒂端带有木质、表面色暗、耳瓣多蜷曲或有粗硬僵块、嗅之有霉味或其他异味、吸水膨胀性小，说明是劣质木耳。如果取一片木耳放在嘴里品尝，品出咸味、甜味、涩味，说明木耳中掺了红糖、食盐、明矾、硫酸镁等，优质木耳应是清淡无味的。

三、新鲜蔬菜的贮存保鲜

蔬菜的贮存与保鲜原理主要就是提供适当的贮藏条件，控制原料新陈代谢作用、产品的衰老、水分的蒸散、抑制原料表面微生物的生长繁殖，从而阻止原料质量的变化。

（一）蔬菜贮存的注意事项

1. 防止水分过度蒸发，以免发生萎蔫

可通过预冷处理，尽量减少入库后蔬菜温度和库房温度的温差；增加贮藏期湿度；控制空气流速。可以采用塑料薄膜包装技术，如荷兰豆、豆角等用保鲜袋封固。

2. 防止表面"结露"，减缓腐烂

蔬菜贮存场所应有良好的隔热条件；贮存期间，维持稳定的低温；通风时，内外温差应小；蔬菜堆不应过厚、过大，保持堆内通风良好。

3. 防止表皮损伤，以免缩短贮存期

对蔬菜进行包装贮运，如用塑料薄膜纸或袋、纸箱等，但应保证通风透气。质地脆嫩的蔬菜容易挤伤，不宜选择容量过大的容器，如番茄、黄瓜等采用比较坚固的箩筐或精包装，容量不超过30kg。比较耐压的蔬菜如马铃薯、萝卜等都可以用麻袋、草袋或蒲包包装，容量可为20～50kg。

4. 最好不要混装，以免互相干扰

因为各种蔬菜所产生的挥发性物质会互相干扰，尤其是能产生乙烯的菜。微量的乙烯也可能使其他蔬菜早熟，例如，辣椒会过早变色。贮存时不要与水产、咸鱼、咸肉等堆放在一起，避免异味感染，更不应与垃圾、脏物放在一起。

餐饮业应用的蔬菜品种很多，数量通常不大，贮存时间不长，故不需要长期贮存，当天使用的蔬菜一般只要放在阴凉、通风的地方就可以了。发现腐烂的蔬菜应立即处理，以免病菌扩散污染。

（二）常用的蔬菜保藏法

1. 简易贮藏法

简易贮藏包括堆藏、架藏、埋藏或假植贮藏等方法。堆藏是将蔬菜按一定的形式堆积起来，根据气候变化情况，用绝缘材料加以覆盖，以防晒、隔热或防冻、保暖，从而达到贮藏保鲜的目的，如大白菜、结球甘蓝、南瓜、生姜等；架藏是将蔬菜存放在搭制的架上进行贮藏保鲜，如葱、洋葱；埋藏是将蔬菜按照一定的层次埋放在泥沙等埋藏物内，以达到贮藏保鲜的目的，如胡萝卜、萝卜、马铃薯等；假植贮藏是将在田间生长的蔬菜连根拔起，然后放置在适宜的场所抑制其生理活动，从而保持蔬菜鲜嫩品质，如茎用莴苣、芹菜等。

2. 低温保藏法

低温对控制和延缓蔬菜萌芽、抽薹、后熟、老化、防霉烂等有积极作用。根据蔬菜的生理特性，以低温为主，再配以其他贮藏措施，是保证蔬菜在使用中良好品质的有效方法。我国北方地区常用冰窖贮藏蒜薹、茄子、豆类、瓜类、花椰菜、莴苣等蔬菜，这是利用天然冰降温的方法来维持蔬菜所要求的贮藏温度；发达国家普遍使用冷链维持蔬菜在商品流通中的低温条件，在生产地收获后，运输、贮藏、上货架到食用前，均为低温流通形式，人们称这种保藏方式为冷链。一些新鲜蔬菜（如豆角、甘蓝、菜花、菠菜、青豌豆、胡萝卜、甜玉米等）经清洗整理、高温烫漂后进行速冻，再低温贮藏保鲜。餐饮行业多用冰箱或冷库来降低或维持产品的低温（0～10℃），借以延长保存时间，适用于绝大多数的蔬菜。但需根据蔬菜对温度的不同要求，设定不同的温度（如甜椒的贮藏适温为7～8℃），以达到较好的贮藏效果，应避免冷害或冻害的发生。

 知识链接

新鲜食用菌的储藏

食用菌和其他多数农产品相比，收成之后，生机依旧非常旺盛，甚至还有可能继续生长。食用菌若储藏于室温环境下，会在4d内消耗约一半的库存能量，用来形成细胞壁几丁质。同时酵素也会丧失部分活性，不再产生清新风味，而菌柄所含蛋白质消化酵素则更为活跃，会把菌柄蛋白质转变为氨基酸，以供菌伞和菌褶之用，于是这些部位的甜味便略有增加。冷藏于4～6℃可以减缓菇蕈的代谢作用，不过应用吸水材料包住，以免食用菌排出的水分沾湿表面并助长腐败。

食用菌买回之后应该尽快食用。食谱通常建议不要清洗菌菇，以免稀释了味道。但菌菇原本就有一大半是水，冲洗片刻就算会洗掉滋味，影响也极其低微。然而，菌菇一洗过就应该马上烹调，因为清洗会损伤表层细胞，导致全面变色。

食品加工业还有改变贮藏环境的气体成分的气调贮藏法和利用γ射线、β射线和X射线的辐照贮藏法等。总之，蔬菜是活的有机体，因而贮藏的时间是有限的，必须保证它的商品价值，才具有真正的作用。

同步练习

一、填空题

1. 根据《中国居民膳食指南》（2007）建议，成人消费者每人每天应摄入蔬菜_____g，深色蔬菜最好约占一半。

2. 蔬菜中的维生素含量丰富，其中最重要的是_____和_____。蔬菜表面常有的一层薄薄的蜡质对蔬菜的储藏极为有利，其主要成分是_____。

3. 黄秋葵采后极易发黄，室温下仅能贮藏_____d，在7～10℃中可保鲜_____d。

4. 通常根茎类及果菜类蔬菜维生素含量最丰富的部分是_____，所以加工时要防止流失。芦笋中对高血压及脑出血等症有很好功效的成分是_____。卷心菜，应尽快烹制，且不应加盖，是因为_____。

5. 食用菌中被列为"四大菌王"的品种是_____。干香菇鲜味的主要成分是_____，强烈的芳香味则来自_____。

二、单项选择题

1. 蔬菜的矿物质中80%是钾、钠、钙等金属，20%是磷、硫等非金属成分，所以是一种（   ）。

    A. 酸性食物　　　　B. 碱性食物　　　　C. 中性食物　　　　D. 两性食物

2. 烹调蔬菜时，添加下列（   ）可以使蔬菜纤维变软。

    A. 酸性物质　　　　　　　　　　　B. 糖类物质

    C. 碱性物质　　　　　　　　　　　D. 柠檬汁、番茄等

3. （   ）是一种强集锌植物，吸收利用环境中锌的能力远远超过其他植物。

    A. 朝鲜蓟　　　　B. 小白菜　　　　C. 芦笋　　　　D. 莼菜

4. 下列蔬菜的烹煮方式中，维生素C损失最大的是（   ）。

    A. 蒸　　　　　　B. 炒　　　　　　C. 炸、烤　　　　D. 炖、焖

5. 食用菌子实体的蛋白质含量约为干重的（   ），所以21世纪食用菌将发展成为人类主要的蛋白质食品之一。

    A. 3%～4%　　　　B. 20%～40%　　　　C. 5%～6%　　　　D. 40%～50%

6. 干香菇的泡水温度最好在（   ），否则会影响香味成分"香菇香精"的产量。

    A. 60℃以下　　　　B. 70℃以上　　　　C. 60～70℃　　　　D. 100℃

7. 葛仙米是一种野生（   ）。

    A. 菌类植物　　　　　　　　　　　B. 藻类植物

    C. 地衣植物　　　　　　　　　　　D. 蕨类植物

三、多项选择题

1. 烹饪中可以作蔬菜食用的原料包括（　　　）。

    A. 草本植物　　　　B. 食用菌类　　　　C. 食用蕨类

    D. 食用藻类　　　　E. 木本植物的嫩茎、嫩芽、嫩叶

2. 牛蒡根的药理作用有（　　　）。

    A. 有促进生长作用　　　　　　　　B. 含有抑制肿瘤生长的物质

    C. 有抗菌和抗真菌作用　　　　　　D. 有促进食欲和帮助消化的作用

    E. 对肝硬化、急慢性肝炎及糖尿病有较好疗效

3. 蔬菜采收后，在保鲜贮存过程中，常发生的感官品质的变化有（　　　）。

    A. 失水萎蔫　　　　B. 色泽变黄　　　　C. 发芽抽薹

    D. 霉烂虫害　　　　E. 后熟和衰老

4. 朝鲜蓟的主要食用部位是（　　　）。

    A. 肥大而嫩的花序托　　　　　　　B. 鲜嫩的蓟茎

    C. 鲜嫩的蓟叶　　　　　　　　　　D. 鲜嫩的蓟根

    E. 肉质鳞片状的花苞

5. 烹制绿色蔬菜，能保持绿颜色，维生素又不被破坏的方式有（　　　）。

    A. 放入少量醋　　　B. 放入少量柠檬汁　C. 放入少量食用苏打

    D. 敞着锅烹调　　　E. 烹饪时间尽量短

四、简述题

1. 试述蔬菜的营养特点及其在烹饪运用中的作用。

2. 蔬菜依据食用器官可分为几大类？举例说明。

3. 如何检验蔬菜的品质？

4. 某部队种植的卷心菜和西葫芦获得了大丰收，但厨房加工的菜品花样较少，你能否帮食堂解决卷心菜和西葫芦菜肴品种、口味单一问题？

五、案例分析题

酒店精心推出"蔬菜美食节"

2013年6月，为提高酒店美食文化，倡导"绿色、养生、健康、原生态"饮食，湖南娄底某酒店精心推出为期3个月的"蔬菜美食节"。美食节期间，酒店搜罗全国各地特色的纯天然山野菜和绿色蔬菜为主料，搭配各地当季特色食材及美味辅料，配以高星级酒店大厨精湛技艺，通过炖、炒、蒸等烹调手法，将山野菜和绿色蔬菜的健康元素充分融入菜中，打造出清香四溢的美食，为市民倾情奉献一场兼具视觉与味觉的"蔬菜美食节"，同时还推出美味的"蔬菜养生宴"，让众食客尽享大自然造赐的同时，充分感受健康生活带来的清新愉悦。

佛手瓜苗、樱桃萝卜、面条菜等60多个品种，山韭菜煎鸡蛋、炝炒羊角菜、米汤煮青梗菜、七里香炒肉末、百合蒸佛手瓜、上汤金丝菜、蒜茸蒸茄子等140多款鲜美爽口的特色菜肴，经过严格量化、标准化的制作，让菜品清新四溢，顾客唇齿留香，回味无穷。此外，酒店推出的蔬菜礼盒，可以让有兴趣的市民带回家与亲朋好友一起分享美味。

请根据以上案例，分析以下问题：

1. 我国山野菜约有63科700种左右，但绝大多数仍处于野生或半野生状态，分析山野菜的营养保健特点，如何研发山野菜新菜品？

2. 利用普通蔬菜制作特色菜品，利用特色食材制作创新菜品，是酒店研发新菜单的途径之一，请问餐饮业怎样能组织到优质的蔬菜货源？

实训项目

项　目：稀特蔬菜的识别与调查

实训目的

认识常见稀特蔬菜品种的形态特征，了解其营养保健功能及烹饪运用。

实训内容：

1. 素材准备

稀特蔬菜也称"特菜"，是对非本土、非本季种植以及一些珍稀蔬菜的统称，包括国内和从国外引进的比较珍稀的名、特、优、新蔬菜品种。由于具有风味独特、外形新奇、营养丰富以及特殊的药用保健功效等特点，一时成为消费时尚。参考表3-4，提前准备各种稀特蔬菜原料的图片、视频或实物等直观素材，观察稀特蔬菜原料的形状、色泽、食用部位特征。

表3-4　　　　　　　　　　　　　稀特蔬菜的种类

类别	品种
叶菜类	孢子甘蓝、羽衣甘蓝、球茎茴香、番杏、菊苣、紫背天葵、紫苏、菊花脑、荠菜、苦苣、京水菜、蕨菜、落葵、冬寒菜、乌塌菜、香芹菜、紫菜苔、马兰、罗勒、蒲公英等
根茎类	香椿、根芹菜、根甜菜、美洲防风、山葵菜、婆罗门参、辣根、鱼腥草、樱桃萝卜等
花果类	微型黄瓜、金丝瓜、蛇瓜、彩色甜椒、四棱豆、荷兰豆、樱桃番茄等
芽苗菜	香椿芽、萝卜芽、花生芽、苦荞芽等
其 他	香椿、玉米笋、百合、芦荟等

2. 稀特蔬菜的调查

安排学生利用课外时间去超市或菜场进行稀特蔬菜的调查，了解本地的稀特蔬菜资源及商品流通情况。也可通过网络调查了解非本地产的稀特蔬菜资源情况。

3. 稀特蔬菜的研究

根据表3-4中的稀特蔬菜种类，进行任务分工，每生研究一个特菜品种（同组或同班可不重复）。学生围绕指定特菜品种，利用网络搜集素材，通过不同的素材，学习研究指定特菜品种。

实训要求：

1. 根据指定特菜品种的素材资源，从种类特征、烹饪应用、营养保健、贮藏保鲜等方面进行研究，完成800～1500字的特菜介绍。

2. 在特菜介绍文本的基础上，结合搜集的图片、视频等素材，制作特菜品种的PPT，用于课堂交流。

建议浏览网站及阅读书刊

[1] http://www.tsscw.cn/（特色食材网）

[2] http://www.mctssc.com/（名厨特色食材网）

[3] http://www.shicaichina.com/（中国食材网）

[4] http://www.zgtsc.com/（中国特色菜）

[5] http://www.veg-china.com/（中国蔬菜网）

[6] http://www.vegetable.org.cn/（湖北蔬菜网）

[7] http://www.shucai001.com/（中国寿光蔬菜网）

[8] 方智远，张武男. 中国蔬菜作物图鉴. 江苏科学技术出版社，2011.

[9] [美]哈洛德·马基. 食物与厨艺：蔬·果·香料·谷物. 北京：北京美术摄影出版社，2013.

[10] 中国烹饪协会名厨专业委员会. 100位中国烹饪大师作品集锦：果蔬菜典. 青岛：青岛出版社，2013.

参考文献

[1] 王正银. 蔬菜营养与品质. 北京：科学出版社，2009.

[2] 康廷国，窦德强. 中国牛蒡研究. 沈阳：辽宁科学技术出版社，2013.

[3] 田关森等. 中国森林蔬菜. 北京：中国林业出版社，2009.

[4] 卯晓岚. 中国蕈菌. 北京：科学出版社，2009.

[5] 罗信昌，陈士瑜. 中国菇业大典. 北京：清华大学出版社，2010.

[6] 王丽霞，汤举红. 稀特蔬菜的观赏与食用. 咸阳：西北农林科技大学出版社，2012.

[7] 叶劲松. 芦笋营养与食谱. 北京：科学技术文献出版社，2012.

[8] 关佩聪. 中国野生蔬菜资源. 广州：广东科技出版社，2013.

第四章

果品原料

第一节　果品原料概述

一、果品的性状与分类

果品是指木本果树和部分草本植物所产的可直接生食的果实或可制熟食用的种子植物所产的种仁以及它们的加工制品。

果品与蔬菜不同。蔬菜多选未成熟植物鲜嫩的根、茎、叶、花，多半是风味清淡，少量的风味浓烈，如洋葱、蒜和甘蓝家族；通常都采用熟食，因为烹调可以提升蔬菜风味、软化构造，也比较好入口。而果实都是植物为了吸引动物才长出的部位，动物吃了就能帮植物散播果内的种子。因此，植物成熟的果实里充满令人垂涎的糖分和酸质，果实还带有宜人的香气和光彩夺目的色泽，并且涩味减退、果肉变软，以供我们享用，所以果实无需烹调处理便很漂亮又很可口。若未成熟，果实往往不具吸引力，甚至无法入口。

目前我国栽培的果树分属50多科、300多种，果品资源分布于全国各地。大致分布为：

北方的华北、辽宁、山东一带：盛产苹果、梨、桃、杏、山楂、银杏、核桃、枣等。

南方的两广、福建、云南、四川一带：盛产柑橘、菠萝、香蕉、荔枝、龙眼、芒果、椰子等。

中部的华东、河南、湖北等地：盛产苹果、梨、柿、板栗、山楂、银杏、枣、樱桃、草莓、西瓜等。

西北的新疆、青海、甘肃：盛产葡萄、杏、核桃、西瓜、甜瓜和哈密瓜，质量均属上乘。

此外，野生的果品资源也很丰富，如刺梨、沙棘、黑加仑、猕猴桃、山枣、山葡萄等，这些野生果品资源由于无污染、营养丰富、风味纯正，在当今更受到消费者的青睐。

🔗 知识链接

果树的命名与历史

我国果树栽培至少有4000年以上的历史。现在食用的果品绝大多数是由野生种演变而来，或"丝绸之路"等途径由国外引种而来。古时候，人们对物种的命名是很有讲究的，凡原产于我国且栽培历史在2000年以上的果树，名称多是一字，如古称"五果"的桃、李、杏、梅、枣及栗、榛等；外来品种或后期增加的物种，名称则多是二、三字，如葡萄、核桃、石榴、阿月挥子等都是汉代以后从外地引进的；很多从外国或外地引进的果树，在名称上加以"胡"字（如胡桃、胡瓜）、"番"字（如番石榴、番木瓜、番荔枝）、"洋"字（如洋梨、洋桃）等，顾名思义可以了解其来源历史。

（一）果实的构造与类型

果实是独特的器官，从植物的花朵（特别是子房部位）发育而来，纯由子房长大而形成的果实，称为真果，如桃和杏等；也有一些果实除子房以外，还有花的其他部分，如花托、花萼或花轴也参加形成果实的一部分，这种果实称为假果或附果，如苹果、梨、菠萝和草莓等。子房壁的细胞分裂形成果皮，进一步增大体积分化成三层不同构造：外侧薄层是保护性表皮；内部则是保护性薄层，包覆着位于核心的种子；两薄层之间是风味十足又多汁的厚层果肉。各种果实组织的衍变关系如图4-1所示。

果实分为3种：单果、聚合果和复果（见图4-2）。单果是植物一朵花中只有一个雌蕊，形成一个果实，如苹果、桃等；聚合果是植物一朵花有多个雌蕊，每个雌蕊可以形成一个小果实，许多小果实聚集在花托上，供食用的是肉质花托，如草莓。复果（又称聚花果）是由整个花序发育而来的许多果实，每个小花形成一个单果，如桑葚是由很多子房发育成的许多小坚果和肥大的花萼。

单果根据果实的特点分为肉质果和干果两类。肉质果是果实成熟后肉质化，其果皮发育程度不一，又分为浆果、核果、仁果、柑果等；干果是果实成熟后，果皮呈干燥状态，开裂或不开裂，与果品有关的称为坚果，即果皮坚硬，仅种仁可食，如板栗、核桃、榛和白果等。

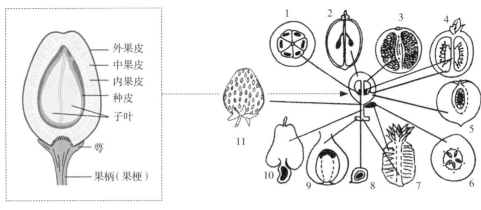

图4-1 果实组织的衍变关系

1—山竹果：由假种皮发育而成　　2—葡萄：由外果皮发育而成　　3—柑橘：由心室内壁组织发育而成

4—番茄：由隔膜和胎座发育而成　5—桃：由中果皮发育而成　　　6—苹果：由附果组织发育而成

7—菠萝：由附果和花轴发育而成　8—石榴种子：由外果皮发育而成　9—无花果：由花轴发育而成

10—腰果：由花梗发育而成　　　11—草莓：由花托发育而成

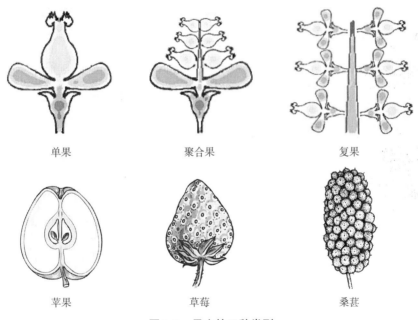

图4-2 果实的三种类型

（二）果品的分类

按我国商业经营果品的习惯，把果品分为鲜果、干果以及它们的加工制品三大类（表4-1）。

1. 鲜果

鲜果也称"水果"，指新鲜的、可食部分肉质化、柔嫩多汁或爽脆适口的植物果实，具有独特的果香和甜味。鲜果是果品中最多和最重要的一类，包括苹果、梨、柑橘、香蕉等70种左右。按上市季节又分为伏果和秋果。夏季采收的为伏果，如桃、杏、李、樱桃、伏苹果等，这些果品不耐贮藏；晚秋和初冬采收的为秋果，如梨、秋苹果、柿子、山楂、鲜枣等，这些果品较耐贮藏。

2. 干果

成熟后果皮干燥的果实称为干果（*dry fruit*），它有广义与狭义之分。广义的干果包括坚果、荚果（如各种豆类的果实）、颖果（如禾本科植物的果实薏米）、瘦果（如果皮木质化的葵花子）、蒴果（如脂麻科植物胡麻的种子芝麻）等；狭义者是果品中的一个大类，通常是指外有硬壳而水分少的果实（或植物种子），如板栗、榛子、核桃、杏仁等坚果。

3. 果制品

果制品是指将鲜果制成果坯后，干制、取汁或用糖煮制或腌渍而得的制品。按照加工方法的不同，常分为果干类（*dried fruit*）、果脯、蜜饯类、果酱类、果汁类和糖水渍品。

表4-1　　　　　　　　　　　　　　果品原料的分类

类　别			实　例
天然果品	单果	鲜果　仁果类	如苹果、梨、枇杷、山楂、木瓜、海棠果、沙果等
		核果类	如桃、杏、李、杨梅、枣、樱桃等
		浆果类	有葡萄、猕猴桃、柿子、石榴、香蕉、番木瓜、醋栗等
		柑橘类	柑、橘、甜橙、柚类、柠檬、金橘等
		瓠果类	西瓜、香瓜、哈密瓜、白兰瓜、甜瓜等
	干果	坚果类	如核桃仁、松子仁、腰果、板栗、莲子、白果等
	复果		无花果、桑葚、菠萝、菠萝蜜、面包果等
	聚合果		草莓、树莓、番荔枝等
果制品	果干类		如山楂干、葡萄干、香蕉干、椰丝、杏干和龙眼干等
	果脯、蜜饯类		如苹果脯、杏脯、橘饼、冬瓜条、蜜饯樱桃等
	果酱类		有浓稠的果酱、较浓稠的果泥、凝胶状的果冻和较干燥的果丹皮等
	果汁类		原汁、浓缩汁、果冻；干燥后成果汁粉；发酵后为果酒、果醋
	速冻品		如草莓、桃、樱桃、葡萄、杏、李、醋栗、树莓、龙眼、荔枝等
	糖水罐头		如桃、杨梅、菠萝、龙眼、荔枝、枇杷等，整果或果片装罐

注：商业上干果包括坚果类和鲜果的干制品。在果品经营中还把杏仁、瓜子等也列入干果之内。枣以干枣为主要果品时，也有列入干果类的。

二、果品的风味与营养

（一）果品的风味

果品的色泽、形状、大小、风味成分、硬度、汁液等共同构成果品的风味品质。

1. 色泽

色泽是反映果实成熟度和品质变化的主要指标之一。色泽与果实的风味、质地、营养成分密切相关。通过色泽，在一定程度上可以了解果品的内在品质。果品绿色减褪，底色开始发白或发黄，说明果实已开始成熟；红色苹果着色良好，能够全红的，说明果实含糖量高，品质风味好；香蕉、菠萝果实颜色褪绿，变得橙黄或金黄，说明果实已完成后熟，风味品质达到最佳程度。色泽的变化和程度，有些果品可以作为果实成熟度的标志；而另外一些果品则可作为贮藏过程中质量变化的标志。不管何种情况，通过色泽的变化可以判断果实是否好吃，或者是否达到最佳食用期。

2. 形状和大小

各种果品通常都具有其特征的形状和大小，可以作为我们识别品种和鉴别成熟度的一种参考。在同一批果品中，中等大小的个体恰恰表明在生长期中营养状况最好，发育充实，营养物质含量高，风味品质好；个体大的组织疏松，呼吸旺盛，消耗营养物质快，风味差，品质易劣变；个体小的生长发育不充实，营养物质含量低，或者说明成熟度不够。所以，通常真正质量最佳的水果往往是那些中等大小的果实，选购果品时不要一味贪大。

此外，每种果品都有特征形状，如四川的锦橙，又称鹅蛋柑，以椭圆的果型最受欢迎；脐橙，则需要有明显的果脐；鸭梨，则要具有其特征性的鸭咀（果形呈倒卵圆形，近果柄处有一鸭头状突起，形似鸭头，故名鸭梨）。近些年来，由于肥水管理和全球气候变化的影响，驰名中外的天津鸭梨的鸭咀特征变的不明显了，从而严重影响了鸭梨的出口，在香港市场上的售价也一落千丈。果品具有其特征的形状，一方面反映了品种的纯正性，另一方面也说明在生长发育中营养状况良好，发育充实。

3. 风味成分

每种果品或蔬菜都具有自己特有的风味物质和呈香成分。果实的甘甜酸味形成的主要成分是各种糖和酸，果实含糖量和含酸量形成的糖酸比，形成了各种果实的风味特征，如柑橘、苹果、梨，依不同品种、栽培条件、区域位置，其果实的甜酸味可表现出纯甜、甜酸、酸甜等。令人愉悦的和谐的滋味，必定具有最佳的糖酸比值。因而很多国家以糖酸比作为果实是否能采收、贮藏或加工的主要衡量指标之一。

果品的香气产生于它所含有的呈香物质，通常为油状的挥发性物质，主要是有机酸酯和萜类化合物。如柑橘中是以烯萜类的氧化衍生物如醇、醛、酮、酯构成各种柑橘的特殊香气物质。呈香物质在果品中的含量甚微，只有当水果成熟或后熟时才大量产生，没有成熟的水果缺乏香气。因此，判别果品成熟度和是否已达到最佳可食期，香气是重要的标志之一。

4. 质地

质地是人们对果品在口腔里被咀嚼时所产生的感觉的总评价，不同的果品质地给人们提供了多种多样的口感和享受，若鲜食有柔软、嫩脆、脆、绵、粉等感受，脆如苹果、大部分的梨；柔软多汁如桃、少部分梨、荔枝、龙眼、香蕉等。果品的质地主要由细胞间的结合力、细胞壁的机械强度、细胞的膨胀性、细胞的内含物4个因素构成。它是由果品种类、品种的遗传因素决定的，也与其产地、栽培条件、生长期、成熟度等有关。

（二）果品的营养特点

果品是人们日常生活中必不可少的食物，也是一类需要量大、营养丰富的烹饪原料，除可满足人们消费时所带来的感官享受之外，更主要的是带来营养并增进健康。《中国居民膳食指南（2007）》建议成人每人每天应摄入水果200～400g。

果品含有丰富的糖分、有机酸、独特的呈香成分和色素，使果实色美、味美，其最重要的营养素是富含各类维生素及矿物质，特别是维生素C、维生素B_1、维生素B_2和钙、磷、铁、钾、钠、镁、硫及微量的碘、砷、铅、铜等。如水果中的维生素C是其他食品比不上的；果实中以橄榄含钙最高，山楂次之；果实中果胶的含量相当丰富，食用富含果胶的水果，能降低血中胆固醇，有预防动脉硬化等心血管疾病的作用。

果品属于碱性食品，对保证血液中的酸碱平衡起重要作用。此外，某些果品还具药用保健价值，在卫生部公布的既是食品又是药品的物品名单（附录三）中，果品原料占到20%，如桃仁、龙眼肉等是良好的滋补品；山楂、枣常入药；杏仁、桃仁、橘络等是重要的中药材；番石榴能降低血糖及胆固醇。

三、果品的烹饪运用特点

果品种类繁多，风味不同，是人们饮食生活中的主要副食，日不可缺。果品可生食，也可入馔。果品入馔，古来有之。《紫禁城秘谭》中有记载：清代名厨张东官烹制的"荔枝肥鸭暖锅""一品枇杷鸭子"，皇上每食必赏银赏缎，甚至亲自召见。中国各地方的风味都能找到水果入馔的例子。因此，掌握果品的烹饪特性和运用规律，能进一步合理运用果品类原料烹制出营养丰富，且色、香、味、形俱全的菜肴。

果品入菜，首先要合理搭配。如质地实在的肉类，常要用糖和酱油调味，配菠萝很适宜；鱼类质地软嫩，可以配猕猴桃或芒果；黄瓜、莴笋颜色翠绿，味道清香，可以考虑配浓香的木瓜。港式风味"水果捞"，并不是把所有的水果混合在一起就能珠联璧合，而是选择足够新鲜的水果，红、绿、白、黄等颜色搭配在一起，既水灵又清新，兼顾视觉美和味觉美，让人第一眼就食指大动。

其次是烹调方式的选择。要尽量保持果品鲜甜的本味，不能让其他的味道盖过果品本来的味道，还要防止营养成分过多流失。烹调水果菜时不要随意过油，也不要放太多的盐，以免破坏水果清淡健康的特色。炒制、炖煮时间一定要短一点，宜先把其他原料烹熟，最后再放水果。干果由于含水量少，本味不突出，可用于以咸、甜为主味的菜点中，快速加热以体现花生、核桃、松子、腰果等干果的香酥；长时加热以体现板栗、白果、莲子等干果的软糯。此外，苹果等很多水果容易变色，不适合拿来炒食，最好用来做汤，但一定要等汤沸之后再放入。

果品在西餐中主要制作色拉、派及甜点。水果色拉可用各种新鲜的、熟的、罐装、冷冻的水果，一般被用作开胃色拉、甜品色拉或是午餐的配菜。一小勺乡村乳酪或其他味道柔和的蛋白质食物常和它搭配。用水果、水果汁、糖、调味料以及淀粉加工成水果馅，可用于制作派。新鲜水果上市时最适合做水果派；冻水果质量稳定且随时可用；干制水果在被用来做水果馅之前必须再经过水合作用。

果品的烹饪应用特点见表4-2。

表4-2　　　　　　　　　　　　　　　**果品的烹饪应用特点**

作用	烹饪运用特点	菜例
做菜肴主料	多用于制作甜菜品，用拔丝、挂霜、软炸、蜜汁、果羹、果冻和酿蒸等方法制成	蜜汁桃脯、拔丝香蕉、琥珀桃仁、网油枣泥卷、八宝酿梨、枇杷冻、什锦果羹等

续表

作用	烹饪运用特点	菜例
做菜肴配料	和多种动植物性原料相配成菜	白果炖鸡、红枣煨肘、火龙果虾球、木瓜炖雪蛤、桃仁鸡丁、板栗烧鸡等
做主食、面点配料	干果、果干以及果脯、蜜饯常用于糕点、小吃中，可混合用或做馅心	莲蓉酥、五仁月饼、葡萄干面包、红枣糕、枣泥卷、八宝饭、芝麻汤圆、水果冰粥等
做盘饰、食雕、盛器	常用于花色冷盘造型和配色以及花式热菜的点缀、围边等	西瓜盅、芒果船等，可做盛器的有梨、菠萝、苹果、橙、椰子、黄金瓜等
水果拼盘	多在筵席上使用，果形多姿，色泽艳丽，芳香浓郁，甘美适口，开胃提神	将各种时令水果配合精巧刀工技术，进行有机组合
用作调味料	从鲜果中直接挤出果汁用于菜肴和饮料的调味，常用于烹制味甜的菜肴	如柠檬汁、柑橘汁、菠萝汁和椰子汁
西餐应用	开胃沙拉、甜品沙拉、水果派和水果甜点等	*Waldorf Salad*（华道夫色拉）、*Apple Pie*（苹果派）、*Fruit Cobbler*（水果馅饼）等

　　果品也是食品工业的重要原料，在发达国家占产量45%～70%以上的果品用于加成各种加工品，大增其附加值。我国的果品加工业才在起步，加工量仅占总产的5%左右。鲜果或加工品用于餐饮中，有的可作粮食，如香蕉，制作甜点心或糕点的配料或饰物。在国外早餐中饮用一杯果汁已成为常事。

第二节　典型果品及烹饪应用

一、鲜果品种

　　（一）仁果类——苹果

　　仁果类又称梨果类，都属于蔷薇科果树的果实。果实是假果，食用部分是肉质的花托发育而成。其中经济价值最大的是苹果、梨、山楂等。

　　苹果（*Malus* spp.）是蔷薇科落叶乔木苹果树的果实（见图4-3），世界上栽培地区和产量较大的果类之一，它和葡萄、柑橘、香蕉并称为"世界四大名果"。我国的苹果资源丰富，产量居世界第一，主要集中在渤海湾、黄土高原、黄河故道和西南冷凉高地四大产区，其中渤海湾产区和西北黄土高原是世界优质苹果生产的最大产区。

　　（1）品种特点　我国现有苹果约400多个品种，商品量较大的有30余种。按原产地分为中国苹果和西洋苹果。中国苹果又称绵苹果，原产中国，肉质松软，品质较差，已逐渐淘汰，现栽培的主要品种都是由国外引进

图4-3　苹果

的西洋苹果（原产欧洲及中亚细亚）选育而来；按成熟期可分为早熟种（如早捷、红夏、珊夏等）、中熟种（如金冠、红星等）、晚熟种（如国光、红富士、青香蕉等）。

苹果果面均有艳丽的色泽，呈紫、深红、红、绿、黄等，果肉多为黄白色，肉质细而脆、汁多、芳香，其甜酸度各品种也有差异，有浓甜、甜、甜酸适宜，大多数品种较耐贮藏。

（2）烹饪应用　苹果主要用于鲜食，取清香、脆甜之本味。去皮、核后即可整用，或切成块、丁、条、片做果盘供直接食用。烹调多做甜菜，制法也多：整只苹果去核，酿上豆沙或枣泥等甜馅，笼蒸至酥烂后浇甜汁，即成"瓤苹果"；将苹果切成滚刀块，拍粉挂糊油炸后，挂上熬好的糖浆，即成为金丝缕缕的"拔丝苹果"；将苹果蒸熟制泥，加其他果料及白糖、桂花经油炒即成为甜糯细软的"炒苹果泥"；将苹果切片，夹上山楂糕片或枣泥，然后挂上蛋泡糊经炸后即为外酥松里甜润的"高丽苹果"；将苹果切成小指甲片，配上松子米、白糖、甜桂花，加上清水烧透后勾芡，即为甘美糯烂的"苹果酪"；将苹果切成丁、块等，配上其他新鲜水果可做成"苹果甜羹"。苹果也是良好的配料，适合做"熘鸡丁""熘鱼片"等酸甜味型热菜的配料。此外，还可制成果汁、果酒、果醋、罐头、果干、果脯、果泥、果糕、果酱等。

（3）营养保健　据测定，苹果每100g可食部含水分85.9g、蛋白质0.2g、脂肪0.2g、碳水化合物13.5g、维生素B_1 0.06mg、维生素B_2 0.02mg、维生素C 4.0mg、钙4.0mg、磷12.0mg、钾119.0mg，此外，还含有其他一些维生素和矿物质。

现代医学认为，苹果对胃肠功能有双向调节作用，既能止泻，又可通便。苹果中含有鞣酸、果胶等成分，它们具有抑制和消除细菌毒素以及收敛的作用，因而能止泻。而苹果中的有机酸和纤维素有刺激、促进肠道蠕动的作用，因而可通便。苹果还能降血脂和胆固醇，因此十分适合高血压、高血脂、冠心病和动脉硬化等患者食用。民间有谚语"一日一苹果，医生远离我"，说明苹果具有特殊的保健功效。

 知识链接

西餐中苹果的不同用途

西餐中苹果大致分为：榨汁用苹果、甜点用或食用苹果、烹调用苹果及两用苹果。

（1）榨汁用苹果　主要是欧洲的原生种类，称为"小苹果"。这种高酸度果实含有丰富的收敛性鞣酸，有助于控制酒精发酵并澄清汁液（鞣酸能让蛋白质和细胞壁粒子交叉连接，促使它们沉淀）。这类苹果只用来榨汁。

（2）甜点用或食用苹果　这类苹果鲜脆多汁，生食滋味宜人，酸甜适中（酸碱值为3.4，糖分含量为15%），但烹调后会变得比较清淡。超市和农产品市集的苹果多半属于甜点用苹果。如金冠（*Golden Delicious*），为西餐主要点心用苹果之一，果皮金黄色，味甜不脆，是蓝乳酪的最佳对比食材。

（3）烹调用苹果　这类苹果生食非常酸（酸碱值约等于3，糖分含量约12%），烹煮后酸甜适中、肉质结实，在派或蛋糕中加热后构造依旧完整，不会马上糊成泥。许多国家都有传统的标准烹调用苹果。如英国布蓝莱（*Bramley*），是烹调用苹果的主角，果肉酸涩多汁，多做成苹果派一类的甜点。

（4）两用苹果　生食或熟食皆宜的苹果，这类苹果在酸酸的幼龄阶段烹调滋味最好，而较老、较成熟的果实则宜于生食。如澳洲青苹果史密斯奶奶（*Granny Smith*），果肉脆质、有独特的酸涩味。

（二）核果类——桃

核果泛指所有的李属（*Prunus*）果实，如李、杏、桃等，隶属种类繁多的蔷薇科，和仁果类是近亲。核果类的英文名stone fruits，是因为果实核心有坚硬如石的"核"（由内果皮硬化而成），里面包覆着单一大型种子。尽管李属在北半球共有15种，重要的品种却大多原产于我国。核果不会储藏淀粉，因此收成之后甜味不会增加，不过果实确实会变软并发出香气。核果若放太久，内部组织往往会变得粉粉的，甚至整个瓦解，因此，如果与能够储藏较久的苹果、梨相比，新鲜核果更具季节性，是消费者喜爱的鲜食水果。

桃（*Prunus* spp.）是蔷薇科植物桃树的果实，原产我国，是古老的水果之一，分布很广，在全国各地都有栽培，其中以浙江栽培最多，河南次之。

（1）品种特征　我国是世界上桃类资源最丰富的国家，栽培的约有800多种，且质量之好，举世闻名。桃分普通桃、山桃、光核桃3类，大量生产的则是普通桃，见图4-4。桃按栽培学特征分为：① 北方桃：产于长江以北及黄河流域，如山东肥城桃、河北深州水蜜桃等。② 南方桃：产于长江流域及以南地区，著名品种有上海水蜜桃、奉仙玉露桃、无锡水蜜桃等。③ 黄肉桃：产于西北、西南地区，以黄皮

图4-4　桃子

黄肉而得名，如宁夏的黄甘桃、华北的黄金桃等。④ 蟠桃：以江、浙两省栽培最多，如撒花红蟠桃、白芒蟠桃等。⑤ 油桃：产于新疆、甘肃等地，果实表面无毛，肉质硬脆，汁少味酸，如新疆的黄李光桃、甘肃的紫脂桃等。

（2）烹饪应用　桃色泽鲜艳，果味甜美，既可生食，也可用于甜菜的制作或制作水果拼盘。鲜桃表面有茸毛，将鲜桃在淡盐水中浸泡片刻，易去净细毛。适宜于蜜汁、拔丝、炸、蒸、烩等烹调方法。蜜汁法中多将桃子切块装碗，加冰糖、桂花等蒸后，浇稠汁上热吃，夏季则可冰镇后冷吃，风味更佳。炸法多见于挂蛋泡糊，经油炸后食用。将桃子整只去核，酿上枣泥或豆沙等馅心，蒸熟后浇汁，用于祝寿筵席很受欢迎。另外，取桃片、丁、块等配以鸡丁、虾球、鱼片等炒、熘，体现其充当配料的良好性能。桃子还可制成桃干、桃脯、桃酱、蜜饯、糖水罐头及饮料等，其中的桃脯在甜菜、甜点和糕点中运用很广泛。糖水桃是世界水果罐头中的大宗商品，生产量和贸易量均居世界首位，年产量近百万吨，其中，美国约占2/3。

（3）营养保健　据分析，每100g桃肉中所含营养成分为：蛋白质0.9g、脂肪0.1g、碳水化合物12.2g、钙6mg、磷20mg、铁0.8mg、维生素B_1 0.01mg、维生素B_2 0.03mg、烟酸0.7mg、维生素C 7mg以及胡萝卜素20mg。

桃不仅具有很高的营养价值，而且具有很好的药用价值和保健作用。中医认为，桃味

甘酸，性微温，具有补气养血、养阴生津、止咳杀虫等功效。由于桃性温，因此适合瘦弱而体质虚寒者食用；桃中铁含量丰富，故吃桃能防治贫血；桃中富含果胶，经常食用可预防便秘。值得注意的是，桃虽好吃，但不可多食。李时珍曾说："生桃多食，令人膨胀及生痈疖，有损无益。"

（三）浆果类——葡萄

浆果类果实形状较小，果肉成熟后呈浆状，故称为浆果。如葡萄、猕猴桃、柿等。其中葡萄与香蕉的经济价值最大，而龙眼、荔枝则是我国的珍贵果品。

葡萄是葡萄属（Vitis）木本藤蔓植物的浆果（见图4-5），因含易被人体吸收的葡萄糖而得名，原产于黑海、地中海沿岸。在世界的果品生产中，葡萄种植面积和产量都居世界首位。葡萄是一种很古老的植物，迄今已有5000多年的种植历史。中国古时在陇西、敦煌的山谷原野中早就有野生的葡萄，但正式栽培是在汉朝张骞出使西域后引种传入的。现全国广有栽培，以西北、华北风土适宜，栽培最盛。

图4-5　葡萄

（1）品种特征　葡萄是一种繁殖迅速简便，适应性广，又可经济利用土地，有利于美化环境，改造自然的藤本果树。葡萄有数千个品种。国外酿酒用葡萄多半源自欧洲，而生食或制作葡萄干的品种，则往往来自西亚。酿酒用葡萄较小串，酸度高，足以控制酵母发酵作用；食用葡萄较大串，也没有那么酸；制成葡萄干的品种表皮薄、含糖量较高，葡萄串的结构松散，利于干燥作业。不同的葡萄在颜色、大小和甜度等方面均不同。

我国葡萄根据用途分为4类品种：① 鲜食葡萄品种：如早玫瑰、山东早红、早玛瑙、玫瑰香、龙眼、吐鲁番红葡萄、巨峰、藤稔、黑奥林、白香蕉等；② 酿酒葡萄品种：如雷司令、霞多丽、米勒、白羽、赤霞珠、黑比诺、佳利酿、法国兰、北醇等；③ 无核与制汁品种：如无核白、无核紫、大无核白、红脸无核、红宝石无核、金星无核、紫玫康、康可、康早、黑贝蒂等；④ 砧木品种：如山葡萄。

（2）烹饪应用　全世界生产的葡萄约1/3用来酿酒；剩下的约1/3用来生食，另外1/3则用来制造葡萄干。葡萄美味可口，除鲜食外，是酿制果酒的优质原料，还可制成葡萄干、加工果汁、制成罐头等。烹调中主要用鲜葡萄和葡萄干以及罐头葡萄。鲜葡萄和罐头葡萄适用于拔丝、甜羹、油炸等烹调方法。由于葡萄柔软多汁，拔丝、油炸时要挂上一层糊，以保持其浆液不外溢。取鲜葡萄汁用于一些甜菜的汤汁，以其天然的甜酸味和多彩的色泽取胜。葡萄干广泛用于甜点及糕点中，除作馅心外，还兼有点缀装饰作用。"贵妃鸡翅"要用到葡萄酒，取其浓郁的葡萄香味。

（3）营养保健　葡萄是一种营养丰富的多汁浆果，含糖量为15%～30%，并且大部分是易被人体吸收的葡萄糖、果糖，少量蔗糖和木糖。还含有蛋白质、有机酸（酒石酸、苹果酸、柠檬酸）、果胶、胡萝卜素、维生素A、维生素B_1、维生素B_2、10余种游离氨基酸、多种矿物质和花色素等。

中医认为葡萄有补气血、强筋骨、生津液、利小便等功效。现代研究发现，葡萄全身都是"宝"。葡萄汁可降血压；葡萄籽含低聚原花青素，丰富的亚油酸、维生素、植物固醇及白藜芦醇等，具有很好的抗氧化、抗衰老、抗疲劳、抗癌及抗诱变作用；葡萄皮则可用于提取酒石酸和单宁酸等药物。

（四）柑橘类——甜橙

柑橘类属芸香科，现世界上柑橘栽培品种均原产于我国，有文字记载的柑橘栽培历史已达4000多年。目前，我国柑橘栽培面积居世界第一位，产量居第三位，仅次于巴西和美国。国内柑橘90%用于鲜食（其中30%贮藏保鲜），10%用于加工；在美国、巴西等国80%柑橘用于加工制汁，并对外输出，创造高附加值。

柑橘类主要特征是外果皮革质，内含芳香油；中果皮疏松，呈白色海绵状；果实是由合生心皮发育而成的浆果，每个心室（即果实中的囊瓣）含有特殊的汁胞。这种果实在植物学上称为"柑果"。因品种繁多，成熟早晚各异，鲜果供应期长，又较耐贮藏运输，基本可做到周年供应。其分类见图4-6，其中柑橘属是分布最广、种类最多、栽培价值最大的一属。

图4-6 柑橘类果品分类

甜橙（*Citrus sinensis*）又称黄果、金球、广柑等，原产我国东南部，是我国主要柑橘类栽培品种之一，也是世界上栽培最多的柑橘类水果（见图4-7）。在世界柑橘生产中，甜橙占的比例最大，年产量约占橘类总产量的2/3。我国主要产于广东、湖北、湖南、福建、四川等地。

（1）品种特征 甜橙果实比橘大，果实圆形或长圆形，果皮橙红或橙黄色，紧密光滑，不易剥离，囊瓣也不易剥离，肉质细嫩，多汁化渣，味浓芳香，酸甜适口，品质优良，大多品种耐贮藏（见图4-7）。在柑橘类中，甜橙品种最丰富，全世界品种达400个以上。依季节可分为冬橙和夏橙，依果实性状可分为4个类型：① 普通甜橙，甜橙中数量最多的种类，也是中国甜橙的主栽品种；② 糖橙（无酸甜橙）；③ 脐橙，果顶有孔如脐，内有小果瓤囊露出；④ 血橙，果面红色，果肉赤红色或橙色而有赤红色斑条。著名品种有新会橙、潮叶甜橙、雪柑、冰糖橙、锦橙、伏令夏橙等。

图4-7 甜橙

（2）烹饪应用　甜橙一般作为水果鲜食，也可用于制作菜肴、面点、小吃；还可作为菜肴盛器，如"香橙鸭子"之类，可用作装饰料；又可用作酸味调味料。宋代对橙在烹调中应用的认识已很广泛，《山家清供》中载有"蟹酿橙""橙玉生""持螯供"等名馔，"蟹酿橙"是以橙作盛器；"橙玉生"是取橙肉捣烂拌雪梨而成；"持螯供"是以酸橙汁调食蟹肉。用于做菜肴，多用于甜菜。西餐中常将甜橙果实细切加在沙拉中、切片用于饮料里，或当作菜的配饰；它的果汁可用在调味酱及糊状物中；果皮可以磨碎用于烘焙，也可以整个拿来当作沙拉或冰品的外壳，或是切片糖渍。

橙子可制果汁、果酱和蜜饯等。橙汁是世界产量最大的果汁，尤以冷冻浓缩橙汁为多。

（3）营养保健　橙子鲜品食部每100g含水分87.4g，蛋白质0.8g，脂肪0.2g，碳水化合物10.5g，膳食纤维0.6g，胡萝卜素160μg，视黄醇当量27μg，硫胺素0.05mg，核黄素0.04mg，尼克酸0.3mg，抗坏血酸33mg，钾159mg，钙20mg，镁14mg，磷22mg。

橙子主要含橙皮苷、柚皮芸香苷、异樱花素-7-芦丁糖苷、柚皮苷等黄酮苷类；那可汀等生物碱；内酯、有机酸、挥发油等，有抗炎、抗菌、抗病毒、抗变态反应、抗氧化等作用。橙子压汁泡茶饮，称为"香橙茶"，有醒胃、提神、防动脉硬化之效。

（五）瓠果类——西瓜

瓠果是果实的一种类型，属于单果，是葫芦科植物特有的果实类型。很多瓠果被人类作为水果、蔬菜或者中药食用，包括西瓜、哈密瓜、白兰瓜、黄瓜、丝瓜、冬瓜、葫芦等。瓠果的外果皮与花托合生形成较坚韧的果实外皮，中果皮与内果皮的界限不甚分明，常肥厚多汁，冬瓜、甜瓜等水果蔬菜可供食用的就是这个部分。瓠果的胎座异常发达，这是其他类型果实所不具有的，发达的胎座常在果实内占据很大的空间，西瓜供食用的部分就是胎座。

西瓜（*Citrullus lanatus*）为葫芦科一年生草本蔓生植物的果实，又称水瓜、夏瓜、寒瓜等。原产非洲南部，埃及人在5000年前就吃西瓜，唐、五代时引入契丹，后由新疆一带引种到内地。因其从西方传入，故名西瓜。现除少数寒冷地区外，我国南北各地都有栽培，总产量居世界首位，品种之多也为世界之最。

（1）品种特征　西瓜按用途一般可分为：食用西瓜和子用西瓜。食用西瓜作为水果可直接生食（见图4-8），瓜形大、细胞也大，果肉含糖量高，汁多味甜。这类西瓜品种很多，瓜形上有圆形、椭圆形、筒形（枕形）等，日本培育的正方形西瓜能节省空间，并耐贮藏和运输；瓜皮颜色有白皮、黑皮、花皮、豆青、黄皮5类；瓜瓤色泽有红瓤、白瓤、黄瓤之分，红瓤西瓜含有能抗氧化的茄红素，含量超过番茄；瓜籽颜色有黑色、白色、褐色等，20世纪30年代日本首度育成无籽西瓜，实际上也含有未发育的小型种子。

图4-8　西瓜

名品有北京大兴西瓜、江苏东台西瓜、河南汴梁西瓜等，宁夏中卫是闻名全国的"中国硒砂瓜之乡"，生产的香山硒砂瓜富含锌、硒、钙等微量元素，汁多爽口，甘甜如蜜，兼具个大、皮厚、质硬、耐储存、易运输等特点，被认证为A级绿色食品，是2008年北京奥运会绿色食品专供产品。

籽用西瓜果实较小，果肉味淡不甜，果实中种子既多又大。我国江苏、内蒙、甘肃等地均有栽培。

（2）烹饪应用　西瓜除鲜食外，也可入馔。可整用，也可分成瓤、皮用。整用西瓜多做盅式菜，如"西瓜盅""西瓜鸡"及孔府菜中的"双凤归巢"等，多与食雕结合，于瓜皮外雕成各式图案或吉祥花纹，赏心悦目。西瓜瓤可切块挂糊炸成"炸西瓜"或"拔丝西瓜"；以瓜瓤搅汁加琼脂制成水晶状块而成"冰糖水晶西瓜"；还可制成"西瓜酱（甜）""西瓜冻""西瓜汁"等。西瓜皮刮净瓤层与表皮蜡质层，可切成块、丁、条、片、丝等，配荤素各料，用拌、炝、炒、爆、烧、烩等法成菜，剁碎也能做馅料，可腌、酱、渍、泡制成小菜，或做瓜干、蜜饯。西瓜雕刻已是常见应用，制作精致的西瓜具有较高艺术欣赏价值，可美化菜品，活跃气氛。扬州、浙江平湖等地的西瓜灯，名重于世，深受喜爱。北京大兴区宾馆根据西瓜的不同部位（如西瓜皮、瓜子、瓜瓤、瓜叶）及不同形态创制成精美的"西瓜宴"。

（3）营养保健　西瓜汁多味甜，营养丰富，拥有"夏季瓜果之王"的美称。西瓜果实水分含量一般在94%以上；除不含脂肪外，几乎含有所有的营养素，包括维生素（维生素A、维生素B_1、维生素C、烟酸、胡萝卜素等）、碳水化合物（葡萄糖、果糖、蔗糖等）、氨基酸（α-氨基丁酸、β-丙氨酸、谷氨酸、精氨酸等）、有机酸（苹果酸、丙酸）和矿物质（钾、铁、钙、磷）。因此炎夏吃西瓜，不仅可消暑、清热、解渴，还可补充营养素。

中医认为，西瓜味甘，性寒，具有清热解暑、除烦止渴、利小便、醒酒等功效。现代研究认为西瓜营养丰富，对人体也具有很好的保健作用。西瓜水分含量高，进入人体后，有稀释器官黏液、利于机体代谢、加快废物排出的作用；适量的糖能利尿；适量的钾盐能消除肾脏水肿；西瓜中的配糖体还有降低血压的作用。另外，西瓜尚能清利湿热，故也适用于肝炎、胆囊炎和胆石症患者食用。西瓜皮和西瓜籽均有一定的药用价值。西瓜还可加工成中药"西瓜霜"，可治疗急、慢性咽喉炎、扁桃体炎等症。

（六）复果——菠萝

复果由一个花序上所有的花，包括花序轴共同发育而成，如菠萝、无花果、桑葚等。菠萝的果实是由肥厚肉质的中轴、肉质的苞片和螺旋状排列的不发育的子房共同形成球果状体；无花果的果实是由隐头花序形成的复果，称为隐头果。

菠萝（*Ananas comosus*）别名凤梨、番梨，为凤梨科植物凤梨所结的大型松球状果实（见图4-9），是一种热带植物，原产于南美洲的热带干旱地区，后从巴西传入我国，主要产于广东、广西、云南、福建、海南和台湾等地，是我国岭南四大名果（菠萝、荔枝、香蕉、木瓜）之一。

图4-9　菠萝

（1）品种特征　菠萝外形为长圆形，有鱼鳞似的表皮，果肉呈淡黄色或白色，由无籽小果螺旋排列而成，每个凤梨有

100～200个小果，直接与中央核相连聚集，在小果融合过程中，也会把细菌和酵母菌包入果内，这让菠萝内部有可能腐败。菠萝不贮存淀粉，一旦采收甜度便不再提高，风味也不再改进，不过质地还是会变软。菠萝果肉柔嫩、脆软、多汁，具有特殊香气，甜酸爽口，为人们喜爱的水果之一。根据菠萝果实、叶片和植株性状的差异等主要分为3个类型：① 卡因类，果大，圆筒形，适宜制罐，汁多，糖酸含量中等，香味较淡，品种有夏威夷、沙捞越、台湾无刺等；② 皇后类，果小，卵圆形，汁少，含糖量高，香味浓郁，适宜鲜食，品种有神湾、金皇后等；③ 西班牙类，果实呈球形，果肉纤维较多，汁少，含酸量高，香味浓，主要品种有红西班牙、有刺土种等。

（2）烹饪应用　成熟的菠萝非常甜又相当酸（柠檬酸），浓郁的香气来自复杂的混合物质，包括果香酯类物质、香料的硫化物、香荚兰香精和丁香香精等。菠萝基部附近的小果最早形成，因此肉质最老也最甜，酸度则从核心向外递增，表面可达核心的两倍。由于菠萝风味强烈，果肉又很坚实，且含些许纤维，因此菠萝可以去皮入馔。可直接切片、块鲜食；可做"拔丝菠萝""蜜汁菠萝""菠萝酪"等甜菜、甜羹；也可切块、条、片等做酸甜味型菜肴的配料，如"菠萝咕噜肉""菠萝鱼片"；用菠萝汁调制"菊花鱼""松鼠鱼"，果味浓郁；可做点心"八宝菠萝饭""菠萝凉糕"等；还可用菠萝做容器盛装菜肴。

西餐中常用来切块烘焙、烧烤或油炸，制作菠萝布丁、菠萝馅饼，或将其与肉一起烹煮，可以使肉类变得软嫩。

除鲜食及制作菜肴外，还可用于加工糖水罐头制品、菠萝蜜饯和菠萝粉。菠萝罐头风味独特，优于一般水果，有"罐头之王"之称。制罐头后剩下的果皮、果心、果端等可用来加工菠萝汁饮料，菠萝汁是最主要的热带水果汁；也可以用来酿酒或制醋；或用来提取菠萝蛋白酶和香精等。

（3）营养保健　菠萝每100g可食部分中含水分88.4g、碳水化合物9.5g、蛋白质0.5g、脂肪0.1g、粗纤维1.3g、钙12.0mg、磷9.0mg、铁0.6mg、胡萝卜素0.02mg、维生素C 18.0mg、维生素B_1 0.04mg、维生素B_2 0.02mg、烟酸0.2mg，另外还含多种有机酸及菠萝蛋白酶等。

中医认为菠萝味甘、微涩，有清热解暑、消食止泻、降压利尿等功效，可用来治疗中暑烦渴、消化不良、肾炎、高血压、便秘和糖尿病等病症。现代研究表明，菠萝中所含的芳香成分可促进唾液分泌，增加食欲；所含的膳食纤维可促进肠道蠕动，防止肠道病变；而菠萝蛋白酶则可分解蛋白质，从而具有消食止泻和利尿作用。同时菠萝蛋白酶还可加速溶解纤维蛋白和蛋白凝块，降低血液黏度，具有抗血栓作用，对心脑血管疾病有一定的辅助治疗效果。但需注意的是，由于菠萝中含有蛋白酶，有人对此酶有过敏反应，因此，最好在食用前将菠萝肉用淡盐水浸泡，可以破坏菠萝中的致过敏成分。

 知识链接

食肉的果实：植物蛋白酶之谜

说起食肉植物，恐怕多数人脑海中立刻闪现出影视作品中对它们形形色色的夸张描述。其实，食肉植物分布于10个科约21个属，有630余种。它们能够吸引和捕捉猎物，并能"吃掉"昆虫和其他小动物，其秘诀就在于这些植物分泌的消化液中含有能分解肉类的消化酶。

　　菠萝的茎、叶、皮及果实都含有多种活性蛋白质消化酶，品质最佳的蛋白酶是利用菠萝的中茎加工而成的。肉制品烹饪加工中，利用提纯的菠萝蛋白酶（肉类嫩化剂的成分）分解肉的胶原蛋白，可以使肉类嫩滑。如果用菠萝制作果冻类的甜点，必须先经过烹煮，让蛋白酶失去活性，才能用来制作。此外，在含有牛奶或奶油的混合料中加入菠萝，菠萝蛋白酶会破坏酪蛋白成分，产生带苦味的蛋白质碎片。只要先把菠萝煮过就可以避免这种现象。

二、干果品种

　　干果又称坚果（nut）、果仁，指具坚硬外壳的可食种子，通常较大、含油量丰富，几乎不需料理便可食用。胡桃、榛果、栗子和松子在欧洲和美洲都具有特有品种，这是因为坚果的乔木历史十分悠久，远比其他食用植物更早出现。如今全球气候适宜的地区，几乎都能见到它们的踪迹。美国加利福尼亚州已成为杏仁、胡桃的最大产地，南美洲花生栽植遍布亚热带地区，亚洲椰子则已经传遍热带地区。

　　在食用的干果中，一类是属于油脂和蛋白质含量较高的核桃、榛子仁、腰果和甜杏仁（世界著名的四大坚果）等，这类干果稍微烘烤便会转呈褐色，香气浓郁，质地略带酥脆，润泽的油脂令人满口生津，备受青睐；另一类是淀粉含量较高的板栗、莲子、白果等。

　　干果是植物的精华部分，一般都营养丰富。富含脂肪的干果含油比例可达50%以上，含脂量紧排在纯脂肪和纯油脂之后，平均每100g约含2512J热量；相比之下，肥牛肉平均约含200cal热量，干燥淀粉质谷类则为1465J热量。蛋白质为10%~25%，而且还是多种维生素和矿物质及膳食纤维的优良来源。维生素中的具有抗氧化效果的维生素E在榛果和杏仁中含量特别丰富。此外还有叶酸，被视为维护心血管健康的重要成分。干果脂肪的成分多以单不饱和脂肪酸为主，而且多不饱和脂肪酸的含量也高于饱和脂肪酸（椰肉的饱和脂肪酸含量很高，而胡桃和美洲山核桃所含脂肪则大半都属多不饱和脂肪酸）。干果的种皮还含有丰富的酚类抗氧化物质。流行病学研究发现，常摄取干果能降低心脏病风险，对人体生长发育、增强体质、预防疾病有极好的功效，这与干果的营养特色是分不开的。

　　（一）白果

　　白果（ginkgo nut）是银杏树（Ginkgo biloba）所结坚果的淀粉质种仁。银杏是银杏科乔木的遗种，该科在恐龙时代十分显赫，如今全世界只剩下银杏1种，因此被视作植物界的"活化石"。早在唐代由中国传到日本，再从日本传到欧洲、美洲。目前银杏的自然地理分布范围很广，亚洲是银杏树的大本营，中国的银杏主要分布在温带和亚热带气候区内，遍及60多个县市。江苏泰兴市拥有百年以上银杏树6000多株，常年产量4000t，约占全国白果产量的1/3，每年银杏收入达数亿元。

　　（1）品种特征　银杏树栽培品种有核用、叶用、观赏、雄株、材用5类，其中核用（种仁）品种是各银杏产区多年来选育出的优良品种，如泰兴大佛指、西山洞庭皇、洞庭佛手、郯城金坠、圆铃、诸暨大梅核、大马铃等。近年来，获国家质检总局地理标志产品保护的有江苏泰兴白果、邳州银杏、山东郯城新村银杏、甘肃徽县银杏、湖北安陆银杏、广西兴安白果等。其中泰兴白果99%为上品"大佛指"，果大、壳薄、仁饱满、浆水足，出核率、出仁率高，壳细紧密，贮藏期长，80%以上直接出口东南亚等地。

每年9～11月，当银杏果实呈橙黄色时，可采集果实堆放在阴湿处（或浸泡在缸里），使肉质外种皮腐烂。然后取出，除去外种皮（注意：一定要戴上橡胶手套操作，果肉有一定腐蚀性），在清水中冲洗干净后，呈现坚硬的骨质中种皮（果壳呈漂亮的白色，故称白果）。晒干，贮存备用。打碎外壳，剥去红褐色膜皮（内果皮），呈现的种仁称为生白果仁，可用于烹调加工或晒干备用（见图4-10）。如白果以蒸、炒等方法加工后，再打碎外壳，取出种仁，即为熟白果仁。

| 银杏果实 | 橙黄色肉质外种皮 | 白色骨质中种皮 | 红褐色内果皮 | 白果仁 |

图4-10　白果及果实构造

（2）烹饪应用　生白果仁肉质脆嫩，味清香略苦，因果蒂部分含有氢氰酸，生食易中毒，所以很少生食。种仁熟食，柔软清香，非常可口。烹饪中可做主料制成甜味菜，如桂花白果、蜜汁白果等；白果仁做配料则用途更广，在日本、美国的餐厅及副食品店都有白果凉拌菜及副食品出售。我国宋代白果已广泛用于烹饪。多与猪、牛、羊及禽、蛋类原料相配，采用炒、蒸、煨、炖、焖、烩、烧、熘等多种烹饪方法，制成美味佳肴，如蜜腊银杏、诗礼银杏（孔府名菜）、银杏鸡豆花、白果猪肘炖鸡、椒盐白果、白果鸡丁等。白果仁还可用于主食及糕点小吃。民间以铁丝笼装之于小炭炉上烘烤成熟，去壳后其肉翠绿而半透明，入口香糯，稍带苦香味，是长江下游一带冬令传统名小吃。

此外，白果仁也可制作罐头、月饼或加工成银杏酒、银杏饮料等珍馐品种供人们食用。

（3）营养保健　生干白果每100g可食部占67%，能量1486kJ，含蛋白质13.2g，脂肪1.3g，碳水化合物72.6g，钙54mg，铁0.2mg，锌0.69mg，及铜、硒等。含有人体必需的9种氨基酸，营养丰富。

白果的药用价值很高，被卫生部列为药食兼用物品。现代医学研究证明，白果能降低血液中胆固醇水平，消除血管壁上的沉积成分，对防止动脉硬化有一定效果；白果味甘苦涩，具有敛肺气、定喘咳的功效，对于肺病咳嗽、老人虚弱体质的哮喘及各种哮喘痰多者，均有辅助食疗作用。

（4）注意事项　白果种仁含有白果酸、白果酚、白果醇、氢氰酸等有毒物质，故每次吃白果不宜过多，否则会引起中毒（多见于儿童）。为了防止中毒，在煮白果时，锅盖不要盖得太紧，而且一定要把白果煮得熟透，使白果酸等分解，让氢氰酸挥发，未熟透的不要吃。

（二）腰果

腰果（cashew）为漆树科腰果属腰果树（*Anacardium occidentale*）的坚果果仁，原产南美洲亚马逊地区，由葡萄牙人成功移植至印度和东非，如今这些区域成为世界最大腰果产地。中国于20世纪30年代引进，海南、台湾、广东湛江一带有种植，以海南为最多。腰果果实成熟时香飘四溢，清脆可口，为世界著名的四大干果之一，也是仅次于杏仁的世界第二大坚果贸易品种。

（1）品种特征　腰果树有槚如树、西方腰果树、鸡腰果等几种。坚果形状奇特，好像一端被压入梨形膨大的肉质果柄中，果柄比坚果大3倍。果柄淡红色或黄色，为肉质陀螺形的假果（俗称腰果梨，见图4-11），长3～7cm，黄或红色，可食或酿酒。

供经常食用者为坚果去壳后的果仁，两侧扁，长约2.5cm，因其呈肾形而得名。腰果不像花生，上市销售的都是去壳腰果，因为种壳含刺激性油质，必须加热去除毒性再小心取出种子，这样才能进一步加工。

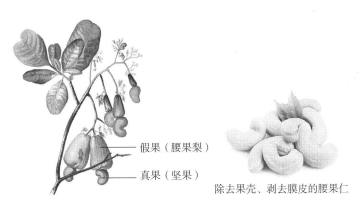

假果（腰果梨）
真果（坚果）
除去果壳、剥去膜皮的腰果仁

图4-11　腰果

（2）烹饪应用　腰果仁松脆香甜，用途类似于花生仁，但其品质要优于花生。特点在于不仅适用于甜品菜，也适用于咸味菜；可做主料，也是良好的配料。可整只使用，又可切成碎末应用。常用做干果碟或做冷菜，最简单的方法是将其油炸至脆后佐酒，酥脆赛过花生，清香胜过杏仁。若经烘烤后挂霜食用，则是甜脆味美的冷菜。炸（或烤）脆的腰果可以做熘、爆、炒等热菜的配料，如腰果鸡丁、炒双腰丁、酥腰果仁、腰果虾仁、腰果肉片等。甜菜、甜点中以其做馅料，也应将其炸至酥脆，其特色才能显现出来。腰果仁含有大量淀粉，因此在西餐中，比多数坚果都更能为液态料理增加浓稠度。

假果柔软多汁，可当水果生食，也可用于烹调、发酵酿酒、制果汁、果冻、果酱、蜜饯以及泡菜、酱菜等。

（3）营养价值　腰果果仁每100g含热量2310kJ，蛋白质17.3g，脂肪36.7g，碳水化合物41.6g，胡萝卜素49mg，维生素E 3.17mg，钙26mg，铁4.8mg，锌4.3mg，及维生素A、维生素B$_1$、维生素B$_2$、磷、镁、硒等。它含有丰富的有益油脂，有很好的软化血管的作用，对保护血管、防治心血管疾病大有益处，还可以润肠通便，润肤美容，在医学上被广泛用于糖尿病患者的清血剂。腰果还具有催乳的功效，有益于产后乳汁分泌不足的妇女。但有过敏体质的人吃了腰果，常常引起过敏反应。

（4）贮藏保鲜　树上刚摘下来的腰果很容易腐坏，一般在7d内进行破壳加工，进行防腐处理。贮运、贮藏前，日晒3～4d，含水量约7%时即可装袋贮藏。充分干燥的腰果，贮藏得当，可放一年而不变质。已产生"哈喇"味的腰果则不宜食用。

三、果类制品

水果与蔬菜一样，通过加工利用，能延长保存时间，延长消费及市场买卖的时间，调节果品淡旺季供应及满足异地需求等。果类制品的种类及加工途径如图4-12所示。

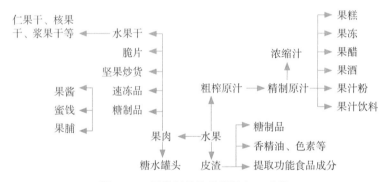

图4-12　果类制品的种类及加工途径

果制品种类繁多，同一种制品可以由许多果品来加工，如可以加工成果酒的果品有沙棘、刺梨、中华猕猴桃、山葡萄、五味子、黑加仑、越橘、野刺梅、酸枣等，再如可以加工成果粉的有无花果粉、山枣粉、橄榄果粉、橘子粉、番茄粉、猕猴桃粉、山楂粉等。同一种果品也可加工成不同的制品，如柿子，可以加工成柿子糖、柿饼、柿子脯、柿子皮制果冻、柿子皮制软糖、柿子果丹皮、柿子酱、柿子皮制果胶、柿干、糖水柿子罐头、柿子皮提取果胶后制膳食纤维添加粉、柿子皮制果酒、柿叶茶、柿子酒、柿片、柿角等；再如苹果，可以加工成苹果冻、苹果干、苹果酒、苹果酱、苹果汁、苹果脯、苹果脆片、苹果渣提取果胶、苹果渣制食醋、苹果制润肤化妆水、苹果制果丹皮、糖水苹果罐头、膨松冷冻干燥苹果干等。本章介绍常作为烹饪原料使用的水果干、蜜饯果脯和果酱类。

（一）水果干

鲜果经过日晒或烘干处理后便可制成果干。一般2.5kg的新鲜水果只能制造出0.5kg水果干。日晒脱水法可以让水果干的外表形成半透明的金黄色，这种效果是用机器脱水所无法达到的。二氧化硫通常用来当作水果干的防腐剂，减缓水果褐变，防止腐坏，虽可保留维生素C，却会破坏维生素B₁，况且它可能是基因突变的原因之一，所以要慎用。

（1）品种特征　常见的水果干有葡萄干、桂圆干、黑枣、红枣和柿饼（见表4-3、图4-13）。此外还有苹果干（圈状或片状）、桃子干、油桃干、梨干、杏干、无花果干、香蕉干、李子干等。

表4-3　　　　　　　　　　　　常见果干的种类、特征与产地

名称	基原	主要品种	特点	主要产地
葡萄干	为葡萄科植物葡萄（Vitis vinifera）浆果的干制品	主要有白葡萄干（用新疆的无核白加工而成，质量最好）、红葡萄干、绿葡萄干等	以粒大壮实、柔糯甜蜜、不酸不涩为上品。成把攥后放开，颗粒迅速散开的为干，相互粘连的为潮，破裂的则太潮	主产于新疆
红枣	以枣的成熟的新鲜果实为原料，经干制后制成的加工品	分大枣和小枣两类。名产有金丝小枣、无核枣、保定大枣、新郑大枣、山西大枣等	以干燥、掰开枣肉不见丝纹，颗粒大而均匀，果形短壮圆整，皱纹少而浅，核小，皮薄，肉质细实，甜性足，无酸、涩味为佳	小枣主产于河北、河南等地；大枣主产于山东、山西、陕西、河北等地
熏枣	以新鲜的大红枣（Zizyphns jujuba）为原料，经过煮枣、激枣、熏烟等工序制作而成	北方枣、南方枣、马牙枣和河北黑枣	优质的熏枣成品呈褐红色，具光泽和半透明感，表面有细致而均匀的皱纹，并具有熏枣特有的香味	河北及山东，以山东聊城的北方枣质量最好
桂圆干	以龙眼（Euphoria longan）的鲜果为原料，经干制而成的干制品	一般分为兴化圆、泡圆和各地什圆。名品有兴化桂圆、泉州泡圆、石码桂圆等	以身干，颗粒大，圆整均匀，壳色黄亮，肉分厚，甜味浓，核小者为佳	主产于福建（最多）及广东、广西、台湾
柿饼	用柿树的浆果柿子（Diospyros kaky）经加工后制成的干制品	分为扁形饼和灯笼饼。名产有山东的曹州耿饼、陕西柿饼、河南坑饼等	以个大圆整、柿霜*白而厚、肉色红亮、质软糯、味甜不涩、无核或少核的为好	以山东、河北、河南、山西、陕西五省加工最多

注：柿霜是柿子果实内的可溶性糖分析出的白色结晶，主要成分是甘露醇和葡萄糖。

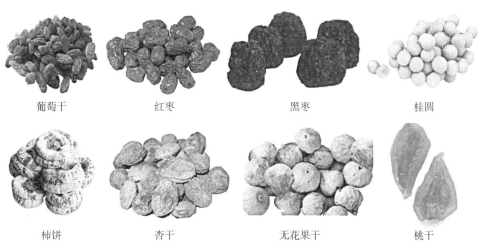

葡萄干　　　　　红枣　　　　　黑枣　　　　　桂圆

柿饼　　　　　杏干　　　　　无花果干　　　　　桃干

图4-13　各种水果干

（2）烹饪应用　水果干糖分集中，比新鲜水果甜，味道也较为浓郁，一般可作零食、点心直接食用。入馔时宜用蒸、炖、煨、煮等长时间加热法，且多为甜味。红枣还可用于

调味，有时也作菜肴的装饰调色料。如"冰糖莲子枣""冰糖炖柿饼""炖桂圆山药"等；水果干在糕点、小吃中应用甚广，如红枣是传统糕点不可缺少的原料，可以整用，也可以制枣泥作馅料，还可做"红枣粥"等药膳。葡萄干可用于面点的点缀或各色糕点的馅料，或用来煮粥。桂圆干去壳去核后所得的桂圆肉，可用于制作多种糕点的馅心，或用来做药膳。

西餐烹调中，水果干是烘焙食物或甜点的珍贵材料，偶尔也用在馅料里。可以单独食用、做成糖渍水果、混合谷物一起吃，也可以淋一层鲜奶油、优酪乳或软冻配合享用。水果干放在水中复原，常用来制作各式各样有趣的布丁。烹煮的水果干可以当作水果热食，做成水果糊可当作甜的酥脆糕饼或蛋糕中的馅料，也可加进早餐的谷片、沙拉和面包用填料，或为咖喱之类的菜肴添加风味。

（3）营养保健 水果干与鲜果相比，主要是营养成分的比例发生变化，矿物质和维生素等大都浓缩在里面，相对热量较高。葡萄干是众多果干中营养成分最高的一种，含有大量的葡萄糖，同时钙、磷、铁的含量也较高，它不含胆固醇和脂肪，其钠的含量非常低，据分析每100g食部含钙57mg、磷140mg、铁3.8mg，并有多量的维生素、氨基酸，葡萄干所含有的天然果糖成分高达总糖含量的70%，能迅速地被人体吸收。柿子中碘的含量高达1.2μg/100g，是预防缺碘性甲状腺肿大的好食品。

我国很早就将桂圆干当作滋补品使用，有补益心脾、养血安神的功效，在各种中药补膏中，桂圆肉是主要配料之一。柿饼有润肺、涩肠、止血等功效。可用于秋日肺燥、咳嗽日久、干咳无痰、声音嘶哑、咽干口燥、小儿百日咳等症，但不宜多食。红枣最能滋养血脉，素被民间视为补气佳品，中国民间素有"一日吃三枣，终生不显老"之说。现代医学研究表明，红枣对气血不足、贫血、肺虚咳嗽、神经衰弱、失眠、高血压、败血症和过敏性紫癜等均有疗效，是被国内外医药界重视的营养滋补剂。

（二）果脯蜜饯

果脯蜜饯是以干鲜果品、瓜蔬等为主要原料，经糖渍蜜制或盐渍加工而成。一般把含水分低并不带汁的称为果脯；蜜饯是经蜜或糖煮不经干燥工序的果制品，表面湿润柔软，含水量在30%以上，一般浸渍在糖汁中，如蜜饯海棠、蜜饯山楂等。我国制作果脯蜜饯已有1000多年的历史。在我国的古籍中，关于用蜂蜜腌制果实的记载很多。这些记载皆是把鲜果放在蜂蜜中熬煮浓缩，去除大量水分，借以长期保存，故称为"蜜煎"，以后逐步演变成"蜜饯"。

（1）品种特征 见表4-4。

表4-4 果脯蜜饯的种类与特点

分类		制作特点	品种
制作工艺	糖渍蜜饯类	原料经糖渍蜜制后，成品浸渍在一定浓度的糖液中，略有透明感	蜜金橘、糖桂花、化皮榄等
	返砂类	原料经糖渍糖煮后，成品表面干燥，附有白色糖霜	糖冬瓜条、金丝蜜枣、金橘饼等

续表

分类		制作特点	品种
制作工艺	果脯类	原料以糖渍糖制后，经过干燥，成品表面不粘不燥，有透明感，无糖霜析出	沙果脯、香果脯、海棠脯、杏脯、木瓜条等
	凉果类	原料在糖渍或糖煮过程中，添加甜味剂、香料等，成品表面呈干态，具有浓郁香味	陈皮梅、奶油话梅、八珍梅、梅味金橘等
	甘草制品	原料采用果坯，配以糖、甘草和其他食品添加剂浸渍处理后，进行干燥，成品有甜、酸、咸等风味	话梅、甘草榄、九制陈皮、话李等
	果糕	原料加工成酱状，经浓缩干燥，成品呈片、条、块等形状	山楂糕、开胃金橘、果丹皮等
风味流派	京式蜜饯	起源于北京。果体半透明，表面干燥，配料单纯，但用量大，入口柔软，口味浓甜	以苹果脯、桃脯、梨脯、金丝蜜枣、山楂糕最为著名
	广式蜜饯	起源于广州、潮州一带，包括糖衣果脯和凉果两类。表面干燥，甘香浓郁或酸甜	糖莲心、糖橘饼、奶油话梅享有盛名
	苏式蜜饯	起源于苏州，配料品种多，以酸甜、咸甜口味为主，松软可口，富有回味	有160多种，以蜜饯无花果、金橘饼、白糖杨梅最有名
	闽式蜜饯	起源于福建的泉州、漳州一带，配料品种多、用量大，味甜多香，富有回味	以橄榄制品为代表，以大福果、加应子、十香果最著名

（2）烹饪应用　果脯蜜饯一般直接作消闲或开胃食品用。烹调中多用于甜菜和甜点的混合用料或糖馅心，在其中起着调味、增色和增果香的作用，可作"八宝饭""西瓜果盅"等的用料，有时也作菜点的点缀和装饰用料。如"蜜枣扒山药""拔丝山楂糕""拔丝金枣"等。

（3）营养保健　果脯蜜饯中含糖量最高可达35%以上，而转化糖的含量可占总糖量的10%左右，从营养角度来看，它容易被人体吸收利用。另外，还含有果酸、矿物质和维生素C，由此可见，果脯蜜饯是营养价值很高的食品。

由于果脯通常含糖量较高，可高达70%，对于糖尿病患者等不宜过多摄入糖的人群，最好选择那些以功能性甜味剂代替蔗糖的低糖果脯蜜饯产品，而有些产品含有较高盐分，有些含有大量甜味剂、防腐剂和色素等添加剂，儿童食用这些产品时要注意有所选择，建议适量食用。

第三节　果品的品质检验与贮存保鲜

一、果品的品质检验

（一）水果的品质检验

水果的品质检验主要根据其成熟度、糖酸度、新鲜度以及有无机械损伤、生理病害、病虫害等方面加以评定。

1. 成熟度

一般来讲，采收过早、还未成熟的果实，色泽浅、风味淡、酸度大、肉质中硬、品质较差；果实逐渐成熟时，外观上果面色泽更光彩夺目，蜡质形成，细胞组织和成分发生极明显变化：含糖量上升、含酸量下降、淀粉减少、涩味减退、果肉变软、维生素增加、芳香物质生成等；而过熟的果实，则组织变软，缺乏爽脆感，且不耐贮存。这些性状均作为果实是否可采收、贮藏或加工的指标。

对于香蕉、甜瓜、菠萝、猕猴桃、西洋梨、李子等水果而言，为了便于运输，大都提前采摘，有的甚至提早一个多月，因此需要贮存一段时间来完成果实的后熟。在此期间，果肉变软，淀粉转化为糖，甜味增加，而酸味、涩味、苦味减少，同时合成大量的芳香物质，绿色消失（也有例外），表现出各种成熟色彩和光泽，果实从而变得甘甜爽口，醇香宜人。在后熟的进程中，果实也都有一个最佳可食期，超过这个阶段，果实的风味品质又将变劣。

2. 糖酸度

糖酸度酸反映出固有的口味。我们在吃水果时，常用"甜酸适口"来形容它的风味。实际上水果"甜"的程度是取决于果实中含糖量与含酸量的比值。糖酸比高的水果，吃起来就觉得甜，而糖酸比低时，味道就酸。例如，苹果的含糖量一般在10%～12%，但糖酸比却可达20左右，故吃起来常感到很甜；而山楂的含糖量虽然高达20%左右，但糖酸比却小于10，这就是为什么山楂含糖量虽然超过苹果1倍，可是吃起来味道却很酸的原因。一般认为，纯甜或甜酸适口的水果，品质优良；若口味过酸或带有涩味，则表明品质较差，或成熟度不够，山楂、柠檬是例外。

3. 新鲜度

新鲜度是反映品质的重要感官标准。可通过形态、色泽、水分含量、重量、质地等方面的变化反映出来。如优质的苹果形态饱满，色泽鲜艳有光泽，多汁，重量与大小相称，软硬度适中。有些果品的风味品质要求有很高的新鲜度，如荔枝，尽管采用冷藏保鲜技术，荔枝大量涌入北方市场，外表看上去也十分鲜艳，但风味品质口感到底是赶不上在荔乡所吃到的刚下树的荔枝。对于干果，则以能够购买到当年加工上市的新货为好。陈年旧货外表看上去还可以，但内在品质往往已变劣，甚至变质、变味。

此外，优质的水果应具有完整无损的果皮，不应有碰伤、压伤、划伤等现象存在；不应有虫蛀、黑心、褐斑、霉斑等生理病害或病虫害现象的发生。

（二）干果和果制品的品质检验

1. 白果品质的感官鉴别

对白果外观可通过观其是否洁白、有无霉点、有无裂果来鉴别；对种仁可通过观察颜色来鉴别，如种仁黄绿则表明其新鲜，种仁灰白粗糙、有黑斑则表明其干缩变质；通过摇动听音也可判定品质，摇动种核无声者为佳，有内音者表明种仁已干缩变质；还可用嗅觉闻味判定品质，种仁无任何异味者表明未变质，如果发现臭味，虽未霉变干缩但也说明其开始变质。

2. 腰果品质的感官鉴别

外观：呈完整的腰形，碎瓣少，色泽象牙白，饱满，无斑点者为佳，色泽洁白的要注意可能是经过防腐漂白处理。腰果的分级：一般从颜色、形状（整粒/碎粒）和大小来分，

W表示白色及整粒；S表示偏黄或黄色；B表示自然破碎，P表示较碎的碎粒。如WW240表示白色整粒，每磅有240粒，数字越小的腰果越大，国际市场的标准规格为每磅320粒，一般P级的碎粒都是用于糖果、糕点，是最低级的分级。品尝：含油量高，气味香。有些腰果仁不饱满，这种果称为副果（或次果），放在装水的容器里，浮在水面上的为副果，而沉下水中的则为正果（即果仁饱满的生腰果）。

3. 果脯蜜饯的质量鉴别

选购果脯蜜饯产品时，首先要看产品外包装是否符合标准规定要求。标准规定，包装上必须标明食品名称、配料表、净含量、制造者或经销者的名称和地址、生产日期、保质期或保存期、产品标准号等。其次是打开包装来观察。打开包装后注意产品不得有异味，不允许有外来杂质，如砂粒、头发丝等，并观察其组织形态，包括肉质细腻程度、糖分分布渗透均匀程度、颗粒饱满程度。同时要看产品的形状、大小、长短、厚薄是否基本一致，产品表面附着糖霜是否均匀、有无皱缩残损、破裂和其他表面缺陷，颗粒表面干、湿程度是否基本一致。第三，看产品的滋味与气味如何。滋味与气味表示产品的风味质量（包括味道与香气），各类产品应有其独特的香味。

二、果品的贮存保鲜

水果收获后，仍是一个活的有机体，要继续进行生命活动，并逐渐衰老。在采收的过程中，若作业不当，又无适当的包装运输和贮藏条件，极易使果品受到伤害，破损、萎蔫、致使产品质量败坏或遭受病菌的侵染而造成大量的腐烂。如亚热带水果中久负盛名的荔枝，在一般条件下，极难维持其鲜度，正如唐朝诗人白居易所描述的："其实离本枝一日而变色，二日而香变，三日而味变，四五日外，色香味尽去矣"。据统计每年我国水果的损失占总产量的15%。因而如何采用贮藏的技术手段，使水果产后减损增值，在一定的时期内保持果品的新鲜度、品质、营养成分和风味是一个重要问题。且贮藏还有调节供应，避开上市高峰，增加经济效益的作用，因而国内广大果农和有关部门也积极开展贮藏，据统计目前用于贮藏的果实约占产量的30%。

新采收的干果含水量较高，容易发霉，不利储放，因此生产厂商采用最低温干燥法处理，通常加热至32～38℃。干果的含油量很高，比谷类、豆类更不耐保存，油质很容易吸收环境的气味，一旦分解为脂肪酸，就会开始酸败，随后氧气和光线还会把脂肪酸分解，产生的哈喇味会刺激口腔。胡桃、美洲山核桃、腰果和花生，都富含脆弱的多元不饱和脂肪，特别容易腐坏。干果若是擦碰挫伤，或是受热、接触光线和湿气，所含脂肪便容易酸败，因此最好置于不透光容器，摆放在低温环境下。不带壳的种仁最好冷藏保存。干果含水量很低，不致结成冰晶造成损坏，因此可以长期冷冻保存。储藏容器应该隔绝空气和气味，例如密封玻璃罐，不使用能透气的塑料袋。

目前，国内主要的贮藏方法，仍以通风贮藏库、机械冷藏为主，辅以涂膜贮藏法、地下库、窖洞及果农的分散贮藏。美国、欧洲、日本和澳大利亚等许多国家和地区均已广泛采用气调贮藏法及机械冷库和冷链的形式，其中冷链（低温流通及陈列）能保持鲜食果品最好的品质。

同步练习

一、填空题

1. 根据《中国居民膳食指南》（2007）建议，成人消费者每人每天应摄入水果_____g。

2. 鲜果是果品中最多和最重要的一类，按上市季节又分为_____。

3. 果品作为人类食物的一部分，其最大的营养价值是富含_____。

4. 果品中的果胶和膳食纤维的含量相当丰富，经常食用，能降低血中_____，有预防动脉硬化等心血管疾病的作用。

5. 鲜果品种中有"世界四大名果"之称的果品是_____；世界著名的"四大坚果"是_____；我国"岭南四大名果"是_____。

二、单项选择题

1. 按果实形态构造特征，樱桃和猕猴桃属（　　　）。
   A. 核果类　　　　　B. 浆果类　　　　　C. 核果类和浆果类　D. 复果类

2. 很多国家以（　　　）作为果实是否能采收、贮藏或加工的主要衡量指标之一。
   A. 糖酸比　　　　　B. 色泽　　　　　C. 质地　　　　　D. 汁液

3. 果品中含钙最高的是（　　　）。
   A. 橄榄　　　　　B. 山楂　　　　　C. 香蕉　　　　　D. 草莓

4. 我国是世界上（　　　）资源最丰富的国家，栽培的约有800多种，且质量之好，举世闻名。
   A. 桃类　　　　　B. 苹果　　　　　C. 葡萄　　　　　D. 板栗

5. 世界上栽培最多的柑橘类水果是（　　　），年产量约占橘类总产量的2/3。
   A. 柑　　　　　B. 橘　　　　　C. 甜橙　　　　　D. 柚

6. 下列鲜食果品，不宜冷藏，放进冰箱会加速腐败的是（　　　）。
   A. 柑橘　　　　　B. 柠檬　　　　　C. 香蕉　　　　　D. 猕猴桃

三、多项选择题

1. 果品的风味品质指标有果品的（　　　）。
   A. 色泽　　　　　B. 形状和大小　　　　C. 风味成分
   D. 质地硬度　　　　E. 汁液

2. 下列果品中，是卫生部公布的既是食品又是药品的果品有（　　　）。
   A. 木瓜、山楂、枣　　　　　　　B. 乌梅、桂圆肉、酸枣仁
   C. 沙棘、桑葚　　　　　　　　　D. 白果、杏仁、橄榄
   E. 桃仁、榧子、橘子皮

3. 水果的品质检验指标有（　　　）。

    A. 成熟度　　　　　　B. 糖酸度　　　　　　C. 新鲜度

    D. 有无机械损伤　　E. 生理病害、病虫害

4. 民间有谚语"一日一苹果，医生远离我"，苹果的保健功效有（　　　）。

    A. 具有生津、润肺、开胃、解暑、醒酒、止泻等功效

    B. 含有鞣酸、果胶等成分，具有抑制和消除细菌毒素以及收敛的作用

    C. 含有有机酸和纤维素，有刺激、促进肠道蠕动的作用

    D. 能降血脂和胆固醇

    E. 能防治贫血

5. 富含油脂的干果品种有（　　　）。

    A. 核桃、山核桃　　B. 板栗、莲子　　　C. 碧根果、榛子

    D. 巴西坚果、澳洲坚果　　　　　　　　E. 松子、葵花籽

四、思考题

1. "果干"和"干果"是一样的吗？为什么？

2. 鲜果和干果在烹饪运用中有何不同？

3. 果脯和蜜饯有何区别？在烹饪中如何运用？

4. 如何利用地方特色水果开发水果宴？

五、案例分析题

进口水果：谁来解读"神秘代码"

目前市场上水果标识混乱，消费者普遍"看不懂"进口水果标签。在一些商店中，甚至存在着国产水果贴上假标签冒充进口水果的现象。

南方日报记者走访几家大型超市发现，进口水果多数被放在单独的冷藏柜中集中展示和售卖，每个水果上都贴着带有数字的标签，这些标签代码共四位数字，以3或4开头的居多。如美国进口的红蛇果代码为4015，新西兰猕猴桃的代码是4030。记者向超市导购员询问这些代码的含义，多名导购员均表示不太清楚。挑选水果的顾客告诉记者，她买进口水果时从没注意过上面的标签，想看也看不懂。

此外，据某水果经销商透露，贴标签的不一定是进口水果。有些"漂亮"的国产水果，一给它贴上"洋标签"，加个国名前缀的名称（如新西兰猕猴桃、澳洲脐橙等），立马就可以按高出原价好几倍的价格出售。原产自智利的红提用国产的葡萄冒充；原产自美国的甜橙用重庆奉节的脐橙代替；原产自新西兰的奇异果用国内的猕猴桃代替……仿冒进口水果几乎成了水果行业的潜规则。

请根据以上信息，分析以下问题：

1. 什么是PLU码？进口水果上的PLU码表示什么含义？

2. 中国对进口水果有什么要求？如何辨别进口水果和国产水果？

实训项目

项　目：果品的识别与调查

实训目的

认识南北果品及进口果品的形态特征，了解供食部位的营养特点及烹饪运用，掌握市场果品情况。

实训内容

1. 素材准备

参考表4-5提前准备各种果品原料的图片、视频或实物等直观素材，观察果品原料的形状、色泽、食用部位特征。实物原料可切为两半，观察内部结构及供食的部位。

表4-5　　　　　　　　　　　　各种果品原料

类别	品种
仁果	红蛇果、红玫瑰苹果、爱妃苹果、加力果、青苹果、蛇果、梨、啤梨、海棠、山楂、牛油果
核果	余甘子、杨梅、芒果、红毛丹、油橄榄、橄榄、桂圆、樱桃、枣、君迁子（黑枣）、青梅、酸枣、李子、荔枝、杏、车厘子、黑布林、安琪梨
浆果	香蕉、山葡萄、胡颓子、柿子、鸡蛋果、圣女果、莲雾、蒲桃、番木瓜、杨桃、山竹、火龙果、沙棘、石榴、猕猴桃、枇杷、榴莲
柑果	葡萄柚、柑、橘、柚类、柠檬、金橘、枳、黄皮、茂谷柑、丑柑、蓝莓
聚合果	树莓、草莓、番荔枝
复果	桑葚、菠萝蜜、无花果
瓜果	甜瓜、哈密瓜、刺角瓜（火参果）、香瓜、人参果、黄金蜜瓜
坚果	核桃、山核桃、板栗、碧根果、榛子、巴西坚果、仁用杏、椰子、扁桃、香榧、开心果、澳洲坚果、葵花籽、莲子、松子
其他	甘蔗、槟榔、天山雪莲果、云南甜角、各种果干

注：不含本教材中已介绍过的品种。

2. 果品资源调查

利用课外时间通过"京东商城""一号店""中粮我买网"等网店，了解国产水果及进口水果的种类、产地、价格等情况。也可去附近的大型超市了解本地果品流通情况。

3. 果品的研究

根据表4-5进行任务分工，每生研究一个果品原料（同组或同班可不重复）。学生围绕指定果品，利用网络搜集素材，通过不同的素材，学习研究指定果品。

实训要求

1. 根据各种果品原料的观察及资源调查，了解进口水果的种类、进口国家、价格等，掌握既有进口又有国产的水果品种。

2. 根据指定果品的素材，从种类特征、烹饪应用、营养保健、贮藏保鲜等方面进行研究，完成800～1500字的果品介绍。

3. 在果品介绍文本的基础上，结合搜集的图片、视频等素材，制作果品的PPT，用于课堂交流。

建议浏览网站及阅读书刊

[1] http://www.china-fruit.com.cn（中国果品网）

[2] http://www.agrosg.com（中国水果网）

[3] http://www.118665.cn（中国干果网）

[4] 李健. 中国地道食材：水果分步详解图录大全. 武汉：武汉出版社，2011.

[5] 张蕙芬. 菜市场水果图鉴. 台北：天下文化出版股份有限公司，2012.

[6] [美]哈洛德·马基. 食物与厨艺：蔬·果·香料·谷物. 北京：北京美术摄影出版社，2013.

[7] 曹丽娟. 健康水果轻图典. 石家庄：河北科学技术出版社，2013.

[8] 蔡澜. 菜篮：蔡澜食材全书·素之味. 广州：广东旅游出版社，2014.

参考文献

[1] 刘宏森. 干鲜果品的经济价值. 天津：天津科技翻译出版公司，2010.

[2] 丁荣峰等. 果品食材科学选购与加工. 北京：金盾出版社，2014.

[3] 傅德成等. 营养科学实用指南（水果分册）. 北京：中国标准出版社，2013.

[4] 赵生. 吃干果的学问. 天津：百花文艺出版社，2010.

[5] 安子. 巧吃干果最养心. 北京：机械工业出版社，2014.

[6] 周志钦. 柑橘果品营养学. 北京：科学出版社，2012.

[7] 吴国志. 五色蔬果食用图典. 北京：中国纺织出版社，2013.

畜类原料

学习目标

知识目标

- 了解畜类原料的种类、畜肉的品质特点、化学组成和营养价值；
- 了解畜肉制品和乳制品的种类与品质特点，掌握其烹饪应用方法；
- 掌握猪、牛两种有代表性的畜类动物的分档部位名称、特点和最佳烹饪途径；
- 掌握畜类最常用的肾脏、肝脏、胃、蹄筋和皮的组织结构特点和烹饪应用；
- 掌握畜类原料的感官检验和储藏保鲜方法。

能力目标

- 能识别猪肉、牛肉的分档部位，并在烹饪中正确选用；
- 能通过感官鉴别各种畜肉的新鲜度；
- 能正确识别注水肉。

第一节　畜类原料概述

一、畜类原料的分类

牲畜类原料是指可供人们烹饪利用的哺乳动物原料及其制品。我国可供消费食用的畜类原料主要包括猪、牛、羊、家兔、驴、骆驼等动物的肉、副产品及其制品。它们是人类肉食的重要来源，在人们的饮食中占有很重要的地位，是烹饪过程中不可缺少的一类原料。

知识链接

食用动物的种类

地球上有3000多种哺乳动物，但常供肉食消费的只有几十个品种。由于世界各国的动物品种、来源及食用习惯不同，食用动物的种类也有一定的差异。大多数国家和地区以牛、猪、羊为主要肉类来源，欧洲有些国家也消费马肉、鹿肉等。但有些国家食肉比较特别，例如爱斯基摩人食用海豹和北极熊，中非地区的部族食用犀牛、河马和象，澳大利亚土著居民食用袋鼠；挪威和日本食用鲸。

中国的肉食消费以猪肉为主。自有原始农业以来，由于自然气候环境的关系，大体上形成黄河流域以粟麦及杂粮为主的旱地农作区、长江流域及其以南以水稻为主的稻作农耕区以及西北以马牛羊为主的畜牧业区。畜牧业在西北草原地区落地生根，养猪业则成为两河流域农耕的支柱，它决定了中国人的肉食必定是以猪肉为主，这是历史的延续。尽管世界经济走向全球化，中国人开始消费牛肉，西方人也消费猪肉，但双方各以猪、牛肉为主的格局始终未变。在国内，牛羊肉的消费主要以西北和北方为主，南方的消费处于次要地位。

（一）猪

猪又名豕、豚等，是偶蹄目猪形亚目猪科（*Suidae*）野猪属的野猪（*Sus scrofa*）经驯化选育获得的主要肉用家畜。

我国是世界上驯养动物及利用肉食较早的国家，浙江河姆渡遗址化石证明，猪在公元前7000年前即被驯化。近年在广西甑皮岩遗址，又发现有11300年前猪的骨骼，显示出原始猪在中国农耕开始若干年前已成为最早驯化的肉食动物。

全世界猪的地方品种有350多种，中国约占1/3，是世界上猪种资源最丰富的国家。据国家畜禽遗传资源委员会编写的《中国畜禽遗传资源志：猪志》，目前我国猪品种有127个，其中地方品种103个，培育猪品种18个，引入猪品种6个。产猪地区分布很广，各省均有饲养，由于各省地理条件以及习惯的不同，饲养猪的品种也有所差异，见表5-1。

表5-1　　　　　　　　　　猪的品种及特点

分类		特点	品种
地方猪种	华北型	繁殖率高、耐粗饲、适应性强、肉质风味好，主要缺点是个体小、日增重低、饲料报酬低、瘦肉率低等	东北民猪、淮猪、莱芜猪等
	华中型		金华猪、宁乡猪、大花白猪等
	华南型		广西陆川猪、两广小花猪等
	江海型		太湖猪、姜曲海猪、虹桥猪、阳新猪等
	西南型		内江猪、荣昌猪、乌金猪等
	高原型		藏猪、合作猪等
培育品种		繁殖力高、肉质好，胴体瘦肉率和肥育性状等得到提高	上海白猪、湖北白猪、北京黑猪、苏太猪、松辽黑猪、鲁莱黑猪、汉中白猪等
引进猪种		体型大，日增重高，瘦肉率高；但繁殖力低，耐粗饲性能差，适应性差，肉质差	长白猪、大约克猪、英国巴克夏猪、美国杜洛克猪、英国汉普夏猪、比利时皮特兰猪

近年来，随着洋猪的引进及规模化养殖的推进，地方猪种不适应于现代化、工业化的生产特点和一些老百姓的饮食要求，85%左右的地方猪种群体数量呈下降趋势，深县猪、项城猪、豪杆嘴型内江猪、大普吉猪4个品种已灭绝，31个品种处于濒危状态和濒临灭绝。优秀畜禽遗传资源是保证中国和世界人民食物安全和经济产业安全的重要保障。为对原产中国的珍贵、稀有、濒危的畜禽遗传资源实行重点保护，农业部将42个地方猪种列入"国家级禽畜遗传资源保护名录"（附录二）。

（二）牛

牛是偶蹄目牛科牛族（*Bovini*）牛属（*Bos*）、水牛属（*Bubalus*）美洲野牛属（*Bison*）6个属的大型草食性动物的统称，包括对人类非常重要的家牛、黄牛、水牛和牦牛。牛的驯化约在9000年前，现代牛的祖先是野牛或原牛，过去曾分布在气候温和的欧亚大陆森林和平原中。牛是体形最大的供肉动物，长到成兽的时间也最久，大约是两年。所以它的肉色相对较深，气味也较重。

18世纪开始，随着农业机械化的发展和消费需要的变化，普通牛经过不断的选育和杂交改良，均已向专门化方向发展，如英国育成了小型、多脂肪的海福特牛（*Hereford cattle*）、乳用短角牛（*Shorthorn*）和苏格兰亚伯丁安格斯牛（*Angus cattle*）；欧洲大陆生产的肉牛则仍然较接近身形瘦长、精瘦的役用品种，包括法国的夏洛来牛（*Charolais cattle*）和利穆赞牛（*Limousin*）；还有意大利的契安尼娜牛（*Chianina*），它可能是全世界身形最大的肉牛品种（公牛重达1800kg，是英国品种的2倍）。目前按生产方向的不同，将牛划分为役用、肉用、兼用和乳用四种类型（见表5-2）。

表5-2　　　　　　　　　　　　　　　　牛的品种

分类	品种
役用牛	如以役用为主的黄牛和水牛
肉用牛	国外品种：日本和牛、英国安格斯牛、海福特牛、法国夏洛来牛、利木赞牛等 中国新种：科尔沁牛、雪龙黑牛、布莱凯特黑牛、夏南牛、延黄牛、秦宝牛、犊福牛等
兼用牛	有肉乳兼用、肉役兼用等，品种有黄牛、牦牛、水牛及培育的兼用牛（中国西门塔尔牛、三河牛、草原红牛、新疆褐牛）
乳用牛	荷斯坦牛（世界最好的荷兰奶牛品种）、中国荷斯坦牛（中国唯一的乳牛品种）、娟珊牛（英国）、摩拉水牛（印度）、尼里-瑞菲水牛（巴基斯坦）等

役用牛在农业社会是重要的生产力，用于耕作或拉车。随着机械化耕作时代的到来，役用牛趋于消失。但在经济还不够发达或是还不适宜机械操作的农区或山区，役用牛仍是不可缺少的役畜。

世界肉用牛主要品种有40余个，特点是生长快，胴体净肉率高，肉质鲜嫩，脂肪间杂在肌肉纤维中，切面呈大理石状花纹，肉质柔嫩多汁，适于肉用。美国、澳大利亚、德国、新西兰、阿根廷等国均为牛肉生产大国。品质上乘的牛肉主要有日本神户牛肉（*Wagyu Beef*）和安格斯牛肉，其次是阿根廷牛肉、澳大利亚牛肉和新西兰牛肉等。其中日本神户牛更以超特柔嫩和丰富的味道闻名于世，它肉质细腻，纹理清晰，红白分明，肥瘦相间，是目前世界上品质最好的牛肉。

中国原无肉用牛品种，食用者主要为农区淘汰的老牛和残牛。20世纪80年代以来，大量役用牛转为役肉兼用或肉用。近年来利用国外优良品种改良国产牛的肉用性能已取得较好的成果。如"科尔沁牛"是用中国西门塔尔牛改良蒙古牛，在科尔沁地区形成的乳肉兼用的草原类型，有30多年的历史；"秦宝牛"是选用日本和肉、澳大利亚安格斯牛与中国五大黄牛之尊秦川牛三元杂交培育形成，牛肉品质足以与日本神户雪花牛肉相媲美；"雪龙黑牛"是引进的和牛血统与利复牛进行三元杂交改良选育而成，2008年北京奥运会及2010年上海世博会的牛肉指定品种；"布莱凯特山东黑牛"是通过克隆、胚胎移植等高科技手段培育出来的高档优质肉牛新种质，牛肉嫩度高，脂肪沉积均匀，味香多汁，咀嚼容易不留残渣。

（三）羊

羊属偶蹄目牛科羊亚科（*Caprinae*）绵羊属（*Ovis*）、山羊属（*Capra*）等动物的统称。

羊的体积小，重量大约只有牛的1/10，再加上天生易于牧养，绵羊和山羊是较早被驯服的动物。大部分欧洲品系的绵羊是专门提供羊奶和羊毛，而较少专门供肉的品种。中国各类羊主要分布于北方、西北、西南和西藏的牧区、半农半牧区，农业区和南方山区也有少量分布。中国养羊多供毛皮用，仅几大牧区以羊作为肉食畜，其他地区，除冬季外，食用较少，占全国肉食总消费量的比例很小。羊的品种见表5-3。

表5-3 　　　　　　　　　　　　　　　　羊的品种

分类	品种
肉用绵羊	主要有法国夏洛莱羊、寒羊、同羊、阿勒泰羊、湖羊等，此外还有波利帕依羊、摩尔兰羊、达姆莱羊、格劳玛克羊、白萨福羊、兰州大尾羊、乌珠穆沁羊等
肉用山羊	南非波尔山羊、马头山羊、板角山羊、新疆山羊等
乳用羊	瑞士萨能奶山羊、瑞士土根堡奶山羊、非洲纽宾奶山羊、德国东弗里兹乳用羊、关中奶山羊、崂山奶山羊

（四）其他畜类

我国民间可供消费食用的其他畜类还包括肉用兔、肉用驴、肉用马及骆驼等动物的肉、副产品及肉制品。近年来，我国的特畜养殖已经形成一定规模，品种有野猪、梅花鹿、马鹿、小尾寒羊、肉用犬、小型猪、香猪、海狸鼠、竹鼠等。

二、畜肉的食用品质

畜肉的食用品质主要决定于肉的颜色、气味、滋味、嫩度、保水性和多汁性等物理性状，它们常被作为人们识别肉品质量的依据。

（一）肉的颜色

肉的颜色影响食欲和商品价值，如果是微生物引起的色泽变化则影响肉的卫生质量。肉的颜色依肌肉与脂肪组织的颜色来决定，放血充分的肌肉的颜色则由肉中所含的色素蛋白质——肌红蛋白所决定，肌红蛋白含量越多，肉的颜色越深。

家畜的肌肉均呈红色，但色泽及色调有所差异，一般来说，猪肉为鲜红色，牛肉深红色，马肉紫红色，羊肉浅红色，兔肉粉红色。老龄动物肉色深，幼龄的色淡。生前活动量大的部位（如心肌、膈肌、腿部肌肉等）肌红蛋白含量多，肉色深。放血充分肉色正常，放血不充分或不放血（冷宰），在肉中血液残留多则血红蛋白含量也多，则肉色深且暗。屠宰后肌肉在储藏加工过程中颜色会发生各种变化。刚刚宰后的肉为深红色，经过一段时间肉色变为鲜红色，时间再长则变为灰褐色，这些变化是由于肌红蛋白的氧化还原反应所致（见图5-1）。保持肉色的方法有真空包装和抗氧化剂（用维生素C溶液处理鲜肉）等。

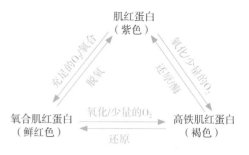

图5-1 畜肉颜色变化原理

（二）肉的气味

肉的气味是肉质量的重要条件之一，是形成肉类菜肴独特风味的重要指标。生牛肉、猪肉没有特殊气味，羊肉有膻味（4-甲基辛酸、壬酸、癸酸等），性成熟的公畜有特殊的气味（腺体分泌物）。烹调加热后，肉中一些芳香前体物质经脂肪氧化、美拉德褐变反应以及硫胺素降解产生挥发性物质，赋予熟肉芳香味。不同的生鲜肉经加热后，往往表现出不同的特征性的气味，这与它们所含有的特殊的挥发性脂肪酸的种类和数量有关，所以牛肉、猪肉、羊肉能呈现出不同的气味。加热可明显地改善和提高肉的气味。大块肉烧煮时比小块肉味浓。

除了固有气味，肉腐败、蛋白质和脂肪分解，则产生臭味、酸败味、苦涩味；如存放在有葱、蒜、鱼或化学药物的地方，则有外加不良气味。

（三）肉的滋味

滋味是由溶于水的可溶性呈味物质刺激人的舌面味觉感受器——味蕾，通过神经传导到大脑而反应出味感。肉的鲜香味由味觉和嗅味综合决定。肉的滋味，包括鲜味和外加的调料味。肉的鲜味成分主要有肌苷酸、氨基酸、酰胺、有机酸等。

成熟肉风味的增加，主要是核苷类物质及氨基酸变化所致。牛肉的风味主要来自半胱氨酸，猪肉的风味可从核糖、胱氨酸获得。牛、猪、绵羊的瘦肉所含挥发性的香味成分主要存在于脂肪中，如大理石样肉。脂肪交杂状态越密风味越好。因此肉中脂肪沉积的多少，对风味更有意义。

（四）肉的嫩度

肉的嫩度是指肉在咀嚼或切割时所需的剪切力，表明了肉在被咀嚼时柔软、多汁和容易嚼烂的程度。嫩度是肉的主要食用品质之一，它是消费者评判肉质优劣的最常用指标。

影响肉嫩度的因素很多，除与遗传因子有关外，主要取决于肌肉纤维的结构和粗细、结缔组织的含量及构成、热加工和肉的pH等。肌纤维本身的肌小节连接状态对硬度影响较大，肌节越长肉的嫩度越好。将屠宰后胴体后腿吊挂，借本身重力作用，使相应部分肌肉肌节拉长，是提高肉嫩度的重要方法之一，行业所说的"牛肉要挂"，即是此道理。大部分肉经加热蒸煮后，肉的嫩度有很大改善，并且使肉的品质有较大变化。但牛肉在加热时一般是硬度增加，这是由于肌纤维蛋白质遇热凝固收缩，使单位面积上肌纤维数量增多所致。例如当温度达到61℃时，1平方毫米面积上有317条肌纤维，加热到80℃时则增加到410条。但肉熟化后，其总体嫩度明显增加。另外，肉的嫩度还受pH的影响。pH在5.0～5.5时肉的韧度最大，而偏离这个范围，则嫩度增加，这与肌肉蛋白质等电点有关。宰杀后鲜肉经过成熟，其肉质可变得柔软多汁，易于咀嚼消化。

（五）肉的保水性

肉的保水性又称肉的持水性，是指肉在施加任何力量（如斩拌、绞碎、腌制、加热、冷冻等）时能牢固地保持其固有的水分及所加入水分的能力。肉的保水性能主要与肉中的蛋白质有关，其实质是肌肉蛋白质形成的网状结构、单位空间及物理状态捕获水分的能力，捕获水量越多，保水性越强。

不同种类动物肉的保水性不一样，家兔肉的保水性最好，牛肉、羊肉、猪肉、鸡肉、马肉依次降低。同一畜体不同部位肉的保水性也不一样，猪肩胛部肌肉比臀部肌肉持水性大。冷冻的肌肉解冻后持水性降低。牲畜的活重增大、年龄增高时，肉的保水性减小。母牛肉的保水性比公牛肉的高。尸僵时肉的保水性降低，肉成熟可增加其保水性。适当添加食盐和脂肪可增加肉糜的保水性。

（六）肉的多汁性

多汁性也是影响肉食用品质的一个重要因素，尤其对肉的质地影响较大，据测算10%～40%肉质地的差异是由多汁性好坏决定的。对多汁性的评判可分为四个方面：一是开始咀嚼时根据肉中释放出的肉汁多少；二是根据咀嚼过程中肉汁释放的持续性；三是根据在咀嚼时刺激唾液分泌的多少；四是根据肉中的脂肪在牙齿、舌头及口腔其他部位的附着给人以多汁性的感觉。

多汁性是一个评价肉食用品质的主观指标，与它对应的指标是口腔的用力度、嚼碎难易程度和润滑程度，多汁性和以上指标有较好的相关性。

在一定范围内，肉中脂肪含量越多，肉的多汁性越好。因为脂肪除本身产生润滑作用外，还刺激口腔释放唾液。脂肪含量多少对重组肉的多汁性尤为重要。一般烹调结束时温度越高，多汁性越差，如60℃结束的牛排就比80℃牛排多汁，而后者又比100℃结束的牛排多汁。不同烹调方法对多汁性有较大影响，同样将肉加热到70℃，采用烘烤方法肉最为多汁，其次是蒸煮，然后是油炸，多汁性最差的是加压烹调。这可能与加热速度有关，加压和油炸速度最快，而烘烤最慢。另外在烹调时若将包围在肉上的脂肪去掉将导致多汁性下降。

三、畜肉的营养特点

任何畜肉都含有蛋白质、脂肪、水分、维生素、矿物质等，其含量依动物的种类、性别、年龄、营养与健康状态、部位等而不同。畜肉中的蛋白质消化吸收率高，属于完全蛋白，但结缔组织中的胶原蛋白缺乏色氨酸、酪氨酸和蛋氨酸，属于不完全蛋白质，营养价值较差；脂肪是决定畜肉风味的重要因素，并供应热量；肉类是铁和磷的良好来源，铁在肉类中主要以血红素铁的形式存在，消化吸收率较高，不易受食物中的其他成分干扰；畜类肝脏是多种维生素的重要来源，但其是解毒器官，所以不宜常食。

四、畜肉的组织结构与烹饪特点

一般所说的畜肉，是指畜宰杀后，除去血、毛、内脏、头和蹄（猪胴体保留皮、板油和肾脏；牛、羊等毛皮动物要去皮）的胴体，包括肌肉（俗称瘦肉）、脂肪、骨筋和软骨、腰、筋膜、血管、淋巴、神经、腺体等。从食品加工和烹饪的角度，将动物体可利用部位粗略地划分为肌肉组织、脂肪组织、结缔组织和骨骼组织。

（一）肌肉组织与烹饪

肌肉组织是构成肉的主要组成部分，是决定肉质量的重要组成部分，包括骨骼肌、心肌和平滑肌3种。用于烹饪加工的主要是骨骼肌，骨骼肌除由大量的肌纤维组成之外，还有少量的结缔组织、脂肪组织、血管、神经、淋巴等按一定的比例构成。肌纤维的粗细随动物的种类、年龄、营养状况、部位等而有所差异，如猪肉的肌纤维比牛肉细，老龄动物比幼龄的粗等。通过肌纤维的粗细可评定肉的嫩度。平滑肌主要存在于畜类内脏系统的管壁，由于组成平滑肌的肌纤维之间有结缔组织的伸入，从而使得肉质具有脆韧性，烹饪利用上，可采用炒、卤、熘、煮、蒸等方法，也可采用烫、涮、爆的快速加热法，烹制脆嫩的菜肴。此外，还常利用肠、膀胱等的韧性来加工香肠、香肚。心肌是组成心脏的肌肉组织，质地通常较细嫩，适于快速烹调法如炒、爆，体现其脆嫩的质感，如爆羊心、炒心花；也常采用卤、拌、酱等较长时烹调法，体现其绵软的口感，如酱猪心、卤猪心等。

（二）结缔组织与烹饪

结缔组织是构成肌腱、韧带、肌束膜、血管、淋巴、神经、毛皮等的重要成分，主要成分为基质（黏性多糖、黏蛋白、水分等）和纤维（胶原纤维、弹性纤维和网状纤维）。由于胶原纤维、弹性纤维、网状纤维具有一定的弹性和韧性，因此不便于刀工处理，加工性能较差。结缔组织坚硬、难溶，烹制时不容易熟烂，不易于咀嚼，因而适口性较差。所以含有较多结缔组织的肉，一般品质较差。不过中国烹饪比较擅长烹制富含结缔组织的部位，如驼蹄、蹄筋、鹿尾、猪爪等，主要是利用胶原蛋白于80℃水中长时间加热具有转变成明胶的特点，从而能形成菜肴醇厚的美味。弹性蛋白在烹调的时候不会被分解，只有在捣碎和切块的时候去掉弹性蛋白或人为地分解纤维，肉才能变嫩。此外，也可利用植物蛋白酶对肉类的结缔组织进行嫩化处理。

（三）脂肪组织与烹饪

脂肪组织具有一定的食用价值，对于改善肉的品质、形成肉的风味具有重要作用。一般可分为储备脂肪和肌间脂肪。储备脂肪是分布于皮下、肾、肠周围、腹腔内等易剥离部分的脂肪，包括肥肉、板油、网油；肌间脂肪夹杂于肌纤维之间，随动物的肥育而蓄积，使肌肉的横断面呈大理石纹状，并可防止水分在加热过程中的蒸发，使肉的质地柔软细嫩多汁，风味独特。另外，当肌束膜、肌外膜中有脂肪蓄积时，则结缔组织失去弹性，肌束易分离、易咀嚼，肉的嫩度提高。动物脂肪组织沉积的部位、性质、化学成分与动物的种类、年龄、饲料等有关，如老龄牲畜的脂肪多沉积于腹腔内和皮下，而肌肉间少，幼龄牲畜则多积存于肌肉间、皮下，而腹腔内较少。

（四）骨骼组织与烹饪

肉中骨骼占的比例大小，是影响肉的质量和等级的重要因素之一。动物的骨骼一般可分成躯干骨、头骨、前肢骨和后肢骨四部分。骨骼的构造一般包括骨膜、骨质和骨髓3部分。由于骨骼中含有大量胶原纤维，为10%～32%，并且含有15%的脂肪、13%的其他有机物，在烹饪中常用于制汤，熬制时产生大量的骨油和骨胶，可使汤汁更加鲜美醇厚。

第二节　畜类胴体的分割及烹饪应用

在古代，由于社会生产力水平低下，牲畜从活体宰杀切割到餐桌，均可能由厨师独立完成，出自先秦古书《庄子·养生主》中典故"庖丁解牛"，说的就是厨师替梁惠王宰牛的故事。进入21世纪，由于冷冻保鲜技术的进步，食物原料的加工深度越来越大，一般家禽乃至多种鱼虾类原料的宰杀分割等，也由专门的工厂去完成了，劳动分工的进一步细化，省去了厨师繁重的粗加工任务。

由于畜肉体积大、份量重，餐饮业很少去买整个畜体，因为在切整个肉时，需要一定的技术和劳动力，同时还存在对整块肉的利用上的问题。同时，为运输和销售方便起见，一般由屠宰场或销售商按不同国家的分割标准将胴体进行分割以利于进一步加工或直接应市零售。餐饮业需要任一部位的畜肉，都能在市场中买到，而且可直接用于精加工。因此，本节介绍畜类经过分割后的各部位名称、特点或用途。

 知识链接

肉

广义地讲，凡作为人类食物的动物体组织均可称为"肉"，现代人类消费的肉主要来自于家畜、家禽和水产动物；狭义地讲，肉指动物的肌肉组织和脂肪组织以及附着于其中的结缔组织、微量的神经和血管。其中，肌肉组织是肉的主体，它的特性支配着肉的食用品质和加工性能，是食品加工和烹饪研究的主要对象。

肉又有许多约定俗成的名称，如"瘦肉"或"精肉"（lean meat）指剥去脂肪的肌肉；"肥肉"主要指脂肪组织；西方国家常把牛羊肉、猪肉称为"红肉"（red meat），把禽肉和兔肉称为"白肉"（white meat）；我国将家畜屠宰后的胴体称为"白条肉"，将内脏称为"下水"（gut）；野生动物的肉又可称为"野味"（game meat）。

在肉品生产中，把刚宰后不久的肉称为"热鲜肉"（fresh meat）；屠宰后的胴体迅速进行冷却处理，使胴体温度在24h内降为0～4℃，并在后续的加工、流通和零售过程中始终保持在0～4℃范围内的鲜肉称为"冷却肉"（chilled meat）；经低温冻结后的肉则称为"冷冻肉"（frozen meat），在-18℃流通。其中，冷却肉具有安全卫生、滋味鲜美、口感细腻、营养价值高等优点。按不同部位分割包装的肉称为"分割肉"（cut meat）；剔去骨头的肉称为"剔骨肉"（boneless meat）；将肉经过进一步的加工处理生产出来的产品称为"肉制品"（meat product）。

（一）猪肉

中国是世界上最大的猪肉生产国，又是全世界猪肉消费量最高的国家。据世界肉类组织（IMS）2007年统计：中国肉类产量已连续16年居世界第一位。虽然猪肉、禽肉和牛肉是主要的消费肉类，但是各国各地区由于多种原因，肉类消费结构差别很大。我国猪肉类消费中，20世纪70年代以前占中国肉食总消费量的90%以上，到了20世纪80～90年代，因饲养业高速发展，禽肉和牛、羊、兔肉消费量比重上升，猪肉消费量有所下降。2013年中国猪肉产量为5493万t，在肉类总产量中所占比重为64.3%。以猪肉为最主要肉类消费品种的结构在短期内不会有太大的改变。

（1）分档部位 我国猪胴体分割尚无国家标准，通常将猪半胴体分为肩、背、腹、臀、腿五大部分，再进一步分割成零售猪肉块，见图5-2。

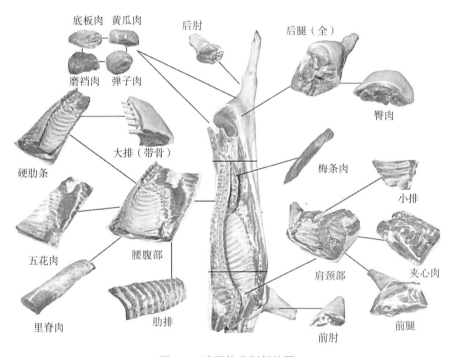

图5-2 猪胴体分割部位图

不同部位的肉块特点见表5-4。

表5-4 猪胴体不同分割部位特点

名称	肉块	特点
肩颈部	包括前颈肉（即槽头、血脖）、肩颈肉（即上脑肉）、夹心肉、前肘（蹄膀）等	颈肉多血污，肉间夹杂脂肪与较多结缔组织，质老，常作馅料；肩颈肉质地较嫩，有肥有瘦，宜于炸、熘、烧；夹心肉结缔组织多，肉质较老，吸水量大，适于制肉糜；肘子筋皮与瘦肉多，富胶质，常带皮烹制，适于烧、扒、酱、炖、焖等烹法
背腰部	包括里脊肉（即扁担肉）、大排、梅条肉等	里脊肉肌纤维长，结缔组织与脂肪少，质嫩，宜于炒、熘、炸、汆等烹调方法；大排可红烧、卤等

续表

名称	肉块	特点
肋腹部	包括硬肋（即硬五花）、软肋（即软五花）、肋排（小排）、奶脯等	五花肉脂肪与肌肉相夹成五层，组织疏松，宜于烧、烤、扒、清炖、粉蒸等；肋排带夹层肌肉，适用于烧、煮、炸、焖、煨、蒸等烹法；硬肋可制肉糜；奶脯可熬猪油
臀腿部	包括臀尖、黄瓜肉、弹子肉、磨裆、底板肉、后肘等部位	肌肉剔除筋膜后，质厚实细嫩，宜于炒、熘、炸、煎等；也常用做火腿、咸肉等腌肉材料；后肘特点与烹法同前肘

（2）烹饪应用　猪肉是中国烹饪中应用最多、最广泛、最经常的肉食原料。猪肉的结缔组织比其他家畜少，质地细嫩柔软，一般无膻臊异味，烹调后滋味较好，气味醇香。在烹调中，可切成块、片、条、丝、末、肉糜等多种形状；可与任何原料组配，适宜任何味型的调味。除不能生食外，适于任何烹调方法，可用以制成众多菜肴（冷盘、热炒、大菜、汤羹、甜菜、火锅、砂锅等）、面点（馅料、臊子）、小吃等食品。猪肉还可供制咸肉、腊肉、肉脯、肉松、风干肉、香肠等。以猪腿制作的火腿，是中国的特产，享誉世界。中国猪肉菜品很多，各地方和部分少数民族，均有各具特色的猪肉菜品，数以千计。清代《调鼎集》所收以猪为原料的肴馔即近300款。满汉全席以专门搜罗山珍海味出奇制胜，也少不了里脊、猪腰、火腿、乳猪。从中国猪肉菜中，可以反映出中国烹饪经验技术之丰富，花色品种之繁多，为世界烹饪所罕见。

猪肉也是西餐烹调中常用的原料，通常采取烧烤、焖、烩、煎、炸、铁扒等烹调方法，如煎排骨、炸里脊、烤乳猪等。在正式烹调前，首先要制备汤料，汤料是用从猪肉上剔下来的余料和骨头，配以各种香料蔬菜煨制，再经过滤、冷冻而制成。德国人酷爱吃猪肉，人均猪肉年消费量达65kg，讲究猪肉的各种烹制和加工方法，这是德意志人与其他西方民族饮食特色的一个显著差别。大部分有名的德国菜都是猪肉制品，最有名的是红肠、香肠和火腿，如"黑森林火腿"销往世界各地，可以切得像纸一样薄，味道奇香；德国的国菜是在酸卷心上铺满各式香肠和火腿，有时用一整只猪后腿代替香肠和火腿。德国香肠的种类很多，有1500种以上，主要的原料是猪肉、牛肉、蔬菜或动物的内脏，搭配各类的香料制成独特的口味。多数香肠以地区来命名，如法兰克福香肠、维也纳香肠、纽伦堡香肠等……吃法上，德国香肠也呈现出多样化，可以水煮、油煎或烧烤，也可以做成沙拉、煮汤或直接吃。

（3）营养保健　以生鲜瘦猪肉为例，每100g可食部含水分71.0g，能量599kJ，蛋白质20.3g，脂肪6.3g，碳水化合物1.5g，胆固醇85mg，维生素A44μgRE，钙6.0mg，磷189mg，铁3.0mg，锌2.99mg，硒9.50μg，此外，还有维生素B_1、维生素B_2、烟酸、锰、铜等。猪肉含9种必需氨基酸，组成比例接近人体需要。中国传统的猪种因为脂肪含量很高，现在被视为极大的缺点，脂肪和高的胆固醇联系在一起，成为高血压、动脉硬化的罪魁祸首。过去的红烧肉、蹄髈及名菜东坡肉，都是以肥而不腻见长，现在已被饭馆酒店排除在菜谱以外，在市场经济的冲击下，中国的土种猪面临难以为继的处境。

清代《本草备要》指出："猪肉，其味隽永，食之润肠胃，生津液，丰肌体，泽皮肤，固其所也。"但是猪肉由于含脂肪和胆固醇较高，多食容易引起心血管系统疾病。我国古时对此已有认识，梁陶弘景所著《别录》认为"猪肉闭血脉，弱筋骨，不可多食"。这里"闭血脉"，就是现代医学所说的动脉粥样硬化，以及在此基础上发生的血栓形成、血管闭塞。孙思邈说，"久食令人少子，发宿痰。"国外有些科学家还指出，多食猪肉会损害人的容颜，使人易老。但猪的内脏、皮、蹄、骨有一定的药用价值。

（4）注意事项　① 许多国家都非常重视猪肉，并视为主要的嫩肉，但猪肉是伊斯兰教的禁忌品，我国宁夏、甘肃等地的回族连"猪"字都不提，把猪称作"狠宰惹"，把猪肉称作"孩代丝肉"或"大肉"，猪油称作大油；② 猪肉是囊尾蚴的良好寄主，人吃了受其感染的猪肉就非常容易得寄生虫病，所以中、西餐对猪肉的烹调必须到熟透状态才可以食用，即内部都加温达74℃以上，骨头附近看不到明显的红色，让寄生虫的危害性降到最低，也可以保持肉质的湿润和嫩度。

（二）牛肉

牛肉蛋白质含量高，肉质鲜美细嫩不肥腻，是优于其他肉类产品的营养食品。近年来，由于欧、美、日本等发达国家和地区相继发生"疯牛病"疫情，而中国属于"无疫区"，中国产牛肉逐渐得到世界消费者的青睐，肉牛产业得到各级政府的重视，近年来发展得较为迅速。2011年中国大陆肉牛产量为615.79万吨，排在美国、巴西之后，位居世界牛肉产量的第3位。2013年中国牛肉产量673万t，在全国肉类总产量中所占比重为7.9%。目前我国人均牛肉消费量为4.7kg左右，这和世界人均消费量约10kg的水平相比，还存在约1倍的差距，更低于一些牛肉主产国家的人均产量水平。

（1）品种特征　① 美国牛肉，主要来自生长期在15～24个月的牛，并且在屠宰前4～8个月喂食谷类。幼龄、质细并且油花丰富的纯种安格斯牛牛肉和海福特牛牛肉，稳坐美国最高等级长达30年以上。近年来，消费者喜好改变，偏爱低脂肉，开始青睐完全以牧草饲养的牛，这种牛肉比主流市场的牛肉更精瘦且气味更丰富。② 欧洲牛肉，不同的国家各以不同方式畜养牛群，生产出风味独特的牛肉。意大利偏爱16～18个月大的牛肉；大部分法国和英国牛肉来自3～4岁大的阉牛，认为是"极致臻品"。不过由于动物得疯牛病的风险会随着年岁增大而增大，目前大部分法国和英国牛肉都来自于30个月以下屠宰的牛。③ 日本牛肉，日本最推崇的是"雪花牛肉"，即油花多的牛肉，而最有名的产区便是神户。当地的和牛大多在24～30个月大时屠宰，而高品质的和牛在筛选出来后，再以谷料养胖1年以上。这种过程生产的牛肉风味佳、细嫩，非常肥润，油花量可高达40%。品质最佳的肉块通常削成1.5～2mm的薄片，然后在高汤内涮数秒即可入口。④ 小牛肉（犊牛），来自乳牛产下的幼龄公牛，完全用全乳、脱脂乳或代乳料饲喂养，色浅、气味精致、脂肪层较软，加上具有溶水性的胶原蛋白，一经烹煮即快速溶化成胶质，因此肉质细嫩多汁，其中饲养3～5月龄的又称"白牛肉"（white meat）。美国小牛肉通常来自圈养并喂食黄豆或配方乳的小牛，它们在3～4月、体重达70～230kg时宰杀。中国神泽集团的小牛肉生长过程在6～8个月，有全乳小牛肉（圈养）和有机小牛肉（牧场放养）两种。

（2）分档部位　根据我国《牛胴体及鲜肉分割》（GB/T27643—2011），依据牛胴体形态结构和肌肉组织分布进行分割，得到不同部位的肉块：里脊、外脊、眼肉、上脑、辣椒条、胸肉、臀肉、米龙、牛霖、大黄瓜条、小黄瓜条、腹肉及腱子肉（见图5-3）。肉块的商品名、别名、英文名、部位及等级见表5-5。这些肉块很小，在厨房中很容易处理，可根据不同菜肴的要求切成不同大小各种形状的肉，可以用作烤肉、肉排、炸肉饼、炖肉等。

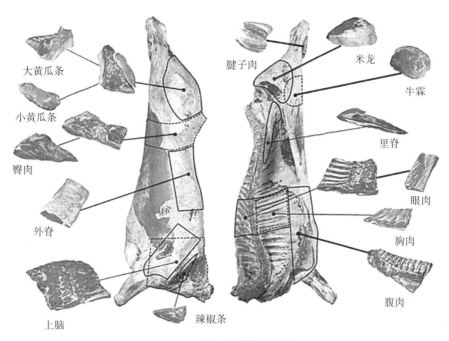

图5-3　牛胴体分割部位图

表5-5　　　　　　　　牛胴体分割肉块名称及部位、等级

商品名	别名	英文名	部位	等级
里脊	牛柳、菲力	*tenderloin*	取自牛胴体腰部内侧带有完整里脊头的净肉	特优级
外脊	西冷、纽约克	*striploin*	取自牛胴体第6腰椎外横截至第12～13胸椎椎窝中间处垂直横截，沿背最长肌下缘切开的净肉，主要是背最长肌	高档
眼肉	沙朗	*Rib eye*、*cube roll*	取自牛胴体第6胸椎到第12～13胸椎间的净肉，前端与上脑相连，后端与外脊相连，主要包括背阔肌、背最长肌、肋间肌等	高档
上脑	—	*high rib*	取自牛胴体最后颈椎到第6胸椎间的净肉，前端在最后颈椎后缘，后端与眼肉相连，主要包括背最长肌、斜方肌等	高档
辣椒条	嫩肩肉、小里脊、牛前柳	*chuck tender*	位于肩胛骨外侧，从肱骨头与肩胛骨结节处紧贴冈上窝取出的形如辣椒状的净肉，主要是冈上肌	优质
胸肉	牛腩、前胸肉、胸口肉	*brisket*	位于胸部，主要包括胸升肌和胸横肌等	一般
臀肉	臀腰肉、尾扒、尾龙扒	*rump*	位于后腿外侧靠近股骨一端，包括臀中肌、臀深肌、股阔筋膜张肌	优质
米龙	针扒	*topside*	位于后腿外侧，主要包括半膜肌、股薄肌等	优质
牛霖	膝圆、和尚头、霖肉	*knuckle*	位于股骨前面及两侧，被阔筋膜张肌覆盖，主要是臀股四头肌	优质

续表

商品名	别名	英文名	部位	等级
大黄瓜条	大米龙、烩扒	outside flat	位于后腿外侧，沿半腱肌股骨边缘取下的长而宽大的净肉，主要是臀股二头肌	优质
小黄瓜条	小米龙、鲤鱼管	Eye round	位于臀部，沿臀股二头肌边缘取下的形如管状的净肉，主要是半腱肌	优质
腹肉	牛腩、牛小排、肋条肉	thin flank、short ribs	位于腹部，主要包括肋间内肌、肋间外肌和腹外斜肌等	一般
腱子肉	牛腱、金钱腱、小腿肉	Shin-shank	分前后两部分，前腱取自前小腿肘关节至腕关节外净肉；后腱取自后小腿膝关节至跟腱外净肉	一般

由于每一个大块肉都可以用不同方式处理，会使我们很容易识别每块肉。学会识别肉块的名称及它们在整个畜体中的位置、一些最重要的肉的出处，那么无论何时见到一块肉，都能准确地区分它。骨骼的独特形状经常是识别肉类切割的最好线索，骨骼的外面通常都是被肉包着的，即使看不到这些骨骼，也应该知道它们的位置，记住骨骼的结构有助于我们的识别（见图5-4）。

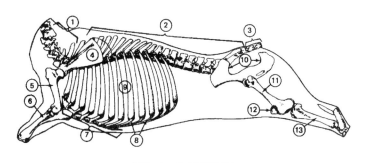

图5-4　牛骨结构图

①—颈骨　②—脊骨　③—尾骨　④—肩胛骨　⑤—臂骨　⑥—前腿骨　⑦—胸骨　⑧—软肋骨
⑨—肋骨　⑩—骨盆（髋骨和臀骨）　⑪—腿骨或圆骨　⑫—膝盖骨　⑬—后腿骨

（3）烹饪应用　中餐对牛肉的烹调加工不及猪肉。牛肉烹调时多做主料，极少用作配料。可制成冷盘、热炒、大菜、汤羹、火锅等，也可做馅料用于包子、饺子、馅饼等，或做臊子用于面条、面片等。由于牛肉结缔组织多（这与传统上使用的农区淘汰的老牛和残牛有关），加热后蛋白质凝固时收缩性强，失水量大，使肉质老韧。因此，中餐烹调时多用切块炖、焖、煨、卤、酱等长时间加热的烹调法。仅牛的背腰部及部分臀部肌肉肌纤维斜而短，筋膜等结缔组织少，顶刀切成丝、片等形状，用旺火速成的炒、爆等法成菜，可获得柔嫩的效果。

牛肉是西餐烹调中最常用的原料，西餐对牛肉原料的选用非常讲究，主要以肉用牛作为原料。一般根据可利用的肉和所含脂肪的比例，把牛肉分为5级，根据不同的肉质恰当应用（见表5-6）。

表5-6 西餐牛肉的分级及应用

名称	部位	特点	烹法
特级肉	里脊	运动量最少，肉纤维细软，瘦肉较多，油花极少，是牛肉中最嫩的部分	做各种高级的菜，如煎里脊扒、奶油里脊丝、铁扒里脊等
一级肉	外脊、上脑	肥瘦相间，肉质软嫩，仅次于里脊，也是优质原料	上脑肉扒、带骨肉扒、烤外脊等
二级肉	米龙盖	肉质较硬	适宜焖烩
	米龙心	肉质较嫩	可代替外脊使用
	和尚头	肉质稍硬，但纤维细小，肉质也嫩，	可做焖牛肉卷、烩牛肉丝等
三级肉	前腿	肉纤维粗糙，肉质老硬	一般用于制牛肉糜，做各种肉饼
	胸口、肋条	肉质虽老，但肥瘦相间，香硕味美	焖牛肉、煮牛肉最为合适
四级肉	脖颈、肚脯和腱子	筋皮较多，肉质粗老	可制馅或煨汤，腱子肉可酱制

西餐选用的小牛肉，几乎没有什么脂肪，没有评级标准。其里脊除适宜煎炒外，更适合做炭烤里脊串；小牛的后腿，除用于煎、炒、焖、烩外，还可以做烤小牛腿；小牛的脖颈和腱子可以煮吃，清爽不腻，十分佳美。此外，西餐对牛肉的烹调还可以根据顾客的偏好进行不同成熟度的烹饪，如三成熟（肉块最厚部分的中间达54℃）、半熟（60~63℃）、全熟（71℃）等。

（4）营养价值 以生鲜瘦牛肉为例，每100g可食部含水分75.2克，能量444kJ，蛋白质20.2g、脂肪2.3g、碳水化合物1.2g，胆固醇58mg，维生素A6μgRE，维生素$B_1$0.07mg、维生素$B_2$0.13mg、烟酸6.30mg，钙9.0mg，磷172mg，铁2.8mg，锌3.71mg，锰0.04mg，铜0.16mg，硒10.55μg等。

牛肉蛋白质含量高，氨基酸组成比猪肉更接近人体需要，而脂肪含量低，所以味道鲜美，受人喜爱，享有"肉中骄子"的美称，能提高机体抗病能力，对生长发育及手术后、病后调养的人在补充失血、修复组织等方面特别适宜。寒冬食牛肉，有暖胃作用，为补益佳品。中医认为，牛肉有补中益气、滋养脾胃、强健筋骨、化痰熄风、止渴止涎的功效，古有"牛肉补气，功同黄芪"之说。

（三）羊肉

羊肉在我国常作为一种冬令补品肉类食用，民间有"伏狗冬羊"之说。除在牧区以羊作为肉食畜外，其他地区，主要在冬季食用，加上羊肉有一股膻味，被一部分人所冷落，所以占全国肉食总消费量的比例较低。2013年中国羊肉产量408万t，在肉类总产量中所占比重为4.8%。

（1）品种特征 羊肉比牛肉更细致、柔软，不过肌红素更多、味道更重，还带有一种非常独特的气味，会随着羊龄而增加，如果羊在屠宰前1个月吃的是谷物饲料，这种味道就会减少。羊肉有绵羊肉与山羊肉之分。绵羊肉呈暗红色，其肉质坚实，比山羊肉肥嫩，肉纤维细而软，肌间很少夹杂脂肪，羊膻味也较微弱，山羊肉呈较淡的暗红色，肉质较松软，肉纤维较粗，瘦肉多肥肉少（皮下很少有脂肪），但其脂肪有明显的膻味。经过育肥的绵羊，有适当的肌间脂肪，呈纯白色，质坚脆；膻味轻，品质优良。阉割后的羊称为"羯羊"，其肉质肥美，优于一般的绵羊和山羊。

（2）分档部位　我国对羊胴体的分割一般将羊胴体分为肩胛肉、肋肉、腰肉、后腿肉、胸下肉五大部分（见图5-5）。在部位肉的基础上再进一步分割成零售肉块，见表5-7。与猪肉、牛肉不一样的是，羊肉可以不需要纵切，而是直接从第12到第13根肋骨处将其切成前扇和后扇。

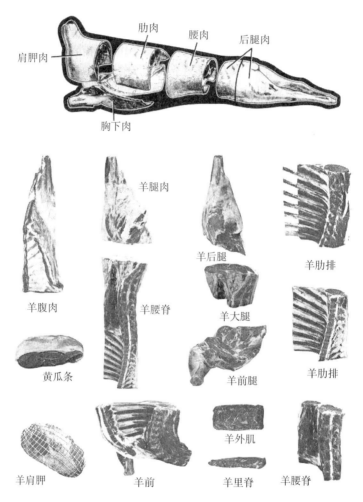

图5-5　羊胴体分割图及商品羊肉零售部位

表5-7　　　　　　　　　　　　　　羊肉的分割部位和利用

名称	利用
肩胛肉	在通过脊椎分开后，可以把肩胛肉切成肉排烤制，也可以剔骨做成烤用肉卷
肋肉	可以在肋间切成肋大排，整个胸部作为烤肉去烤，也可以在肋间切成胸肋肉片
腰肉	腰肉通常垂直于脊椎切成肉排，羔羊肉排切成大约2.5cm厚
后腿肉	从腿的后腰部可切几块后腰大排，腿也可以全部去骨卷成肉卷
胸下肉	色白，质软，肥多瘦少，无筋膜，可卤、酱、爆、烹等

（3）烹饪应用　我国养羊历史悠久，在长期食肉过程中，我国各族人民积累并创造了多种多样、丰富多彩的烹调技艺和食用方法，尤其是回族厨师，创造了风味独特的清真食

品和各种风味小吃。其中又以北京和西安饶具特色。北京东来顺饭庄和西安清雅斋的"涮羊肉"，北京鸿宾楼和老西来顺的"全羊席"，烤肉宛和烤肉季的"烤牛羊肉"，西安老孙家和同盛祥的"羊肉泡馍"和老童家的"腊羊肉"都已成为驰誉中外的回族食品。

羊肉用于烹调，适于各种刀工与工艺加工，适应任何烹调方法，可做任何调味，能做菜肴、小吃、点心，也用于主食。做菜肴，可做冷盘、热炒、大菜、汤羹、火锅，也可做臊子、馅料。还可经腌、酱、熏、干、风制成各式加工肉制品。整用，可制成如新疆"烤全羊"等。分用，则可根据羊肉胴体分档取料，各依其不同性质，分别施用，从头至蹄无不可烹调入口。

在烹调运用时，羊的后腿肉和背脊肉是用途最广泛的部位，适于炸、烤、爆、炒和涮等，制作出烤羊肉串、葱爆羊肉、酱爆羊肉、羊方藏鱼的名肴，成菜都讲究细嫩；羊的前腿、肋条、胸脯肉质较次，适于烧、焖、扒、炖、卤等，如红烧羊肉、扒茄汁羊肉条、酱五香羊肉，成菜讲究熟软。由于羊肉膻味重，烹调中更注重对香辛料的使用，也常用洋葱、胡萝卜、萝卜、番茄、香菜等合烹去膻，还可用焯水或加酸加碱处理去膻。

 知识链接

全羊席

全羊席，始于元朝的宫廷筵席。席上所有菜肴都是用羊的不同部位制成的，形色不同，口味各异，多者可烹制出上百种菜。例如，蒙古族的全羊席，一盘一盏全用羊肉，一百多款菜点，其名称却不露一个羊字的痕迹，实在是颇具巧思，用羊眼可做成名为"玉珠项"的菜；用羊脑可做成"烩白云"；用羊肚可做成"素菊花"等。

自古以来，全羊席菜品的原料均出自羊的身上，并以菜品繁多、口味鲜美、滋补健身为美名传诵。根据制作的庖厨不同，各以制作全羊席而闻名的地方，其所做的全羊席的菜品、口味呈现出不同的特点。清真全羊席是伊斯兰教界的"圣席"，席面铺蓝色台布，备茶水不备烟酒。清王朝每逢在宫内举办盛大庆典及宴请伊斯兰界的朋友时，在宫内就依据"满汉全席"的格局，把全羊席引入宫廷。据记载，宫廷全羊席的菜品为72个。

（4）营养保健　以生鲜瘦羊肉为例，每100g可食部占99%，含水分74.2g，能量118kcal，蛋白质20.5g、脂肪3.9g、碳水化合物0.2g，胆固醇60mg，维生素A11μgRE，维生素$B_1$0.15mg，维生素$B_2$0.16mg，烟酸5.20mg，钙9mg，磷196mg，铁3.9mg，锌6.06mg，锰0.03mg，铜0.12mg，硒7.18μg。

羊肉蛋白质含量较高，钙、磷等矿物质含量比较丰富，类似于中等肥度的牛肉，且高于猪肉。其所含的赖氨酸、精氨酸、组氨酸、丝氨酸等必需氨基酸均高于牛肉、猪肉和鸡肉。羊肉的胆固醇含量较低，脂肪不易被人体吸收，吃羊肉不易发胖。羊肉肉质细嫩，容易被消化，多吃羊肉可以提高身体素质，提高抗病能力。

中国历来视羊肉为冬日补品，寒冬常吃羊肉可益气补虚，促进血液循环，增强御寒能力。羊肉还可增加消化酶，保护胃壁，帮助消化。中医认为，羊肉具有补虚劳形衰、祛寒冷、益肾气、开胃健力、通乳治带、助元阳、生精血等功效，可治肾虚腰痛、形瘦怕冷、病后虚弱、产后大虚或腹痛、出血等症。其中祛寒助阳均可见实效。羊肉属大热之品，凡有上火症状者都不宜食用。

（四）畜类副产品

畜类副产品俗称"下水"，包括多种器官、腺体和其他组成动物躯体的部分。中国食物原料的广泛性和原料的利用率都超过西方，西方人不喜欢吃的动物下水，中国人完全有办法化腐朽为神奇，使它们成为令人馋涎欲滴的美味佳肴，有些下水菜甚至可以堂而皇之地搬上高档宴席，这是中国烹饪的一大特色。

（1）品种特征 畜类副产品有猪、牛、羊的头、尾、脑、舌、耳、眼、气管、食管、皮、筋、血、骨、髓、蹄爪、心、肝、肺、肚、腰、肠、脾、胰、睾、鞭、板油、网油等。由于猪肉的消费占畜禽肉总量的64%，所以，原料市场上以猪的副产品为多，本节也以猪副产品为主介绍。

① 头、尾、蹄爪：头、尾、蹄爪都富含大分子胶原蛋白。猪头可分解为猪脑、猪舌、猪耳、猪拱嘴、猪眼、猪软腭等部位使用。猪脑质如豆腐，外被血筋、薄膜与黏液，有臊味；猪舌肉质细腻致密，表层有一层粗糙硬皮，经沸水烫后可褪除；猪耳由两层皮夹一层白色软骨构成，富胶质，无肌肉，质地挺脆爽适。

猪尾由尾椎骨以肌肉、韧带连接被以外皮而构成，根部较粗，末端较细，一般长20～30cm。猪前爪又称猪手、前蹄，后爪又称猪脚、后蹄，为猪腿膝以下部分，由皮、筋、骨及部分胶质脂肪组成。

② 内脏：畜类屠宰业将内脏分为白内脏和红内脏（见图5-6）。

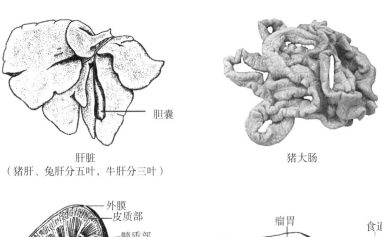

肝脏
（猪肝、兔肝分五叶，牛肝分三叶）

猪大肠

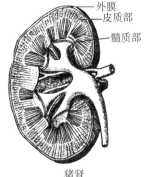

猪肾

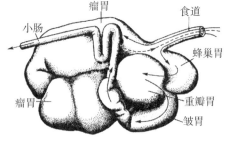

牛胃

图5-6 畜类内脏器官的形态

白内脏：包括胃、肠、脾。猪胃即"猪肚子"，呈椭圆形囊状，由贲门部、胃体和幽门部3部分组成，幽门部与十二指肠连接，肌层厚实，俗称肚头或肚仁，胃壁有较多的黏液，腥臊味较大。猪肠的结构与胃相同，但肌层没有胃肌层厚，分大肠、小肠和直肠，大肠、直肠的肌层较小肠为发达，应用较多，小肠多制作肠衣，猪肠具较强臊臭气，处理时应予去除异味。猪脾暗红色，为重要的贮藏血液的场所和最大的淋巴器官，烹饪中应用甚少。

红内脏：包括心、肝、肺、肾。猪心由心肌构成，呈梨形，心肌纤维短而有分枝，富含肌红蛋白，故呈深红色，肌肉坚实，弹性强，肉质细嫩而柔软。猪肝呈红褐色，有光泽，细嫩柔软，富有弹性，其表面覆盖浆膜。猪肺由肺泡构成，呈左右分布，表面有浆膜，柔软光滑，有弹性，易破，肺内布满血管，血管内有血液，所以肺呈粉红色，烹制前，要从气管中反复注入清水，去除血污，直至肺呈近洁白的颜色。猪肾即"猪腰子"，呈豆形，表层为红褐色的皮质，是食用部位，深层为髓质，有较浓重的臊味，俗称"腰臊"，在加工时通常要去掉这部分。

③ 其他：包括血、皮、髓、骨、筋、睾、鞭、板油、网油等。猪血也称猪红、猪旺，经加热后即凝结成块状，俗称"血豆腐"。猪皮富含胶原蛋白，一般洗净表面污垢，刮净里层油脂后供用；猪脊髓是脊椎中的髓体，也包括其他骨髓，脊髓全体呈长柱状，内部是神经细胞体集中的灰质，包括多种神经组织，骨髓组织柔软，充满骨内腔隙，分红骨髓和黄骨髓。猪管廷为食管或主动脉管，主要由黏膜层、肌层和外膜组成，肌层甚发达，柔韧而富弹性，加热后发硬而变脆，吃口挺脆，很有特色。猪环喉即气管，为皮膜包被若干个U状软骨和肌肉、韧带连接构成的管状体，质地挺韧而脆，有一种特殊的质感，一般连同猪肺一起销售。鞭是公畜的外生殖器，又称为冲，常用的有牛鞭、鹿鞭、驴鞭、马鞭等，质地坚韧，有一定的腥臊气味，初加工时一般要去掉白膜和尿道膜，需浸泡、焖煮去除异味。

（2）烹饪应用　头、尾、蹄爪多用于长时间加热的烹调方法，如炖、焖、煨、烧、扒、卤、酱等，名菜有浙江奉化"酱烤猪头"、四川"豆渣猪头"、黑龙江"扒猪脸"、扬州"扒烧整猪头"和江苏宿迁"猪头肉"、广州"白云猪手"、上海"糟脚爪"、广东"发菜蚝豉猪手"、甘肃"红枣烧摆摆"、广东"花生焖猪尾"等。

内脏中的肾、胃、肠、心、肝、肺应用较多。猪腰常采用炒、氽、爆、烩等快速成熟的方法烹制，以保证其脆嫩的质感，如爆腰花、烩腰片等，也可用炖、烩等方法来制作，如冬菇炖酥腰，加工时不去腰臊，只在整猪腰上剞花刀，泡去血水，经长时间炖制而成，成品不仅全无臊味，且口感酥烂，味道鲜美；猪肚质感脆嫩，可用爆、炒等方法加工，也可制作酱卤菜；猪大肠适于烧、熟炒、卤、炸等烹调方法，如山东九转大肠、陕西葫芦头、吉林白肉血肠、四川火爆肥肠等都是名菜；猪心在烹饪中常以炒、爆、烩、卤、酱等方法制作菜肴，如炒猪心、卤猪心等；猪肝多采用爆炒、氽煮等快速加热方式成菜，初加工时，需小心去除胆囊。

猪血凝块与豆腐同烩，称为"红白豆腐"，也可做成羹式菜，满族习俗以猪血灌肠，煮后切片与白肉片共炖成"白肉血肠"，也可制成火锅菜式等。猪皮应用较广，可鲜用、熟用、熬冻用和干制再涨发用。如"凉拌猪皮""三丝彩冻""烩皮肚"。

（3）营养保健　畜类副产品均含有一定的蛋白质、脂肪、维生素及矿物质等营养成分，蛋白质多为胶原蛋白，属不完全蛋白，消化吸收率低，故在烹饪与食用时，多与其他富含完全蛋白质的原料搭配，以充分发挥蛋白质的互补作用，提高其营养价值。

畜类内脏有一定的食疗作用，明代李时珍根据食猪的经验，总结出"以脏补脏"学说，成为中国饮食养生学说的重要组成部分之一。如羊肝味甘性平，有补血益肝、明目的功效，适用于血虚萎黄瘦弱、肝虚视力减退、青光眼、雀盲等。羊肝含有维生素A、铁等营养素，养肝明目是其特殊的功效，为夜盲症、眼干症、视物昏花的常用药，名医孙思邈就常用羊肝来治疗夜盲症。

（4）注意事项　头、尾、蹄爪初加工应取水烫脱毛或火燎后浸泡，刮净毛茬的方法，个体卤菜店或摊点常用松香脱毛或沥青脱毛，不利健康，可使用无公害的"松香甘油酯"用于原料的脱毛。

第三节　畜类制品及烹饪应用

一、畜类制品的种类

畜类制品是指以畜肉或副产品为原料，运用物理或化学方法，配以适当辅料和添加剂，经干制、腌制、熏制加工成的成品或半成品。畜类制品的类型和品种十分庞大。在我国，传统名优特产肉制品就有500余种；在德国，香肠产品有1500多种，仅热烫类香肠就有240种；在瑞士的巴塞尔等色拉米厂有750种色拉米香肠。由于肉制品品种繁杂，从世界范围看还没有一个统一的分类方法。不同国家，分类标准不一。如日本JAS标准将肉制品分为培根、火腿、压缩火腿、香肠和混合制品5类；美国将肉制品分为午餐肉、香肠和肉冻类产品、煮火腿和罐头肉3类；德国将肉制品分为香肠和腌制品两大门类，香肠又分为生香肠、蒸煮香肠和熟香肠3类；腌制品分为生腌制品和熟腌制品两类。

🔗 知识链接

中外肉制品的加工历史

人类对肉制品的加工具有悠久的历史。古埃及人以盐渍和日光干燥贮藏肉类。早期罗马人利用冰和雪贮藏食品，并逐渐发展了耐贮藏的生火腿、培根、熏肉、发酵肉制品加工技术。美国最早的肉类包装者是新英格兰的农场主，他们将肉和盐一起装在桶内以便贮存。

我国肉制品加工的历史更为悠久。早在奴隶社会时期，我国劳动人民就已经掌握了使用陶瓷器封闭保藏食品的技术。《周礼》中有"腊人掌干肉"和"肉脯"的记载。在先秦诸子百家的著述中，"脯""腊""腌""熟"等字更是屡见不鲜。那时在腌腊、熟肉制品行业中就有"腊人"这一类的技术谓称。西汉《盐铁论》中有"熟食遍地，肴旅城市"的记载。当时熟肉类食品已广泛在酒楼、饭店中售卖。到了北魏末期，《齐民要术》一书就将

2500多年前熟肉生产作了综合叙述。宋代的《东京梦华录》中记载了熟肉制品200余种，使用原料范围广泛，操作考究。中式火腿加工始于宋代。元朝《饮膳正要》重点介绍了牛、羊肉加工技术。清朝乾隆年间袁枚所著《随园食单》一书记载的肉制品有50余种。现在的肉类制品传统工艺基本是那时方法的沿袭。

我国肉类总产量虽然稳居世界首位，肉类制成品的产量占肉类总产量的比重还不到10%，而发达国家熟肉制品已占到肉类总产量的50%以上；目前我国肉制品深加工产品的比重仅为肉类总产量的4%，远低于国外的40%，发展的空间很大。根据畜类制品是否即食分为即食与非即食两类，即食类制品无须加热，直接食用，也有部分可作烹饪原料使用；非即食类制品都可以作烹饪原料使用（见图5-7）。

图5-7　非即食畜类制品的分类

二、烹饪中常用的畜类制品

（一）中式火腿

中式火腿为腌腊制品的代表，因呈鲜红色或酱红色，色如火烤，故名。火腿在制作过程中经过发酵，蛋白质分解为多种氨基酸，加上其他因素，形成火腿所独具的鲜香风味，在中国烹饪中发挥了重要作用。因而为各地方风味所常用，是餐饮业必备的烹饪原料之一。

（1）品种特征　火腿一般选用皮薄骨细、瘦多肥少、肉质细嫩的猪后腿作原料，经修坯、腌制、洗晒、整形、发酵、堆叠、分级等10余道工序，经冬过伏，历时10个月制成。20世纪80年代以来，已采取低温腌制、中温脱水、高温催熟、堆积后熟的新工艺，缩短了生产周期，已可常年生产。

火腿较著名的有"南腿""北腿"和"云腿"三大品种。南腿因主要产于浙江金华，也被称为"金华火腿"，已有千年左右的历史，南宋时已被列为贡品。以当地"两头乌"猪腿所制，每只2.5~5kg，爪小骨细，肉质细嫩，皮色光亮，外观呈金黄色或棕红色，表面干燥，手感坚实，香味浓郁，形似竹叶，是火腿中的上品，在国内外享有盛誉。北腿因主要产于江苏如皋，又被称为"如皋火腿"，每只重4~7.5kg，形似竹叶或琵琶，比金华火腿稍咸，肉质紧密，外黄内红，皮薄爪细，肉味鲜香。云腿因主要产于云南宣威，也被称为"宣威火腿"，净腿每只6~9kg，表面棕色，皮面光亮，皮薄爪细，瘦肉切面鲜红或桃红色，骨呈桃红色，脂肪洁白，入口回味略甜。此外，湖北的恩施，四川的涪陵、遂宁、剑阁，江西的安福等地也产火腿。

原只火腿按质量分档可分为5部分（见图5-8）：上方质量最好，精肉多、肥肉少、骨细，可供制作火方及切大片、花刀片；中方质量接近上方，但其中有大骨不易成型，常用于切丝、片、条、丁、块；蹄膀有皮紧裹，多带皮食用，整段用，也可切块或切圆片等；油头（滴油）、小爪（火爪）用于炖汤，或与其他原料同炖。

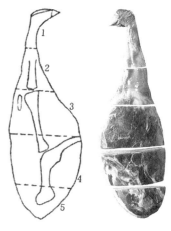

图5-8　火腿及分档部位

1—小爪　2—蹄膀　3—上方
4—中方　5—油头

（2）烹饪应用　火腿在制作的过程中，经过发酵，产生多种氨基酸，因此用火腿烹制的菜肴，滋味鲜香，风味独特。火腿入馔，可做冷盘、热菜、甜菜、汤、羹或面点馅料，可作菜肴的主料、配料、配色或配形料。火腿可成咸、甜味菜肴，既可单独成菜，也可以与水产、禽、肉、蛋等多种高低档动植物原料相配成菜。整个菜肴以突出火腿的鲜香为好。由于火腿鲜香味浓，常为燕窝、海参、驼掌等本味不显的原料赋鲜香滋味。此外，还可用于制汤（常与鸡、猪肘等配用），用作菜肴鲜味调味剂。用作面点馅料，如五芳斋火腿粽子、上海火腿月饼等。2000年9月浙江金华火腿行业协会与金华国际大酒店联合举办了"金华火腿百菜宴"，并编辑出版了《金华火腿百菜谱》。

（3）营养保健　火腿内含丰富的蛋白质和适度的脂肪，十多种氨基酸、多种维生素和矿物质。据分析，每百克金华火腿肉中，含热量528kcal，含蛋白质30.29g；脂肪26.28g，灰分8.57g，磷777.5mg、铁3mg、钾673mg、钙88mg、盐6.96g，水分23g，并含有18种氨基酸。火腿制作经冬历夏，经过发酵分解，各种营养成分更易被人体所吸收。

中医认为火腿味咸甘，性平，有健脾开胃、生津益血、滋肾填精、健足力、愈创口等功效。清代著名医家王秉衡的《重庆堂随笔》指出：火腿是病后、产后、虚人调补的上品。江南一带常以之煨汤作为产妇或病后开胃增食的食品。许多地方民间也视之为滋补食品。

（4）注意事项　因食用方法不当或在食用前处理不妥会影响菜肴的风味。食用火腿前应该注意以下问题：食用整只火腿时，最好先吃上方、中方，再取蹄膀、油头，最后用小爪。如果是已经切好的零块，要洗净、去皮、去骨，削去肉面油污和脂肪上有哈喇味的部分。在对火腿进行刀工处理时，为使切配成形，应在煮透蒸熟后，趁热抽出腿骨，用绳捆紧，让骨孔闭合，以重物压实，待冷却后再切。切时应斜着肌纤维的方向，下刀一定要干净利落、准确，用力适度，以免碎烂而不能成形。火腿不宜熟制后久贮，否则易致发干、变色、失味。在烹调中为了取其鲜香和突出本色，食用方法有炖、蒸和烧汤等，切忌红烧、酱制、卤制或无汤烹调，也忌用酱油、辣椒、茴香、桂皮等调味品，这些浓味会冲淡或压倒火腿特有的清香。

（二）腊肉

腊肉是将鲜猪肉腌制后，经烘烤或熏制而成的肉制品，是湖南、四川一带的特色原料，已有几千年的历史，一般在农历腊月加工，因而称为"腊肉"。随着湘菜、川菜在全国的蔓延，越来越多的人加入了"腊肉大军"。

（1）品种特征　腊肉除具有咸肉的特点外，还具有浓郁的烘烤风味或烟熏风味，防腐能力强，能延长保存时间，携带方便，并增添特有的风味，这是与咸肉的主要区别。腊制品种类多，同一品种，也因产地不同，质量、口味、形态等各具特色。以产地分有广东腊肉、四川腊肉、云南腊肉、湖南腊肉等；以原料分有腊猪肉、腊牛肉、腊兔肉等；以制作时所取原料部位不同有无骨腊肉、带骨腊肉及蝴蝶腊猪头、腊猪肚、腊猪心、腊猪肝、腊猪肘等。中国以湖南、广东生产腊猪肉较多，在华北、西北地区生产腊牛肉、腊羊肉较多。其中，腊猪肉颜色金黄，咸甜适中，腊味浓香鲜美，是腊制品中的大宗制品，使用最为普遍。

（2）烹饪应用　腊肉均为生制品，腊肉烹前处理和制作成菜与咸肉基本相同，可单用，也可与其他荤素原料配合烹。常采用炒、蒸、烧、炖、煨等方法烹制加工，但不宜高温油炸。可以制成冷盘、热炒、大菜等菜式，剁碎也可用作馅料。名菜有"腊味合蒸""菜薹炒腊肉""芦蒿炒腊肉"等，均以其特具的腊香而著称。

（3）营养价值　据《生命时报》报道，腊肉的脂肪含量非常高，还含有相当数量的胆固醇；其次，腊肉营养损失多，在制作过程中，肉中很多维生素和微量元素等几乎丧失殆尽，可以说，腊肉是一种"双重营养失衡"的食物；第三，腊肉的含盐量较高，100g腊肉的钠含量近800mg，超过一般猪肉平均量的十几倍。长期大量进食腊肉无形中造成盐分摄入过多，可能加重或导致血压增高或波动。因此，对于高血脂、高血糖、高血压等慢性疾病患者和老年人，还是少吃腊肉为好。

（三）香肠

香肠（*sausage*）是将切碎的肉和盐一起填塞入可食用的管状物内形成的一种肉制品。中国香肠（也称腊肠）制作是一种非常古老的肉食生产和食物保存技术，南北朝以前即已出现，北魏《齐民要术》中的"灌肠法"是用羊肠灌入切细并调好味的羊肉，加工成香肠，其法流传至今。西式香肠最早出现于前8世纪欧洲的高卢地区，在古希腊史诗《奥德赛》中，有"大香肠"的描述，到了前2世纪，古罗马征服高卢后，就将香肠传到欧洲其他地区，成为欧洲的主要肉食。

（1）种类特征　香肠肠衣传统上是取自动物消化管中的各个部位。目前大部分的天然肠衣都是猪小肠或羊小肠薄薄的结缔组织层，以高温和高压剥除内膜层和外在肌肉层，半干燥后加盐包装备用。也有以动物胶原蛋白、植物纤维素和纸做成的人工肠衣。

① 中式香肠：是中华传统特色食品之一，一般指猪肉香肠，不加淀粉干制而成，可贮存很久，熟制后食用，风味鲜美，醇厚浓郁，回味绵长，越嚼越香，全国各地均有生产，按风味分，有五香香肠、玫瑰香肠、辣味香肠等，著名的有江苏如皋香肠、滨海香肠、四川麻辣香肠、广东腊肠、山东莱芜香肠、武汉香肠、辽宁腊肠、贵州小香肠等，各具特色。

② 西式香肠：有生香肠、熟香肠和腊肠之分。生香肠就是刚做好、未发酵也未煮过的香肠，因此极容易腐坏。这种香肠应在做好或购买后一两天内就烹煮；熟香肠在制作过程中就已经加热过，买来就可以吃，不需再烹煮，保存期限为数日，如法兰克福香肠（热

狗）；腊肠是发酵香肠，将硝酸盐添加到肉、脂肪、培养菌、盐、调味料的混合物中，发酵过程持续18h至3d不等，接下来再烹煮和烟熏香肠，然后是2~3周的干燥期，以达到最终理想的湿度。发酵腊肠会发展出紧实、带嚼劲的质地，浓郁香味来自细菌产生的酸性和挥发性分子，以及微生物和肉品内的酶分解蛋白质和脂肪后产生的芳香化合物，如意大利萨拉米香肠，无需加热可以直接食用。

（2）烹饪应用　中式香肠可蒸熟后直接切片当凉菜食用，也可搭配其他食材一同炒食，富含维生素C的蔬菜水果是最佳搭档。如尖椒炒辣香肠、芥蓝炒香肠、圆白菜炒香肠、彩椒炒香肠、香肠烧菜花、荷兰豆炒香肠、香肠蒸蛋、香肠蒸鲫鱼等。生香肠要小火慢烹，能增加香肠的风味和口感，防止香肠内部达到水的沸点而使肠衣爆裂、水分渗出，导致风味流散且质地变硬。

（四）其他畜肉制品

其他畜肉制品有咸肉、香肚、肉松、肉干、肉脯、西式火腿等。肉松、肉干、肉脯多作休闲食品直接食用；西式火腿可做三明治馅、沙律、冷盘等；中式香肠、香肚须煮或蒸熟后，切片装盘食用。

（五）乳及乳制品

乳是哺乳动物分娩后从乳腺分泌的一种白色或稍带黄色的不透明的具有生理作用与胶体特性的液体，它含有幼小机体所需的全部营养成分，而且是最易消化吸收的食物。乳制品是指以生鲜牛（羊）乳及其制品为主要原料，通过一定的加工工艺（如干燥、发酵、浓缩、分离等）进行改制后得到的各种产品。

在世界畜产品（肉蛋奶）生产结构中，奶类生产一直位居前列，其总产量是世界肉类总产量的2倍多，是鸡蛋总产量的10倍，其中，奶牛乳占85%以上，水牛乳约占10%，羊乳及其他乳约占5%。发达国家的乳99%来自奶牛，而发展中国家的乳有1/3来自其他家畜，如水牛、绵羊、山羊、牦牛、骆驼等。印度、巴基斯坦生产了世界90%以上的水牛乳，水牛乳甚至约占印度乳类总产量的一半，这是与印度的高温潮湿气候相适应的。

（1）品种特征　由正常饲养的健康母牛挤出的生鲜牛乳一般作为原料乳使用，通过乳品厂均质、巴氏杀菌或超高温灭菌、冷却、包装之后成为优质的饮用乳。乳制品的形态多种多样，中国乳制品工业协会2003年制定的《乳制品企业生技术管理规则》中将乳制品分为七类见表5-8。

表5-8　　　　　　　　　　　　　　　　乳制品的种类

类　别	具体种类	特　点
液体乳类 *liquit milk*	巴氏杀菌乳、超高温灭菌乳、可可牛乳、原味酸牛乳、复原乳酸牛乳、果粒酸奶等	添加或不添加食品添加剂/食品强化剂或辅料，经发酵或不发酵制成的产品。均可直接饮用，有不同的保质期
乳粉类 *milk powders*	全脂乳粉、脱脂乳粉、全脂加糖乳粉和调味乳粉、婴幼儿乳粉、其他配方乳粉	粉末状制品，含水量2.5%~5%，冲调方便，便于贮存运输
炼乳类 *condensed milk*	全脂无糖炼乳（淡炼乳）、全脂加糖炼乳、调味炼乳、配方炼乳等	浓缩型牛奶，呈黏稠状乳白色液体，一般装在密封容器内，便于保存和运输

续表

类　别	具体种类	特　点
乳脂肪类 milk fats	稀奶油、奶油（黄油）、无水奶油等	稀奶油脂肪含量10%以上，奶油脂肪含量达80%以上，脂肪含量在99.8%以上白色或淡黄色固体，有奶香味，表面紧密
干酪类 cheese	原制干酪、再制干酪等	奶的精华，乳制品中营养价值最高的一种，11kg奶才能生产出1kg原干酪，钙含量高
乳冰淇淋类 ice cream	乳冰淇淋（脂肪不低于6%，总固形物不低于30%）；乳冰等（脂肪不低于3%，总固形物不低于28%）	一种含有优质蛋白及高糖高脂的食品，其营养成分为牛奶的2.8～3倍，在人体内的消化率可达95%以上
其他乳制品类	干酪素、乳糖、乳清粉、奶片、浓缩乳清蛋白、奶酥、奶皮等	主要用于工业生产的原料

（2）烹饪应用　烹饪中使用的乳为袋装（或瓶装）消毒牛乳及纸盒装（屋顶包）的保鲜牛乳，羊乳、马乳等极少用于烹调。牛乳用做菜肴，可做汤汁以增味调色，如"牛奶白菜""奶油豆腐"直接加牛奶烧制，色泽奶白，吃口鲜香；可做主料，如"脆皮炸牛奶""大良炒鲜奶""牛奶蛋卷"（牛乳调鸡蛋煎制）等；可做甜菜，如"山楂奶酪""杏仁豆腐""牛奶鸽蛋羹""牛奶豆瓣酥""杏仁奶露"等。西式点心应用牛乳较多，中式面点则较少，在调制面团时，适当添加一定比例的牛乳，会使发酵面点在暄软膨松之中，更显得乳香滋润，不但口感变得更好了，也更富于营养。牛乳配制奶茶，是藏族同胞每日不可或缺的饮料。

乳制品中的炼乳常作为焙烤食品、糕点和冷饮品等食品加工的原料，淡炼乳在烹饪中可用于制作布丁和牛乳蛋糊；甜炼乳在烹饪中可用于制作甜食、布丁、奶油馅饼和蘸料味碟等。奶油是一种高能量食品，具有特殊的乳香食品，可直接涂抹于面包、糕点上食用，在面点中常作起酥油使用，奶油还是大型食品雕刻"黄油雕"的重要原料。奶酪可嵌面包食用，也可调制其他食品，在烹调中用于烤制菜肴或点心。

目前，中国已成为世界第三大产乳国，仅次于印度和美国，2007年全国乳类总产量3650万t。但在丰富多彩的中国菜谱中，以乳和乳制品为原料的菜肴很少，这是一个缺陷，值得我们去积极开拓。

（3）营养价值　不同品种的畜乳组成不尽相同，畜乳中各种成分的组成受品种、个体、地区、泌乳期、畜龄、挤乳方法、饲料、季节、环境、温度及健康状态等因素的影响而有差异，其中变化最大的是乳脂肪，其次是蛋白质，乳糖及灰分则比较稳定。

炼乳是19世纪中叶由美国的葛尔·波顿研制出的一种高度浓缩乳制品，分为多个品种。甜炼乳是在鲜乳中加约16%蔗糖进行减压浓缩，使体积降到原来的1/3，产品中蔗糖浓度可达40%以上。但由于含糖量大，加水冲淡的同时也使蛋白质含量下降，不宜作婴幼儿食物。

奶油是经离心搅拌器分离制得的以乳脂肪为主的一种乳制品，约含20%的脂肪和30%的蛋白质与50%的乳糖。黄油（俗称白脱油）是将奶油进一步离心搅拌制成。黄油约含85%的脂肪和少量水分，它不含乳糖，蛋白质含得也极少，但含有维生素A。

乳酪是一种发酵的牛乳制品，每100g含有水分31.4g，脂肪35.6g，蛋白质29.3g，碳水化合物0.4g，还含有维生素A和丰富的无机盐，是纯天然的食品，就工艺而言，乳酪是发酵的牛乳；就营养而言，乳酪是浓缩的牛乳。因而乳酪有"乳品之王"和"乳品黄金"之称。我国内蒙古等地的"奶豆腐"等食品就类似于乳酪，但一般是由牛的初乳制成，其中含有大量的维生素和免疫球蛋白类物质，而脂肪的相对含量较低。

酸乳是以鲜牛乳为原料，经杀菌后加入活性乳酸菌经发酵而成的，其内的乳酸菌可发酵乳糖，产生大量的乳酸，使蛋白质凝固。脂肪水解产生多种风味物质，更有利于人体消化吸收；乳酸能刺激肠胃蠕动、激活胃蛋白酶、增加消化功能、预防老年性便秘及提高人体对矿物质元素钙、磷、铁等的吸收利用率。

 知识链接

历史悠久的游牧民族传统佳酿——马奶酒

马奶酒也称"酸马乳"，是北方游牧民族传统的乳制品之一，自汉便有"马逐水草，人仰潼酪"的文字记载，极盛于元，流行于北方少数民族已有2000多年。成吉思汗曾把它封为御膳酒，取名赛林艾日哈。每当蒙古族同胞向您敬献哈达和奶酒时，是对贵客的最高礼仪。奶酒便成为蒙古族接待上宾的必备佳酿。

由于奶酒有害杂质少，副作用小，人体耐受程度高，故而奶酒饮后不上头，不伤胃，不损肝，无异象，被众多饮者誉为"豪饮不伤身"。酸马乳疗法从13世纪以来名扬四海，在蒙医饮食疗法中占有独特而重要的位置。马乳经过发酵成分会发生很大变化。酸马乳的化学成分与马乳有明显的区别。酸马乳中乳糖含量减少，乳酸、乙酸等风味物质的含量增加。马乳中的干物质含量占10%～11.4%，酸马乳中只有6.8%～8.6%。马乳中的乳糖含量为6%～7%，而酸马乳中仅为1.4%～4.4%。酸马乳维生素C和B族维生素含量增加，此外还形成抑制传染病（如肺炎、肠胃炎等）的抗生素，具有强身、治疗各种疾病的功效。在博大精深的蒙药中，常将奶酒作为"药引子"来治疗疾病。大量临床实践证明，奶酒确有祛寒回暖、健胃开脾、营养滋补、治疗风湿的显著功效。故此蒙族人民常通过奶酒来治疗肠胃病、腰腿痛、肺结核等疾病。

第四节　畜类原料的品质检验与贮藏

一、畜肉的宰后变化

宰后的畜肉，体内平衡被打破，肌肉组织内的各种需氧性生物化学反应停止，转变成厌氧性活动。因此，肌肉在死后所发生的各种反应与活体肌肉完全处于不同状态、进行着不同性质的反应，研究这些特性对于我们了解肉的性质、肉的品质改善以及指导肉制品的加工烹调有着重要的作用。

（一）肉的僵直

屠宰后畜胴体失去弹性而变得僵硬，这一过程称为僵直（或称尸僵）。屠宰后马上将肌肉切下，就会出现收缩现象。僵直是由于肌肉纤维的收缩引起的，但这种收缩是不可逆的，因此导致僵直。僵直期的肌肉在进行加热时，肉会变硬，肉的保水性小，加热损失多，肉的风味差，不适合烹饪加工。

当含有较高ATP（*adenosine triphosphate*，为肌肉中储藏能源的物质"三磷酸腺苷"）的肉冻结后，在解冻的时候由于ATP发生强烈而迅速的分解，使肌肉产生的僵直现象称为解冻僵直。解冻僵直所产生的肌肉收缩非常剧烈，并伴有大量肉汁的流出，从而影响肉的质量。在刚屠宰后立即冷冻，然后解冻时，这种现象最为明显。因此，要在形成最大僵直后再进行冷冻，以避免解冻僵直的发生。

（二）肉的成熟

肌肉达到最大僵直以后，继续发生着一系列生物化学变化，逐渐使僵直的肌肉变得柔软多汁，并获得细致的结构和美好的滋味，这一过程称为肉的成熟或僵直解除。解僵所需要的时间因动物、肌肉、温度以及其他条件不同而异。在0～4℃的环境温度下，鸡需要3～4h，猪需要2～3d，牛则需要7～10d。

处于未解僵状态的肉加工后，咀嚼有如硬橡胶感，风味低劣，持水性差，不适宜作为烹饪原料。充分解僵的肉，嫩度有所改善，肉的保水性又有回升，肉汁的流失减少，肌肉中许多酶类对某些蛋白质有一定的分解作用，从而促使成熟过程中肌肉中盐溶性蛋白质的浸出性增加。伴随肉的成熟，蛋白质在酶的作用下，肽链解离，使游离的氨基酸增多，这些氨基酸都具有增加肉的滋味或有改善肉质香气的作用。可以说，肌肉必须经过僵直解僵的过程，才能成为烹饪原料所谓的"肉"。

（三）肉的变质

肉的变质是成熟过程的继续。肌肉中的蛋白质在组织酶的作用下，分解生成水溶性蛋白肽及氨基酸，完成了肉的成熟。若肉被一定数量的腐败细菌污染，肉的保存温度又适合于细菌的生长繁殖，蛋白质进一步被分解，生成胺、氨、硫化氢、酚、吲哚、粪嗅素、硫化醇，则发生蛋白质的腐败。在蛋白质、氨基酸的分解代谢中，酪胺、尸胺、腐胺、组胺和吲哚等对人体有害。同时发生脂肪的酸败和糖的酵解，产生对人体有害的物质，称为肉的变质。肉类腐败变质时，往往在肉的表面发生明显的感官变化。

1. 发黏

微生物在肉表面大量繁殖后，使肉体表面有黏液状物质产生，拉出时如丝状，并有较强的臭味，这是微生物繁殖后所形成的菌落，以及微生物分解蛋白质的产物。

2. 变色

肉类腐败时肉的表面常出现各种颜色变化。最常见的是绿色，这是由于蛋白质分解产生的硫化氢与肉中的血红蛋白结合后形成的硫化氢血红蛋白，这种化合物积蓄在肌肉和脂肪表面即显示暗绿色。另外，黏质赛氏杆菌在肉表面产生红色斑点，深蓝色假单胞杆菌能产生蓝色，黄杆菌能产生黄色。有些酵母菌能产生白色、粉红色、灰色等斑点。

3. 霉斑

肉体表面有霉菌生长时，往往形成霉斑，特别是一些干腌制肉制品，更为多见。如枝霉和刺枝霉在肉表面产生羽毛状菌丝；白色侧孢霉和白地霉产生白色霉斑；扩展青霉，草酸青霉产生绿色霉斑；蜡叶芽枝霉在冷冻肉上产生黑色斑点。

4. 变味

肉类腐烂时往往伴随一些不正常或难闻的气味，最明显的是肉类蛋白质被微生物分解产生的恶臭味，主要成分是吲哚、甲基吲哚、甲胺硫化氢等。除此之外，还有在乳酸菌和酵母菌的作用下产生挥发性有机酸的酸味；霉菌生长繁殖产生的霉味等。

二、畜肉及制品的感官鉴定

畜肉的腐败变质是一个非常复杂的过程，同时受多种因素影响，因此要准确判定腐败的界限是相当困难的，尤其判定初期腐败更是复杂。一般情况下，以测定肉腐败的分解产物及引起的外观变化和细菌的污染程度，同时结合感官检验，对带骨鲜肉、剔骨包装及解冻肉进行新鲜度检查，以决定其利用价值。在餐饮业，主要通过感官检查来鉴定畜肉的新鲜度。借助人体的感觉器官，对畜肉进行整体简单的观察来评定其新鲜度，包括色泽、黏度、弹性、气味、肉汤等指标。该法是肉品卫检中国家认可和法定的最基本、最快速的方法之一，具有快速、简便、无需仪器、不用固定检验场所等优点，但存在结果非量化、缺乏精准、主观性和片面性强等问题，所以需经验丰富和训练有素的人担任检测工作。

（一）正常畜肉新鲜度的感官鉴定

肉在腐败变质时，由于组织成分的分解，首先使肉品的感官性状发生令人难以接受的改变，如强烈的臭味、异常的色泽、黏液的形成、组织结构的分解等。因此，借助人的嗅觉、视觉、触觉、味觉来鉴定肉的卫生质量，简便易行，具有一定的实用意义。猪肉、牛肉、羊肉、兔肉的感官指标见表5-9、表5-10。

表5-9　　　　　　　　　猪肉的感官指标（GB2707—2005）

项目	鲜猪肉	冻猪肉
色泽	肌肉有光泽，红色均匀，脂肪洁白	肌肉有光泽，红色或稍暗，脂肪白色
组织状态	纤维清晰，有坚韧性，指压后凹陷立即恢复	肉质紧密，有坚韧性，解冻后指压凹陷恢复较慢
黏度	外表湿润，不粘手	外表湿润，切面有渗出液，不粘手
气味	具有鲜猪肉固有的气味，无异味	解冻后具有鲜猪肉固有的气味，无异味
煮沸后肉汤	澄清透明，脂肪团聚于表面	澄清透明或稍有混浊，脂肪团聚于表面

表5-10　　　　　　　牛肉、羊肉、兔肉的感官指标（GB2708—1994）

项目	鲜牛肉、羊肉、兔肉	冻牛肉、羊肉、兔肉
色泽	肌肉有光泽，红色均匀，脂肪洁白或微黄色	肌肉有光泽，红色或稍暗，脂肪洁白或微黄色
组织状态	纤维清晰，有坚韧性	肉质紧密，坚实
黏度	外表微干或湿润，不粘手，切面湿润	外表微干或有风干膜或外表湿润不粘手，切面湿润不粘手
气味	具有鲜牛肉，羊肉、兔肉固有的气味，无臭味，无异味	解冻后具有牛肉、羊肉、兔肉固有的气味，无臭味

续表

项目	鲜牛肉、羊肉、兔肉	冻牛肉、羊肉、兔肉
弹性	指压后凹陷立即恢复	解冻后指压凹陷恢复慢
煮沸后肉汤	澄清透明，脂肪团聚于表面，具有香味	澄清透明或稍有混浊，脂肪团聚于表面，具特有味

感官检验方法简便易行，但是有一定局限性，如人的眼睛只能分辨0.1mm以上的物体；嗅觉也有一定限度，有毒气体二氧化硫的浓度达到1~5mg/kg时才可嗅到，浓度至10~20mg/kg时才会咳嗽、流泪。只有深度腐败时才能被察觉，并且不能反映出腐败分解产物的客观指标。故只有采取包括感官检查和实验室检查在内的综合方法，才能比较客观地对其变质的性质或卫生状态做出正确的判断。

（二）不正常畜肉的感官鉴定

不正常畜肉包括含寄生虫的肉、发霉的肉、病死畜肉、黄脂肉、黄疸肉、猪白肌肉（PSE肉）、牛DFD肉、红膘肉、气味异常肉、注水肉、瘦肉精猪肉、母猪肉和公猪肉等。新修订的《生猪屠宰管理条例》（国务院第525号令，2008年8月1日起施行）规定，国家实行生猪定点屠宰、集中检疫制度。牛屠宰则参照2004年8月1日发布的《牛屠宰操作规程》（GB/T 19477—2004）。这些文件对畜类的宰前、宰后检疫有严格的规定，因此危害人们身体健康的不正常畜肉，一般很难流入正规市场。近年来出现的问题畜肉主要是"瘦肉精猪肉"和"注水肉"，因此，掌握这两种问题畜肉的感官鉴别方法尤为重要。

1. 注水肉的感官鉴别

注水肉是卖肉人用强制手段往肉里注水以水增重来多卖钱的一种损害消费者利益的"违法肉"，市场上注水肉有猪肉、牛肉、羊肉、鸡肉、鸭肉等。有的商贩为了多赚钱，向猪牛羊鲜肉里注盐水、矾水以增加质量。据测定，每100kg鲜猪肉注水可达5~10kg，鲜牛肉注水可达10~20kg，鲜羊肉注水达5kg左右。一般凉爽和寒冷的季节注水的多，尤其是新年和春节前后往往是注水的高峰期。从品种上讲，鲜肉注水比冻肉多，牛羊肉注水的现象比较普遍。从微观上看，注水量多的是前腿肉、腰肌（里脊肉）、后腿肉；五花肉次之，肥肉里难以注水。其鉴别方法见表5-11。

表5-11　　　　　　　　　　　　注水肉的感官鉴别

项目	正常肉	注水肉
看色泽	肌肉有光泽，机械化屠宰因放血完全，色泽淡，脂肪洁白	组织松弛，颜色较淡，呈淡灰红色。注水肉肌肉较肿胀，切面可见血水渗出
测弹性	指压后凹陷能立即恢复	弹性降低，指压后凹陷恢复较慢，压时能见液体从切面流出
试黏度	外观微干或湿润，有油油的黏性	手摸切面黏度降低，外观湿润并有血水渗出
闻气味	放心肉具有正常鲜猪肉气味	注水肉则较正常鲜猪肉味淡，带有酸或血腥味（因放血不全所致）
观肉汤	煮后透明澄清，脂肪均匀团聚，肉汤表面具有香味	肉汤混浊，缺少香味，有上浮血沫，有血腥味

续表

项目	正常肉	注水肉
纸试	在瘦肉处切一刀，将吸水纸贴上，正常肉上的纸没有明显浸润或稍有浸润	纸有明显浸润。为了提高鉴别的准确性，可再进行一次，仍有明显浸润，而且多呈点状
刀切	顺着肌肉纤维切几刀就会发现正常肉富有弹性，刀切面合拢后无明显痕迹	弹性差，刀切面合拢后有明显痕变，像肿胀一样。刀切面有水顺刀面渗出

2. 瘦肉精猪肉的感官鉴别

瘦肉精学名盐酸克伦特罗，是一种平喘药。它既非兽药，也非饲料添加剂，而是肾上腺类神经兴奋剂。它能够改变养分的代谢途径，促进动物蛋白质的合成，抑制脂肪的合成和积累，从而改变胴体的品质，使生长速度加快，胴体瘦肉率提高10%以上，所以有人干脆将其称为"瘦肉精"。

猪在吃了"瘦肉精"后，其主要的积蓄都在猪肝、猪肺等处，瘦肉精化学性质稳定，只有在172℃以上的高温才会分解。人在吃了即便是烧熟的猪肝、猪肺后，都会立即出现恶心、头晕、肌肉颤抖、心悸等神经中枢中毒失控的现象，尤其对高血压、心脏病、糖尿病、甲亢、前列腺肥大患者危险性更大。健康人摄入超过20mg就会出现中毒症状。

鉴别猪肉是否含有"瘦肉精"的方法：① 看猪肉皮下脂肪层的状态，如果其厚度不足1cm，瘦肉与脂肪间有黄色液体流出，说明该猪肉就存在含有"瘦肉精"的可能；② 含有"瘦肉精"的瘦肉外观特别鲜红，后臀较大，纤维比较疏松，时有少量"汗水"渗出肉面，肥肉非常薄，肥肉和瘦肉有明显的分离，而一般健康的瘦猪肉是淡红色，肉质弹性好，肉上没有液体流出；③ 一般含瘦肉精的猪肉，切成二三指宽的猪肉比较软，不能立于案。购买时一定要看清该猪肉是否加盖有检验检疫印章。

（三）畜类制品的品质鉴定

1. 火腿的质量鉴别

通常采用看、扦、斩三步法鉴别火腿。一看：皮肉干燥，手指推捻感觉内外坚实，形状完整均匀，皮色棕黄或棕红色，略显光亮，无杂质、虫鼠蛀咬，不褪色；二扦：用竹扦刺入肉中，拔出即嗅，有浓郁火腿香气为佳；三斩：火腿斩开后，断面肥肉薄而白，瘦肉厚而红艳，则质量优良。若发现皮边发白，表面发黏，肉质枯涩，阴雨天滴卤，脚爪发白，或内部肉质松弛不实，易于刺穿，香气弱而有异味，属次品。若走油发臭，则已临近变质，质量更次。

2. 腊肉的质量鉴别

优质的腊肉外表干燥，无黏液，色泽金黄，肌肉呈鲜红色或暗红色，脂肪透明呈乳白色，肥瘦相当。肉质结实，富有弹性，无哈味，嗅之有烘烤过的香气或烟香者为佳；变质的腊肉色泽灰暗无光泽，脂肪呈黄色，表面有霉斑，揩擦后仍有霉迹，肉身松软弹性差，常带黏液，有酸败味或哈喇味等异味，不能食用。

3. 中式香肠的质量鉴别

可采用看、闻、捏的方法鉴别香肠的品质。看：观察香肠的颜色和肉馅，优质香肠的肉色鲜明，已变质或快要变质的香肠肉呈黄色，肥肉呈淡黄色。如果香肠的颜色太红说明加入亚硝酸钠可能过多。肥瘦分明者属刀切肉肠，食味最佳；不分明者是用机器将肉搅烂制成的，食味较差。闻：检查香肠的味道，香肠通常味香可口，变质香肠则会发臭有酸味。捏：检查香肠的干湿程度，干香肠的瘦肉捏起来硬，肠衣上面会收缩起皱纹，是上品；凡未收缩、无皱纹、捏起来软绵绵的香肠质量差。

三、畜肉的贮存保鲜

畜肉是易腐败食品，处理不当就会变质，为延长肉的货架期，不仅要改善原料肉的卫生状况，而且要采取控制措施阻止微生物生长繁殖。原料肉的贮藏保鲜方法正确与否直接影响肉品质量。

（一）冷却保鲜——短期贮藏

冷却保鲜的肉即本章第二节知识链接中提到的"冷却肉"，在一定温度范围内使屠宰后的肉温度迅速下降，使微生物在肉表面的生长繁殖减弱到最低程度，并在肉的表面形成一层皮膜；减弱酶的活性，延缓肉的成熟时间；减少肉内水分蒸发和汁液流失，延长肉的保存时间。经过冷却的肉类，一般存放在-1℃～1℃的冷藏间（或排酸库），一方面可以完成肉的成熟（或排酸），获得美好芳香滋味、多汁柔软、容易咀嚼、消化性好的肉；另一方面达到短期贮藏的目的。运输、零售保持在0～4℃。

（二）冷冻保鲜——长期贮藏

冷却肉由于其贮藏温度在肉的冰点以上，微生物和酶的活动只受到部分抑制，贮藏期短。当肉在0℃以下冷藏时，随着冻藏温度的降低，肌肉中冻结水的含量逐渐增加，使细菌的活动受到抑制。当温度降到-10℃以下时，冻肉则相当于中等水分食品，大多数细菌在此条件下不能生长繁殖。当温度下降到-30℃时，霉菌和酵母的活动也受到抑制。所以冷冻能有效地延长肉的贮藏期，防止肉品质量下降，在餐饮业、食品工业、家庭中得到广泛应用。冻藏间的温度一般保持在-21℃～-18℃，冻结肉的中心温度保持在-15℃以下。为减少干耗，冻结间空气相对湿度保持在95%～98%，堆放时也要保持周围有流动的空气。为了延长冻结肉的贮藏期限，并尽可能地保持肉的质量和风味，世界各国的冻藏温度普遍趋于低温化，就是从原来的-21℃～-18℃降为-30℃～-28℃。冻肉在冻藏期间会发生一系列的变化，如质量损失、冰结晶长大、脂肪氧化、色泽变化等，关键是要控制好冻肉的贮藏期。

食品工业中肉类的保鲜方法除冷藏、冷冻外，还有利用X射线、γ射线的辐射保鲜、与外界隔绝的真空包装保鲜、气调包装保鲜、利用化学合成的防腐剂和抗氧化剂的化学保鲜等。

同步练习

一、填空题

1. 全世界猪的品种有300多种，中国约占＿＿＿＿＿＿＿＿＿＿，是世界上猪种资源最丰富的国家，也是世界上最大的猪肉生产国和猪肉消费量最高的国家，目前，猪肉消费量占国内肉类总产量的＿＿＿＿＿＿＿＿＿＿。

2. 猪按商品用途分为＿＿＿＿＿＿＿＿、＿＿＿＿＿＿＿＿、＿＿＿＿＿＿＿＿；牛按生产方向的不同，可划分为＿＿＿＿＿＿＿＿、＿＿＿＿＿＿＿＿、＿＿＿＿＿＿＿＿和兼用等生产类型。

3. 家畜的肌肉均呈红色，但色泽及色调有所差异，一般来说，＿＿＿＿＿＿＿＿为鲜红色，＿＿＿＿＿＿＿深红色，＿＿＿＿＿＿＿紫红色，＿＿＿＿＿＿＿浅红色，＿＿＿＿＿＿＿粉红色。

4. 牛肉在加热时硬度增加，这是由于肌纤维蛋白质遇热凝固收缩，＿＿＿＿＿＿＿＿。

5. 肉类的结缔组织中的胶原蛋白含有大量的甘氨酸、脯氨酸和羟脯氨酸，而缺乏＿＿＿＿＿＿＿＿，因此属于不完全蛋白质，营养价值较差。

二、单项选择题

1. 刚刚宰后的畜肉为深红色，经过一段时间肉色变为鲜红色，时间再长则变为灰褐色。这些变化是由于（　　　）所致。

　　A. 肌红蛋白的氧化还原反应　　　　B. 微生物引起的色泽变化

　　C. 血红蛋白的氧化还原反应　　　　D. 放血不充分，肉中血液残留多

2. 下列蛋白质含量最高的畜肉是（　　　）。

　　A. 牛肉　　　　　B. 瘦猪肉　　　　C. 马肉　　　　　D. 兔肉

3. （　　　）含有较多的糖原，吃口回甜，但易发酸，具有扩张血管、促进血液循环、降低血压等功效。

　　A. 狗肉　　　　　B. 驴肉　　　　　C. 马肉　　　　　D. 兔肉

4. 畜类内脏有一定的食疗作用，古代名医孙思邈就常用（　　　）来治疗夜盲症。

　　A. 羊肠　　　　　B. 羊肝　　　　　C. 羊心　　　　　D. 羊肾

5. 原只火腿按质量分档可分为5部分，最好的部分是（　　　）。

　　A. 上方　　　　　B. 中方　　　　　C. 蹄膀　　　　　D. 油头

三、多项选择题

1. 世界上著名的肉用牛品种有（　　　）。

　　A. 英国海福特牛　　B. 英国安格斯牛　　C. 法国夏洛来牛

　　D. 法国利木赞牛　　E. 日本和牛

2. 列入《国家级畜禽遗传资源保护名录》的地方猪种有（　　）。

 A. 华中两头乌猪和太湖猪   B. 浙江金华猪和荣昌猪

 C. 内江猪和宁乡猪   D. 苏太猪和新淮猪

 E. 广西陆川猪和黄淮海黑猪

3. 畜肉的人工嫩化方法有（　　）。

 A. 用酶嫩化剂对肉嫩化

 B. 用酸性红酒和醋来浸泡

 C. 给肉施加高压释放组织蛋白酶

 D. 钙盐激活肌肉组织内的钙激活蛋白酶

 E. 将屠宰后胴体后腿吊挂，使肌肉肌节拉长而嫩化

4. 可用于畜肉贮存保鲜的方法有（　　）。

 A. 冷却贮藏   B. 冷冻贮藏   C. 辐射保鲜

 D. 真空包装   E. 气调包装

四、思考题

1. 市场上的商品猪肉有热鲜肉、冷鲜肉（冷却肉）和冷冻肉之分，有什么区别？
2. 牛肉消费已经在我国许多城市风靡起来，如何开发新品种的牛肉佳肴？
3. 比较中国火腿与西式火腿的异同。

五、案例分析题

沪日式餐馆售神户牛肉　2500元一斤多为冒牌

由于日本是疯牛病的疫区，我国从2001年开始已经全面禁止进口日本牛肉。2013年2月，记者调查发现，沪上一些日式餐馆依然在用日本"神户牛肉"作为吸引食客的招牌，这些号称"神户牛肉"的菜品大多价格不菲，往往200g分量能卖出八九百元高价，相当于2500元一斤。如汾阳路上一家日式烧烤店内，神户牛肉的单品价为988元200g；在漕宝路上的一家西餐馆内，"神户牛肉"同样作为其特色菜，常年热销，288元一份，分量为60g。此外，部分日式餐馆的店员甚至不清楚该店"神户牛肉"的进货渠道。在采访中，记者了解到一个更惊人的事实，不少"神户雪花牛肉"的"雪花"是做出来的，将牛脂肪通过注射加工到肉纤维粗硬的牛肉里面去，增强肉块的香度和润滑度。"注脂工艺"最早也出自日本，是改善牛肉口感的一种工艺，因为大多数日本人也吃不起神户牛肉。

请根据以上案例，分析以下问题：

1. 什么是"雪花牛肉"，与我国黄牛肉比较有什么特点？
2. 国产品牌的"雪花牛肉"有哪些？
3. 消费者发现餐饮企业销售假冒"神户牛肉"，该如何举报投诉？

实训项目

项　目：猪肉新鲜度的感官检验

实训目的

了解猪肉的品质特点，掌握其新鲜度的感官检验方法。

实训条件

市售鲜猪肉（也可用牛肉、羊肉）、烧杯、酒精灯、剪刀、镊子、表面皿、电炉、锥形瓶。

实训内容

1. 样品制备

准备新鲜、不新鲜、腐败的3种猪肉用于感官检验（提前采购猪肉，自然存放一定时间，促其变质）。

2. 检查方法

①用视觉在自然光线下，观察肉的表面及脂肪的色泽，有无污染附着物，用刀顺肌纤维方向切开，观察断面的颜色。

②用嗅觉在常温下嗅其气味。

③用食指按压肉表面，触感其指压凹陷恢复情况、表面干湿及是否发黏。

④称取切碎肉样20g，放在烧杯中加水100mL，盖上表面皿置于电炉上加热至50~60℃时，取下表面皿，嗅其气味。然后将肉样煮沸，静置观察肉汤的透明度及表面的脂肪滴情况。

⑤为了比较全面确切地判断肉的气味和肉汤的感官指标，可将被检样品切成小块，取50g左右放入锥形瓶中，盖严，加热至沸腾时立即开盖嗅气味，并观察肉汤透明度和表面浮游脂肪的状态；或者把洁净的刀先置于热水中加温后，迅速刺入肉内，然后拔出，嗅其气味，再判断肉的新鲜度。

3. 评定标准

参见表5-9猪肉的感官指标（GB2707—2005）。

实训要求

根据感官检验情况，记录描述所检验肉的色泽、黏度、弹性、气味等情况。

感官项目	新鲜肉	次鲜肉（可疑肉）	腐败肉（变质肉）
色泽			
黏度			
弹性			

续表

感官项目	新鲜肉	次鲜肉（可疑肉）	腐败肉（变质肉）
气味			
脂肪状况			
煮沸后肉汤			

建议浏览网站及阅读书刊

[1] http://kerchin.com/（科尔沁牛业官网）

[2] http://www.bovine-online.org/（肉牛在线）

[3] http://www.westfood.com.cn/（中国西餐网）

[4] http://www.dadchina.net/info/index.asp（中国畜禽遗传资源动态信息网）

[5] 艾广富，赵明华，马震建. 好吃全羊菜. 北京：北京科学技术出版社，2006.

[6] 邴吉和等. 猪牛羊兔菜典. 青岛：青岛出版社，2007.

[7] 吴杰，郭玉华. 养生保健家常畜肉菜. 上海：上海科学技术文献出版社，2007.

[8]James Villas. The Bacon Cookbook（培根的150余种烹饪法）. John Wiley & Sons, 2007.

参考文献

[1] 国家畜禽遗传资源委员会. 中国畜禽遗传资源志：猪志. 北京：中国农业出版社，2011.

[2] 国家畜禽遗传资源委员会. 中国畜禽遗传资源志：牛志. 北京：中国农业出版社，2011.

[3] 张和平，张佳程. 乳品工艺学. 北京：中国轻工业出版社，2007.

[4] 孔保华. 畜产品加工储藏新技术. 北京：科学出版社，2007.

[5] 蒋爱民，南庆贤. 畜产食品工艺学. 北京：中国农业出版社，2008.

[6] 中国农业科学院研究生院. 畜产品质量安全与HACCP. 北京：中国农业科学技术出版社，2008.

禽类原料

学习目标

知识目标

- 了解禽类烹饪原料的概念和种类；
- 了解禽肉和禽类副产品的组织结构特点及化学成分；
- 掌握常见禽类、禽肉制品、蛋制品的种类、特点及烹饪应用；
- 掌握禽类烹饪原料品质检验与贮藏保管。

能力目标

- 能根据家禽类原料各部位品质特点合理选择烹饪加工方法；
- 能正确识别家禽肉的新鲜度和几种变质蛋；
- 能根据不同的烹调方法和菜点制作要求选择不同的禽类原料。

第一节　禽类原料概述

一、禽类原料的分类

禽类原料是家禽的肉、蛋、副产品及其制品的总称，也包括未被列入国家保护动物目录的野生禽鸟类原料。

世界上的鸟类资源极为丰富，全世界有9000余种，我国有1100多种，依据生活方式分为陆禽、水禽和飞禽。然而，随着地球上森林面积的不断缩减，以及过度狩猎和环境污染等因素的影响，使某些鸟类的数量急剧减少或濒临绝灭。因此并非所有的禽鸟都可作为烹饪原料。作为人类烹饪原料的仅仅是少部分饲养的家禽，并且随着饲养技术的不断提高和食品工业的迅猛发展，家禽在动物性食品中的比例越来越高，禽类的养殖也逐渐专门化，同时育种科学的进步使得食用禽类的品种增多，例如人们通过对鸡的长期选育，形成了肉用、蛋用、肉蛋兼用、药用等品种。由于鹅肝食用价值很高，通过选种杂交已形成了产肝性能优的鹅。

我国禽类遗传资源368个，其中地方禽种遗传资源185个（108个鸡种、35个鸭种、36个鹅种、2个火鸡种和4个番鸭种），培育禽种遗传资源84个，国外引进禽种遗传资源76个。《国家级畜禽遗传资源保护名录》中确定的鸡、鸭、鹅品种为41种（见附录2）。目前我国饲养的家禽主要包括鸡、鸭、鹅、鹌鹑、火鸡等，近年来，有些地方开始规模化养殖鸸鹋、鸵鸟、孔雀等特禽。

（一）鸡

鸡是鸟纲（*Aves*）鸡形目（*Galliformes*）鸡属（*Gallus*）动物，古人向来都遵之为羽族之首，我国在5000多年前即已开始饲养鸡，目前鸡是世界上饲养量最大的一种家禽。

鸡的祖先是"原鸡"，中国、印度、缅甸和马来西亚等地是原鸡的故乡。中国养鸡经漫长历史积淀，良种甚多，各省均有所产。现代商品鸡按用途可分为肉用、蛋用、肉蛋兼用、食药兼用四大类（见表6-1）。

表6-1　　　　　　　　　　　　　中国商品鸡种类

类型	品种	分布特点
蛋用型	仙居鸡（梅林鸡）、白耳黄鸡、坝上长尾鸡、济宁百日鸡、汶上芦花鸡、北京白鸡、奥赛克（河北新鸡种）、东北滨白42、滨白鸡、海赛克斯白鸡、迪卡花鸡、伊莎鸡、罗斯褐壳蛋鸡、星杂579褐壳蛋鸡等	主要分布在黄河流域及其以北地区。以产蛋多为主，也可供食，风味较差
肉用型	山东九斤黄、浦东鸡、溧阳鸡、武定鸡、桃源鸡、惠阳胡须鸡（惠州鸡）、清远麻鸡、杏花鸡、霞烟鸡、福建河田鸡、茶花鸡、藏鸡、中山沙栏鸡、阳山鸡、怀乡鸡、文昌鸡、边鸡、大骨鸡、北京油鸡、岑溪三黄鸡、阿萨肉鸡、爱拔盖加肉鸡（AA肉鸡）、红波罗肉鸡等	华东、华北、东北地区是我国禽肉产量最大的地区，占全国禽肉总产量的63.8%
肉蛋兼用型	狼山鸡、大骨鸡（庄河鸡）、北京油鸡、浦东鸡、寿光鸡、萧山鸡（越鸡）、鹿苑鸡、固始鸡、边鸡、彭县黄鸡、林甸鸡、峨眉黑鸡、静原鸡（固原鸡）、灵昆鸡、淮南三黄鸡、淮北麻鸡（符离鸡）、宣州鸡、崇仁麻鸡等	不仅内质肥美，年产蛋也在百只以上
食药兼用型	乌骨鸡、黑凤鸡等	多为中国特产，具有一定的药用价值

（二）鸭

鸭是鸟纲雁形目（*Anseriformes*）鸭科（*Anatidael*）河鸭属（*Anas*）动物，家鸭系由野生绿头鸭演变而来，现世界各地均有分布。我国是世界上养鸭最早的国家，春秋战国《吴地记》中就有筑地养鸭的记载，到了两汉时期，鸭已经成为我国三大家禽（鸡、鸭、鹅）之一。

中国所产鸭之良种有20多种，可分为三类，见表6-2。

表6-2　　　　　　　　　　　　　中国商品鸭种类

类型	品种
蛋用型	绍兴麻鸭、福建金定鸭、攸县麻鸭、荆江鸭、贵州三穗鸭、福建连城白鸭（属中国麻鸭中独具特色的白色变种）、莆田黑鸭、文登黑鸭、微山麻鸭、卡叽-康贝尔鸭等

续表

类型	品种
肉蛋兼用型	高邮麻鸭（为南京板鸭的主要原料，以产双黄蛋著称）、四川建昌鸭、娄门鸭、白洋淀鸭、郴州临武鸭、大余鸭、巢湖鸭、昆山鸭、沔阳鸭、桂西鸭、瘤头鸭等
肉用型	北京鸭（又称填鸭，是著名的北京烤鸭原料）、樱桃谷鸭（英国引进）、加拿大枫叶鸭等

（三）鹅

鹅是鸟纲雁形目鸭科雁属（*Anser*）的大型水禽动物（*Arser domestica*）。我国是世界养鹅历史最早国之一，也是世界上饲养数量最多国之一，饲养量与出栏量占世界90%左右。据历史考证，在3000多年前，我国就开始驯化养鹅。从古到今，由于我国人民一直就有养鹅、爱鹅、吃鹅的习惯，再加上我国幅员辽阔，各地自然生态条件复杂多样，不同时期的经济文化背景不同，对鹅的选择和利用目的不同，就逐渐形成了有20余种具有不同外貌特征、遗传特性和生产性能的地方良种鹅。

中国鹅种遍布全国各地，东北有以产蛋量高著称的籽鹅、豁眼鹅；西北边陲新疆有适应高原寒冷气候的伊犁鹅；南方广东湛江沿海有体大肉肥的狮头鹅（我国最大的肉用鹅品种），还有广东清远地区的肉质优、体形较小的乌鬃鹅；西北西南成都、重庆一带有生长快、产蛋多的四川白鹅；华中湖南有产肝性能好的溆浦鹅；华东地区的江苏有肉质好、产蛋多的太湖鹅；安徽有生长快、产绒多而好的皖西白鹅，还有浙江的生长快、抱性强，一年四季可以自孵的浙东白鹅。20世纪80年代以来，引进了德国莱茵鹅、法国朗德鹅、法国图卢兹鹅、匈牙利鹅等良种，并已培育出新的杂交鹅种。

 知识链接

我国禽类的生产与消费

我国是世界上养禽数量最多的国家，在经历了禽流感的低谷后，家禽业又有了新的发展。2006年我国禽肉产量达1506.6万t，仅次于美国，位居世界第二；禽蛋产量达到2945.6万t，连续21年位居世界第一，人均占有量达到22kg，是世界平均水平的2.1倍，全年消费鸡蛋总量2800万t，是除猪肉之外中国人的第二大蛋白质消费品；2006年我国鸭鹅肉总产量分别为235.01万t和217.25万t，分别占世界鸭鹅肉总产量的68.17%和93.20%，鸭鹅的饲养总量和肉产量均居世界第一位。

我国禽肉在肉类消费中的比重接近20%，禽类产品成为最受消费者欢迎的蛋白产品之一，但人均消费量低于世界平均水平。美国的人均禽肉消费量达到52kg，占肉类消费量的62%，巴西为35kg，占肉类消费量的50%。我国禽肉生产和消费还有很大的潜力和发展空间。

（四）其他禽鸟类

我国特禽养殖的主要品种有肉鸽、鹌鹑、乌骨鸡、火鸡、珍珠鸡、山鸡、鹧鸪、野鸡、野鹅、鸵鸟、孔雀、褐马鸡、红腹锦鸡、贵妇鸡、中华宫廷黄鸡、丝光鸡、绿壳蛋鸡等。

二、禽肉的营养特点

禽肉往往比畜肉更受到人们的欢迎，是因为禽肉在营养价值上更高一些，且肉质更为柔嫩细腻，滋味和风味更为诱人，更易于消化吸收。禽肉中的蛋白质含量一般在20%左右，且大多为优质蛋白；禽肉脂肪含量相对畜肉较低，且不饱和脂肪酸的含量高于饱和脂肪酸，所以易于人体消化吸收；禽肉及内脏都含有较丰富的维生素A、B族维生素、维生素D、维生素E，磷、铁的含量也较丰富。据测定，野禽的蛋白质含量高于家禽，脂肪低于家禽，并有较高的消化吸收率。此外，中医认为野禽均有一定的食疗作用。

三、禽类的组织结构与食用品质

禽类原料是主要的烹饪原料之一，可作为菜肴主料和配料，适用于多种烹调方法，在烹饪中用途广泛。行业俗语有"鸭肉最丰，鹅肉最香，鸡肉最嫩，鸽肉最奇"。禽肉的组织与畜类一样，从烹饪加工及可利用的程度来看，包括肌肉组织、结缔组织、脂肪组织和骨骼组织。

（一）肌肉组织

禽类的肌肉发达，纤维又非常柔细，是禽肉最有食用价值的部分，也是家禽肉中营养最高的部分。喂养很好的家禽，肌肉柔嫩多汁，味道鲜美。禽肉的食用品质特点如下：

1. 禽肉的颜色

与畜肉一样，禽肉的颜色也影响食欲和商品价值，因为消费者将它与产品的新鲜度联系起来，决定购买与否。浅色或白色的禽肉称为"白肌"；颜色发红一些的禽肉称为"红肌"。一般来说，红肌有较多量的肌红蛋白，富有血管，肌纤维较细；白肌的肌红蛋白含量较少，血管较少，肌纤维较粗。不同的禽或同一种禽的不同部位，红肌与白肌的分布不同。如鸭、鹅等水禽和善飞的禽类（如鸽）红肌纤维较多；飞翔能力差或不能飞的禽类，有些肌肉则主要是由白肌纤维构成，如鸡的胸肌。

2. 禽肉的风味

禽肉中含有大量的含氮浸出物，如含有较丰富的肌酸和肌酐，所以具有特殊的香味和鲜味。同一禽类随年龄不同所含的浸出物有差异，幼禽所含浸出物比老禽少，公禽所含浸出物比母禽少，所以老母鸡适宜炖汤，而仔鸡适合爆炒。野禽肉比家禽肉含有更多的浸出物，使肉汤带有强烈刺激味，不宜炖汤。有人对鸭肉的滋味成分进行了研究，认为鲜味氨基酸天冬氨酸和谷氨酸、甜味氨基酸丙氨酸以及风味核苷酸5′-IMP和5′-GMP对鸭肉制品的滋味贡献显著。

3. 禽肉的嫩度

禽肉的嫩度是消费者最重视的食用品质之一，它决定了禽肉在食用时口感的老嫩，是反映禽肉质地的指标。一般老龄禽肌纤维较粗，公禽比母禽肌纤维粗；水禽肌纤维比鸡粗；不同部位肌纤维粗细也不一样，活动量大的部位肌纤维粗。

4. 禽肉的保水性

一般鸡肉的保水性比猪肉、牛肉、羊肉差，对禽肉菜肴的质量有很大影响。例如鸡脯肉肌间脂肪少，在加热时，蛋白质受热收缩，固定的水分减少，肉汁流失，使菜肴的质感变老。所以要通过一定的烹调技术，如控制加热温度，腌渍、上浆、挂糊等，增加禽肉的保水性，保证菜肴的质量。

（二）脂肪组织

禽类的脂肪组织除了在体腔内部或皮下（除水禽外）沉积外，还均匀地分布在肌肉组织中。禽类脂肪中亚油酸多，熔点低，使得禽肉比畜肉更鲜嫩味美，且易消化。脂肪在皮下沉积使皮肤呈现一定颜色，沉积多的呈微红色或黄色；沉积少的（如飞禽）则呈淡红色。

（三）结缔组织

禽肉中的结缔组织含量比畜肉低，所以禽肉比畜肉更柔软更鲜嫩，易于人体消化吸收。结缔组织在禽肉中的含量与部位有关：一般白肌中含结缔组织较少，红肌含结缔组织相对较多；腿的下部及前肢比其他部位多。

（四）骨骼组织

禽类的骨骼轻便而坚固，骨髓中有少量风味成分，在烹饪中除了制汤，用途不大。

第二节　禽肉原料及烹饪应用

一、鸡肉

家禽中消费量最多的当属鸡，袁枚曾把鸡肉尊为羽族之首，认为"鸡功最巨，诸菜赖之"。鸡肉以营养丰富、肉质鲜嫩而成为各民族美食。不光是中国人对吃鸡情有独钟，欧美等国也是以"鸡"为主菜之一。从"肯德基"到"麦当劳"，洋快餐的财源莫不随"鸡"而来。

（1）分档部位　鸡的商品类型有活鸡、光鸡、冻鸡；仔鸡、成年鸡、老鸡；公鸡、母鸡、阉鸡；各种分割部位等。一般而言，商品肉鸡因多为肥育仔鸡，肉质比商品蛋鸡要好；兼用型鸡肉质处于这二者之间，鸡处于产蛋后期，肉质就差。阉公鸡的品质最好，肉多质细。种公鸡与老母鸡肉质粗老，且肉质也不够鲜美，尤其是有些母鸡腹腔脂肪沉积较多，相对肌肉量就少得多。

以鸡入馔，因鸡的部位不同，烹调应用及成菜效果也不同，故需分档选用，见表6-3。

表6-3　　　　　　　　　　　　　　鸡的不同分割部位及特点

部位	特点	应用
鸡脯	禽肉最厚、最大的一块整肉，肉质细嫩、香鲜，持水性好。紧贴胸骨的一长条肌肉称为里脊肉，是全身最嫩的肉	最宜加工成片、丝、丁、条、肉糜等形状，用于炒、熘、煎、炸等烹调方法，用鸡脯做的菜特别多，用途较广
鸡翅	又称凤翅，可分整翅、翅根、翅中、翅尖。翅膀皮多肉少，质地鲜嫩	可带骨煮、炖、焖、烧、炸、酱等，也可抽去骨填入其他原料烹制成菜
鸡腿	腿部骨粗，肉厚，结缔组织偏多，质老	整只最宜炸、烤，肉味香美，也可斩块炖、焖、煮、烧，还可切丁、条用于炒、熘、爆、烹等方法

续表

部位	特点	应用
鸡爪	又称凤爪，肉鸡爪趾部分较为发达，皮厚筋多，含胶原蛋白丰富，质地脆嫩	可烧、煮、烩、煨、卤、酱等
头颈	皮多肉少，含胶原蛋白丰富	去净淋巴，主要用于制汤

（2）烹饪应用　鸡肉在肉类中以味道鲜美著称，中国烹制鸡的肴馔近千种，各有风味。中国历代烹鸡技法都非常丰富，清代食籍《随园食单》收鸡肴30款，《调鼎集》则达到108款。"贵妃鸡""叫化鸡"，从这些有趣的名称中可以看出，上至皇亲、下到乞丐，人人闻鸡垂涎欲滴，个个吃鸡大快朵颐。在中国，各民族对鸡均不忌口，以鸡为主料的菜肴多达数百种，各地方均有本地的招牌鸡菜。广东更有"无鸡不成席"之说，在粤菜里有白切鸡、文昌鸡、盐焗鸡、清平鸡、太爷鸡、葱油鸡、手撕鸡、脆皮鸡等著名品种。在广东吃筵席，几乎餐餐都有鸡。没有鸡的筵席就如同北方没有酒的筵席一样，索然无味。

小故事

周恩来总理命名的国宴菜——"基辛格鸡"

　　1971年7月9日，美国国务卿基辛格秘密飞到中国。当天下午，周恩来总理在人民大会堂设国宴款待。基辛格是一个口味极高的美食家，筵席上，基辛格对每道菜只尝一尝，更多的是在欣赏。最后出场的压轴菜是人民大会堂第一任总厨师长王锡田与京苏大菜高手徐筱波设计和制作的"黄油蒸鸡"，黄亮鲜嫩，丰满却不肥腻，大方而不土气，碧绿的荷叶忖底，玲珑剔透中显出一片秀色，浓浓的黄油与橙橙的汤露溶为一体，紫砂砂锅与蒸鸡交相辉映。周总理说："这道菜的佐料是地道的美国和西德货。但是烹制方法是中国的，中西合璧。博士先生一定会感兴趣。"周总理着重了"中西合璧"的语气。基辛格大为激动，说："精彩极了！"迫不及待地握住刀叉，叉起鸡腿，咂咂嘴，耸耸肩，半只鸡稍纵即逝。宴罢，他紧紧握住王锡田的手，说："这是我东方之行最美妙的记忆！"席终人散，周总理对厨师说："以后国宴上的这道菜就叫'基辛格鸡'吧！"。

　　整鸡是活鸡经宰杀、放血、水烫、煺毛、除内脏、洗净后的整只鸡。其中，仔鸡多用于炸、烤；成年鸡多用于扒、烧、煮、焖；老鸡多用于炖、煨，由于鸡肉含有多量的呈鲜物质，具有浓郁的鲜香味，是制汤最理想的原料之一。整鸡经整料出骨后，可制作工艺难度大的出骨菜，如八宝鸡、鸡包鱼翅、蛤蟆鸡等。鸡的不同分割部位使用特点见表6-3。

　　（3）营养保健　鸡肉不仅味美，而且含有丰富的蛋白质、脂肪、矿物质、维生素等营养成分，还含有大量的不饱和脂肪酸，是老年人及心血管疾病患者的理想蛋白类食物。

　　秦汉时期的《神农本草经》记载，鸡是"无毒，多服、久服不伤"的食物。中医认为，鸡肉味甘性温，具有温中益气、补精添髓的功效。对虚劳食少，产后乳少，病后虚弱，营养不良性水肿等有一定治疗保健作用。民间常用老母鸡炖食作病后虚弱、产后调养的滋补品。

鸡肝有补肝、益肾、安胎、补血、治夜盲作用，鸡心能补心、镇惊，鸡肾常常用于辅助治疗头晕眼花、咽干、盗汗等症，鸡脑、鸡血、鸡油分别有补脑、补血和润发作用。乌骨鸡的皮、肉、骨都是乌黑的，是一种极有药效的鸡种；著名的"乌鸡白凤丸"，即以它为主药制成。

（4）注意事项　在鸡的尾部有一个腔上囊，俗称"鸡屁股"，由于被意大利解剖学家H·法布里奇乌斯发现，又称法氏囊，是一个淋巴器官，显微镜观察发现囊内有淋巴球细胞及吞噬细胞、细菌、病毒及各种有害物质，所以不宜食用。鸡的肺及颈部两侧呈白色串状的胸腺也不宜食用。

二、鸭肉

中国是世界上养鸭最多的国家，食鸭历史也已很久，数千年食鸭经验积累，至今于鸭的利用之充分，烹制技法之精，鸭肴数量之多，均为世界之冠，且已有"全鸭宴"之制。全聚德烤鸭名满天下，鸭制品驰誉海内外，创新鸭肴也在不断涌现之中。

（1）分档部位　鸭的商品类型及分档取料与鸡基本相同。

（2）烹饪应用　清代《随园食单》收有鸭馔"蒸鸭""鸭糊涂""卤鸭""鸭脯""烧鸭""挂卤鸭""干蒸鸭""徐鸭"8款，《调鼎集》所收鸭馔（包括鸭舌、鸭掌等）则达58款之多。鸭肉纤维较鸡为粗，熟品呈灰棕色，但较鸡肉柔嫩，味清鲜，河湖放养者有清香，填鸭则以肥润不腻见长。以鸭入馔，除毛、嘴外，全身均可食用，其食法与鸡相似，一般以突出其肥嫩、鲜香的特点为主。

整只烹制，最宜烧、烤、卤、酱，也宜蒸、炖，用扒、煮、煨、焖、熏、炸等烹调方法。冷菜如南京盐水鸭、安徽无为熏鸭、苏州酱鸭、绍兴酱鸭、湖南常德卤鸭等；热菜名品有北京全聚德挂炉烤鸭、苏州母油船鸭、扬州三套鸭、浙江严州干菜鸭、杭州武林燻鸭、北京锅烧鸭、四川樟茶鸭和虫草鸭子等。也可将鸭加工成小件，采用熘、爆、烹、炒等方法制作，适应多种调味。此外，鸭还参与调制高级汤料，其提鲜增香的作用十分明显。

（3）营养保健　鸭肉营养丰富，每100g鸭肉中含蛋白质16.6g、脂肪7.5g、钙11mg、磷1.45mg、铁4.1mg、维生素B_1 0.07mg、维生素B_2 0.15mg、烟酸4.1mg。鸭肉中的蛋白质主要是肌浆蛋白和肌凝蛋白，含氮浸出物比畜肉多，所以鸭肉味美。老鸭肉的含氮浸出物较幼鸭肉多，野鸭肉含氮浸出物更多，因此，老鸭的汤比幼鸭鲜美，野鸭滋味更比老鸭好。鸭肉脂肪比鸡高，比猪肉低。此外，还含有较高的B族维生素和维生素E及铁、铜、锌等微量元素。与畜肉不同的是，鸭肉中钾含量最高，100g可食部分达到近300mg。

中医认为鸭肉性味甘、微咸，有滋阴补虚、利尿消肿、清虚热止咳、消肿疮等功效。福建的白骛鸭具有特殊的药理作用，被《中国家禽品种志》誉为"全国唯一药用鸭"，能治咯血、虚痨等病症，自古在民间常用其作为治疗麻疹、肝炎、无名低热、高热、烦躁失眠和痢疾等症的辅助食物。

三、鹅肉

鹅是食草动物，以饲喂青绿饲料为主，很少使用药物，在消费者心目中已逐步将鹅肉列为绿色、安全食品，消费量以最快的速度上升。2002年，鹅肉被联合国粮农组织列为21世纪重点发展的绿色食品之一，鹅肉的价值越来越得到人们的重视。以鹅入馔，从南到北有不同的消费习惯。广东汕头地区，以食肉为主，节日、红白喜事和待客是消费主导方式，市场加工鹅主要是红烤和白切，鹅头、鹅脚在饭店销售价格高，属高档消费食品；福建、浙江、江西等省市以红烧鹅为主，加上一些麻辣风味，近年来消费不断增加，传统的腊鹅是广大农村消费的主导，长盛不衰，多少年来逢年过节，腊鹅是农家餐桌上的主菜；江苏有常熟（包括常州、南京等市）的红烧鹅，扬州的盐水鹅为代表，仅扬州市就有2100多个盐水鹅摊点。扬州市盐水鹅年消费达1600万只以上；北方各省市鹅蛋的消费是重要的组成部分。因而北方的鹅种产蛋多、蛋重大。使用鹅的填肥技术生产鹅肥肝，向欧洲及西方国家出口也是东北各省养鹅的主要发展方向。

（1）分档部位　鹅的商品类型及分档取料与鸡也基本相同。

（2）烹饪应用　与鸡、鸭相比，鹅的肉质稍粗，且有腥味；但与家畜相比，鹅肉结缔组织少，肉纤维较细，故肉的硬度较低，易消化吸收；加之鹅肉的组胺酸含量又高于其他肉类，尤其是水解氨基酸数量多，具较多鲜味。

鹅肉鲜美，肥嫩可口，是筵席佳肴，食用方法很多：可切块红烧，也可制作色泽淡雅、鲜嫩爽口的盐水鹅；醇香入肉美味迷人的糟鹅；风味独特、肉香味美的风鹅；五味俱全、香味浓郁的五香鹅；骨中带香、肉中有味的酱鹅；远香近亮、外脆内酥的烤鹅；紫里透红、油香四溢的腊鹅等。一般其价格要高于鸡、鸭产品的1～3倍，而且不起眼的鹅头、鹅爪、鹅翅、鹅肠加工后其价格还高于鹅肉。鹅的肝、皮、血、胆等还可加工制成高级营养品、药品。

元代大画家倪瓒（号云林子）所著的《云林堂饮食制度集》中记有烧鹅的方法。清代袁枚在《随园食单》中对倪瓒所述之法极为推崇，并冠以"云林鹅"雅称，从此云林鹅声名远播，为世人所熟知。至今数百年间，用太湖母鹅制作的无锡传统名菜"云林鹅"，鹅肉肥嫩，酥烂脱骨，香气扑鼻，口味清鲜。

（3）营养保健　鹅肉是理想的高蛋白、低脂肪、低胆固醇的营养健康食品。据王小军等对引进的法国朗德鹅进行测定，结果表明：朗德鹅肌肉的干物质含量为26.27%～26.59%，粗蛋白为18.03%～19.98%，粗脂肪为8.33%～10.33%，灰分1.31%～1.92%，钙0.03%～0.06%，磷0.12%～0.15%；朗德鹅肌肉的各种必需氨基酸含量（除色氨酸外）均较高，特别是对人类具有特殊意义的赖氨酸含量高达1.07%～1.23%，与风味关系密切的谷氨酸高达2.61%～2.67%。朗德鹅脂肪的不饱和脂肪酸含量较高（59.50%～64.80%）。朗德鹅肌肉富含呈风味物质、必需氨基酸含量丰富、脂肪含量低并且不饱和脂肪酸含量高，是人类较好的动物肉食原料。

中医认为鹅肉味甘，性平，可益气补虚、和胃止渴、暖胃生津、利五脏。民间传说"吃鹅肉，喝鹅汤，一年四季不咳嗽"，是因为鹅肉能补益五脏，利肺气，止咳平喘化痰，对感冒、慢性支气管炎患者有效。喝鹅汤对糖尿病患者较有助益。鹅血味咸，性平，《本经逢原》指出"鹅血能涌吐胃中瘀结，开血膈吐逆，食不得入，乘热恋饮，即能呕出病根"，今临床用治癌症有一定效果。

四、其他禽鸟原料

（一）肉鸽

肉鸽属于鸟纲突胸总目（Carinatae）鸽形目（Columbiformes）鸽属（Columba）原鸽（C. livia）。世界上肉鸽品种很多，被公认的优良品种有40多个，如美国贺姆鸽、法国蒙腾鸽、波兰山猫鸽、美国王鸽、罗马鸽、佛山鸽等。

鸽是上好的烹饪原料，常以整只烹制，最宜炸、烧、烤，风味独特，也宜蒸、炖、扒、熏、卤、酱等。其胸大而细嫩，可加工成丝、片或剞上花纹，采用炒、熘、烹等方法烹制。

肉用鸽的最佳食用期是在出壳后25d左右，又称乳鸽，肥嫩骨软，肉滑味鲜美，属于高档原料。鸽肉营养丰富，所含微量元素和维生素也比较均衡，民间有"一鸽胜九鸡"之说。鸽肉还具有较高的药用价值，中医认为它味咸性平，具有滋肾补气、祛风解毒之功效，于产妇、老人补益作用很好，尤其利于脑力劳动者、夜班工作者和神经衰弱者食用。

（二）鹌鹑

鹌鹑属于鸟纲鸡形目雉科（Phasianidae）鹑属动物（Coturnix coturnix）。原为野鸟，现在人工饲养已十分普遍，在日本的养殖业中，饲养鹌鹑已仅次于养鸡。鹌鹑食量不大，但产蛋率很高，每只鹌鹑一年可产蛋300个左右。我国常见蛋用型鹌鹑有中国白羽鹌鹑、日本鹌鹑、朝鲜鹌鹑等，肉用型鹌鹑有中国白羽肉鹑、迪法克鹌鹑、莎维玛特鹌鹑等。

在烹饪中，鹌鹑多以整只制作，最宜烧、卤、炸、扒，也可煮、炖、焖、烤、蒸等。若加工成小件，适用于炒、熘、烩、煎等烹调方法。

鹌鹑体态丰满，肉质细嫩，肌纤维短，比其他家禽更为鲜美可口，富于营养，被誉为"动物人参"。鹌鹑肉所含营养成分及其组合比较完善，比鸡肉中各种相应的维生素的含量高1~3倍。胆固醇含量比鸡肉低15%~25%，易为人体吸收，是婴儿、孕妇、产妇和老弱病者的理想食品。

（三）火鸡

火鸡属于鸟纲鸡形目火鸡科动物（Meleagris gallopavo），又称吐绶鸡，起源于野火鸡，原产墨西哥，是后经人工驯化而成的大型家禽。19世纪火鸡由外国传教士引入我国浙江舟山岛，成为当时我国唯一盛产火鸡的地区，人称"舟山火鸡"。目前，我国引种饲养的主要有美国白羽宽胸的尼古拉火鸡、加拿大海布里德火鸡和法国贝蒂纳火鸡。

火鸡体大肉厚，其瘦肉多，肉质好，胸肌呈白色，肉质肥嫩味美，鲜嫩爽口而不粘牙。在烹饪中适合炸、熘、爆、炒、烹、炖、烧等多种烹调方法，也宜于多种刀工成形和多种口味，无论作主菜、配菜、汤菜都不失其特有风味，可口诱人，堪称美味佳肴。火鸡是欧美人民圣诞佳节上的高级食品，尤甚是烤全火鸡，是西方国家圣诞节和感恩节的必备食品，这种风俗已有300多年的历史了。

火鸡营养丰富，蛋白质含量高达30.4%，均高于猪、鸡、牛、羊肉；富含B族维生素，脂肪及热量含量较低，脂肪中富含不饱和脂肪酸和亚油酸。另外，胆固醇含量在所有禽肉中是最低的。因此，火鸡肉是一种理想的禽肉，尤其适合老人、儿童、高血压、冠心病患者等食用。

（四）鸵鸟

鸵鸟属于鸟纲鸵形目鸵鸟科动物非洲鸵鸟（*Struthio camelus*），原产于非洲，是世界上现存体型最大的不能飞行的鸟类，但善于奔跑。我国从1992年开始引种、饲养、人工驯化鸵鸟。目前，全国专业鸵鸟养殖企业存栏鸵鸟数量已达10万多只，成为亚洲第一大鸵鸟养殖国。鸵鸟是以草食性为主的动物，肉中无任何药物、激素的残留，被国内外食品营养专家誉为新世纪的人类新食品。鸵鸟肉多作为高档筵席的大件菜肴，其肉质特点使其适应多种烹调方法，可调制成多种口味的菜肴，如鸵鸟蛋卷、鸵鸟蛋酥、鸵鸟拼盘、鸵鸟金银肝、火烧非洲鸵串、爆炒鸵肉片等。

鸵鸟肉细嫩，口感鲜美，无异味，易消化吸收，无药物残留，是近年来新兴的高级食品。鸵鸟肉的蛋白质含量为21%，脂肪为2%（牛肉为17%，猪肉为19%），胆固醇为62毫克/100g（牛肉为83毫克，猪肉为93毫克）。鸵鸟肉具有低脂肪、低胆固醇、低热量、高蛋白质，即"三低一高"的特点，特别是人体最需要的维生素、微量元素含量高。

五、禽类副产品

（1）胃 俗称肫，肌肉组织由环行的平滑肌纤维构成，其肌纤维中富含肌红蛋白，肉质坚，呈暗红色。肌膜在肌胃两侧以厚而致密的腱相连。肌胃黏膜上皮的分泌物与脱落的上皮细胞一起硬化形成一片厚的胃角质层，紧贴于黏膜上，俗称肫皮，主要成分是酸性黏多糖——蛋白复合物，具有明显的药用价值。禽类的胃质韧，适于爆、炒、炸、卤、拌等烹调方法，如炒鸡杂、油爆花肫、汤爆兰花肫肚。

（2）肠 禽类的肠可用来作肠衣或直接入馔。烹饪应用最为广泛的是鸭肠，鸭肠质韧，色浅红，外附油脂，初加工去异味后，适于爆、炒、涮等烹调方法，如芫爆鸭肠、炝鸭肠、青椒鸭肠、香芋炒鸡肠。

（3）肝 禽肝位于腹腔前下部，附有胆囊，烹饪加工时应去掉。禽肝呈淡褐色至红褐色，质地细嫩，适于爆、炒、熘、炸、卤等烹调方法，如酥炸鸭肝、卤鸡肝、清炸鸡肝、熘鸭肝片、酒醉鸭肝、芝麻鸭肝等。

 知识链接

欧美国家的美味极品——肥鹅肝

肥鹅肝是高科技含量、高附加值的鹅产品。肥鹅肝是以特定的饲料及特别的饲养技术，在活鹅体内培育出的脂肪肝，其质地细嫩、风味浓郁、奇特，比一般肝重量增加10倍。肥鹅肝中含脂量高达60%～70%，绝大部分为不饱和脂肪酸（65%～68%），还含有对人体有保健功能的卵磷脂、脱氧核糖核酸和核糖核酸。因此，鹅肥肝在欧美发达国家是美味极品，在食品市场上是十分畅销的高档食品，每千克优质冰鲜品已接近100美元，生产和消费量逐年增加，并且供不应求。

法国、匈牙利、北美的一些国家都是世界上肥鹅肝的消费大国，不仅将其视为世界三大美味（鹅肥肝、黑松露、黑鱼子酱）之一的高档营养食品，还以吃鹅肥肝夸富显贵，凡盛大庆典或宴请贵客，鹅肥肝作为一道久负盛名的传统菜，总是以法式套菜中的头牌身份出现。日本人素来不喜吃动物内脏，但当有报道指出吃鹅肥肝是法国人心脑血管病发病率低的主要原因时，日本全国开始掀起了吃鹅肥肝的热潮，有可能在不久的将来消费量超过法国而居世界之首。

（4）心　禽类的心脏表面附着油脂，质韧，宜爆、炒、熘、炸、卤等，如炸心花、软熘鸭心等，常与禽肝共同成菜，如玲珑鸡心、火燎鸭心、爆炒玲珑等。

（5）胰　胰长形，淡黄或淡红色，质地细腻。鸭胰是常用的烹饪原料，所成菜肴有芫爆鸭胰、美人肝、烩鸭胰等。

（6）睾丸　雄禽有一对睾丸，呈卵圆形，与畜类的肾很相似，故常被误称为"腰"（肾），位于腹腔内，被一片短的薄膜悬挂于肾脏前部腹侧。其大小因年龄和季节而变化，性成熟后较大，颜色为乳白色。可制作各种菜肴，如鸡丝烩鸡腰、炒鸡腰、芙蓉鸡腰、清汤鸡腰、烩奶汤鸡腰等。

（7）禽血　加工生产血香肠、血饼干、血点心、血罐头等。比利时、丹麦、荷兰等国常在制作红肠时掺入20%～30%的禽血。法国的美食家倡议把动物血制成新的微量元素添加剂，更有西方发达国家利用血粉生产色、香、味俱全的保健面包。菜肴有烩鸭血、鸭血汤、烩酸辣鸡血等。

此外，还有脂肪、舌、掌、脑等，可制成鸡油菜心、糟鸭舌、芙蓉鸭舌、糟鹅信、椒麻鹅舌、芥末鹅掌等。

六、禽蛋

禽蛋是雌禽所排出体外的卵，与其他动物卵的区别在于具有蛋壳、蛋白、蛋黄三大特殊结构。禽蛋是烹饪原料中应用最为广泛的原料之一，营养较全面，使用很方便，成本不算高，应用极普遍，是日常厨房中不可或缺的烹饪原料。

（1）品种特征　蛋常见的品种有鸡蛋、鸭蛋、鹅蛋、鹌鹑蛋、鸽蛋、鸵鸟蛋、火鸡蛋及其他鸟蛋等。其中鸭蛋与鸡蛋相比，质地稍老，并带有一些腥异味（烹调时应去除），从而影响了它的使用范围；鹅蛋，个头较大，质地比较粗老，稍具腥味，一般在家庭菜中使用；鸽蛋，价格较高，质量较好，高档菜中应用稍多；鹌鹑蛋质量好，蛋型小巧玲珑，常用于菜肴造型；其他蛋品因日常供应数量有限，只在少量特殊菜肴中使用。

禽蛋主要由蛋壳、蛋白和蛋黄三部分构成，见图6-1、表6-4。禽蛋加工、贮藏保鲜、

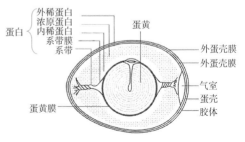

图6-1　禽蛋的构造

品质检验等都与其结构有密切的关系。

表6-4 禽蛋的结构

结构		成分特征	作用
蛋壳 （12%~13%）	外蛋壳膜	一层无定形的可溶性黏蛋白胶体，肉眼观察为霜状粉末样物质	防止微生物的侵入和蛋内水分的蒸发
	蛋壳	主要成分为碳酸钙和磷酸钙，不耐碰撞和挤压，有透视性，还密布着许多微小的气孔	保护蛋白、蛋黄和固定禽蛋形状
	内蛋壳膜蛋白膜	在大头边，两膜分离而形成一个空隙，称为气室，蛋的存放时间越长，气室越大	对微生物均有阻止通过的作用
蛋白 （55%~66%）	蛋白层	一种无色、透明、黏稠的半流动胶体物质，以不同的浓度分布于蛋内	食用部位
	系带	粘连在蛋黄的两端，由浓稠蛋白构成，形状似粗棉线，具有弹性	固定蛋黄位置，随着保管时间的延长而变细
蛋黄 （32%~35%）	蛋黄	是呈黏稠状不透明的乳状液，蛋黄内容物的颜色，取决于其中的胡萝卜素的含量	食用部位
	蛋黄膜	介于蛋白与蛋黄之间的一层透明薄膜，由纤维状角质蛋白组成，有韧性和通透性	使蛋黄紧缩成球形，如破裂，则形成散黄蛋
	胚盘	直径约3毫米的白色斑点，位于蛋黄表面	受精的胚盘会发育，使鲜蛋的品质下降

（2）烹饪应用 禽蛋是烹饪中常用的原料之一，可单独制作菜肴，也可以与其他各种荤素原料配合使用；适应于各种烹调方法，如煮、煎、炸、烧、卤、糟、炒、蒸、烩等制作多种菜肴，如蛋松、鸽蛋紫菜汤、糟蛋、鱼香炒蛋、炸蛋卷等；适应于各种调味。由于蛋本味不突出，所以可进行任意调味，咸鲜、酸甜、麻辣、鱼香、五香、香辣、纯甜等味均能适应，如糖醋蛋、柠檬蛋、糟蛋、醉蛋、卤蛋、糖水荷包蛋、三不粘、酸辣蛋汤等；可以用于制作各种小吃、糕点，如金丝面、银丝面、蛋糕；蛋类还可以用于各种造型菜，如将蛋白、蛋黄分别蒸熟后制成蛋白糕和蛋黄糕，通过刀工或模具造型后，广泛用于各种造型菜式中；蛋还可以作为粘合料、包裹料，广泛用于煎、炸等烹饪方法中。

在禽蛋中以鸡蛋的用途最为广泛，可整用，也可将蛋黄、蛋清分开用，或将蛋清、蛋黄搅匀用；可生用，也可熟用；可作主料，也可作佐助料，在调制蛋泡糊、蛋清糊、全蛋糊、蛋黄糊、蛋清浆及羹汤勾芡、拍粉粘料中应用广泛，此外，鸡蛋还可用在肉糜加工中、菜肴点缀方面及面点制作中。

（3）营养保健 据分析，一个重约60g的鸡蛋，可食部分含热量320kJ，蛋白质7g，脂肪4.6g，碳水化合物1.5g（图6-2），钾81.3mg，钙30mg，镁5.3mg，铁1.1mg，磷68.6mg，维生素A 124μg。蛋白质不但含有人体所需的各种氨基酸，而且氨基酸的组成模式与合成人体组织蛋白质所需的模式

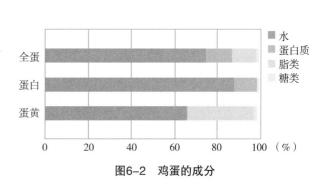

图6-2 鸡蛋的成分

十分相近，生物学价值达95以上，吸收利用率高达99.6%，为天然食物中最理想的优质蛋白质，故在进行各种食物蛋白质的营养质量评价时，多以全蛋蛋白质作为参考蛋白。孕妇、产妇、婴幼儿、老人、患者都把它视为理想的补品。全蛋脂肪含量为11%~15%，主要在蛋黄中，其中除中性脂肪外，还含有丰富的卵磷脂和许多胆固醇，其中蛋黄中平均含量在1200~1800mg/100g，而蛋清中几乎不含胆固醇。蛋类也是无机盐的良好来源，钙、磷、铁含量都比较多，蛋黄中的含量多于蛋清，蛋黄中铁含量较高，约为7mg/100g，但因为铁与磷蛋白结合而吸收率受到影响。蛋类含有丰富的维生素A、维生素D、维生素B_1和烟酸，主要存在于蛋黄中，蛋中缺乏维生素C。

各种蛋类的营养成分大致相当，但也存在一些细微的不同：鸭蛋中蛋氨酸和苏氨酸含量最高，咸鸭蛋中钙含量高出鸡蛋1倍，与鸽蛋中的钙含量相当；鹅蛋中的脂肪含量最高，相应的胆固醇和热量也最高，并含最丰富的铁元素和磷元素；鸽蛋中蛋白质和脂肪含量虽然稍低于鸡蛋，但所含的钙和铁元素均高于鸡蛋；鹌鹑蛋的蛋白质、脂肪含量都与鸡蛋相当，然而它的维生素B_2含量是鸡蛋的2.5倍。而鸡蛋中的胡萝卜素却是所有蛋类的蛋黄中最多的。

（4）注意事项　禽蛋不易生吃。禽蛋中的蛋白质具有抗原活性，如果生吃，具有抗原活性的蛋白质进入血液后，会使人体发生不良反应。蛋白中含有0.05%的抗生物素蛋白，能与生物素结合，使肠道不能消化吸收，从而引起体内生物素缺乏；蛋白中含有的卵类黏蛋白和卵抑制剂，对胰蛋白酶活性有抑制作用，使蛋白质难以被消化吸收等。但通过加热方式，可以使这些蛋白质失去抗原活性，消除其不利影响。因此，蛋类应熟吃。据研究，生鸡蛋或未熟鸡蛋，其消化率仅有50%~70%，而熟鸡蛋的消化率则达90%以上。此外，生吃鸡蛋不安全、不卫生。

 知识链接

食用燕窝

燕窝为鸟纲雨燕科金丝燕及其同属一些燕鸟的巢，此燕喉部有很发达的黏液腺，所分泌的唾液可在空气中凝成固体而筑巢，多筑于海边岩洞之中。采自岩洞的天然燕窝分为4种：① 白燕，又称官燕、贡燕，燕鸟第一次筑的窝，质地较纯，杂质很少，是最佳品；② 毛燕，第一次燕窝被采后筑的窝，因筑  时较匆忙，形体已不匀整，杂质也多，质量次于白燕；③ 血燕，第二次窝被采后，产卵期近，赶筑的第三个窝。窝形已不规则，杂质更多，且间夹有紫黑色血丝，质次于毛燕，价也低；④ 红燕，系燕窝于岩壁时，为红色渗出液浸润染成，通体呈均匀的暗红色，含矿物质较丰富，产量不多，医家视为珍品，商品价高于白燕。另有人工饲养的燕鸟在室内筑的窝，较洞燕整齐光洁，但实际应用效果不及洞燕。

燕窝历来被采集作为珍贵补药，也被列为珍贵烹饪原料，作为贡品，并收为"八珍"之一。其实，燕窝的营养价值和口味都很一般，专家称其营养价值还比不上鸡蛋。其价格高昂是因为"物以稀为贵"的缘故，中国人获取燕窝困难，只能为皇帝、后妃、王公贵族、巨商大贾享用，才显珍贵，并与鱼翅、鲍鱼等列入"八珍"的行列。现代燕窝价格高昂，不过是其经营者利用人们的猎奇心理进行市场宣传推广所造成的而已。燕窝的主要食用者是华人，吃燕窝可以说是华人世界的饮食习惯，严格来说，这是一种饮食陋习。

第三节 禽类制品及烹饪应用

一、禽肉制品

禽肉制品是以鲜、冻禽为主要原料，运用物理或化学的方法，配以适当的辅料和添加剂，对禽肉原料进行工艺处理最终所得的产品。

我国禽肉制品生产加工历史悠久，大都以整鸡加工制品为主，名特优产品众多，如安徽符离集烧鸡、辽宁沟帮子熏鸡、河南道口烧鸡、山东德州扒鸡、常熟叫花鸡、长沙油淋鸡、南京板鸭等。20世纪80年代以来我国肉类科研机构和养禽企业开始注重对禽肉制品新工艺、新产品、新设备的研究，相继推出了鸡肉火腿肠、鸡肉松、鸡肉串、各种分割禽肉等。但我国的禽肉制品人均消费量低于世界平均水平，目前市场上的禽肉制品品种少，人们食用以鲜、活家禽为主，厨房事务费时费力；在日本、美国等发达国家居民家里，家庭厨房主要用来简单加工（如微波加热保温）和保鲜贮存食品（如冰箱），人们越来越多地直接享用禽肉制品。

（一）禽肉制品的种类

1. 腌腊制品

腌腊制品是将生禽类用盐和硝经过一定时间的腌渍和修整而制成的一种腌制品，如板鸭、咸鸭、风鸡、腊鸡、风鹅等。该类产品属于生制品，需进一步熟制后才能食用。

2. 酱卤制品

酱卤制品是将生禽类和各种配料一同放在锅内烧煮而制成的熟肉制品，其中有酱烧、酱汁、盐水煮、卤等工艺，如酱鸭、卤鸡、盐水鸭等。

3. 烧烤制品

烧烤制品是将禽类生制品经过加工整理，加入各种配料后用烤炉制成的，成品呈现外焦里嫩，别具风味，如广东的烤鸭、烤鸡翅等。

4. 熏煮肠类制品

熏煮肠类制品是将禽类生制品腌制后绞碎，加入各种调料和淀粉混拌，灌入天然肠衣或人造肠衣中，经过烘烤、煮制、烟熏、干燥等工序制成的熟肉制品。一般需低温保存。如烤鸡肠等。

此外，还有油炸制品，如炸鸡；生干制品，如燕窝；熟干制品，如鸡松；糟醉制品，如糟鹅、醉鸡等。加工后大多数的禽肉制品成为可直接食用的方便食品，作为烹饪原料使用的主要是生制品。

（二）烹饪中常用的禽肉制品

1. 板鸭

板鸭以家鸭经盐卤腌后干制而成，因其肉紧密板实或干制时将鸭体剖开压成平板状，故名。有些地方压制后形似琵琶，又称琵琶鸭（见图6-3）。

图6-3　板鸭

（1）品种特征　我国板鸭有五大名品：江苏南京板鸭、江西南安板鸭、江西遂川板鸭、福建建瓯板鸭、四川建昌板鸭，以南京所产为最知名。

南京板鸭驰名中外，素有"六朝风味，白门佳品""北烤鸭，南板鸭"之美名，明清两代时新制板鸭都要作贡品，也是当时官吏商贾绅缙馈赠之品。分腊板鸭（小雪至立雪加工品）和春板鸭（立春至清明加工品）两种，质量以前者为佳。从选料制作至成熟，有一套传统方法和要求。其要诀是"鸭要肥，喂稻谷，炒盐腌，清卤复，烘得干，焐得足，皮白、肉红、骨头酥"。南京板鸭外形较干，状如平板，肉质酥烂细腻，香味浓郁，故有"干、板、酥、烂、香"之美誉。

南安板鸭原名"泡腌"，以肉质肥嫩的大余麻鸭做成，是赣南的食中珍馐，皮酥、骨脆、肉嫩、咸淡适中，瘦肉酱色、肥肉不腻，有"腊中之王"的美誉。建瓯板鸭产于福建建瓯市，形如龟体，色泽白嫩光润，肉质肥厚，味道香美，在武夷山及闽北一带属颇有名气的风味食品。建昌板鸭主产在西昌、德昌等县、市，具有体大、膘肥、油多、肉嫩、气香、味美等特点。

（2）烹饪应用　板鸭制作肴馔须烹制得法，始鲜嫩香酥，肥美可口，否则食之既咸又硬。煮前，用温水洗净表面皮层，浸泡3h以上，以减轻咸度，使鸭肉回软。先将锅中放入适量的葱、姜、绍酒的冷水烧开，停火后将鸭放入锅内，使水浸过鸭体，使锅中汤水不能沸腾，用小火焐熟。煮熟后的板鸭待冷却后再切块；以免流失油卤，影响口味。板鸭除供作冷盘外，也可再制成热菜，风味也佳，广东有"腊鸭饭面焗，香气传三屋"之说。可用炖、蒸、炒等法成菜。另外，《调鼎集》中的"热切板鸭""糟板鸭""醉板鸭""煨板鸭""煨三鸭（与鲜鸭、野鸭配）""套鸭"（以鲜家鸭套板鸭）等均可参考。

2. 风鸡

风鸡是将腌制的鸡经风干后的制品，具独特风味，可供贮存，利于携带，食用方便。制作风鸡一般多在农历腊月初，此时气候比较干燥，温度在0℃左右，微生物不易滋生，也易于生成特有的腊香。

（1）品种特征　中国风鸡因制作技法的不同，分三大类：① 煺毛光风干鸡，主要品种有湖北风干鸡、湖南风鸡（又称南风鸣）、成都元宝鸡等。湖北风干鸡表品洁净呈淡黄色，味鲜、肉嫩、皮爽；湖南风干鸡成品造型美观，表面色泽鲜艳，肉质细嫩，味香且甜。② 带毛风干鸡，主要品种有江苏带毛风干鸡、河南固始风鸡、云南封鸡、贵州带毛风干鸡、四川成都带毛风干鸡等，制法大同小异。固始风鸡是河南固始县民间的传统美味食品，历史悠久。每当进入寒冬腊月，在固始县许多家庭的屋檐下，常常可以看到吊着的肥硕公鸡或母鸡，其样子栩栩如生，这便是风鸡。风鸡在屋檐下存放一两个月也不变味。③泥风鸡，多见于湖南一带，制法：鸡腌渍后，取出外裹黄泥，置于通风阴凉处1~2月即为成品，可存放半年左右。食用时将泥壳敲碎，羽毛即随泥壳一起被拔掉。

（2）烹饪应用　风鸡腊香馥郁，清炖、蒸煮、烹炒均可，以蒸或煮为佳。蒸法取净风鸡加绍酒、姜、葱，以足气蒸透，斩块、条食之或取肉撕丝，拌以芝麻油食用。煮法取治净风鸡放在冷水锅中，稍放姜、葱、绍酒，先用大火煮至近沸，撇去浮抹，再以小火慢煮长焖，至鸡腿酥透离火，剁块装盘，冷、热食均可。风鸡也可与肉类同炖，鲜香四溢，味厚纯美；煮熟的风鸡外表油亮至淡黄色，肉质红润结实，鲜香可口，有回味。其独特风味主要由于肌肉中的组织蛋白酶缓慢分解，产生游离氨基酸，使鸡肉香鲜味美。煮鸡之汤亦甚鲜美，江苏民间常于春节期间用之加风鸡肉丝、粉丝煮作汤菜，或作点心，甚有特色。

二、禽蛋制品

世界上禽蛋产量最大的前5个国家依次是中国、美国、日本、俄罗斯、印度。我国禽蛋生产发展极其迅速，已连续21年位居世界第一，2006年我国禽蛋产量占世界总产量的44.5%，人均占有量达到了发达国家的水平。但是，我国的鸡蛋年出口量仅占全国产量的0.2%，蛋品加工量还不到总产量的3%。主要原因是我国禽蛋产品质量水平偏低、安全性不高，药物残留、抗生素残留是一大瓶颈；禽蛋精深加工水平低，目前我国本土尚无上规模和高标准的禽蛋深加工企业，而发达国家在蛋制品的深加工研究和开发上却投入了大量的资金和技术，已开发深加工蛋制品60多种，如丹麦研制的发酵蛋白粉、速溶蛋粉，日本的加碘蛋，美国的浓缩蛋液、鱼油蛋等。美国的蛋制品消费已由占全蛋品量的15%增长到20%，德国和法国的蛋制品进口量已占全蛋品消费量的16%和18%；加拿大鲜蛋销售下降4%，蛋制品消费却增长3%~5%。这种趋势说明蛋制品加工前景广阔，国际市场对深加工的蛋制品将可能会形成一个新的需求热潮。

（一）禽蛋制品的种类

1. 腌制蛋品

在保持禽蛋原形的情况下，经过一系列腌制加工而制成的，如皮蛋、咸蛋、糟蛋等。

2. 湿蛋制品

湿蛋制品包括浓缩液蛋、湿蛋黄制品、冰蛋，其中，冰蛋是把蛋的内容物经消毒杀菌后，再经冻结而成的蛋制品，一般均用鸡蛋制作。根据其加工部分的不同，冰蛋类制品可分为冰全蛋、冰蛋黄、冰蛋白3种。

3. 干蛋制品

干蛋是将鲜蛋打破去壳，取其内容物烘干或用喷雾干燥法制成的一类蛋制品。根据其成分不同，干蛋类制品可分为干全蛋、干蛋白及干蛋黄3种。一般多用鸡蛋制作。

此外，还有西式蛋制品，如蛋黄酱、鸡蛋酸乳酪等。

（二）烹饪中常用的禽蛋制品

目前，烹饪过程中常用的主要是腌制蛋品。

1. 皮蛋

皮蛋也称变蛋、松花蛋等，是我国独特的风味产品，已有数百年的生产历史，不仅为国内广大消费者所喜爱，在国际市场上也享有盛名（见图6-4）。

图6-4　皮蛋

（1）品种特征　皮蛋按加工时所用禽蛋种类的不同，可分为鸭皮蛋、鹅皮蛋、鸡皮蛋和鹌鹑皮蛋等，以鸭皮蛋最多；按蛋黄中心状态不同，可分为溏心皮蛋和硬心皮蛋，溏心皮蛋是指皮蛋的蛋黄呈现出黏稠的饴糖状态，硬心皮蛋指蛋黄凝结而呈现出较硬的状态。经过特殊的加工方式后，皮蛋会变成半透明的褐色凝固体，黝黑光亮，蛋白表面有松枝状花纹，闻一闻则有一种特殊的香气扑鼻而来。切开后蛋块色彩斑斓，食之清凉爽口，香而不腻，味道鲜美。

我国皮蛋名产很多，如湖南洞庭湖地区的"湖彩蛋""益阳皮蛋"，江苏的"高邮京彩蛋""宝应皮蛋""洪泽湖硬心皮蛋"，河北"廊坊胜芳松花北京彩蛋"，四川"永川松花皮蛋"，河南"修武五里源松花蛋""山东松花彩蛋"等。此外，还有加入可以降压的中药材制成的"降压皮蛋"，加入生姜提味的江西"袁州皮蛋"，加糖的浙江"余杭糖彩蛋"等。

在我国传统的皮蛋加工配方中，都加入了氧化铅（黄丹粉），因铅是一种有毒的重金属元素，因此，传统的皮蛋中的铅含量令人望而生畏。为此，有关科研部门研究了氧化铅的代用物质，其中EDTA（乙二胺四乙酸）和FWD（镁、锰合成物质）的使用效果较好。

（2）烹饪应用　松花蛋口感鲜滑爽口，色香味均有独到之处。皮蛋在烹饪中多作凉菜，也可作热菜或小吃。作冷菜可用芝麻油、香醋、酱油等调味，也可不调味食用，如皮蛋拌豆腐；作热菜，宜炸、熘、烩等烹调方法，如醋熘变蛋、上汤鲜蔬等。广东等地常用皮蛋制作地方小吃，如皮蛋粥、皮蛋瘦肉粥、咸蛋皮蛋粥等。此外，皮蛋也可作为药膳原料使用。

2. 咸蛋

咸蛋是用鲜蛋经食盐腌制而成的一类蛋制品，蛋白如玉，蛋黄红艳，为传统出口产品（见图6-5）腌制的方法一般有包泥法和盐水法两种。

图6-5　咸蛋

（1）品种特征　咸蛋的生产极为普遍，全国各地均有生产，名产有江苏高邮双黄咸蛋、湖北沔阳一点珠咸蛋、湖南益阳珠砂盐蛋、河南郸城唐桥咸蛋、浙江兰溪黑桃蛋等。其中尤以江苏高邮咸鸭蛋最为著名。

高邮双黄蛋是江苏高邮的土特产，袁枚的《随园食单》小菜单中"腌蛋"条留下了记载："腌蛋以高邮为佳，颜色细而油多，高文端公最喜食之"。高邮麻鸭产蛋多，蛋头大，蛋黄比例大，龙以善产双黄蛋而驰名中外，其蛋质可用蛋白"鲜、细、嫩"，蛋黄"红、沙、油"概括。1909年高邮双黄鸭蛋参加南洋劝业会，获得国际名产声誉，现出口十余个国家和地区。2002年，高邮鸭蛋获得国家质检总局批准，成为受国家原产地域保护的产品。

（2）烹饪应用 咸蛋在烹饪中主要供蒸、煮后制作冷盘；也可制作咸蛋蒸猪肉、咸蛋蒸鱼、咸蛋紫菜鱼卷、芦笋咸蛋、咸蛋黄瓜筒、咸蛋拌豆干、咸蛋黄玉米粒、咸蛋蒸肉饼、百页咸蛋黄卷等菜式，咸蛋黄还可用于"赛蟹粉""蟹黄"豆腐一类菜中代替蟹黄，色、形几可乱真。还可作粽子、月饼的馅料，或做咸蛋粥等。

（3）营养价值 咸蛋的蛋白质可提供人体所必需的极为丰富的8种必需氨基酸，而且组成的比例非常适合人体需要。咸蛋中的脂肪也绝大部分在蛋黄内，极易被人体吸收。咸蛋中的矿物质和维生素含量比鲜蛋多，主要集中在蛋黄内，其中钙、磷、铁都很丰富，特别是咸鸡蛋中的含钙量高，是鲜鸡蛋的10倍，接近食品中含钙量最多的虾米。维生素中，以维生素A含量最高，硫胺素和核黄素也较多。

第四节 禽类原料的品质检验与贮藏

一、禽类原料的品质检验

（一）活禽的品质检验

一般健康禽的主要特征是羽毛丰润、清洁、紧密，有光泽，脚步矫健，两眼有神；握住禽的两翅根部，叫声正常，挣扎有力，用手触摸嗉囊无积食、气体或积水；头部的冠、肉髯及头部无毛部分无苍白、发绀或发黑现象；眼睛、口腔、鼻孔无异常分泌物；肛门周围无绿白稀薄粪便黏液。反之则为不健康禽，应及时剔出处理。

不同生长期的活鸡鉴别：根据生长期的不同，一般可分为仔鸡、当年鸡、隔年鸡和老鸡。仔鸡指尚未到成年期的鸡，其羽毛未丰，体重一般在0.5～0.75kg，胸骨软，肉嫩，脂肪少；当年鸡又称新鸡，已到成年期，但生长时间未满一年，其羽毛紧密，胸骨较软，嘴尖发软，后爪趾平，鸡冠和耳垂为红色，羽毛管软，体重一般已达到各品种的最大重量，肥度适当，肉质嫩；隔年鸡指生长期在12个月以上的鸡，羽毛丰满，胸骨和嘴尖稍硬，后爪趾尖，鸡冠和耳垂发白，羽毛管发硬，肉质渐老，体内脂肪逐渐增加，适合烧、焖、炖等烹调方法；老鸡指生长期在2年以上的鸡，此时羽毛一般较疏，皮发红，胸骨硬，爪、皮粗糙，鳞片状明显，趾较长，成勾形，羽毛管硬，肉质老，但浸出物多，适宜制汤或炖焖。

新鸭翼簪已通，脚有枕，喉管软而翼簪有天蓝色的光泽；老鸭体较重，嘴上花斑多，喉管竖挺，胸部底骨发硬，羽毛色泽暗污。鸽子有乳鸽、中鸽、老鸽之分，乳鸽眼润白色，大都有小黄羽，身上羽毛尚未长全，肉质鲜嫩；中鸽有黄色眼圈，羽毛已长全，肉质次之；老鸽眼圈红色，肉质较老。

（二）鲜禽肉的品质检验

禽类宰后，禽肉的变化与畜肉一样，要经历僵直、后熟、自溶、腐败4个过程，其内在的生化结构有了许多的改变，这在感官上就可以察觉。

鲜禽肉的品质检验可分为外部检验和体腔及内脏检验两个方面，胴体的新鲜度一般通过对其嘴部、眼部、皮肤、脂肪、肌肉等部位来进行检验（见表6-5）。

表6-5   鲜禽肉的品质检验

检验项目	感官特征		
	新鲜禽	次鲜禽	变质禽
嘴部	嘴部有光泽，干燥，有弹性，无异味	嘴部无光泽，部分失去弹性，稍有异味	嘴部暗淡，角质部软化，口角有黏液，有腐败气味
眼部	眼球饱满，眼珠充满整个眼窝，角膜有光泽	眼球皱缩凹陷，品质稍浑浊	眼球干缩下陷，有黏液，角膜暗淡、晶体浑浊
皮肤	皮肤有光泽，因品种不同，可呈淡红和灰白色等色，具有该禽特有的气味	皮肤色泽转暗，表面发潮	皮肤无光泽，呈灰黄色，有的地方带淡绿色，表面湿润有霉味或腐败味
脂肪	脂肪色白，稍带淡黄色，有光泽，无异味	脂肪色泽变化不太明显，但稍带异味	脂肪呈淡灰色或淡绿色，有酸臭味
肌肉	肌肉结实而有弹性，具有正常的色泽，如鸡的腿肉为玫瑰色，有光泽，胸肌为白色或带淡玫瑰色	肌肉弹性变小，用手指压后凹陷恢复较慢，且恢复不完全，有轻度不快味	指压后凹陷不能恢复，留有明显痕迹，肌肉为暗红色、暗绿色或灰色，有腐败味

（三）冻禽肉的品质检验

冻禽肉是指健康活禽经宰杀、卫生检验合格，并经净膛或半净膛，符合冷冻条件的冷冻保藏禽肉。检验时敲击是否有清脆回音，必要时可切开检查冻结状态。如果是注水禽，切开肌肉丰满处，可见大量冰碴或白冻块。皮下也有大量冰碴或肿胀。应重点检查胸肌、腿肌是否注水。

（四）禽类制品的品质检验

1. 板鸭的质量鉴别

好的板鸭外形呈扁圆形状，腿部发硬，周身干燥，皮面光滑无皱纹，呈白色或乳白色，腹腔内壁干燥，附有外霜，胸骨与胸部凸起，颈椎露出。肌肉收缩，切面紧密光润，呈玫瑰红色，具有板鸭固有的气味。水煮时，沸后肉汤芳香，液面有大片脂肪，肉嫩味鲜，有口劲。质量差的板鸭体表呈淡红或淡黄色，有少量油脂渗出，腹腔湿润，可见霉点。肌肉切面呈暗红色，切面稀松，没有光泽，皮下及腹内脂肪带哈喇味，腹腔有腥味或霉味。水煮后，肉汤鲜味较差，并有轻度哈喇味。如果板鸭通身呈暗红或紫色，则多是病鸭、死鸭所加工的，吃起来色、香、味极差，不宜食用。

2. 风鸡的质量鉴别

优质风鸡成品应该是膘肥肉满，鸡肉略带弹性，皮面呈淡黄色，无霉变虫伤。保存时要防止雨淋或阳光曝晒，以免受潮和走油，引起腐败。风鸡一般宜立春前食用完，气温一高，则易变质，并因脂肪酸败而出现哈喇味。

（五）禽蛋的品质检验

目前广泛采用不破壳的鉴别方法有感官鉴别法和光照鉴别法，必要时还可进行理化和微生物检验。

1. 感官鉴别法

感官鉴别主要凭检验人员的技术经验来判断，靠眼看、耳听、手摸、鼻嗅等方法，从外观来鉴别蛋的质量。

看：用肉眼观察蛋壳色泽、形状、壳上膜、蛋壳清洁度和完整情况。新鲜蛋蛋壳比较粗糙，表面干净，附有一层霜状胶质薄膜。如果胶质脱落、不清洁、乌灰色或有霉点为陈蛋。

听：用听的方法鉴别鲜蛋的质量通常有两种方法：一是敲击法，即从敲击蛋壳发出的声音来判定有无裂纹、变质和蛋壳的厚薄程度。新鲜蛋发出的声音坚实，似碰击石头的声音；裂纹蛋发音沙哑，有啪啪声；大头有空洞声的是空头蛋；钢壳蛋发音尖细，有"叮叮"响声。二是振摇法，是将鲜蛋拿在手中振摇，没有声响的为好蛋，有响声的是散黄蛋。

嗅：是用鼻子嗅有无异味。新鲜鸡蛋无异味，新鲜鸭蛋有轻微的腥味。有些蛋虽然蛋白、蛋黄正常，但有异味，是异味污染蛋；有霉味的是霉蛋；有臭味的是坏蛋。

2. 光照透视鉴别法

禽蛋蛋壳具有透光性，采用灯光透视法对鲜蛋逐个进行选剔称作"照蛋"。由于蛋内容物发生变化形成不同的质量状况，在灯光透视下，可观察蛋壳、气室高度、蛋白、蛋黄、系带和胚胎状况，对蛋的品质作出综合评定。该法准确、快速、简便。我国和世界各国经营鲜蛋和蛋品加工时普遍采用这种方法。

新闻链接

灯照鸡蛋　保障奥运食品的质量

北京市禽蛋公司承担着奥运会媒体记者接待饭店的鸡蛋供应任务，公司仿照老北京副食店的"照灯"自制了灯箱，在照灯设备灯孔处左右一晃，质量优秀的鸡蛋就会呈现出透明状，而如果是陈鸡蛋或者散黄的鸡蛋，就会出现红色甚至黑色的斑记。为了使每个供应奥运的商品都达到质量标准，公司还聘请了专业照灯技师对所有商品进行逐个筛选。增加了这道检测工序，就意味着增加了人工成本，但是为了奥运会，企业的态度很明确，宁肯降低利润，也要确保商品质量万无一失。禽蛋公司副经理、金健力蛋粉厂厂长马少飞表示，公司还建立健全了奥运供应商品可追溯机制，企业投资9万元购置了鸡蛋喷码机，对合格鸡蛋逐个喷上企业商标和加工日期码，健全了商品质量体系。优质鸡蛋被挑拣出来后，经过喷码机一喷，每个鸡蛋上都会有一排红色的印记，除了出厂时间外，还会打上"健力"品牌标志，才能安全出厂。在北京奥运会期间，禽蛋公司共为6家饭店送了13t鸡蛋。

新鲜蛋光照时，蛋内容物透亮，并呈淡桔红色。气室极小，高度不超过5mm，略微发暗，不移动；蛋白浓厚澄清，无色，无任何杂质；蛋黄居中，蛋黄膜裹得很紧，呈现朦胧暗影。蛋转动时，蛋黄也随之转动，其胚胎看不出；系带在蛋黄两端，呈淡色条状带。通过照检，还可以看出蛋壳上有无裂纹，蛋内有无血丝、血斑、肉斑、异物等。

在灯光透视时，除鲜蛋外，常见有以下几种情况：

① 破损蛋：破损蛋指在收购、包装、贮运过程中受到机械损伤的蛋。包括裂纹蛋（或称为哑子蛋、丝壳蛋）、硌窝蛋、流清蛋等。这些蛋容易受到微生物的感染和破坏，不适合贮藏，应及时加工处理。

② 陈次蛋：包括陈蛋、靠黄蛋、红贴皮蛋、热伤蛋等。存放时间过久的蛋称为陈

蛋。透视时，气室较大，蛋黄阴影较明显，不在蛋的中央，蛋黄膜松弛，蛋白稀薄；蛋黄已离开中心，靠近蛋壳称为靠黄蛋。透视时，气室增大，蛋白更稀薄；靠黄蛋进一步发展就成为红贴皮蛋。透视时，气室更大，蛋黄有少部分贴在蛋壳的内表面上，且在贴皮处呈红色，故称为红贴皮蛋；禽蛋因受热较久，导致胚胎虽未发育，但已膨胀者称为热伤蛋。透视时，可见胚胎增大但无血管出现，蛋白稀薄，蛋黄发暗增大。以上4种陈次蛋，均可供食用，但都不宜长期贮藏，宜尽快消费或加工成冰蛋品。

③ 劣质蛋：常见的劣质蛋主要有黑贴皮蛋、散黄蛋、霉蛋和黑腐蛋4种。红贴皮蛋进一步发展就形成黑贴皮蛋。灯光透视时，可见蛋黄大部分贴在蛋壳某处，呈现较明显的黑色影子，故称为黑贴皮蛋。其气室较大，蛋白极稀薄，蛋内透光度大大降低，蛋内甚至出现霉菌的斑点或小斑块，内容物常有异味。这种蛋已不能食用。

蛋黄膜破裂，蛋黄内容物和蛋白相混的蛋统称为散黄蛋。轻度散黄蛋在透视时，气室高度、蛋白状况和蛋内透光度等均不定，有时可见蛋内呈云雾状；重度散黄蛋在透视时，气室大且流动，蛋内透光度差，呈均匀的暗红色，手摇时有水声。在运输过程中受到剧烈振动，使蛋黄膜破裂而造成的散黄蛋，以及由于长期存放，蛋白质中的水分渗入卵黄，使卵黄膜破裂而造成的散黄蛋，打开时一般无异味，均可及时食用或加工成冰蛋品。

由于细菌侵入，细菌分泌的蛋白分解酶分解蛋黄膜使之破裂，这样形成的散黄蛋有浓臭味，不可食用。透视时蛋壳内有不透明的灰黑色霉点或霉块，有霉菌滋生的蛋统称为霉蛋。打开后蛋液内如无霉点和霉气味，则仍可食用；如蛋液内有较多霉斑，有较严重发霉气味者，则不可食用。

3. 相对密度鉴定法

此法是将蛋置于一定相对密度的食盐水中，观察其浮沉、横竖情况来鉴别蛋新鲜程度的一种方法（见图6-6）。我们已经知道，新鲜蛋有一定的相对密度，随贮存时间的延长，蛋内水分不断蒸发，全蛋相对密度也日趋下降。所以，可以根据蛋的相对密度来判断蛋的新鲜程度。要测定鸡蛋的相对密度，须先配制各种浓度的食盐水，以鸡蛋放入后不漂浮的食盐水的相对密度来作为该蛋的比重。质量正常的新鲜蛋的相对密度在1.08～1.09，若低于1.05，表明蛋已陈腐。

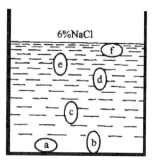

图6-6　蛋品新鲜程度的简易判定

a—新鲜蛋　b—产蛋1周左右的蛋
c—产蛋2周左右的蛋　d—产蛋3周左右的蛋
e—产蛋1月左右的蛋　f—陈腐蛋

二、禽类原料的贮存保鲜

（一）禽肉的储藏保鲜

保藏禽肉最常用的方法是低温保藏法。因为低温能抑制酶的活性和微生物的生长、繁殖，可以较长时间保持禽肉的组织结构状态。在保藏前应注意要去尽光禽的内脏，如果是冻禽，应立即冷藏。

1. 冷却保藏

光禽和禽肉如能在1周内用完，可在冷却状态下保存。如鸡肉，在温度为0℃，相对湿度85%～90%的条件下，可保藏7～11d。

2. 冻结保藏

宰杀后成批的光禽或禽肉，如果需要保藏较长时间，必须要进行冻结保藏。即先在-30℃～-20℃，相对湿度85%～90%的条件下冷冻24～48h，然后在-20℃～-15℃、相对湿度90%的环境下冷藏保存。一些资料表明：在-4℃时禽肉可保存1个月左右，在-12℃时可保存4个月左右，在-18℃时可保存8～10个月，在-23℃时可保存12～15个月。当然，在餐饮业不应一次进货太多而长时间保管。

（二）禽蛋的贮藏保鲜

引起蛋类腐败变质的是温度、湿度和蛋壳上气孔及蛋内的酶。所以保管蛋品时，必须设法闭塞蛋壳上的气孔，防止微生物侵入，并保持适度的温度、湿度，以抵制蛋内酶的作用。鲜蛋的保管方法很多，餐饮业主要采用冷藏法。

利用冷藏环境中的低温抑制微生物的生长繁殖和蛋内酶的作用，延缓蛋内的生化变化，以保持鲜蛋的营养价值和鲜度。由于蛋纵轴耐压力较横轴强，鲜蛋冷藏时应纵向排列且最好大头向上。此外，蛋能吸收异味，尽可能不与鱼类等有异味的原料同室冷藏。

鲜蛋在冷藏期间，室内温度低可以延缓蛋的变化。但温度过低也会造成蛋的内容物冻结，并且膨胀而使蛋壳破裂。根据实际情况，温度一般掌握在0℃左右合适，最低不得低于-2℃，相对湿度为82%～87%。在冷藏期间，要特别注意控制和调节温度、湿度，温度忽高忽低，会增加细菌的繁殖速度或使盛器受潮而影响蛋的品质。

冷藏虽然比其他保藏方法好，但时间不宜过长，否则同样会使蛋变质。一般在春、冬季，蛋可贮存4个月；在夏、秋季，蛋最多不超过4个月就要出库。

此外，还有利用不溶性沉积物质堵塞蛋壳气孔的保藏法，多采用石灰水或水玻璃（又称泡花碱，化学名为硅酸钠，Na_2SiO_3）浸渍，也可用液体石蜡、聚乙烯醇等涂膜保藏。

同步练习

一、填空题

1. 福建的＿＿＿＿＿＿＿＿鸭具有特殊的药理作用，被《中国家禽品种志》誉为"全国唯一药用鸭"。

2. 目前，我国已成为亚洲第一大鸵鸟养殖国，全国鸵鸟养殖业存栏鸵鸟数量已达＿＿＿＿＿＿＿＿多只。

3. 据研究，生鸡蛋或未熟鸡蛋，其消化率仅有50%～70%，而熟鸡蛋的消化率则达＿＿＿＿＿＿＿＿以上。

4. 我国板鸭中的五大名品是：江苏南京板鸭、江西＿＿＿＿＿＿＿＿、江西＿＿＿＿＿＿＿＿、福建＿＿＿＿＿＿＿＿、四川＿＿＿＿＿＿＿＿，以南京所产为最知名。

5. 世界上禽蛋产量最大的前5个国家依次是＿＿＿＿＿＿＿＿。我国禽蛋生产发展极其迅速，已连续21年位居世界第一。

二、单项选择题

1. 我国最大的肉用鹅品种是（　　　）。

    A. 东北豁眼鹅　　　B. 江苏太湖鹅　　　C. 广东狮头鹅　　　D. 四川白鹅

2. 所有禽肉中，胆固醇含量最低的是（　　　）。

    A. 鸭　　　　　　　B. 鹌鹑　　　　　　C. 火鸡　　　　　　D. 鹅

3. 被誉为"动物人参"的禽类原料是（　　　）。

    A. 肉鸽　　　　　　B. 鹌鹑　　　　　　C. 火鸡　　　　　　D. 鸵鸟

4. 蛋类缺乏的是维生素是（　　　）。

    A. 维生素A　　　　B. 维生素B　　　　C. 维生素C　　　　D. 维生素D

5. 在我国传统的皮蛋加工配方中，都加入了含有重金属有毒元素的＿＿＿＿＿＿＿，为此，有关科研部门研究了代用物质。

    A. 黄丹粉　　　　　　　　　　　　　B. EDTA（乙二胺四乙酸）

    C. FWD（镁、锰合成物质）　　　　　D. 氧化汞

三、多项选择题

1. 鸡的祖先是"原鸡"，原鸡的故乡有（　　　）。

    A. 中国　　　　　　B. 印度　　　　　　C. 缅甸

    D. 马来西亚　　　　E. 日本

2. 广东有"无鸡不成席"之说，没有鸡的筵席就如同北方没有酒的筵席一样，索然无味。粤菜里著名鸡类菜肴有（　　　）。

    A. 文昌鸡　　　　　B. 盐焗鸡　　　　　C. 清平鸡

    D. 太爷鸡　　　　　E. 当红脆皮鸡

3. 下列可以食用的蛋有（　　　）。

    A. 裂纹蛋、流清蛋　　　　　　　　　B. 陈蛋、靠黄蛋

    C. 红贴皮蛋、热伤蛋　　　　　　　　D. 黑贴皮蛋、异味散黄蛋

    E. 霉蛋、黑腐蛋

4. 禽蛋浸渍法保藏是利用化学反应产生不溶性沉积物质堵塞蛋壳气孔。一般方法有（　　　）。

    A. 石灰水法　　　　B. 水玻璃法　　　　C. 液体石蜡涂膜

    D. 矿物油涂膜　　　E. 聚乙烯醇涂膜

5. 下列鸡体部位不可以食用的是（　　　）。

    A. 鸡头　　　　　　B. 鸡胸腺　　　　　C. 鸡肺

    D. 鸡血　　　　　　E. 腔上囊（泄殖腔背侧的囊状结构）

四、简述题

1. 鸡、鸭、鹅的肉质特点和烹饪运用特点是什么？

2. 广东的"三大名鸡"是什么？粤菜对鸡类菜肴烹调有何特色？

3. 禽肉的组织结构与畜肉相比有何特点？

4. 简述禽蛋的结构对食品加工、贮藏、品质检验的影响。

五、案例分析题

夜访西安"注水鸡"：每只鸡注水一斤多

一个偶然的机会，西安市民席先生发现，位于西安市丈八东路的西安朱雀农产品交易中心出现大量的注水白条鸡。通过电机，1斤左右的自来水被注入宰杀后的肉鸡不同部位。不到8秒钟，原本瘦小干枯的鸡，转眼间"体态丰盈"。大量的注水白条鸡，为"美容师"——店老板带来可观的收入。

2月28日凌晨6时许，在知情者的指引下，记者进入一家肉鸡店暗访。"要打水的还是不打水的？"见"生意"上门，老板娘十分热情："'打水鸡'每斤三块八毛钱，没有打水的，四块五毛钱。"

老板娘拿过一只杀好的鸡，将针头一把扎进鸡大腿，很快又抽出来，换了另一个部位，几秒钟的工夫，针头换了两条鸡腿、鸡脯、鸡背四个"手术"位置，而原本瘦小的肉鸡，"身材"急速丰满起来，表皮光滑，色泽漂亮。在记者的请求下，老板娘将注水鸡放在秤上，"多了一斤一两"。闲聊中，老板娘说，一只普通的白条鸡最多可注水1.1斤，白条鸭最多可注水1.4斤。随后，在该市场的五六家批发白条鸡的店铺，记者以顾客身份走进各家操作间，发现这里每家都有给白条鸡注水用的电机和针头。而每家都会根据顾客需要给白条鸡注水。知情者透露，每天从市场流出的注水鸡不下数千只，被送往蔬菜副食批发部、餐馆、大学餐厅、西安城区及周边的部分超市、菜市场。

请根据以上案例，分析以下问题：

1. 注水鸡有什么危害？

2. 如何识别注水鸡鸭？

实训项目

项目一：禽蛋品质检验

实训目的

了解蛋品的物理性质，掌握蛋品新鲜度检验方法，能鉴别各种变质蛋。

实训内容

1. 蛋品的物理性质检验

包括蛋的重量、蛋的形状测定、蛋的耐压度测定、蛋壳厚度、蛋壳结构观察、壳内膜与蛋白膜的结构、蛋内容物的观察、禽蛋的组成等。

2. 蛋品的新鲜度检验

（1）感官法 感官鉴别法主要凭检验人员的技术经验来判断，靠眼看、耳听、手摸、鼻嗅等方法。

（2）透视法 在灯光透视下，可观察蛋壳、气室高度、蛋白、蛋黄、系带和胚胎状况，对蛋的品质作出综合评定。各种照蛋器的结构如图6-7所示。

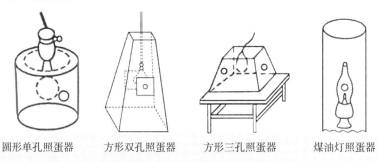

圆形单孔照蛋器　　　方形双孔照蛋器　　　方形三孔照蛋器　　　煤油灯照蛋器

图6-7　照蛋器示意图

3. 各种新鲜度蛋的光照透视特征见表6-6。

表6-6　　　　　　　　　　**不同新鲜蛋的光照透视特征**

类　别	光照透视特征	产生原因	食用性
陈　蛋	壳色转暗，透光性差，蛋黄呈明显阴影，气室大小不定，不流动	放置时间久，未变质	可食用
散黄蛋	蛋体呈雾状或暗红色，蛋黄形状不正常，气室大小不定，不流动	受振动后，蛋黄膜破裂，蛋白同蛋黄相混	未变质者可食用
贴皮蛋	贴皮处能清晰地见到蛋黄呈红色。气室大，或者蛋黄紧贴蛋壳不动，一面呈红色，另一面呈白色，贴皮处呈深黄色，气室很大	储藏时间太长且未加翻动	不能食用和加工
热伤蛋	气室较大，胚盘周围有小血圆点或黑丝黑斑	未受精的蛋受热后胚盘膨胀增长	轻者可食用
霉　蛋	蛋体周围有黑斑点	受潮或破裂后霉菌侵入所致	霉菌未进入蛋内，可食用
腐败蛋	全蛋不透光，蛋内呈水样弥漫状，蛋黄、蛋白分不清楚	蛋内细菌繁殖所致	不能食用

实训要求

观察、记录、描述蛋品的物理性质及主要特征。

项目二：禽类原料的资料查询和收集

实训目的

通过资料查询，了解禽类原料的种类、特征及烹饪应用；了解本省珍贵、稀有、濒危的国家级禽类资源现状。在查询过程中，锻炼资料查询和整理能力。

实训方法

1. 根据《国家级畜禽遗传资源保护名录》，了解本省的国家级鸡、鸭、鹅等品种。

2. 利用图书馆资源及网络资源，搜集有关禽类的养殖、加工、市场销售等情况。

实训要求：

1. 将个人搜集到的资料进行汇集、归纳后，与他人交流共享，并介绍收集的过程和体会。

2. 选择某一禽类品种，从资源现状、种类特征、烹饪应用、营养保健等方面进行阐述。

建议浏览网站及阅读书刊

[1] http://www.jiaqin.com.cn（中国家禽网）

[2] http://www.tq3158.cn（中国特禽养殖网）

[3] http://www.chinaegg.net/（中国禽蛋网）

[4] 大阪厨师专科学校. 法式蔬果与蛋品. 长春：吉林科学技术出版社，2004.

[5] 张仁庆等. 北京烤鸭和鸭菜烹调. 郑州：河南科学技术出版社，2005.

[6] 刘自华. 美味禽杂160例. 北京：北京科学技术出版社，2006.

[7] 段会良. 巧做禽蛋. 上海：上海科学技术文献出版社，2007.

[8] 张恕玉. 鸡鸭鹅鸽菜典. 青岛：青岛出版社，2007.

参考文献

[1] 陈国宏. 中国禽类遗传资源. 上海：上海科学技术出版社，2004.

[2] 王宝维. 特禽生产学. 北京：中国农业出版社，2004.

[3] 古少鹏. 禽产品加工技术. 北京：中国社会出版社，2005.

[4] 李晓东. 蛋品科学与技术. 北京：化学工业出版社，2005.

[5] 陈耀王等. 鹅肥肝生产. 北京：科学技术文献出版社，2005.

[6] 王兰. 烹饪原料学. 南京：东南大学出版社，2007.

第七章

鱼类原料

学习目标

知识目标

- 了解鱼类的分类、外部形态、内部结构和营养价值；
- 了解鱼制品主要种类；
- 掌握典型鱼类原料的烹饪应用；
- 掌握鱼类的品质检验和贮存保鲜。

能力目标

- 能通过实物、图片、视频识别各种鱼类；
- 能正确选择常见鱼类的烹饪应用方法；
- 能鉴别鱼类的新鲜度。

第一节　鱼类原料概述

一、鱼类原料的分类

鱼类（fishes）是终生在水中生活，用鳃呼吸，用鳍辅助运动与维持身体平衡，大多被鳞片，具有颅骨和上下颌的变温脊椎动物，属于脊索动物门、脊椎动物亚门中最原始和低级的类群。鱼类在全球水域中几乎都有分布，39%的种类（约8410种）生活在淡水河流湖泊中，61%的种类（约13000种）生活在海洋中。

鱼类是我国水产品中产量最大、品种繁多的自然资源，我国各水域分布的鱼类有3000多种，经济鱼类440多种。鱼类是人们十分喜爱的副食品，也是人们摄取动物性蛋白质的主要来源。了解鱼类原料的分类有助于识别鱼类，鉴定名称，认识鱼类彼此间的相同相异

是鱼非鱼

有些以鱼命名的原料不具备鱼类的基本特征，不属于鱼类。如鲍鱼是软体贝类原料；墨鱼、鱿鱼和章鱼是软体头足类原料；厦门刘五店产的文昌鱼是头索动物，因不具颅骨；盲鳗虽像鱼，但不具上下颌，是圆口动物；娃娃鱼（大鲵）在幼时用鳃呼吸，但长大后用肺呼吸，是受国家保护的两栖动物；鳄鱼和甲鱼是爬行动物；鲸鱼终生用肺呼吸，胎生，是哺乳动物。有些不是以鱼命名的原料，由于具有鱼类的特征，反而属于鱼类，如海龙、海马等。

特征，有助于对鱼类进行合理烹饪加工。一般根据鱼类骨骼的性质可分为软骨鱼和硬骨鱼两大类（表7–1）。

表7–1　　　　　　　　　　　经济鱼类的生物学分类

分 类			典型品种	经济价值
软骨鱼纲	板鳃亚纲	鲨目	各种鲨鱼	我国约190种，主要渔业对象之一。肉可食用，皮可制革，肝脏富含油脂和维生素，可制药
		鳐目	各种鳐鱼或虹鱼	
	全头亚纲	银鲛目	黑线银鲛	
硬骨鱼纲	辐鳍亚纲（共36目）	鲱形目	太平洋鲱鱼、沙丁鱼、鲥鱼、鳓鱼、刀鲚等	鱼类最有经济价值的一纲，约为世界渔产量90%。以鲱形目、鳕形目产量最高，其次为鲈形目、鲤形目、鲽形目
		鳕形目	狭鳕、大西洋鳕、太平洋鳕、无须鳕等	
		鲈形目	鲈鱼、石斑鱼、大黄鱼、带鱼、鳜鱼等（鱼类中最大的一目，主要为海产鱼）	
		鲤形目	鲤鱼、鲫鱼、团头鲂、翘嘴红鲌、泥鳅等（鱼类中第二大目，主要为淡水鱼）	
		鲽形目	高眼鲽、牙鲆、桂皮斑鲆、半滑舌鳎等	
		鲶形目	鲶鱼、黄颡鱼、长吻鮠、海鲶等	
		鲀形目	绿鳍马面鲀、暗色东方鲀、弓斑东方鲀等	
		鲑形目	大麻哈鱼、虹鳟鱼、鲑鱼、银鱼	
		鳢形目	乌鳢、斑乌鳢、沙塘鳢等	
		鲻形目	鲻鱼、梭鲻、梭鱼等	
		鳗鲡目	鳗鲡、花鳗等	
		合鳃目	黄鳝	
		鲟形目	白鲟、鳇鱼等	

二、鱼类原料的化学成分

鱼类的肌肉及其他可食部分，除碳水化合物含量很少外，富含人体必需的蛋白质，并含有脂肪、多种维生素和矿物质，对人类调节和改善食物结构，供应人体健康所必需的营养素有重要作用。因此鱼类是营养平衡性很好的天然食品，对人的健康十分有益。"吃鱼健脑""吃鱼健身"的保健意识已深入人心，消费者对鱼类等水产品的需求量迅速增长。近年来，西方传统的以食肉为主的饮食习惯正在发生变化，欧美开始把新鲜鱼及鱼制品视为健康食品，提倡"减少肉食，多吃鱼类"，并预言鱼类将成为21世纪最珍贵的食品。鱼类原料的化学成分见表7-2。

表7-2　　　　　　　　　　　　　　　鱼类原料的化学成分

类别		特点
营养成分	蛋白质	鱼类肌肉的主要成分，一般含量在15%~22%，生物价较高
	脂肪	分为贮藏脂肪（主要由甘油三酯组成，运动时能量的来源）和组织脂肪（由磷脂和胆固醇组成）。脂肪含量的多少直接影响鱼的风味和营养价值
	碳水化合物	含量很少，一般都在1%以下，以糖原的形式存在于肌肉中
	矿物质	主要有钾、钠、钙、磷、铁、锌、铜、硒、碘、氟等
	维生素	肝脏中多含维生素A和维生素D，可供作鱼肝油制剂
	水分	含有大量的水分，烹调时仅损失10%~35%
风味成分	色素	呈红色肌肉主要由肌红蛋白和毛细血管中的血红蛋白构成
	呈味成分	各种鱼类都含有谷氨酸、IMP（肌苷酸）、GMP（鸟苷酸）等呈味成分
	气味成分	主要有含氮化合物、挥发性酸类、含硫化合物、羰基化合物及其他化合物等，构成腥臭异味或香气
嫌忌成分	天然毒素	如河豚毒、雪卡毒、鱼卵毒和刺咬毒等
	组胺毒素	金枪鱼、鲭鱼、鲍鱼、沙丁鱼等腐败而形成组胺

三、鱼体的部位与食用特征

鱼体从外形上主要分头部、躯干部和尾部三大部分，以躯干部为供食的主要部位，鱼体外形及内部结构见图7-1。

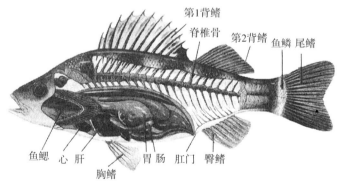

第1背鳍　脊椎骨　第2背鳍　鱼鳞　尾鳍

鱼鳃　心　肝　胃肠　肛门　臀鳍

胸鳍

图7-1　鱼的外形及内部结构

鱼体不同的部位特点不同，食用价值也不一样，见表7-3。

表7-3　　　　　　　　　　　　　　　鱼体的不同部位与食用特征

部位	特点	食用特征
鱼头	从鱼的身体最前端到鳃盖骨的后缘称为鱼头，主要有口、须、眼、鼻孔和鳃孔等器官	食用价值不大。但鲢鱼头、鳙鱼头、牙鲆鱼头等头部较大，富含胶质或肌肉，可作为菜肴主料

续表

部位	特点	食用特征
鱼尾	从肛门至尾鳍基部的部分称为鱼尾	食用价值一般，但淡水青鱼的尾部肥美，俗称"划水"，可红烧作主料使用
鱼鳍	鱼类的鳍有背鳍、胸鳍、腹鳍、臀鳍和尾鳍5种。淡水鲇类、鳜鱼类的鳍中有毒棘，烹饪加工时要小心	硬骨鱼类的骨质鳍条一般无食用价值；软骨鱼类（如鲨鱼、鳐鱼）的纤维状角质鳍条，可加工成名贵的烹饪原料"鱼翅"
鱼鳞	绝大多数鱼类体外被有鳞片，少数鱼头部无鳞，刺河豚的鳞片转化为骨刺，无鳞鱼通常皮肤有发达的黏液腺	鱼鳞一般不具有食用价值，通常在加工时去掉。鲥鱼、刀鲚、鳓鱼等鱼类鳞片较薄，鳞下脂肪较丰富，新鲜入烹时可以不去鳞
鱼皮	鱼皮中存在多种色素，使鱼体呈现微妙的色彩。有些鱼体银光闪亮，是由于鱼皮中沉积着主要由鸟嘌呤和尿酸构成的银白色物质	富含胶原蛋白，一般与鱼肉一起烹调食用。鲨鱼、鳐鱼背部厚皮可制成名贵的干货"鱼皮"
鱼肉	鱼体肌肉组织主要由骨骼肌组成，分布于躯干部脊骨的两侧，分为背肌和腹肌。根据肉色可分普通肉（白色肉）和血合肉（暗色肉），见图7-2	鱼类运用得最多的可食部位，在食用价值和加工贮藏性能方面，暗色肉低于白色肉，如在加工鱼片或制鱼肉糜时，因血合肉影响菜肴色泽，常将其剔除
骨骼	大多数鱼的骨骼无食用价值	鲨鱼、鳐鱼等软骨鱼的软骨以及鳇鱼的头骨可加工成名贵原料"明骨"，脊髓的干制品称为"鱼信"
内脏	肝脏、鱼卵、鱼鳔等富含营养成分。鲨鱼、黄鱼、鳕鱼等的肝脏可提取鱼肝油；鱼卵可提取卵磷脂或加工成营养价值很高的食品；鱼鳔是控制鱼体沉浮的银白色囊状器官	小型鱼类的内脏无多大食用价值，大型鱼类的肝脏、胃、鱼籽可烹饪食用，也可加工食品或药品。所有鱼类的鳔都可食用，大型鱼类的鳔干制后可成为名贵原料"鱼肚"

四、鱼类的烹饪运用特点

（一）刀工处理，料形多样

鱼类在烹饪中的运用相当普遍，菜品极多。除鲜鱼外，还可选用鱼类的加工制品制作菜肴，例如干制品、腌制品、熏制品、冷冻鱼类等。在刀工处理上，体型较小的鱼整用较多，体型较大的鱼可先行分割处理，再分档使用。分档部位有头尾、中段、鱼块、肚档等。在烹饪中，鱼类去骨取肉应用可制得较多的菜品，净鱼肉可加工成鱼条、鱼片、鱼丝、鱼丁、鱼米等料形，色泽洁白的鱼可加工成鱼肉糜，供制作鱼圆、鱼饼、鱼糕、鱼线等；有些种类还可整鱼出骨，制作特色工艺菜。

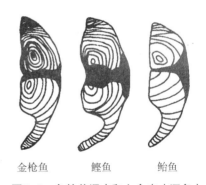

金枪鱼　　　鲣鱼　　　鲐鱼

图7-2　鱼的普通肉和血合肉（深色）

（二）烹调加工，方法众多

新鲜的鱼类适合于各种烹调方法。例如，几乎所有的鱼均可红烧、油炸，新鲜且脂肪含量较高的鱼可清蒸、制汤。可做冷盘、热炒、大菜、汤羹和火锅等，适用各种调味技法和味型，如咸鲜、家常、椒麻、茄汁、酸辣、糖醋、咸甜等。

除加热烹调外，某些海产鱼类还可生吃。我国餐饮行业常用深海鲑鱼（俗称"三文鱼"）加工生鱼片食用；日本用金枪鱼制作的刺生是上品的日本料理，但对鱼的鲜度要求很高。荷兰人也有生吃鲱鱼的习惯。但有些鱼体中有寄生虫存在，例如大马哈鱼中寄生的裂头绦虫的幼虫，人食后会寄生于人的小肠内，引起腹痛、消化不良等寄生虫病症。为了杀死鱼中这些幼虫，可在-15℃的冻结条件下放置5天，使其死亡。在荷兰为了杀死生食鱼类中的寄生虫，以法律形式规定，出售商有在-20℃条件下冻结鱼24h的义务。

（三）腥臭异味，抑制去除

鱼类的腥臭异味会影响菜肴的风味品质，因此要采取适当方法，抑制或除去异味成分。在烹饪之前用水或稀盐水漂洗原料鱼，或在剖鱼前，用食盐涂抹鱼身，再用水冲洗，可去掉鱼身上的黏液，有效地减少三甲胺、二甲胺以及各种水溶性臭气物质。鲨鱼和魟科、鳐科、鳒科鱼类的皮均较厚，因其生理上调节渗透压的需要而含有较多的尿素，产生氨味，影响鱼的味道，烹前应作脱氨处理：将肉切成块状，用80～90℃开水烫一遍或煮开，随后用清水浸泡半小时，如在水中加食醋（比例为5%），脱氨效果更好。在鱼类烹饪中，常使用葱、姜、酒、香料等，圆葱、桂皮等对三甲胺有明显的消除作用；姜汁可除去挥发性醛类的气味，对三甲胺也有明显消除作用；料酒对挥发性胺类有掩盖作用；醋可降低pH和抑制胺类的挥发。淡水池塘养殖鱼类存在土腥味，来源于某些蓝藻类、绿藻类及放线菌所合成的物质，在净水中蓄养1～2周可除去。

第二节　典型鱼类及烹饪应用

一、淡水鱼

全世界淡水鱼类有8410余种，中国内陆水域定居繁衍的鱼类有850余种，居世界各国首位。我国主要经济鱼类有140余种，以温水性鱼类为主，以地理分布而论，又以长江流域的经济种类最多。其中鲤科鱼类约占中国淡水鱼的1/2，鲇科和鳅科合占1/4，其他各种淡水鱼占1/4。有20多种已成为主要的养殖对象，在全国渔业中占较大的比重，其中青鱼、草鱼、鲢鱼、鳙鱼是中国传统养殖的"四大家鱼"。部分地区占渔业比重较大的有江西的铜鱼和中华倒刺鲃、珠江的鲮鱼和卷口鱼、黄河的花斑裸鲤和扁咽齿鱼、黑龙江的大马哈鱼、乌苏里江的白鲑，有些鱼类个体虽小，但群体数量大，经济价值高，如太湖的银鱼、黑龙江和图们江的池沼公鱼、青海湖的裸鲤等。黄河鲤鱼、松江鲈鱼、兴凯湖白鱼、松花江鲑鱼并称为中国"四大淡水名鱼"。从国外引进、推广养殖分布面较广的鱼类主要有虹鳟鱼、尼罗非鲫、淡水白鲳、德国镜鲤、革胡子鲇、云斑鮰等。这里选取青鱼、鲤鱼、武昌鱼、鳜鱼、鲌鱼、鲴鱼、黄鳝、银鱼8种典型品种进行介绍。

（一）青鱼

青鱼（*Mylopharyngodon piceus*，black carp），又称黑鲩、螺蛳青，属硬骨鱼纲、鲤形目、鲤科、雅罗鱼亚科、青鱼属。

（1）品种特征　青鱼是生活在中国江河湖泊底层的鱼类，体长筒形，头稍扁平，尾部侧扁，腹圆无棱，口吻端较草鱼为尖，体背部青黑，腹部灰白，各鳍均为深黑色，见图7-3。青鱼喜食螺、蚌、蚬等动物，生长快，鱼体大者可达50kg以上，食用青鱼的商品规格为2.5kg，养殖周期为3～4年。分布于长江流域及其以南的平原地区，北方少见，为长江中下游一带重要经济鱼类。元旦、春节两大节日，青鱼是江南百姓不可或缺的年货。

图7-3　青鱼

（2）烹饪应用　青鱼肉厚刺少，质细而洁白，富含脂肪，味鲜美。经常规加工后，可作主料单独成菜，可以辅以它料成菜，也是良好的配料，既可整用（1.5kg以下），又可分档使用，加工成块、段、条、片、丝、丁、粒等形态，更可斩成肉糜，再制成"线""丸""饼"等形。烹制时，可做冷盘、热炒、大菜、汤羹和火锅等，适用炒、烹、熘、烧、炸、煎、蒸、烤等各种烹调法，适宜任何调味技法和味型。全鱼又可分档取料，包括脏杂等，均可分别成菜。

青鱼除鲜食外，还可供腌制、干制、醉制、风制、熏制、腊制以及制成鱼脯、鱼松、鱼香肠等食品，身价高于草鱼。

（3）营养保健　科研人员对无锡特产"甘露青鱼"含肉率及肌肉营养成分进行了分析测定，含肉率为71.08%，肌肉中蛋白质含量为16.56%，脂肪含量为14.08%，其中70.73%为不饱和脂肪酸，18种氨基酸总量为14.91%，8种人体必需氨基酸的含量为6.07%，4种鲜味氨基酸的含量为5.62%，还含有铁、磷、钙等多种微量元素。

（4）注意事项　中医认为青鱼胆可以泻热、消炎、明目、退翳，经泡制后可入药。但民间误传生吃青鱼胆可"明目"，结果引起中毒。其症状是初起表现为急性肠胃炎，最后因急性肾功能衰竭而死亡。

（二）鲤鱼

鲤鱼（*Cyprinus carpio*，common carp），又称鲤拐子，属硬骨鱼纲、鲤形目、鲤科、鲤亚科，是中国分布最广、养殖历史最悠久的淡水经济鱼类，见图7-4。原产于中国，13世纪传往欧洲，现为欧、亚、美许多国家的养殖鱼种之一。

图7-4　鲤鱼

（1）品种特征　鲤鱼是底栖性鱼类，对外界环境的适应性强，食量大，觅食能力强，生长快，为淡水鱼产量最高者之一。鲤由于自然条件下的变异，以及人工选育和杂交形成许多亚种、品种和杂种。杂交的一代都有生长快、体型好、产量高的优势。野生种知名而质优者主要有产于黑龙江各水系的"龙江鲤"；产于黄河流域的"黄河鲤"，以河南开封、郑州一带所产为佳；产于长江、淮河水系的"淮河鲤"等。家养品种著名的有江西婺源的"荷包红鲤"；广东高要县的"高要文鲤"；广西桂林、全州一带的"禾花鲤"，因其为稻田放养，故又称田鱼；还有从国外引进的镜鲤、锦鲤等。

不同的生长环境品质有差异，河鲤黄色有光泽，尾红、肉嫩、味鲜；江鲤鳞肉均白，肉细；池鲤或塘鲤，鳞青微黑，刺硬，土腥味较浓。以黄河上游所产的河鲤品质为最佳。食用鲤的商品规格为0.5kg，养殖周期为2年。饮食行业有"鲤吃一尺，鲫吃八寸"之说。

（2）烹饪应用　鲤鱼肉体肥厚，肉味纯正，细嫩少刺。鲤鱼脊背两侧各有一条白筋，能造成菜肴特殊的腥气，剖鱼时，在靠鳃的地方和脐门处各切一小口至骨，用刀面拍鱼身至白筋显露，用镊子夹住轻轻用力即可抽掉，烹制时可使酸腥异味大减。鲤鱼制馔，多整形烹调，经花刀稍加处理，令其成形美观，更易于烹调成熟入味。如河北"金毛狮子鱼"、开封"熘鱼焙面""糖醋黄河鲤""三鲜脱骨鱼""醋椒鲤鱼"等。又可切割解体，加工成块、段、条等形状，可以制成"软熘鱼条""抓炒鱼片""糖醋瓦块鱼""五香熏鱼""干烧中段"等菜肴。

鲤鱼又可腌、腊、风、糟、醉、干等。北方地区视鲤鱼为喜庆时的吉祥物，以鲤象征龙马，象征年年有余，并用于祭祀、祝贺等等。

（3）营养保健　鲤鱼的营养价值很高，特别是含有极为丰富的蛋白质（每百克鲤肉含蛋白质17.3g），而且容易被人体吸收，利用率高达98%，可供给人体必需的氨基酸，以谷氨酸、甘氨酸、组氨酸最为丰富。中医认为鲤鱼具有利水、消肿、下气、通乳等功效。赤小豆炖鲤鱼，最宜用于营养不良引起的水肿，也可作为肾脏病水肿的辅助治疗食品。

（三）团头鲂

团头鲂（*Megalobrama amblycephala*，blunt snout bream）又称武昌鱼，属硬骨鱼纲、鲤形目、鲤科、鳊亚科，鲂属。

（1）品种特征　团头鲂头短小，吻短而圆钝，体高而侧扁，长菱形，体被较大圆鳞，体背侧灰黑色，体侧银灰色，体侧鳞片基部灰黑、边缘较淡，组成许多条纵纹（见图7-5）。团头鲂生长较快，抗病力强，已成为中国池塘和网箱养殖的主要鱼类之一。食用团头鲂的规格为250～400g，四季皆有。

图7-5　团头鲂

团头鲂是温水性鱼类，原产中国湖北省和江西省，以湖北鄂城县梁子湖产为多。因饲养性能优良，现已移殖到全国各地，以江苏南部、上海郊区养殖较多，是长江中下游的重要淡水经济鱼类。

（2）烹饪应用　团头鲂骨少肉多，肉质细腻，含脂量高，口味鲜美，为烹制美味佳肴的上乘原料。多以整形烹调，在鱼身两侧剞上刀纹后，以清蒸为佳，最能保持团头鲂本身所特有的鲜香醇厚滋味，还可红烧、干烧、油焖、油浸、干煎等多种烹法成菜，亦可做汤。除了整形烹调外，也可切割分档使用。适应于咸鲜、咸甜、椒麻、豉汁、五香、家常、麻辣等多种味型。菜式有"油焖武昌鱼""红烧武昌鱼"等。

湖北民间众多水产菜肴中，惟有团头鲂是"节菜""年菜"，烹法颇具特色，如"湖水煮湖鱼""鱼饭同锅蒸"，加之洗外不洗内，掏出内脏后立即烹调，因而格外鲜嫩香美。湖北烹调师还创制了"武昌鱼席"，编写了《武昌鱼菜谱》等。

　知识链接

武昌鱼的由来

20 世纪 50 年代初，我国鱼类学专家、华中农学院教授易伯鲁等通过对湖北原武昌县梁子湖所产鳊鱼进行观察、鉴别，发现了3个鱼种，即鳊亚科鳊属的长春鳊（*Parabramis pekinensis*，俗称"鳊鱼"）；鲌亚科鲂属的三角鲂（*Megalobrama terminalis*，俗称"鲂鱼"）

和团头鲂，前两种鱼广泛分布于全国各地江湖，惟团头鲂系梁子湖独有，故命名为"武昌鱼"。团头鲂肉质细嫩、腴美，脂肪丰富，胜于长春鳊和三角鲂。因三者特征极相似，民间并未将之严格分开，多混称为"鳊鱼"，且一年四季均为佳肴，故民俗有"春鲶夏鲤四季鳊"之说。

（四）鳜鱼

鳜鱼（*Siniperca* spp.）又称桂鱼、桂花鱼、鳌花、季花鱼等，属鲈形目、鮨科、鳜属鱼类，见图7-6。因其主产于中国，产量居世界之首，故又称中华鱼。为中国名贵淡水食用鱼，多用于筵席。

图7-6　鳜鱼

（1）品种特征　鳜属鱼类有翘嘴鳜（*S. chuatsi*）、大眼鳜（*S. kaneri*）、波纹鳜、斑鳜、暗鳜等品种，常见品种主要是翘嘴鳜。翘嘴鳜体较高而侧扁，背部隆起。口大，下颌长于上颌，头部具细鳞，背鳍前部为硬刺，后部为软鳍条。体浅黄绿色，腹部灰白色，体侧具不规则褐色纹条和斑块。一年四季均产，2~3月最肥美。食用鳜鱼的规格以750g为佳。

（2）烹饪应用　鳜鱼骨疏少刺，味道鲜美，肉质细嫩洁白，胶原蛋白质丰富。从肛门处割断直肠，用方头竹筷沿鳃口插入腹腔，绞拉出内脏，可保证鱼腹完整，清洗后即可供加工处理；也可整鱼出骨，既可保证鳜鱼整形，食之又无去骨刺之嫌，更可填入它料成菜。可割切解体加工成片、丝、丁、块、粒等使用，筵席制馔多用整形。鲜活入馔，最宜清蒸，以显其丰厚、肥嫩、腴美之特色，也可醋熘、红烧、干烧、火烤等。适合咸鲜、糖醋、五香、糟香、酱汁、茄汁、麻辣、酸辣等诸多味型。名菜有清蒸鳜鱼、叉烤鳜鱼、八宝鳜鱼、松鼠鳜鱼、白汁鳜鱼、龙须鳜鱼、牡丹鳜鱼、松籽鱼米、瓜姜鱼丝、鲜奶鱼馄饨等。安徽菜"腌鲜鳜鱼"系先经腌制，经发酵后蛋白质分解，虽出现臭味，也使呈鲜物质析出，烹制成菜反更鲜香，成为徽菜中名品。

鳜鱼脏杂中的幽门垂多而成簇，俗称"鳜鱼花"，是一种附生于鱼胃的可以帮助消化、输送养分的器官，为上等烹饪原料，可单独烹、炒、熘、烩成菜，清香扑鼻，软嫩滑脆，风味独特，应注意收集、利用，用于制作菜肴味清香、鲜脆可口。

（3）注意事项　鳜鱼的12根背鳍刺，3根臀鳍刺和2根腹鳍刺均有毒腺分布，若被刺后，可产生激烈疼痛，并发热，畏寒，为淡水刺毒鱼类中刺痛最严重者之一，加工时须注意。

（五）鲌鱼

鲌鱼又称白鱼、翘嘴鲌、白丝鱼等，是鲤形目、鲤科、鲌亚科、红鲌属（*Erythroculter*）和鲌属（*Culter*）鱼类的总称。产于江河湖泊的中型经济鱼类。

（1）品种特征　鲌属鱼类品种因地而异，常见的有翘嘴红鲌（*E. ilishaeformis*，见图7-7）、蒙古红鲌（*E. mongolicus*）、青梢红鲌（*E. dabryi*）和红鳍鲌（*Culter erythropterus*）。江苏太湖所产的鲌鱼以翘嘴红鲌产量最高，习称"太湖白鱼"，全身洁白，闪

图7-7　鲌鱼

着银光，体形狭长侧扁，口上翘，进入成熟期后，嘴上翘得更厉害，肉色也泛红，所以江南一带又俗称"翘嘴巴鱼"，为鲌亚科中最大的一种经济鱼类，常见为2～2.5kg，最大个体可达15kg。黑龙江省兴凯湖产的鲌鱼主要是"青梢红鲌"，常与乌苏里江的大马哈鱼、绥芬河的滩头鱼并称"边塞三珍"。

（2）烹饪应用　鲌鱼为上等淡水鱼类品种，鲜美肥腴，肉最细嫩，鳞下脂肪多，酷似鲥鱼，味可与江南四鳃鲈媲美，是太湖船宴必不可少的原料。食法以清蒸为佳，也可清炖、红烧、白汁、香糟煎或做成肉糜类菜肴。"糟煎鲌鱼"是江南经典家常鱼馔，将鲌鱼用香糟汁浸渍后用油煎至发黄，加黄酒略焖，再调味勾芡成菜，色泽微红，糟香透入。在兴凯湖沿岸，有湖水炖白鱼的吃法，其肉鲜嫩，其汤色白如乳，鲜美异常，还有一种传统吃法，把鲌鱼蒸熟出锅去骨刺，阴干两天，肉成丝状，食用时再放锅内蒸10min，有一种特殊风味，名曰"赛蟹肉"。

鲌鱼多细刺，有淡鲥鱼之称，取肉斩肉糜制馔亦佳。鲌鱼肉糜色泽洁白，细腻鲜嫩，可塑性强，为其他鱼种所不及。可加工成清汤鱼圆、宫灯鱼线、芙蓉鱼片、水晶鱼饼、松子鱼糕等，厨师以鲌鱼嫩肉，剔骨后充当蟹肉，以咸鸭蛋黄充当蟹黄，制成蟹馔，几能以假乱真。江南民间喜将鲌鱼腌后晒干蒸食，鱼香扑鼻，开人胃口。

（3）注意事项　鲌鱼以鲜用为上，冻品即失去嫩滑特色，尤不宜蒸用。鲜鱼也不易保存，稍见陈变，肉质变软且离刺，食用品质降低。

（六）长吻鮠

长吻鮠（*Leiocassis longirostris*），又称鮰鱼（江苏）、江团（四川）、习鱼（贵州）、肥沱（湖北）、回王鱼（安徽），为硬骨鱼纲、鲶形目、鲿科、鮠属鱼类。它是原产于我国长江水系的名贵无鳞鱼类，以嘉陵江产量较高，因肉质细嫩味鲜美闻名于世，但由于过度捕捞，造成资源的枯竭，野生鮰鱼已被国家列为珍稀保护动物，市售鮰鱼为人工驯化养殖品种。

（1）品种特征　长吻鮠身体呈纺锤形，头较小，吻尖而长，口下位，呈新月形。体表光滑无鳞，体色背部呈灰黑色，腹部呈灰白色，鳍为灰黑色，见图7-8。最大个体可达15kg，常见者多为2～4kg。其鱼鳔特别肥厚，可加工成珍贵的鱼肚。湖北石首市所产的鱼肚胶层厚，味纯正，色半透明，干制品的纹理与屹立在石首城里的笔架山酷似，由此得名"笔架鱼肚"。

图7-8　长吻鮠

（2）烹饪应用　长吻鮠肉厚刺少，质地肥腴，肉白如脂，具有鲜、嫩、滑、爽、糯等特点，因富含脂肪和胶原蛋白，易使汤汁奶白浓稠（红烧多为"自来芡"），为淡水鱼中的上品。长吻鮠入烹，视其大小，既可整形施以花刀后烹调，又可加工成段、块、条、片、丁等应用，由于长吻鮠组织结构疏松，成形时宜采用块形为佳，以利烹调时受热均匀，避免成熟后散碎而影响形态美观。多做主料单独成菜，也可辅以他料。长吻鮠突出的吻部最为丰腴，皮厚胶浓，可取多个单独成菜。烹法上，长江上游地区多清蒸、中游地区多红烧、下游地区多白煮，也可以炖、烩、汆等。如清蒸江团、红烧鮰鱼、白汁鮰鱼、粉蒸鮰鱼、笋烤鮰鱼等。武汉的"鮰鱼宴"颇具特色，曾获得第十四届中国厨师节"中国名宴"奖牌。

（3）注意事项 长吻鮠因其体黏多腥，烹制前须焯水处理后洗净供用。由于鮰鱼的背鳍刺和胸鳍刺有毒腺，人被刺伤后会发生疼痛、灼热，甚至发热，患处疼痛带痒，半小时至1h后方止。故在初加工时应小心。

（七）黄鳝

黄鳝（*Monopterus albus*，rice field eel）又称鳝鱼、长鱼等，为鱼纲、合鳃目、合鳃科、黄鳝亚科，我国特产的野生鱼类之一。

（1）品种特征 黄鳝属温热带的淡水底栖生活鱼类，喜栖息于泥质洞穴中。分布极为广泛，我国除青海、西藏、黑龙江、新疆以及南海诸岛少见外，其他地区均有分布，其中长江水域和珠江水域产量最大。

黄鳝体圆而细长，形状似蛇，见图7-9。体表光滑无鳞富含黏液。体色有青、黄两种。鳃严重退化，在水中不能单靠鳃完成呼吸，故常把头伸出水面呼吸，喉部显得特别膨大，能吞吸空气，借口腔及喉腔的肉壁表皮辅助呼吸，可适应缺氧的水体，且离水不易死亡。

图7-9 黄鳝

（2）烹饪应用 鳝鱼从鳝肉到鳝皮，从鳝肠到鳝血，从鳝头到鳝尾，皆可制馔；鳝骨也是良好的制汤原料。加工后的鳝鱼料适应各种烹调鱼品的方法。粗大活鳝鱼剖腹去杂切段后适于红烧、清蒸、煲汤，如"大烧马鞍桥""蒜子鳝筒煲""咸肉蒸鳝筒"等；活鳝出骨后的生鳝鱼肉加工成丝、片或花刀块，适宜干煸、爆炒、炸、炖制或烤制，如"生爆鳝片""干煸鳝鱼""炖生敲""油爆鳝球"等；活鳝水煮熟后去骨成熟鳝丝，适于炒、烩，或炸成脆鳝食用，如"炒软兜长鱼""梁溪脆鳝""清炒鳝糊"等。去肉的鱼骨可用于吊汤。烹调时宜加蒜瓣，成菜后宜加胡椒粉去腥增香。江苏淮安有"全鳝席"，鳝鱼菜品有100余款。

（3）营养保健 黄鳝是一种高蛋白质、低脂肪食品，肉味鲜美，在常见的淡水鱼中，黄鳝肉中钙和铁的含量居第一位，蛋白质含量位居第三，仅次于鲤鱼和青鱼。黄鳝还有很高的滋补药用价值，民间流传有"夏吃一条鳝，冬吃一枝参"的说法。现代医学研究认为，鳝肉中的"黄鳝鱼素"有显著的降血糖作用和调节血糖的生理功能，是糖尿病患者的理想食疗佳品。黄鳝富含维生素A，所以日本人称黄鳝为"眼药"。

（4）注意事项 社会上流传着"粗大的鳝鱼是避孕药催起来的""注射黄体酮能使鳝鱼长得又快又肥"的说法，其实这是没有根据的谣言。但要注意，切忌吃死黄鳝，因黄鳝死后，体内所含的组氨酸会很快被腐败菌分解转变为具有毒性的组胺，食后会引起食物中毒。此外爆炒鳝丝或鳝片，要烧熟煮透，防止一种名为颌口线虫的囊蚴寄生虫感染。

（八）银鱼

银鱼（salangids）为银鱼科鱼类的总称，俗称"面丈鱼""面条鱼"，起水即死，死后体洁白如银，因而得名。属硬骨鱼纲、鲑形目，淡水或河口中上层小型经济鱼类。银鱼是我国传统的席上珍馐，长江中、下游各大、中型湖泊均产，以太湖所产名闻遐迩，驰誉中外，为上品。与白虾、白鱼并称为"太湖三白"。

（1）品种特征 中国银鱼科鱼类有6属12种。经济价值较高的有：①太湖新银鱼

图7-10　银鱼

（*Neosalanx taihuensis*）又名"太湖短吻银鱼""小银鱼"（见图7-10）。个体小，一般体长53～73mm，最大达80mm左右。但繁殖力强，产量大，冻品主要出口日本。② 大银鱼（*Prolosalanx hyalocranius*）又称"吴王脍残鱼""玉筋鱼"，是银鱼中个体最大者。一般体长为20毫米以上，生殖群体体长为110～150mm。大银鱼目上有两黑点，小银鱼眼却是红色的。③ 间银鱼（*Hemisalanx prognathus*）等。银鱼一般体细长，前部圆筒形，后部略侧扁，形如玉簪。头平扁。吻尖或短钝。口裂宽。体光滑无鳞，仅雄鱼臀鳍上方具鳞。体透明，柔软，似无骨无肠，色泽似银。太湖银鱼捕捞汛期主要集中于每年5月中旬至6月中下旬，故有"五月枇杷黄，太湖银鱼肥"之说。

（2）烹饪应用　银鱼体形纤细，肉质细嫩，头骨细软，五脏俱小，可炸、炒、煎、塌、蒸和做汤羹。炒食，肥、香、鲜、嫩，佐以其他料，菜品随之变化，如"银鱼炒蛋""银鱼炒肉丝""银鱼藕丝"等；干炸银鱼色泽金黄，食之又松、又脆、又肥、又香，"松炸银鱼""椒盐银鱼"等也具特色。民间的吃法，则常是不开膛剖肚，只是将鲜鱼在沸水中烫一下捞出，即拌食下饭。以银鱼馅制成的饺子、馄饨、春卷等，甚有特色。银鱼出水即死，江南人多用大银鱼晒制成色、香、味经久不变的脯鲞，远携四方。

（3）营养保健　银鱼营养丰富，可食率100%。世界营养学界认为，银鱼不去鳍、骨，属于"整体性食物"，营养完全，利于增进免疫功能和长寿。日本人称之为"鱼参"。

二、海产鱼

中国海疆辽阔，纵跨渤海、黄海、东海和南海四大海域，管辖海域300万km²，蕴藏着丰富的海洋渔业资源。中国海洋鱼类有1700余种，经济鱼类约300种，其中最常见而产量较高的约有六七十种。海产鱼种类有冷水性鱼类、温水性鱼类、暖水性鱼类、大洋性长距离洄游鱼类、定居短距离鱼类等。

在中国沿岸和近海海域中，底层和近底层鱼类是最大的渔业资源类群，产量较高的鱼种有带鱼、马面鲀、大黄鱼、小黄鱼等。其次是中上层鱼类，广泛分布于黄海、东海和南海，产量较高的鱼种有太平洋鲱、日本鲭，蓝圆鲹、鳓鱼、银鲳、蓝点马鲛、竹筴鱼等。在海洋硬骨鱼类中，鲈形目鱼类占海产鱼种类总数一半以上，其余种类主要分布在鲱形目、鳗形目、鲽形目、鲀形目等。根据鱼肉色的不同，常将海产鱼分为红肉鱼类和白色鱼类，如金枪鱼、鲐鱼、沙丁鱼等鱼类由于肌红蛋白、细胞色素等色素蛋白的含量较高，肉色带红，属于红肉鱼类；鳕鱼、鲷鱼等游动范围小，肌肉中仅含少量色素蛋白，肉色近乎白色，属于白肉鱼类。

现选取鳐鱼、带鱼、大黄鱼、真鲷、大菱鲆、鳕鱼6种典型品种进行介绍。

（一）鳐鱼

鳐鱼（skates）是软骨鱼纲鳐形总目的总称，一群鳃孔腹位、尾部较粗大的板鳃鱼类。

广泛分布于大西洋、印度洋和太平洋各海区。

（1）品种特征　全世界有12科32属384种，中国产9科15属39种。常见品种有：分布于南海的尖齿锯鳐（*Pristis cuspidatus*）和许氏犁头鳐（*R hinobatos schlegeli*）、沿海均有分布的中国团扇鳐（*Platyrhina sinensis*，俗称"团扇""皮郎鼓"）、孔鳐（*Raja porosa*，俗称"老板鱼"）等，见图7-11。鳐鱼的共同特征为：内骨骼全由软骨组成，体多呈平扁形，口、鳃孔均腹位，尾延长，或呈鞭状。喷水孔发达，胸鳍与头侧相连成体盘，是主要行动器官。属兼捕型鱼类，其中鳐科产量大，也列入经济鱼类。

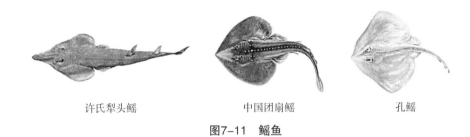

许氏犁头鳐　　　　中国团扇鳐　　　　孔鳐

图7-11　鳐鱼

（2）烹饪应用　鳐鱼肉质因种类不同而质量不同，以锯鳐科和犁头鳐科的肉质最佳，团扇鳐肉质较差，多制成盐干品。烹制取较长时间加热的烹调法为宜，可采用烧、焖、炖、炸等方法成菜。菜肴有家常焖老板鱼、侉炖鳐鱼、蒜泥拌鳐鱼等。

锯鳐和犁头鳐的皮可制作鱼皮，鳍可加工成鱼翅（广东称"群翅"），唇部可干制成鱼唇，头侧透明软骨可加工成明骨。

（3）注意事项　鳐鱼因其血液中含有较多的尿素，渗透压比海水高，能保持水分动态平衡，故有些鳐鱼的肉有尿素味，烹前应作脱氨处理，将肉切成块状，用开水烫一遍，再用5%的食醋水浸泡半小时，脱氨效果较好。烹调时可用食醋、柠檬酸或番茄汁来解尿素，同时还可提高肉的质量。

（二）带鱼

带鱼（*Trichiurus haumela*，hairtail），又称刀鱼（北方）、银刀（山东）、白带鱼（南方），属硬骨鱼纲、鲈形目、带鱼科、带鱼属，是暖温性近底层鱼类。中国的"四大海产"（大黄鱼、小黄鱼、带鱼、乌贼）之一。20世纪50年代后期，一直是中国产量最高的一个经济鱼种，由于鲜带鱼颇受推崇，经常用于筵宴，消费量大，导致渔捕量猛增，20世纪80年代以来资源渐趋恶化。

（1）品种特征　带鱼分布很广，我国以东海、黄海的分布密度为大，浙江嵊山渔场是带鱼的最大产地，其次是福建的闽东渔场。体延长而侧扁，呈带状，尾部似细鞭，背鳍长，无腹鳍，口大，下颌突出，牙齿发达尖锐。体表光滑，鳞退化成表皮银

图7-12　带鱼

膜，呈银白色，体长一般为60～120厘米（见图7-12）。喜微光，一般夜间上升至表层，白天下降至深层，有集群洄游习性。属肉食性鱼类，贪食性强，游动迅速，常伤害其他鱼

类，别名"净海龙"。

（2）烹饪应用　商品带鱼经过分拣，大致分为特级、优质、一般、次质四个等级，其中特级品要求体形完整、色光洁，鱼体硬而不弯，体重750克以上。带鱼为多脂鱼类，肉味鲜美，有"开春第一鲜"之誉。带鱼成型，宜段、条、块等较大形态。带鱼入馔，适应于咸鲜、咸甜、香甜、酸辣、麻辣、家常等多种味型。适于多种烹调方法，红烧带鱼，口味宜清淡更显其鲜美；清蒸带鱼，原汁原味，最能品出带鱼的"鲜"来；油炸、干煎等法也可品尝带鱼本味。因带鱼脂肪含量高，烹调时宜用冷水，热水烹调后的带鱼腥味较重，影响成菜口味。

除鲜食外，可加工成罐制品、鱼糜制品、腌制品和冷冻小包装。

（3）营养保健　带鱼鲜品营养丰富，每百克带鱼含脂肪 7.4g（不饱和脂肪酸为主），比一般鱼类含量都高，有降低胆固醇的作用。其体表覆盖的银白色脂质，可提取光鳞、海生汀、珍珠素、咖啡碱等供药用或工业用。故建议带鱼初加工，最好不要刮去银色体膜。中医学认为带鱼性甘、温，具有养肝止血的药效。

（三）大黄鱼

大黄鱼（*Pseudosciaena crocea*），又称大鲜、大黄花、桂花黄鱼，属硬骨鱼纲、鲈形目、石首鱼科、黄鱼属。为暖温性浅海近底层结群性洄游鱼类，我国捕捞大黄鱼已有1700年的历史，为我国重要经济鱼类之一，该鱼的种群资源量虽然较大，但近数十年来，由于捕捞过度，导致该鱼资源几乎陷于枯竭境地。

（1）品种特征　大黄鱼分布于中国黄海南部、福建和江浙沿海。体长而侧扁，尾部较细长，头大而钝，口裂大而倾斜，牙尖细，背鳍具一缺刻而分成2部，尾鳍稍呈楔形，侧线伸达尾鳍末断。体背侧黄褐色，腹侧金黄色，见图7-13。一般成鱼体长

图7-13　大黄鱼

30～40cm，大的个体体长达50cm，体重可达1.6kg。平时栖息较深海区，4～6月向近海洄游产卵，秋冬又回深海区。故大黄鱼被用作端午节前后的时品之一。为中国特产，虽洄游，但从不至其他国家海域，故又称家鱼。

（2）烹饪应用　海产鱼类中以黄鱼肉为最嫩，视为上等鱼品。初加工时可不开膛，用双筷绞出鳃及全部内脏，可保持鱼体完整。黄鱼头部含有丰富的黏液腔，腥味较重，烹前如撕去其头皮，可使腥味大减。其肉质细嫩呈蒜瓣状，味道鲜美清香。适宜于清蒸、清炖、干煎、油炸、红烧、红焖、醋熘、氽汤等多种烹调方法，可用五香、葱油、酱汁、红油、酸甜、酸辣、甜香、椒麻等多种味型。既可整条烹制，又可加工成段、块、条、片、丝、丁、粒，乃至出肉斩蓉应用。菜肴有红烧黄鱼、家常黄鱼、糖醋黄鱼、炸熘黄鱼、蛙式黄鱼、黄鱼羹、松子黄鱼球等。大黄鱼也可加工成黄鱼鲞，浙江所产最为知名。鱼鳔可干制成名贵的干货——鱼肚。

小黄鱼

小黄鱼（*Pseudosciaena polactis*）又称黄花鱼、小鲜（上海）、小黄瓜（福建），与大黄鱼同属石首鱼科，体形与色泽相像。它们的主要区别是：小黄鱼的鳞较大黄鱼大，刺多，而尾柄较短，此外，小黄鱼的鱼体较小，最大一般为35cm，重0.7kg。小黄鱼肉味鲜美近似大黄鱼。烹饪运用方法与大黄鱼类同。由于个体较小，其利用价值不及大黄鱼。

（3）营养保健　大黄鱼鲜品含17种氨基酸，是肿瘤患者理想的蛋白质补充剂。中医称黄花鱼为石首鱼，味甘性温，具有开胃益气的功效，对体质虚弱和中老年人有很好的补益作用。

（四）真鲷

真鲷（*Pagrosomus major*）又称加吉鱼、铜盆鱼、加拉鱼等，鲈形目、鲷科、真鲷属。中国近海均产，系名贵经济鱼类之一，历史上黄海、渤海区产量较高，后因滥捕，资源受到极大破坏，近年已开展人工养殖工作。

图7-14　真鲷

（1）品种特征　中国鲷科鱼类有9属14种（多称"加吉鱼"），真鲷是鲷科中经济价值较高的一种。体呈长椭圆形，侧扁。体长一般为16～60cm，体色鲜艳，呈淡红色，背部散布许多淡蓝色斑点，体被栉鳞，背鳍和臀鳍均具硬棘，尾鳍浅分叉，尾鳍后缘黑色，见图7-14。

（2）烹饪应用　真鲷肉质细嫩紧密，刺少而味美，富含脂肪，甚少鱼腥味，是上等食用鱼类。其头尤肥腴，颅腔内含有丰富的脂肪和胶质，民间素有"加吉头，鲅鱼尾，鳓鱼肚皮唇唇嘴"之说。其眼球大而多脂膏，山东沿海常以鱼眼奉贵客。因其有栉鳞保护鱼身，质量变化较慢。因其体形丰满，大小适中，常以整条上席，作为主菜；又因其名加吉，被视为吉祥象征，多用于喜庆筵席。成菜常用清蒸、清炖、干烧、红烧、白汁等法，也可用熘、烤等法。菜肴如清蒸加吉鱼、干烧加吉鱼、侉炖加吉鱼、清炖加吉鱼、烤加吉鱼等。山东长山列岛一带每年春汛期，以真鲷配香椿芽同烧，鲜香四溢。

（五）大菱鲆

大菱鲆（*Scophthalmus maximus*），俗称多宝鱼（英文名turbot的音译）、蝴蝶鱼、欧洲比目鱼，属硬骨鱼纲、鲽形目、鲆科、菱鲆属海洋底栖鱼类，原产于欧洲，是世界公认的优质比目鱼之一，在美国、日本、韩国等倍受消费者青睐。1992年从欧洲引进我国，现已成为我国北方沿海重要的养殖品种。

（1）品种特征　体扁平（形似牙鲆），外形呈菱形而又近似圆形，两眼位于头部左侧，有眼侧（背面）体色较深，呈棕褐色，又称沙色，并且可随环境和生理情况变化而出现深浅的改变，有眼侧看似无鳞，实际上被有少量角质鳞片，用手触摸略有粗糙感。无眼侧（腹面）光滑无鳞，呈白色，口大，吻短，口裂前上位，斜裂较大，上下颌较发达，对称，上颌骨较短，下颌骨稍长，并向前伸，头长为颌长的2倍，左右侧均具发达的颌齿，细而弯曲，背鳍、臀鳍和尾鳍均发达，并有软鳍膜相连，自然群体中最大个体体长超过1米，体重54kg；一般个体长0.4～0.5m，重5～6kg，见图7-15。

图7-15　大菱鲆

（2）烹饪应用　大菱鲆肉质细嫩而洁白，味美而丰腴，是高档的食用鱼类。烹制时适用多种烹调法，一般吃法是整条清蒸，也可红烧、清炖、油炸等。大者可切段、块，也可出肉供切成片、丝、丁、条等。清蒸多宝鱼，白色的腹部向上，为求快熟，以保其嫩滑，可以卷起来蒸。"堂灼多宝鱼"是将鱼改刀并拼摆装盘后，配上其他烫食原料和调好味的汤汁，待全部端上桌以后，再由客人自己拈起原料在沸腾的汤汁里涮烫，风味尤佳。

（3）注意事项　由于"多宝鱼"抗病能力较差，对养殖的环境条件要求非常严格，一些养殖者为降低养殖成本大量使用违禁药物，用来预防和治疗鱼病，导致"多宝鱼"体内药物残留严重超标。2006年11月，上海市查出人工养殖的"多宝鱼"含硝基呋喃类代谢物，部分样品还检出恩诺沙星、环丙沙星、氯霉素、孔雀石绿、红霉素等禁用鱼药残留。因此，选购时要注意识别。

（六）鳕鱼

鳕鱼类（cods）是鳕形目（Gadiformes）鱼类的总称，属硬骨鱼纲。为世界冷水性底层重要经济鱼类。其中太平洋鳕是中国北方重要经济鱼类之一，产量较高。

（1）品种特征　鳕鱼种类繁多，以太平洋鳕及狭鳕最为有名。太平洋鳕（*G. macrocephalus*），又名大头鳕、大口鱼，是冷水性底层鱼类，广泛分布于北太平洋，我国产于黄海和东海北部。体长，稍侧扁，尾部向后渐细。头大，下颌较上颌短。各鳍均无硬棘。鳞很小，侧线不明显。背部褐色或灰褐色，腹部白色，散有许多褐色斑点。体长一般20～70cm，也有长达1m的，见图7-16。

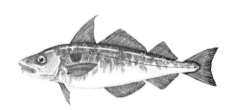

图7-16　鳕鱼

（2）烹饪应用　鳕鱼头大，内脏大，鱼肉色白细嫩，呈蒜瓣状，脂肪含量低，是代表性的白色肉鱼类。西餐常用鱼类之一，被许多国家作为主要食用鱼类。通常弃头，以鱼体用于烹制（现市售冷冻鳕鱼均已去头）。鲜食、腌制、熏制均可，最宜于红烧、红焖、清炖。菜式如香煎银鳕鱼、西芹鳕鱼、酸辣鳕鱼羹、西汁煎鱼脯、香炸银鳕鱼、乳酪烤鳕鱼、锅煽鳕鱼、炸咖喱鳕鱼等。冬季味佳，如系出水鲜品，用于清蒸，风味也很好。

（3）营养保健　鳕鱼营养丰富，含蛋白质、维生素A、维生素D、钙、镁、硒等营养素，肝含脂量高，富含维生素A、维生素D，可供提取鱼肝油。中医认为其可供治疗硬伤、瘀伤、脚气、咯血、溃疡、炎症等。煮食鳕鱼肉可治便秘。

三、洄游鱼

洄游是鱼类为寻找在生活的某一时期所需要的特定环境，最后返回出发地点的定期、定向、集群性的迁徙运动。如大、小黄鱼在生殖时期，由深海游向浅海和近海作产卵洄游。从烹饪原料分类的角度来看，某些洄游鱼品种既不属于淡水鱼，也不是海产鱼，如大麻哈鱼、鲑鱼、鲥鱼、刀鲚（俗称"长江刀鱼"）、凤鲚、前颌间银鱼、东方豚类等是在海洋中生活成长，溯河到淡水中产卵，被称为"溯河洄游鱼"；鳗鲡、松江鲈鱼是在淡水中生活成长，到海洋中产卵，被称为"降海洄游鱼"。由于长期过度捕捞，水质污染，兴建大型水利工程，影响了鱼类的洄游通道和产卵场所，一些经济价值高的鲥鱼、刀鱼、河鲀等濒临灭绝。现选取大麻哈鱼、鳗鲡、河鲀进行介绍。

（一）大麻哈鱼

大麻哈鱼又称大马哈鱼、鲑鱼、三文鱼等，属硬骨鱼纲、鲑形目、鲑科、鲑亚科、大麻哈鱼属（Oncorhynchus）。为名贵的冷水性经济鱼类之一，中国东北著名特产鱼类，由于滥捕，资源一度受损，20世纪50年代起放流大马哈鱼幼鱼，至90年代获得成功。

图7-17　大麻哈鱼

（1）品种特征　大麻哈鱼属有6种，产中国者有3种，在黑龙江、乌苏里江上溯有大麻哈鱼（O. keta）1种（见图7-17），在绥芬河、图们江上溯有大麻哈鱼及马苏大麻哈鱼（O. masou）、驼背大麻哈鱼（O. gorbuscha）3种。20世纪90年代，广州经香港引进加拿大所产的"三文鱼"（鲑类英文名salmon音译），是大麻哈鱼属的红大麻哈鱼（O. nerka）。大麻哈鱼体延长稍侧扁，头后逐渐隆起。口裂大，眼小，牙尖锐，背鳍、胸鳍和腹鳍较小，尾鳍呈叉形，背部近尾端有脂鳍。鳞细小，生活在海洋时体银白色，洄游入河不久色彩即非常鲜艳，背部与体侧先变为黄绿色，后渐暗至青黑色，腹部银白色。平时于海洋中生长，秋季生殖季节集群进入黑龙江、乌苏里江产卵，亲鱼在产卵后死亡。正如黑龙江渔民所说："海里生，江里死"。幼鱼在4～6月顺流而下，在河口中咸淡水区生活1个月后入海，至性成熟后又复归江河中产卵。

（2）烹饪应用　大麻哈鱼鱼肉呈橘红色或红玫瑰色，脂肪含量较高，质细嫩、味鲜美，可制作生鱼片，也可烧、煮、炖、蒸、焖，还可出肉制馅。其生产季节气温较高，过去鲜运不易，多经腌制加工，咸鱼肉质紧密，红润、细嫩，可切成段、块，清蒸供食，自动出油，食味清香；以之与豆腐同炖，是家常名食；或经熏、烤，也饶有风味。名菜有清蒸大麻哈鱼、清炖大麻哈鱼、豆瓣原汁大麻哈鱼、干烧大麻哈鱼等。大麻哈鱼的卵比一般鱼籽大得多，直径约7毫米，色红，大小如珍珠，晶莹透亮，常用来制作"红鱼籽"，为海味珍品，颇受欧美各国的欢迎。

（3）营养保健　大麻哈鱼的肉具有补虚劳、健脾胃、暖胃和中的功效，可以治水肿、消瘦、消化不良、胸闷胀饱、呕吐酸水、抽搐、肿疮等症。

（二）鳗鲡

鳗鲡（*Anguilla japonica*）又称鳗鱼、河鳗、白鳝、青鳝，一种降河洄游性鱼类，属硬骨鱼纲、鳗鲡目、鳗鲡科、鳗鲡属，为名贵的无鳞鱼。其苗种曾经作为走私品，十分昂贵。同属的另一种为花鳗鲡（*A. marmorata*），产于长江以南各通海河流的河口区域，也为名贵食用鱼。

图7-18 鳗鲡

（1）品种特征　鳗鲡体细长如蛇形，前段圆柱形，自肛门后渐侧扁，尾部细小，头尖长，眼很小，鳃孔小，背部灰褐色，腹部白色，见图7-18。最大个体长达60余厘米。每年春，大批幼鳗（又称白仔、鳗线）成群自大海进入江河，雌鳗甚至远至上游各水系，雄鳗则留在河口，各自生长发育。秋季雌鳗大批降河，与雄鳗会合后游至海洋繁殖。

（2）烹饪应用　鳗鲡肉富含胶质、脂肪，肉色洁白，肉质细嫩，入口肥糯。加工多切段，先以少量盐腌制（俗称"抱盐"），晾至半干，然后入烹。宜清蒸、清炖、红烧、红扒、红焖、煨煮等长时间加热的烹调方法；可剔骨后批片、切丝用于炒、熘、炸、烹、煎等法，更可取肉斩糜，制作鱼圆、鱼糕等，具有色泽洁白、肉质细嫩、黏性强、吸水性大等特点，还可将去骨鳗鱼肉调味后，入烤炉烤熟，鲜香酥脆，色味俱佳。名菜有黄焖鳗、红煨白鳝、滑炒鳗丝、油泡鳗球、豉汁蟠龙鳝等。鳗鱼经腌渍、风干，制作出来的腌腊制品干香清鲜，鲜咸入味，更受人们青睐。大型鳗鱼的鳔，还可制成名贵的鳗鱼肚。

（3）营养保健　鳗鲡富含多种营养成分，如富含钙质，对于预防骨质疏松症有一定的效果，肝脏含有丰富的维生素A，是夜盲患者的优良食品，尤其是其富含EPA、DHA、维生素E和牛磺酸等特殊营养素，具有补虚养血、祛湿、抗痨等功效，是久病、虚弱、贫血、肺结核等患者的良好营养品。自古以来，江苏、浙江一带将其列为上等鱼品；福建、广东、四川则视为高级滋补品，称之为"水中人参"。

（4）注意事项　鳗鲡血清有毒，除不吃生鱼和生饮鳗血外，口腔黏膜、眼黏膜和受伤手指均需避免接触鳗血，以免引起炎症。

 知识链接

海鳗

海鳗（*Muraenesox cinereus*）又称狼牙鳝、门鳝，属鳗形目、海鳗科、海鳗属鱼类，是与鳗鲡外形相似的海产经济鱼类。海鳗肉质细嫩，肉色洁白，鳔可做鱼肚，为名贵食品。除鲜销外，还可制成各种罐头或加工成晒干品鳗鱼鲞，是畅销食品。因含脂肪量高，干品易变质发黄，不宜久藏。

（三）河鲀

河鲀为硬骨鱼纲、鲀形目、鲀科、东方鲀属（*Takifugu*）鱼类的通称。因东方鲀体形似豚（见图7-19），又常在河口捕到，江苏沿江地区多称"河豚"，与鲥鱼、刀鱼并称为"长江三鲜"。20世纪90年代初，由于过度捕捞，长江水域污染，生态环境遭到破坏等，珍贵的野生河豚鱼逐年减少，特别是1995年后濒临绝迹。现多为人工养殖。

图7-19 河鲀

（1）品种特征 中国东方鲀属鱼类约15种，只有少数进入河流或定居湖泊。在江苏南京以下沿江各市县，尤以江阴附近及镇江一带捕捞的河豚鱼主要是暗纹东方鲀（*T. fasciatus*），定居在太湖的则是暗纹东方鲀和弓斑东方鲀（*Fugu ocellatus*），120g以下的河豚俗称"巴鱼"。暗纹东方鲀曾是长江下游的重要渔业对象之一，产量很大，具有相当的经济价值。体亚圆筒形，向后渐狭小，头部、体背及腹面均被小刺。皮肤棕褐色，体侧下方为黄色，腹部白色；背侧面有4～6条不明显的暗褐色横纹，横纹间还有3～5条白色狭纹。背鳍、胸鳍、臀鳍均为黄棕色，尾鳍后端灰褐色。食管扩大成气囊，遇敌害能使腹部膨大如球，浮于水面以自卫，离水吸气膨胀，发出咕咕之声。体长150～200mm，大者达300mm。

（2）烹饪应用 河豚肉味美之极而无芒刺，被誉为"三鲜"之冠，中国江阴、镇江等沿江居民有传统食用鲀类习惯，在江阴每年都要消费掉400～500吨河豚，并逐渐形成了一套烹食河豚的独特技术。整个烹制过程严格缜密而精细，在江阴由专职厨师加工的河豚肴馔有白汁河豚、红烧河豚、椒盐河豚鱼排、巴鱼汤、滑炒西施肝、河豚三鲜煲等。不过，河豚毕竟是剧毒鱼类，无把握者最好还是不要随便烹饪和乱食。在日本，河豚鱼肉由受过严格训练、考试合格的厨师加工成生鱼片，为价格昂贵的高档食品。

（3）营养保健 人工养殖无毒或微毒河豚的蛋白质含量高达17.71%，脂肪含量仅为0.62%，而不饱和脂肪酸含量超过20%。此外，还含有丰富的维生素B_1、维生素B_2及硒、锌等多种有益的微量元素。河豚毒素（tetrodotoxin）具有镇痛、镇痉、镇痒等多种功效，临床用于多种疾病，价格十分昂贵，国际市场上每克为18.5万美元，是黄金价格的3800倍。

（4）注意事项 河豚多数种类的内脏含有剧毒，毒性比氰化物还要强上275倍，人误食后会中毒，甚至身亡。因此，我国对食用河豚有规定，河豚必须经专人作严格的去毒处理，方可食用或加工，整鱼不得上市出售。人工养殖的河豚虽经过控毒处理和精心加工，但仍不排除中毒的危险。

第三节 鱼类制品及烹饪应用

一、鱼类制品概述

鱼类是易腐食品原料，通过各种加工处理后，可使鱼类成为具有保藏性、品种更多、用途更广、商品价值更高的食品和烹饪利用产品，满足各地人民的需要，特别是边疆、内地、高山军民的需要，丰富人民的饮食生活。根据中国早期文献的记载，在2000多年前已有干鱼和咸鱼制品的加工和出售。现代鱼类制品有腌制品、干制品、熏制品、鱼糜制品、冻制品、模拟食品等（表7-4），许多鱼类制品可直接食用，冻制品解冻后与鲜品使用大同小异，其中在烹饪中广泛使用的主要是干制品和腌制品。

表7-4 　　　　　　　　　　　　　　鱼类制品的种类及特点

种类	特点	实例
腌制品	使用食盐腌制，降低鱼类的水分活性，以防止细菌腐败的保藏加工制品	各种咸鱼、糟醉鱼等
干制品	利用自然热源太阳的热量或风力进行干燥或人工干燥的鱼制品	鱼翅、鳕鱼干、黄鱼鲞、龙头鳓等
熏制品	将鱼类先盐渍后熏干的加工制品，有一定的防止腐败变质和油烧的作用，还能使制品赋予特有风味和良好色泽	熏烟加工的鲱、鳕、鲑鳟等
鱼糜制品	将鱼肉绞碎，经调味、擂溃，成为稠而富有黏性的鱼肉糜，再做成一定形状后，进行加热处理而制成的食品	鱼圆、鱼糕、鱼香肠、鱼卷、鱼面、人造蟹虾肉等
冻制品	将鲜鱼或经过原料处理的鱼片、鱼段等放入冻结装置进行速冻，并放入-18℃以下的库内冷藏的加工制品	各种冻鱼
熟制品	有鱼糜制品、烘干制品、熏鱼、鱼松等产品	熏鱼、鱼松等
罐制品	以鱼类为原料，利用加工罐头食品的方法，来保持和提高鱼类的食用价值	分清蒸、调味、茄汁、油浸和鱼糜5类

二、烹饪中常用的鱼类制品

（一）鱼肚

鳔是鱼体比重的调节器官，通过鳔的收缩或膨胀，使鱼沉浮或保持静止状态。所有鱼类的鳔均可供食用或制鳔胶，鱼肚是用大型鱼类的鱼鳔干制而成的，如鲟鱼、鳇鱼、大黄鱼、鮸鱼、毛鲿鱼、海鳗等的鳔较为发达、鳔壁厚实，可做鱼肚。清代被列为"海八珍"之一，今多作筵席主菜或大菜。

（1）品种特征　鱼肚制品有10余种。因鱼种不同，鱼肚的形状、大小、色泽、质量也不相同（见图7-20）。现今国内市场所供应的鱼肚主要有黄唇肚、大黄鱼肚、毛鲿肚（有雌雄之分）、鮸鱼肚、鳗鱼肚、鮰鱼肚等，以黄唇肚质量最好，但产量稀少；以鳗鱼肚质量最差，其余各种鱼肚质量较好。鱼肚的质量以板片大、肚形平展整齐、厚而紧实、厚度均匀、色淡黄、洁净、有光泽、半透明者为佳。质量较差者片小，边缘不整齐，厚薄不均，色暗黄，无光泽，有斑块。

图7-20　干鱼肚

（2）烹饪应用　干鱼肚烹制前需涨发，可采用水发、油发等方法。一般肚形大而厚实或当补品吃的以水发为好，肚形小而薄或作菜肴者宜油发，因水发易致软烂，下锅后容易糊化，油发的鱼肚，密布大小不等的细气泡，呈海绵状体，烹制成菜后可饱吸鲜美汤汁，滋味醇美浓郁，口感膨松舒适，此是其特色。烹制时宜用扒、烧、炖、烩等烹调法，宜多带汤汁，以白扒、白烩为多见，因其自身无显味，如单用鱼肚一料成菜，必须用上汤调制，或先以上汤给鱼肚赋味后再用以成菜。如加配料，宜与鲜味浓郁的虾、蟹、鸡、鸭、火腿、干贝、鲍鱼、猪肘等配用，否则会因乏味而失败。鱼肚可制菜式很多，如鸡油扒广肚、蟹黄鱼肚、清汤八宝鱼肚等。作滋补品食用时，可将干鱼肚切成小块，加黄酒、冰糖隔水炖食。

（3）营养价值　鱼肚干品蛋白质含量可达78.2%～84.4%，主要成分为黏性胶体高级蛋白和黏多糖物质，具滋补功用。现代医学常作为治疗肺结核、神经衰弱、脉管炎、妇女经亏等症的辅助食品。

（二）其他海珍干品

其他海珍干制品有鱼皮、鱼唇、鱼骨（又称明骨、鱼脆）、鱼信（又称鱼筋）等，这些原料多用于筵席大菜。因自身不显味，烹制时需用鲜汤赋味，或与鲜味较足的原料配用，其来源和烹调应用见表7-5。

表7-5　　　　　　　　　　　　　　　其他传统海珍品

品种	来源	烹调应用	菜例
鱼皮	多用鲨鱼、鳐鱼背部厚皮制成的干品	经涨发后可采用烧、烩、扒、焖等方法成菜	如蟹黄鱼皮、鸡茸鱼皮、奶汤鱼皮等
鱼唇	用鳐鱼、魟鱼等软骨鱼的唇部加工而成的干品，以犁头鳐唇为最好	鱼唇经涨发后可用烧、扒、蒸、煮、烩等方法烹制，也可制作汤羹	如红烧鱼唇、白扒鱼唇、蟹黄扒鱼唇、烩唇丝、鸡茸鱼唇等
鱼骨	用姥鲨和鳐类的软骨以及鲟鱼和鳇鱼的软骨加工制成的干品	鱼骨经清水泡透，再加高汤蒸至回软，可烧、烩、煮、煨等制成带汤汁的菜肴	如烧鱼骨、清汤鱼骨、桂花鱼骨、明玉鱼骨、烩鱼骨肉丁等
鱼信	鲨鱼、鳐鱼、鲟鱼、鳇鱼等的脊髓的干制品	鱼信用水洗净后上笼蒸发。烹制一般制作汤菜，或带汤的菜式，可用烧、扒、烩、煮等	如芙蓉鱼信、三鲜鱼信、双冬扒鱼信等

（三）咸鱼

咸鱼是各种鱼类的腌制品，见图7-21。凡产鱼地区均产，以沿海产量为多，腌制方法有干腌法、湿腌法和混合腌法3种。

（1）品种特征　因产地不同、鱼种不同、生产季节不同，制作工艺也不尽相同。且因历史悠久、品类众多，名称很不一致，而且腌制品与腌干制品的名称时常混称。名品有：咸鲐鱼（主产北方沿海）、咸带鱼、咸鲱鱼、咸鲤鱼、咸青鱼等。

（2）烹饪应用　咸鱼通常须先以净水或淘米水浸泡脱盐后使用，多用蒸、烧等法成菜，同鲜鱼一样以葱、姜、酒等矫除腥味，然后按需要口味与菜式烹制。多数单独使用，也可与猪肉、豆腐等同烹。肉厚的咸鱼可于蒸煮后撕块撕条，供作小菜或冷碟，有的咸鱼可以直接烤食，用于下饭，有些咸鱼可以制油浸咸鱼。咸鱼类烹制时要稍加点糖，可矫除因久腌而产生的苦味。

图7-21　咸鱼

（3）注意事项　咸鱼因为含有一定量的盐分和较多的水分，不易保管，特别是高温盛暑季节，容易生蛆、腐臭变质，一般采取重新下池，用卤水贮藏保管的办法。用盐量的多少，是咸鱼质量好坏的关键。多脂的咸鱼要防止出现"油烧"现象（鱼体脂肪熔化外溢，被空气氧化所致）。

（四）干鱼

干鱼是多种鱼类的干制品，有晒干（风干）、烘干两种，见图7-22。干鱼和咸鱼的加工解决了鲜鱼生产的季节性和市场供应之间的矛盾，给市场增加了花样品种，调剂了淡、旺季余缺。

（1）品种特征　鱼的干制品按其干燥之前的预处理方法和干燥方法的不同可以分为淡干品、盐干品、煮熟干制品、冻干品等。常见有以下品种：

图7-22　干鱼

风鱼是经腌后风干的制品，以淡水鲤鱼、草鱼、青鱼制作为最佳，半月左右即可供食。

黄鱼鲞是由鲜大黄鱼经剖脊去内脏洗净用盐腌，加压，洗涤脱盐，晒干制成。主要产于浙江舟山、温州、福建宁德等地。

海蜓干是用鲜鳀鱼的幼鱼经盐水煮沸至熟后，晒至九成干即成。产地为浙江、福建、山东沿海等。

此外还有鳓鱼鲞、鳗鲞、鲨鱼干、劳子干（鳐鱼干）、乌狼鲞（河豚鱼干）、银鱼干等。

（2）烹饪应用　干鱼类泡发后，可如鲜鱼一样烹制成菜。可斩块用，多用蒸、烧、炖、烩等法成菜，同鲜鱼一样以葱、姜、酒等矫除腥味，然后按需要口味与菜式烹制，配料常用猪肉、豆腐、白菜、雪里蕻等，南方习惯用鲞片烧肉，其口味特殊。宁波有"白鲞烤肉"，湖北名菜有"风鱼烧肉"等。

（3）注意事项　干鱼制品在贮藏期间，产生油烧的速度较快，鱼体水分走失太多，会引起干缩，体不成形，外观难看，所以要防止油烧及干缩现象。必须放在干燥、阴凉和温度、湿度适宜的环境中，绝不能放在露天下被风攻、日晒。

（五）鱼卵

鱼卵（fish egg）又称鱼籽，是鱼卵的腌制品或干制品，最常见的加工产品是鱼卵盐藏（渍）品。鲱鱼卵、鲻鱼卵等多加工成干制品。鲟鱼卵、大麻哈鱼卵等为名贵食品。

（1）品种特征　鱼卵制品选用的鱼种有鲑、鳟、鲟、鳇、鲱、鳕及金枪鱼等。常见品种如下：

鲑鱼籽：鲑科鱼类（大麻哈鱼、虹鳟、哲罗鱼和细鳞鱼等）鱼卵的加工品。鲑鱼卵较鱼肉更为名贵，卵粒比一般鱼卵大，形似赤豆，直径约7毫米，色泽鲜红，故又称"红鱼籽"，呈半透明状，见图7-23。

鲟鱼籽：用鲟科鱼类鱼卵或鳇鱼卵加工的盐渍品，呈颗粒状，形似黑豆，包裹一层衣膜，外附着一薄层黏液，呈半透明状，黑褐色，故又称"黑鱼籽"。用鲟科鱼类鱼卵经腌制、密封、搅成稠糊状的产品称为鱼籽酱（caviar），有"黑黄金"之称，以产自里海（欧亚两洲的分界湖）的大白鲟（Beluga）的卵制成鱼籽酱品质最高。

鲱鱼籽：鲱鱼的鱼卵的盐渍品或干制品，体形较小，颜色泛青，故俗称"青鱼籽"。具有坚韧的齿感和沙粒样舌感

图7-23　鱼籽

的特殊风味，是日本人喜爱的食品。早期大多加工成干制品保藏，近年来利用冰箱保藏条件和鱼卵易脱盐回复的特点，加工或盐渍鲱鱼籽。中国20世纪70年代开始制成冻鲱鱼卵或盐渍鲜鱼籽出口日本。

鳕鱼籽：大头鳕或狭鳕鱼卵的盐渍品，为散粒状，其颜色红若枫叶，日本称为"红叶子"。朝鲜则在狭鳕卵中加入辣椒后盐藏，称为明太鱼籽。

（2）烹饪应用　鱼卵制品一般可用来生拌、烹炒、调汤、做鱼籽酱，涂夹于面包片、馒头片佐食。值得注意的是，鱼籽酱切忌不能与气味浓重的辅料（如洋葱或者柠檬）搭配食用，也不能使用银质的餐具，否则会破坏鱼籽酱的风味。

（3）营养价值　鱼卵制品美味可口，营养丰富，蛋白质、磷脂、维生素等的含量很高，蛋白质中含较多磷蛋白，必需氨基酸与非必需氨基酸的比率略高于鱼肉。鱼卵的脂质中约60%为磷脂，不饱和脂肪酸的含量也比较多，不皂化物大部分是胆固醇，含量少于鸡蛋黄。此外还含有多种色素，如胡萝卜素、叶黄素、虾青素等。

第四节　鱼类的品质检验与贮藏保鲜

鱼类的新鲜度越高，其风味和质量越好，因此，刚捕获的新鲜鱼是很受消费者欢迎的。鱼离水后很容易死亡，随着时间的延长，品质逐步降低，甚至出现腐败变质，既严重损害其感官形状，降低食用价值，又能破坏其营养成分，产生有害物质，影响人体健康。因此，对鱼类的品质检验与保管必须十分重视。

一、鱼类的鲜度变化

鱼体死后会发生一系列变化，大致分死后僵硬、解僵和自溶、细菌腐败3个阶段。与畜类相比，其肌肉组织的水分含量高，肌基质蛋白较少，脂肪含量低，死后的僵硬、解僵及自溶的进程快。

（一）死后僵硬

活鱼死后，由于所含成分的变化和酶的作用而引起肌肉收缩变硬，鱼体进入僵硬状态。其特征是肌肉缺乏弹性，如用手指压，指印不易凹下；手握鱼头，鱼尾不会下弯；口紧闭，鳃盖紧合，整个躯体挺直。此时鱼仍然是新鲜的，因此人们常常把死后僵硬作为判断鱼类鲜度良好的重要标志。

（二）解僵和自溶

鱼体僵硬持续一段时间后，又缓慢地解除，肌肉重新变得柔软，但失去了僵硬前的弹性，并使感官和商品质量下降，同时，肌肉中的蛋白质分解物和游离氨基酸增加，给鱼体鲜度质量带来各种感官、风味上的变化，其分解产物——氨基酸和低分子的氮化合物为细菌的生长繁殖创造了有利条件，因而加速了鱼体腐败的进程。

（三）细菌腐败

随着细菌繁殖数量的增多，鱼体的蛋白质、氨基酸及其他含氮物质被分解为氨（如鲨鱼、鳐鱼）、三甲胺（海鱼腥臭味的主要成分）、组胺、硫化氢、吲哚等腐败产物，使鱼体产生具有腐败特征的臭味，这种过程就是细菌腐败。当鱼肉腐败后，就完全失去食用价值，误食后还会引起食物中毒。各种腐败变质征象主要表现在鱼体表面、眼球、鳃、腹部、肌肉的色泽、组织状态以及气味等方面，见表7-6。

表7-6　　　　　　　　　　　鱼类腐败变质征象出现的原因

项目	腐败变质原因
体表变化	体表污染的细菌，在黏液中繁殖，使体表变得混浊，并产生异味
鱼鳞变化	侵入鱼皮的细菌，使固着鱼鳞的结缔组织发生分解，造成鱼鳞容易脱落
眼球变化	细菌从体表进入眼部组织，使固定眼球的结缔组织分解，因而眼球陷入眼窝，眼角膜变得混浊
鳃部变化	鱼死后，鱼鳃充血，在细菌酶的作用下，失去原有的鲜红色而逐步变成灰白色，并产生臭味
腹部变化	在肠内繁殖的细菌，穿过肠壁进入腹腔各组织，在细菌酶的作用下，蛋白质发生分解并产生气体，使腹腔膨胀甚至破裂，部分鱼肠可能从肛门脱出
肌肉变化	细菌进一步繁殖，逐渐侵入沿着脊骨行走的大血管，并引起溶血现象，把脊骨旁的肌肉染红，进一步可使脊骨上的肌肉脱落，形成骨肉分离的状态
气味变化	鱼体组织的蛋白质、氨基酸以及其他一些含氮物被细菌逐步分解为臭味成分

二、鱼类品质的感官鉴定

鱼类鲜度的变化，在不同程度上会影响它作为烹饪原料的质量。因而对鱼类在采购、贮藏、加工过程中的鲜度质量鉴定十分重要。在烹饪行业主要采用感官鉴定的方法来鉴别鱼类鲜度优劣，因它可以在现场进行，能较全面地直接反映鱼类鲜度质量的变化，是一种比较实用、快速的鉴定方法。

市场上出售的商品鱼有活鱼、鲜鱼（死鱼）和冻鱼三类。活鱼多为淡水鱼，其新鲜度高，风味和质量好，销售价格最高，也最受消费者青睐。但要注意鉴别受污染的活鱼（也包括死鱼）。被污染的鱼，一般形态不整齐，甚至畸形，鱼眼混浊无光泽，鱼鳃不光滑，较粗糙，呈暗红色，气味异常，根据污染物的不同，分别呈蒜味、氨味、煤油味、火药味等不正常的气味。冷冻鱼的质量好坏与冻前质量有密切关系，其新鲜度在解冻后容易鉴别。

鲜鱼是鱼类品质感官鉴定的重点，根据其鲜度的变化情况分为新鲜鱼、较新鲜鱼和不新鲜鱼三类。要正确鉴别鲜鱼的鲜度，必须要掌握不同鲜度的感官特征（表7-7）。

表7-7　　　　　　　　　　　鱼类不同鲜度的感官特征

项目	新鲜	较新鲜	不新鲜
体表	有透明黏液；鳞片完整有光泽，紧贴鱼体，不易脱落	黏液混浊，鳞片光泽较差，易脱落，有酸腥味	黏液污秽，鳞片暗淡无光易脱落，有腐臭味
眼球	眼球饱满，角膜透明清亮，有弹性	眼角膜起皱，稍变混浊	眼球凹陷，角膜混浊，虹膜和眼腔被血红素浸红
鳃部	鳃色鲜红，鳃丝清晰，黏液透明，无异味或海水味	鳃色变暗呈淡红、深红或紫红，黏液带有发酸气味或腥味	鳃色呈褐色、灰白色，黏液混浊，有酸臭、腥臭或陈腐味

续表

项目	新鲜	较新鲜	不新鲜
腹部	正常，无异味；肛门紧缩、清洁	轻微膨胀，肛门稍突出呈红色	松弛膨胀，有时破裂凹陷；肛门突出
肌肉	坚实有弹性，肌肉切面有光泽，不脱刺	稍松弛，弹性较差，切面无光泽，稍有脱刺	肌肉易与骨骼分离，内脏粘连
鱼体硬度	鱼体挺而不软，有弹性，手指压后凹陷立即消失	稍松软，手指压后凹陷不能立即消失	松软无弹性，指压凹陷不易消失

三、鱼类的贮存保鲜

鱼类捕获后，很少立即进行原料处理，而是带着易于腐败的内脏、鳃等运输、销售，细菌侵入鱼体机会增多，同时，鱼类除消化道外，鳃及体表也附有各种细菌，而体表的黏性物质更起到培养的作用，是细菌繁殖的好场所。因此，鱼类是最不容易保存的烹饪原料，特别是夏季，有些鱼类很难保存到1d以上。因此，鱼类保鲜是餐饮业很重要的问题。

（一）活养与运输

鱼类活养是餐饮业常用的方法。活的淡水鱼适于清水活养；部分海产鱼可采用海水活养，但因受地域限制运用较少。活养可使鱼类保持鲜活状态，又能减少其体内污物，减轻腥味。

市场采购的少量新鲜活鱼，可采用密封充氧运输，即以聚乙烯薄膜袋或硬质塑料桶作盛鱼容器。将水和鱼装入袋后充氧密封，用纸板盒包装。途中无需任何操作，可作货物托运。运输用水必须清新，运输中要防止破袋漏气。可使用双层袋，避免太阳曝晒和靠近高温处。

（二）低温保鲜

对已经死亡的各种鱼类，以低温保鲜为宜。低温的环境可延缓或抑制酶的作用和细菌繁殖，防止鱼的腐败变质，保持它的新鲜状态和品质，鱼体腐败与保藏温度的关系见图7-24。鱼类低温保鲜的方法主要有冰藏、冷海水保鲜、冷藏和冷冻等。餐饮业常用冷藏和冷冻保鲜。

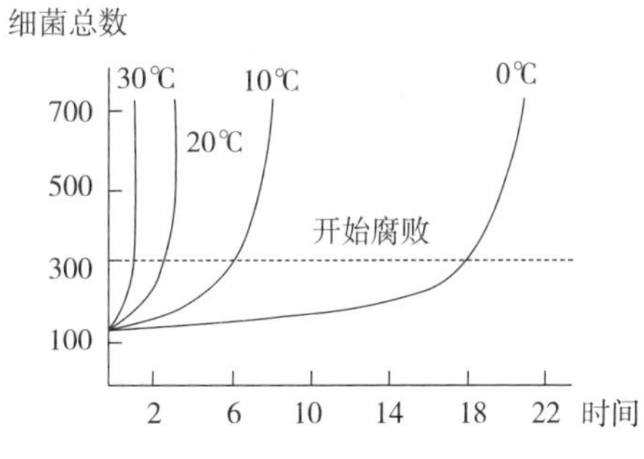

图7-24　鱼体腐败与保藏温度的关系

1. 冷藏保鲜

冷藏保鲜是将去净内脏的鲜鱼放在-3℃～-2℃的微冻温度环境下保藏。此法贮存期短，但对鱼类的质量影响较小。一般仅用于鱼类的暂时保鲜。

2. 冷冻保鲜

利用低温将鲜鱼中心温度降至-15℃以下，使鱼体组织水分绝大部分冻结，然后在-18℃以下进行贮藏。由于采用快速冻结方法，并在贮藏过程中保持恒定的低温，可在数月至接近1年的时间内有效地抑制微生物和酶类引起的腐败变质，使鱼体能长时间、较好地保持其原有的色香味和营养价值。

同步练习

一、填空题

1. 鱼类中的硬骨鱼纲辐鳍亚纲（共36目）是最有经济价值的一纲，约为世界渔产量90%，以_____目、_____目产量最高，其次为鲈形目、鲤形目、鲽形目。

2. 鱼肉中组成成分的含量范围大多是水分70%～85%、粗蛋白质_____，粗脂肪0.5%～10%，碳水化合物1%以下，无机盐1%～2%。

3. 中国东方鲀属鱼类约15种，在江苏南京以下沿江各市县，尤以江阴附近及镇江一带捕捞的河豚鱼主要是_____，曾是长江下游的重要渔业对象之一，现与刀鱼一样，已濒临绝迹。

4. 一般青皮红肉的鱼，如金枪鱼、鲭鱼、鲍鱼、沙丁鱼等，死后在常温下放置较长时间易受到含有组氨酸脱羧酶的微生物污染而形成_____。食用后可发生中毒现象。

5. 红色肉鱼类的肌肉以及白色肉鱼类的暗色肌，所呈红色主要由_____和毛细血管中的_____构成。

二、单项选择题

1. 江苏太湖所产的鲌鱼习称"太湖白鱼"，属于（   ）。
   A. 翘嘴红鲌　　　　　　　　　　B. 蒙古红鲌
   C. 青梢红鲌　　　　　　　　　　D. 红鳍鲌

2. 湖北石首市所产的"笔架鱼肚"纹理与石首城里的笔架山酷似，其来自于（   ）。
   A. 鮰鱼　　　　　　　　　　　　B. 鲟鱼
   C. 鳗鱼　　　　　　　　　　　　D. 鳇鱼

3. 鱼信是鲨鱼、鳐鱼、鲟鱼、鳇鱼等的（   ）干制品。
   A. 背部厚皮　　　　　　　　　　B. 唇部
   C. 软骨　　　　　　　　　　　　D. 脊髓

4. 用（   ）鱼卵经腌制、密封、搅成稠糊状的产品称为鱼籽酱（caviar），有"黑黄金"之称。
   A. 鲑科鱼类　　　　　　　　　　B. 鲟科鱼类
   C. 鲱鱼　　　　　　　　　　　　D. 大头鳕或狭鳕鱼卵

5. 海水鱼腐败臭气的主要成分为（   ）。
   A. 三甲胺　　　　　　　　　　　B. 氧化三甲胺
   C. 尿素　　　　　　　　　　　　D. 氨基戊醛和氨基戊酸

三、多项选择题

1. 下列属于鱼类的是（　　　）。

    A. 鱿鱼　　　　　　B. 海龙　　　　　　C. 文昌鱼

    D. 鳄鱼　　　　　　E. 海马

2. 根据脂肪的含量，鱼类可分为特多脂鱼、多脂鱼、中脂鱼、少脂鱼4类，下列鱼中属于少脂鱼的是（　　　）。

    A. 鳕鱼　　　　　　B. 八目鳗　　　　　C. 鲥鱼

    D. 带鱼　　　　　　E. 银鱼

3. 一般在鱼类肝脏中含量较多的是（　　　），可供作鱼肝油制剂。

    A. 维生素A　　　　B. B族维生素　　　　C. 维生素C

    D. 维生素D　　　　E. 维生素E

4. 中国"四大淡水名鱼"是（　　　）。

    A. 黄河鲤鱼　　　　B. 松江鲈鱼　　　　C. 兴凯湖白鱼

    D. 松花江鲑鱼　　　E. 松花江桂鱼

5. 中国传统的"四大经济海产鱼"是（　　　）。

    A. 大黄鱼　　　　　B. 小黄鱼　　　　　C. 带鱼

    D. 乌贼　　　　　　E. 鲳鱼

四、思考题

1. 举例说明某一地域（省、市或太湖流域、洞庭湖流域等）的特产鱼类及其烹饪应用。

2. 鱼类的化学成分与菜肴风味的形成有什么关系？

3. 从营养、卫生、风味3方面比较养殖鱼类与野生鱼类。

4. 鱼类新鲜度的变化是什么原因导致的？分析其变化过程。

五、案例分析题

案例一　揭开一氧化碳金枪鱼的养颜骗局

作为深海鱼类的一种，金枪鱼（见图7-25）主要依靠远洋捕捞供应。因为富含DHA（二十二碳六烯酸）、EPA（二十碳五烯酸）、蛋白质、维生素A、维生素D、维生素B_6、维生素B_{12}、脂肪酸等多种营养成分，金枪鱼在世界范围内被誉为"低热量、低脂肪、低胆固醇、高蛋白"的高级食品，价格不菲。根据品种、规格以及切割部位不同，每千克的售价可高达上千元，即便是超市里最便宜的小金枪鱼方块肉，每千克的价格也可以卖到80～200元。

除了身价高贵，金枪鱼还是一种难于保存的"娇贵"食品，对储藏的要求非常苛刻，只有在

图7-25　金枪鱼（东方蓝鳍鲔）

－60℃的超低温冷库中，才能保持正常的颜色和鲜美的肉味，否则，原本红宝石般艳丽的鱼肉颜色就会发生褐变，让人产生不新鲜的错觉，很难卖到一个好价钱。

可事实上，在市场流通领域，能够达到如此严格的储存环境者，可谓是凤毛麟角。不管是在水产市场还是大型超市，露天放置在冰块上的金枪鱼几乎随处可见。蹊跷的是，即使在这样简陋的储存条件下，金枪鱼还是能够照样保持鲜红、漂亮的色泽。

"驻颜有术的背后，其实是一氧化碳在起作用。"金枪鱼颜色的褐变，主要是因为鱼肉中特有的血红蛋白和肌红蛋白很容易与空气中的氧结合生成高铁氧化，如果利用高纯度的一氧化碳气体熏制鱼肉，就可以有效阻止这一现象的发生。用一氧化碳处理解冻后的金枪鱼肉，会呈现出漂亮的鲜红色，甚至比未处理过的颜色更佳，多数都高价卖到了星级饭店和大型超市。而这些经一氧化碳处理的金枪鱼，虽然保持了鱼肉的鲜艳色泽，但并不能延长肉质的保鲜期，鱼肉依然会随着时间的流逝而变质，而消费者很难用肉眼对此作出鉴别。

为了净化国内金枪鱼市场，2006年2月22日，国家农业部颁布出台了《生食金枪鱼》标准（SC/T3117—2006），自同年5月1日起正式实施。其中，最为引人注目的是关于"不应使用一氧化碳（CO）保色"的条款，按照标准要求，金枪鱼肉中的一氧化碳残留量不得超过200μg/kg。《生食金枪鱼》标准的出台实施，无疑是对我国相关加工方式的一次有力的整合，既为市场指出了加工方式的正确方向，又确保了产品价格体系的正确树立，为产业的净化升级提供了必需的基础。

资料来源：陈颖华. 揭开一氧化碳金枪鱼的养颜骗局[J]. 上海标准化：2007，04.

请根据以上案例，分析以下问题：

1. 一氧化碳处理的金枪鱼对人体有什么危害？
2. 如何鉴别一氧化碳处理的金枪鱼？

案例二　鱼翅与环保

鱼翅（shark's fin）是用软骨鱼类中的鲨类和鳐类等的鳍加工而成的干制品。据陈存仁《津津有味谭》记载，鱼翅的吃法是随三宝太监郑和下西洋的福建人引来的。中国人吃鱼翅有确切历史记载的是在明朝，明熹宗的常用食谱中就有一道用鱼翅、燕窝、鲜虾、蛤蜊等烩成的"一品锅"。李时珍在《本草纲目》中说鱼翅"味并肥美，南人（指福建人）珍之"。这些佐证了上述说法。中国人兴吃鱼翅之风则在清乾隆年间，鱼翅被列为"八珍"之一，官宦之家，豪门宴请，都少不了鱼翅佳肴。

大量食用鱼翅，以及由此带来的鱼翅巨大贸易量，是造成鲨鱼族群数量锐减的最主要原因之一。据悉，鲨鱼捕杀目前主要集中在日本、欧洲等国家和地区，而鱼翅消费则主要集中在中国香港、大陆和东南亚。渔民过度捕猎，导致双髻鲨等9种鲨鱼列入新增的濒临绝种名单。中国近年经济急速发展，增加了豪客们对鱼翅的需求，令鱼翅每千克的售价增至150英镑。加州海洋学家鲍姆指出，香港每年的鱼翅销量也达到2600万至7300万条。世界保育联盟（IUCN）发表的濒危鲨鱼名单，除了双髻鲨外，平双髻鲨、短鳍鲛鲨、大眼长尾鲨及小牙长尾鲨，将会被列为脆弱品种。而虎鲨、公牛鲨和黑鲨则属脆弱或濒临受威胁。至于丝鲨，也被列入濒受威胁之列。

图7-26 鱼翅

基于近年各界对生态环保的关注，共有91名会员的香港酒店业协会，目前正在商讨是否应呼吁同业将鱼翅从菜单中剔除。作为协会委员之一的香港香格里拉大酒店外籍总经理率先表示餐宴上不再供应鱼翅。刚开幕不久的香港迪士尼乐园本也在豪华宴席中提供3款不同的鱼翅菜谱，岂知餐单公布后即被欧美各地的环保人士群起攻之，更拟发起杯葛全球迪士尼乐园的行动，令乐园阵脚大乱，最终在菜谱中将鱼翅菜剔除，以炖汤、蟹黄及龙虾等菜式代替。

请根据以上案例，分析以下问题：

1. 中国历来视鱼翅为美味佳肴、滋补佳品，鱼翅真是一种高档的营养丰富的食品吗？

2. 从卫生、风味、环保的角度正确评价鱼翅。

实训项目

项 目：鱼类新鲜度的感官鉴别

实训目的
掌握鱼类新鲜度的感官鉴别方法。

实训方法

1. 准备材料
准备活鲫鱼1条，死鲫鱼1条（室温存放半天至一天），腐败鲫鱼1条，解剖刀1把，一次性乳胶手套数双。

2. 先观察不同新鲜度鱼体表、眼球、鳃部、鱼体硬度等情况，再剖开鱼，观察鱼的腹部、内脏、肌肉等情况。

实训要求：
根据观察结果填写表格，见表7-8。

表7–8　　　　　　　　　　　　　　　　鲫鱼不同鲜度的感官特征

项目	新鲜鲫鱼	较新鲜鲫鱼	腐败变质鲫鱼
体表			
眼球			
鳃部			
腹部			
肌肉			
鱼体硬度			

建议浏览网站及阅读书刊

[1] http://www.shuichan.com/（中国水产网）

[2] http://www.chinafishery.net/（中国水产品网）

[3] http://www.cappma.com/（中国渔网）

[4] 史正良. 巧烹淡水鱼. 沈阳：辽宁科学技术出版社，2003.

[5] 王振宇. 美味淡水鱼烹调600例. 上海：上海科学技术文献出版社，2004.

[6] 聂阳. 都市流行菜（淡水鱼类）. 合肥：安徽科学技术出版社，2005.

[7] 汤全明. 淡水鱼肴100味. 南京：江苏科学技术出版社，2006.

[8] 余阔. 鱼虾献宝——水产品的食疗方剂与药膳. 北京：人民军医出版社，2008.

参考文献

[1] 陆忠康. 简明中国水产养殖百科全书. 北京：中国农业出版社. 2001.

[2] 伍汉霖. 中国有毒及药用鱼类新志. 北京：中国农业出版社，2002.

[3] 赵宝丰. 海水鱼类制品（上）700例. 北京：科学技术文献出版社，2004.

[4] 赵宝丰. 淡水鱼类制品（下）848例. 北京：科学技术文献出版社，2004.

[5] 王清印等. 中国水产生物种质资源与利用（第1卷）. 北京：海洋出版社，2005.

[6] 刘红英等. 水产品加工与贮藏. 北京：化学工业出版社，2006.

[7] 熊善柏. 水产品保鲜储运与检验. 北京：化学工业出版社，2007.

[8] 林洪，江洁. 水产品营养与安全. 北京：化学工业出版社，2007.

[9] 中国水产学会. 常见水产品实用图谱. 北京：海洋出版社，2008.

第八章

其他水产

第一节　虾蟹类原料

虾蟹类广泛分布于海洋和淡水中，是甲壳类中经济价值较高的一个类群。虾和蟹的身体上都包裹着一层甲壳，称为外骨骼，虾的甲壳软而韧，蟹的甲壳坚而脆。它们一生中要蜕壳多次，否则会限制其身体的继续生长。虾的内脏少、肌肉多；蟹则相反，腹腔内容物多，肌肉少。虾蟹类由于肉味鲜美，又含有较高的营养价值，是人们十分喜爱的高档水产品。

一、虾类

虾类是甲壳动物十足目中体形延长、腹部发达、能作游泳或爬行活动的种类的统称。全世界的虾类约2000种，有经济价值的种类近400种。中国虾类栖息于南海的有200多种，东海有100多种，黄海和渤海有近60种，产量最大的是毛虾，其次是对虾。此外，黄海、渤海产的脊尾白虾和鹰爪虾，南海产的新对虾、仿对虾和龙虾都是重要经济种类。淡水虾的种类较少，有长臂虾科的青虾、罗氏沼虾（半淡水）、白虾等，还有螯虾类。

虾类肉色透明、肥嫩鲜美、营养丰富，是菜肴中的佳品，中小型对虾类和长臂虾类可煮熟后晒干去壳制成虾米，鲜虾经发酵能制成特殊风味的虾酱和虾油，特别是虾中珍品的对虾，更是我国出口创汇的名贵水产品。

 知识链接

节肢动物门中的烹饪原料

节肢动物门为无脊椎动物中最大的类群，食用价值较大。除甲壳纲外，还有昆虫纲、蛛形纲和肢口纲的部分动物。我国有100余种食用昆虫，如广东的"肉芽菜"，山东一带的糖醋蝉猴，江苏连云港的油炸豆虫等，云南傣乡还有"昆虫宴"。其中不少为营养珍品，有的昆虫具保健、治疗、滋补的作用，所以是一个值得开发的原料来源。蛛形纲蝎目中的钳蝎（*Buthus spp.*）营养价值高，且是一种传统的中药，可用于药膳菜品中。陕西厨师刘凤凯已开发出"蝎子宴"。肢口纲中有活化石之称的鲎（*Tachypleus tridentatus*）是节肢动物中体型最大的类群，近似蟹类，又名王蟹，因头、胸、甲为马蹄形，故又名马蹄蟹，明代就被当作海产食品，由于狂食滥捕，广西沿海地区的鲎资源受到影响。

（一）对虾

对虾（penaeus shrimps）又称明虾、大虾，是对虾总科的概称，属节肢动物门、甲壳纲、十足目、游泳亚目，海产经济虾类。"对虾"这个名称并不是因雌、雄虾相伴而得名，而是因为中国北方市场上，人们常以"一对"作为出售单位而流传下来。

（1）品种特征　对虾总科的种类有300多种，特别是对虾属中的28种，几乎全是捕捞和养殖的对象（见图8-1）。一般所指对虾为中国对虾（*penaeus chinensis*），主要产于黄海、渤海，是我国北部沿海特产之一。中国对虾个体较大，体形侧扁，甲壳薄，光滑透明，全身由20节组成，成熟雌虾平均体长18～19cm，体重75～85g，体色青蓝色，俗称"青虾"，雄虾平均体长14～15cm，体重30～40g，体色棕黄色，俗称"黄虾"。其生长迅速、繁殖力强，产量较高，渤海捕获季节为春秋两季，黄海最高年产量达5万t。与墨西哥棕虾、圭亚那白虾并称为"世界三大名虾"。

图8-1　对虾

中国沿海产对虾20余种，常见者9种，除中国对虾外，还有长毛对虾、墨吉对虾、日本对虾、短沟对虾、斑节对虾、新对虾、鹰爪虾等，其中产于福建、台湾和广东沿海的斑节对虾（*penaeus monodon*），为对虾属中最大的一种，最大个体体重可达450g以上。中国沿海均产的鹰爪虾（*Trachypenaeus curvirostris*）是一种多年生小型经济虾类，年产量最高达万吨以上。中国已大力发展对虾人工养殖，养殖年产量大大超过自然海域的捕捞量，早已成为世界第一养殖大国。2005年全国对虾养殖产量达62.4万t左右。

（2）烹饪应用 对虾肉质细嫩而洁白，滋味鲜美，列为海产"八珍"之一。因其熟后通体橙红，弓腰长须，被日本人视为长寿吉祥之物，是佳节盛宴的必备美肴，在国内也是烹调许多高级名菜的主料。烹制方法有蒸煮、油爆、面拖、干烧等，可带壳，也可去壳；可整形，可开片，也可分头、身、尾等部位分别入烹。如红焖大虾、干烧明虾、熘虾段、琵琶大虾、炒虾仁等。对虾的干制品称为"大金钩"，鹰爪虾的干制品称为"金钩"或"海米"，均为上乘的海味品。

（3）营养保健 对虾属高蛋白、低脂肪食品。中医认为对虾味甘咸，性温，有补肾壮阳、健脾化痰、益气通乳等功效，对虾肉与其他药物配伍、煎服，对辅助治疗手足搐搦、皮肤溃疡、神经衰弱等症有一定疗效。

特别提示

基围虾是什么虾?

市场上有一种"基围虾"，常被误认为虾之一种。"基围"乃海边所挖的塘，可以按海潮涨落而引进与排出海水。在虾苗多时，随引潮而引入虾苗。养育成长后，开闸放水，闸口布网捕取的虾即称为"基围虾"。其虾种，因引入之虾苗而定，并非仅某一种。传统的基围虾仅指近缘新对虾和刀额新对虾。现在也包括以这种方式养殖的中国对虾、长毛对虾和墨吉对虾。

（二）沼虾

沼虾（freshwater shrimps）是甲壳纲、十足目、长臂虾科、沼虾属（*Macrobra chium*）的总称，温、热带淡水中重要的经济虾类。

（1）品种特征 中国的沼虾有20多种，其中以俗称"河虾"的日本沼虾（*M. nipponense*）遍布全国各地，是中国最重要的淡水食用虾，体形粗短、偏平，因额角基部两侧呈青蓝色并有棕绿色斑纹，故又称"青虾"（见图8-2）。太湖、洪泽湖、白洋淀、微山湖、鄱阳湖及洞庭湖等都是著名产区，产量十分丰富，总产量为淡水虾之冠。抱卵的青虾在渔业上称为"带子虾"，其味特别鲜美，颇受消费者青睐。分布于华南的海南沼虾（*M. hainanense*），个体比日本

图8-2 沼虾

沼虾略大，产量也高，此外，在各地山溪中常见的粗糙沼虾（*M. asperulum*）是山区的一种经济虾。分布于东南亚一带的罗氏沼虾（*M. rosenbergii*）是个体最大的沼虾，体长可达40cm，体重达600g，是世界最重要的淡水养殖种，现已在我国许多省市养殖。

（2）烹饪应用 沼虾生活力强，易保鲜，肉味美，烹熟后周身变红，色泽好，并且营养丰富，一年四季均可上市，是我国人民历来喜爱的风味水产品。鲜活沼虾以酒等调味料生焗，则为著名的"炝虾"，为淮扬菜所常用；沼虾剪去头部须、钳后，即可入烹，可炒

可爆，可炸可烹，成熟后，壳色红亮明快，如油爆虾、盐水虾等；挤出的虾肉又称虾仁、大玉，可制成清炒虾仁、碧螺虾仁、龙井虾仁等；挤虾仁时留下虾尾，炒炸后，虾仁洁白，虾尾红艳，称为"凤尾虾"；虾仁还可配多种荤素料炒制成菜，或炒做面食浇头，如杭州"虾爆鳝面"，又可用于盖浇饭；虾肉制成肉糜，可做点心馅料，如虾饺、虾肉馄饨等；又可制成虾丸、虾饼，能单独成菜，且是上等烩菜配料。挤虾仁留下之虾头、虾壳，经捣制成糊，以纱布挤出深藕色汁液，可用于制作"虾脑汤"或"虾脑豆腐"等，鲜美尤胜于虾肉。江苏苏州有用虾仁、虾脑加虾籽烩豆腐的"三虾豆腐"，风味甚佳。河虾肉干制后，为虾米中之"湖米"。虾卵干制后，为中国传统鲜味调味料"虾籽"。

（3）营养保健　有时沼虾常有肺吸虫囊蚴寄生，须加热至熟透食用，未经妥善处理，不可生食。中医认为河虾味甘，性温，入肝、肾经，具补肾、壮阳、通乳等功效。

（三）螯虾

螯虾属甲壳纲、十足目、蝲蛄科、螯虾属虾类，最常见的为克氏原螯虾（*Procambarus clarkii*），体似龙虾而小，故被误称为龙虾或小龙虾。真正的龙虾（lobster）是龙虾科、龙螯虾科、多螯虾科和蝉虾科四科甲壳动物的统称，如分布于东海、南海的中国龙虾（*Panulirus stimpsoni*）、锦绣龙虾（*P. ornatus*）。

欧美国家是淡水螯虾的主要消费国，法国菜中，经常有以淡水螯虾做原料的菜肴。瑞典更是淡水螯虾的狂热消费国，每年举行为期3周的螯虾节。淡水螯虾是江苏重要出口水产品之一，每年加工出口6000t左右，占全国出口总量的90%，江苏的"盱眙龙虾"最为有名，年产量可达5000t，现盱眙县已形成"龙虾"产业经济。

（1）品种特征　克氏原螯虾原产北美洲，是美国淡水虾类养殖的重要品种，1918年从美国引进日本，1929年从日本传入我国江苏，现主要分布在江苏、湖北、江西、安徽等长江中下游地区的江、河、湖泊等水体中，数量在6万t以上，成为我国淡水虾类中的重要资源。淡水螯虾体色红亮，甲壳很厚，体躯粗壮，头胸部很大呈卵圆形，颈沟很深，第一对螯足最发达，形似蟹螯，见图8-3。具有食性杂、繁殖力强、适应范围广、对环境条件要求低、生长快、抗病力强、成活率高等特点，通常打洞穴居于田畦和堤岸间，对农田水利有害。每年6～8月份，是捕捞和食用的最佳时机。近年在北京、南京、上海、苏州、无锡等城市大受欢迎，年消耗量在2～3万t，常处于供不应求的状态。

图8-3　螯虾

（2）烹饪应用　淡水螯虾可食部分较少，但肉质细腻味美，价格便宜，多用于家常菜品。一般多带壳烧、煮、卤制，剥壳食用。也可剥取虾仁，以其肉烹制成菜，肉质较河虾仁为老。还可剁成蓉泥后再次成形烹制成菜。盱眙县特有的菜肴"十三香龙虾"采用独特的十三香龙虾调料加工，味道独特，具有麻、辣、鲜、香的特点，余香不绝，回味无穷，屡食不厌，因而有相当强的市场占有率，深受广大食客的青睐。

（3）营养保健　淡水螯虾体内蛋白质含量较高，占总体的16%～20%，脂肪含量不到0.2%。锌、碘、硒等微量元素的含量要高于其他食品，肌纤维细嫩，易于消化吸收。从虾头和虾壳中提取的甲壳素，可以用于食品、化工、医药、农业、环保等领域，可以制作成保健品，具有提高人体免疫力以及抗癌的功效。

（4）注意事项 初加工时，要去掉附足及鳃等不干净的器官，在摘除中间一片尾叶时，要把相连在腹内的线肠也抽出来。螯虾常寄生肺吸虫囊蚴，所以制作任何螯虾菜肴都必须煮熟烧透，防止人感染肺吸虫病。专家建议，不宜食用太多。

（四）虾类制品

以虾类为原料的加工制品，主要包括虾类煮干品和调味品。

（1）品种特征 虾类制品的种类有虾米、虾皮、虾干、虾丸、虾酱等，见图8-4。

虾米　　　　　　　　虾皮　　　　　　　　海虾干　　　　　　　虾酱

图8-4　虾类制品

虾米：中型虾类煮干去头、壳的干制品。清末民初，虾米已被收作"海八珍"之一。有海米（海虾制作）、湖米（淡水虾制作）、金钩（体弯如钩）、开洋等不同的品种和名称。以白虾、鹰爪虾、赤虾等为原料，经水煮或蒸煮后烘干或晒干脱壳制成。以干燥完全、含盐量少、肉质饱满、呈暗红色、有光泽、大小均匀、脱壳完全者为优质品。中国沿海地区均有生产。

虾皮：以毛虾为原料煮熟干制而成。少数为生干制品，称为生晒虾皮。或加5%～10%的食盐，经短时间烫煮后烘干或晒干。优质品淡黄色，有光泽，含盐量少，无砂粒，肉质饱满。中国沿海盛产，数量大，味鲜美。因虾皮含钙量较高，为营养学界推荐给小儿和老人的补钙食品之一。

虾干：虾类加工制成的不脱壳干制品。以对虾制者称为对虾干。

虾丸（虾饼）：虾类肉的制品。用于制虾丸的虾类，包括海水虾与淡水虾中体型较大、可供出肉的品种。现制现烹成菜之外，也有批量制作供市售者。此类虾丸纯用虾肉，价格较贵。市场上虾丸有时兑入适量鱼肉，以降低成本，售价较平，但虾味稍逊。

虾酱：用一些小型虾类腌制而成的酱状制品或用各种对虾的头部腌制成的酱状制品（称为对虾头酱）。

（2）烹饪应用 虾米经过干制后，已经浓缩，肉质细致缜密，虾味浓郁醇厚而绵长，是制作菜肴的珍贵原料，具有很强的赋鲜性，故又可用作鲜味调味料，家常、筵席均常用。烹调前以开水浸泡或用凉开水加黄酒浸泡至软即可应用，泡用之水也可用于汤汁。可用于拌炝类或炒、爆类菜式，如海米芹菜、开洋冬瓜等。最宜用于汤水较宽的烧烩菜式，或长时间加热的煮煨菜式，使其呈鲜物质溶于汤中，以增强风味。尤其适用于自身无鲜味的原料，如鱼皮、鱼肚、蹄筋、白菜、冬瓜、豆腐等，只须加入少许，顿可鲜美诱人。菜式如虾米炖豆腐、金钩熬白菜、海米蹄筋等。此外，还可用于火锅；剁碎作馅料与拌菜的小料；制虾米辣酱等。

虾皮是大众化的烹调原料之一，家常运用也比较广泛。虾干最宜炖汤、烧菜，宜用于较长时间加热的菜品，风味醇厚。虾圆、虾饼是产虾地区所常取的菜品之一，多数用于烩菜，又常与海参、鱼肚、蹄筋等少味原料配用，起到赋鲜作用。虾酱可加油、葱、姜、酒调味，直接蒸制成小菜食用，又可用作赋鲜料与豆腐、蛋及一些蔬菜、肉类一同炒制或烧制成菜。

二、蟹类

蟹类是甲壳动物十足目爬行亚目短尾派的统称。世界蟹类有4500多种，中国有800多种，以海蟹为多，中国的经济食用蟹主要有三疣梭子蟹、远海梭子蟹、锯缘青蟹、红星梭子蟹、日本蟳（蟳）（Japanese stone crab，イシガニ）、锈斑蟳和淡水产的中华绒螯蟹等。目前青蟹的人工养殖已在广东、南海、台湾等省开始小面积进行，中华绒螯蟹的人工养殖已在沿海各省广泛开展。

蟹从外形看，坚甲利足，横行逞凶，第一个食蟹的人被称为勇士。然而蟹肉、蟹黄鲜嫩美味，不但具有独特风味，而且营养丰富，蛋白质含量为15%左右，脂肪含量较低，为2.6%～5.6%，碳水化合物含量为5%～8%，矿物质和维生素含量也很高，蟹除了蒸、糟、醉、腌外，还有炸蟹球、青蟹炒蛋、蟹粉菜心等有名佳肴和蟹粉小笼等各类点心。有"一盘蟹，顶桌菜"的民谚。直到今天，金秋时节，持蟹斗酒，赏菊吟诗还是人们一大享受。

（一）梭子蟹

梭子蟹属（*Portunus*）的总称，中国古称蝤蛑。属甲壳纲、十足目、梭子蟹科，是一群温、热带能游泳的经济蟹类。广泛分布于太平洋、大西洋和印度洋。中国群体数量以东海居首，南海次之，黄海、渤海最少。

（1）品种特征　中国沿海梭子蟹约有18种，经济价值高的有3种：① 三疣梭子蟹（*P. trituberculatus*），俗称抢蟹、海蟹，个体大，通常体宽近200mm，重约400g，背面呈茶绿色，螯足及游泳足呈蓝色，腹部为灰白色。头胸甲呈菱形，雄性腹部呈三角形，雌性腹部呈圆形，背面有3个疣状突起，故称三疣梭子蟹，中国南北沿海均产，为中国最重要的海产蟹，分布最广，产量最大；② 远海梭子蟹

图8-5　梭子蟹

（*P. pelaicus*），俗称花蟹，雄性深紫蓝色，雌性茶绿色，均带有不规则的浅蓝色及白色斑纹（见图8-5），图8-5没有特意指出是远海梭子蟹，一般体宽135～165mm，体重200～350g，产于台湾海峡和浙江、广东、广西沿海；③ 红星梭子蟹（*P. sanguinolentus*），俗称红星蟹，头胸甲光滑，后半部具3个并列的紫红色圆斑，故又称三眼蟹或三点蟹，一般体宽110～130mm，体重100～130g。福建以南各省均产。

（2）烹饪应用　冬季的梭子蟹肉肥膏满，壳薄肉实，水分含量少，俗称"膏蟹"，为

一年中最肥美的季节。洗刷干净后即可供用，烹调加工多取蒸、煮、炒、炖等，或出肉制成蟹粉供用。蒸法多用于手剥，可做酒菜，调以姜醋。蟹粉则可制成多种菜式。菜肴有炒海蟹、红烧梭子蟹、炸瓤海蟹盖、芙蓉蜻蛑、双味蜻蛑、韭菜炒蟹肉、梭子蟹肉蒸蛋、蟹肉豆腐羹等等。梭子蟹肉又可用于做馅料，制成包子、饺子、春卷、馄饨之类，或做瓤料制作各种瓤式菜品。梭子蟹又可制风蟹：洗净蒸熟，以绳系吊于阴凉通风处晾干，供需时食用，也可出肉后制成"蟹肉干"应用。蟹卵即蟹黄，可直接鲜食，如用于蒸鸡蛋，或制成其他菜式，又可捣制成"蟹酱"或干制成"蟹籽"，用作调味品。

（3）营养保健　梭子蟹营养丰富，其中，硒含量在虾蟹类中是最高的，在所有烹饪原料中，也属于高含量之列。中医认为梭子蟹味咸，性寒，无毒，具清热、散血、滋阴功效。

（4）注意事项　市场销售的梭子蟹一般为死蟹，其优劣取决于蟹的新鲜度与肥瘦，要注意鉴别。有些地方喜取极新鲜之梭子蟹斩块后，以调味料蘸食或拌食、炝食、渍食。生食虽肉特别嫩滑，得其原味，但卫生难以保证，必须慎之，以免感染疾病。

（二）中华绒螯蟹

中华绒螯蟹（*Eriocheir sinensis*）俗称河蟹、湖蟹、螃蟹、大闸蟹，属甲壳纲、十足目、方蟹科、绒螯蟹属。我国著名的淡水经济蟹，也是重要的出口创汇水产品。驰名中外的阳澄湖"清水大闸蟹"，每年有数百吨销往港澳地区。现中华绒螯蟹的人工养殖业蓬勃发展，前景十分广阔。

（1）品种特征　中华绒螯蟹原产中国东部，分布较广，北起辽河口，南至闽江口均有，以长江流域产量最大。有生殖洄游的习性，秋季性成熟的蟹自内陆水域向大海迁移，在咸淡水交界处交配、产卵。卵于翌年春末夏初孵化，发育成大眼幼体（蟹苗）后即溯江河而上，进入内陆水域生长育肥。中华绒螯蟹头胸部背面覆一背甲，俗称"蟹斗"，一般呈黄色或墨绿色，腹部为灰白色。第一对螯足称为蟹钳，成熟的雄性蟹螯足壮大，掌部绒毛浓密，由

图8-6　中华绒螯蟹

此得名（见图8-6）。成熟雌蟹的螯足略小，绒毛也较稀，是分辨中华绒螯蟹雌、雄较直观的特征，另雌蟹的腹部为圆形，称为"圆脐"；雄蟹的腹部为三角形，称为"尖脐"。中华绒螯蟹的足关节只能上下而不能前后移动，所以横向爬行，体重一般为100～200g。由于所产水域不同，有湖蟹（清水蟹）、江蟹（浑水蟹）、河蟹、溪蟹、沟蟹、坑蟹之分，近代著名医家施今墨嗜食蟹，将蟹的品质分为6等：湖蟹为一等；江蟹为二等；河蟹为三等；溪蟹为四等；沟蟹为五等；六等是海蟹。

（2）烹饪应用　农历九、十月间（生殖洄游季节）正是中华绒螯蟹黄满膏肥之际，民间流传"九月圆脐十月尖"的说法，道出了食用的最佳时节。以蟹入馔，带壳整蟹最宜清蒸，洗刷洁净的活蟹以草绳捆牢，大火蒸熟后佐以姜、醋剥食。熟蟹剥壳取出蟹肉、蟹黄或蟹膏（蟹肉和蟹黄合称蟹粉），经烹调入味后，如瓤入蟹壳上桌，谓"蟹斗菜"；单取成熟的蟹肉、蟹黄、蟹膏为料，更可烹制多种菜肴和点心，如炒蟹粉、葫芦虾蟹、蟹粉狮子头、蟹黄鱼肚、蟹炒面、蟹黄汤包等；还可熬制蟹油充当调味料，可供制蟹油豆腐、蟹

油菜心等。筵席蟹馔必须后上，否则易夺其后菜品之味。

（3）营养保健　中华绒螯蟹可食部分约占体重的1/3，含有蛋白质、脂肪、钙、磷、胡萝卜素、硫胺素、核黄素等，都高于一般水产品，且肉质鲜美超于一切荤食。据日本学者研究报道，蟹肉强烈的鲜味来自10余种游离氨基酸和钠离子、氯离子等。中医认为河蟹具有舒筋益气、理胃消食、通经络、散诸热、散瘀血之功效，对于损伤、腰腿酸痛和风湿性关节炎等疾病有一定的辅助疗效。但蟹肉性寒，不宜多食，脾胃虚寒者尤应注意。

（4）注意事项　大多数淡水蟹是肺吸虫主要的第二中间宿主，因此在加工品尝河蟹的美味时，要注意洗净、煮透，不吃死蟹、生蟹，不吃蟹胃、肠、鳃、心脏。吃时必蘸姜末醋汁来祛寒杀菌。

（三）蟹类制品

以蟹类为原料的加工制品，主要有醉蟹、蟹粉油、蟹肉干、蟹松、蟹酱等。

（1）品种特征　醉蟹是以鲜活的中华绒螯蟹（或溪蟹）为原料，经以酒为主要调味料腌制的产品，肉如嫩玉，黄似朱砂，咸甜适度，酒香浓郁，味道鲜美，是筵上高档冷菜，名品有安徽屯溪醉蟹、江苏兴化中庄醉蟹。将鲜活绒螯蟹制熟后，剥壳取蟹肉、蟹黄，与猪油一同入锅熬制，见蟹肉脱水收缩，即可离火倒入瓷钵或瓦罐自然冷却，即成"蟹粉油"，在绒螯蟹盛产季节，民间常采取此法以贮存蟹肉、蟹黄，以供长期使用。浙江舟山地区和广西北海地区的民间常用梭子蟹、青蟹、蟳等海产蟹类的肉与黄干制成"蟹肉干""蟹腿干"。梭子蟹类的肉也可干制成"蟹肉松"，"蟹酱"则是将梭子蟹类经粉碎后的腌渍制品，主产于广东汕头等地区。

（2）烹饪应用　醉蟹可直接作为冷菜食用，也可用作菜肴的配料，如醉蟹炖狮子头、醉蟹清炖鸡等。蟹粉油可用于烹制菜肴，如"蟹油豆腐羹"之类，除色泽美观外，还具蟹肉、蟹黄鲜美滋味，拨开油脂挖取沉底的蟹肉、蟹黄可用于烹制菜肴，还可用于面条类食品的汤中，可取香取鲜。蟹肉干、蟹腿干温水浸泡涨发后，可单独烹制成菜，与其他荤素各料组配制作烩菜，或配海珍品如鱼翅、海参、鱼皮、鱼肚等，并起赋鲜作用。蟹松味鲜美，蟹香浓郁，富有养分，易于消化，可直接食用，或用作冷盘与小菜。蟹酱咸而具蟹鲜味，可直接作为小菜，供下粥下饭。也用于蒸、烧、炒食。与鸡蛋或豆腐同蒸，是家常菜之所常见。也可与白菜或豆制品之类同烧，或与萝卜、土豆之类同炒，均为家常菜。

三、虾蟹类的品质检验

虾蟹类是容易变质的易腐食品，在加工之前，一定要把好原料的质量关，经过感官质量标准检验后，才可按加工的正常程序进行加工。

淡水虾蟹均以活者供市，其质量与出产的水域和上市季节有关。如阳澄湖大闸蟹以"青背""白肚""金爪""黄毛"为特征，"青背"指背壳灰中带青，有光泽，色泽鲜明；"白肚"为腹甲白中带青似玉，手感、光泽也如玉，此为清水育成，浑水蟹则毛糙晦暗而不如，"金爪"为螯、爪近似金黄色，"黄毛"为螯、爪上茸毛也为金黄如上等烟丝之色，不同于普通河蟹色为灰褐。这些特点使它赢得了"蟹中之王"的美名。除产地特征识别外，一般选蟹以蟹螯夹力大，翻转后能迅速翻回，腹甲色白而凸出，腿完整，饱满有力，爬得快，蟹壳有光泽，提起有重感，连续吐泡并有声音者为佳；否则为次品。凡肚脐变黑，蟹壳发黄，有腥臭味者质差。如短期贮藏，保其鲜活，可将其扎紧，装入草包，层层压实，勿使其动，置阴凉或低温处，可保存7～10d。

海产虾蟹除产地有鲜活外，一般均冰鲜或冻品销售，其优劣取决于海产虾蟹的新鲜度与肥瘦。在生产运输过程中如果保藏不好，容易失去原有的鲜度，变黑发红、腐败变质，从而降低产品的质量。因此，必须采取措施，做好保鲜工作，才能向消费者提供优质的虾蟹类的水产品。下面以对虾和梭子蟹为例说明海产虾蟹类原料鲜度的感官鉴定，见表8-1、表8-2。

表8-1   对虾的感官鉴定

检验方法	新鲜	不新鲜
看色泽 闻气味	色泽、气味正常，外壳有光泽，半透明，养殖虾体色呈青黑色，色素斑点清晰明显	外壳失去光泽，甲壳黑变较多，体色变红，有氨臭味，带头虾头部甲壳变红、变黑
摸虾体	虾体肉质坚密，有弹性，甲壳紧密附着虾体，带头虾头胸部和腹部联结膜不破裂	甲壳与虾体分离。虾肉组织松软，带头虾头胸部和腹部脱开

表8-2   梭子蟹的感官鉴定

检验方法	质量优等	质量劣等
掂分量	沉重的说明壮实，质量较好	手感发空的说明瘦弱，质量较差
看色泽	头胸甲背处呈茶绿色，腹部为灰白色，有光泽，蟹脚的上节与蟹背壳呈水平状的质量较好	凡甲壳为橙黄或红色，色暗无光泽，腹面中央沟出现灰褐色斑点和斑块，蟹脚松软张开的质量较差
摸蟹壳	感到粗糙喇手，手压腹面较坚实的是新鲜蟹	感到滑腻，有黏膜的是变质蟹
开脐盖	凡蟹黄或蟹膏凝聚成形的质量较好	若蟹黄或蟹膏不成形散开的则很有可能已经变质
拉腿螯	新鲜的海蟹螯足挺直，腿和螯关节有弹性，轻拉能回复	变质海蟹螯足与背面呈垂直状态，腿和螯关节无弹性，轻拉易脱落
闻蟹味	新鲜海蟹有腥味无臭味	变质海蟹有腥味臭味

第二节　软体贝类原料

贝类（shells）是软体动物门（Mollusca）的通称，因大多数种类具有石灰质贝壳，所以通称贝类。贝类分7个纲，约11.7万种，作为烹饪原料的主要是瓣鳃纲、腹足纲和头足纲动物。

一、瓣鳃类

瓣鳃纲动物的鳃呈瓣状，身体侧扁，有两枚贝壳，所以也称双壳纲，包括蚶科、扇贝科、贻贝科、珍珠贝科、牡蛎科、蛤蜊科、帘蛤、蚌科、竹蛏等，约有2万种，其中10%为淡水种类，有些种的数量极大，肉质鲜美，是海洋捕捞和浅海养殖的对象，如牡蛎、泥蚶、缢蛏、蛤仔被誉为中国传统的四大养殖贝类。瓣鳃纲原料以发达的足或发达的闭壳肌柱为食用部位，除鲜食外，还可干制、腌制或罐藏，产品有淡菜（贻贝干）、干贝（扇贝闭壳肌）、蚝豉（牡蛎干）、蛏干、蛤干、墨鱼干、乌贼蛋（乌贼的缠卵腺）和各种贝肉罐头。

当海洋局部条件适合浮游藻生长而超过正常数量时，海水被称为"赤潮"，在这种环境中生长的贝壳类生物，摄入有毒藻类并有效地浓缩了其所含的神经毒素，食后会引起中毒，对麻痹性中毒目前尚无有效的解毒剂。我国不断发现因误食有毒贝类导致的中毒事件。所以要注意食用的安全性。

（一）牡蛎

牡蛎属（Ostrea）贝类的通称，广东俗称"蚝"、北方俗称"海蛎子"。除极地和寒带外，世界各地沿海均产，目前全世界牡蛎的年产量超过100万t。

（1）品种特征　我国沿海牡蛎约有20多种，常见的有褶牡蛎、近江牡蛎、密鳞牡蛎和大连湾牡蛎，牡蛎已成为我国贝类养殖面积最大的品种（见图8-7）。中国牡蛎有许多名产，如广东广州湾"石门蚝"，深圳"沙井蚝"，海丰"高螺蚝"等，其中，沙井蚝以体大肉嫩肚薄而名更著，有"沙井蚝，玻璃肚"之誉。北方山东文登南海的西海庄，出产的蛎子因多随海水的涨退而滚动，故名"滚蛎"，汁多质嫩，味道鲜美。

图8-7　牡蛎

浅水牡蛎肉色雪白，外形略带椭圆，俗称"白肉"，每年冬春两季（1~4月），浅水牡蛎尚未产卵（俗称泻膏），其肉饱满肥美，肝糖含量多，且其体内的甜菜碱（三甲胺乙内脂）含量增加，鲜美度大有提高，是最佳食用时期，又以农历正月间所产为最好，故民谚有"冬至到清明，蚝肉亮晶晶""正月肥蚝甜白菜"之说。产卵以后，其肉水分增多，肉质瘦瘠，卖相不佳，食味也大减。深水牡蛎肉色微红，外形修长而扁，俗称"赤肉"，产卵在6月以后，故清明过后是食用佳期，有"寒食白肉，暑进赤肉"之谚。西方称牡蛎为"神赐魔食"，有"不带'R'字母的月份（指5、6、7、8四个月），不吃牡蛎"之说，此仅指"白肉"品。

（2）烹饪应用　牡蛎肉质细嫩肥润，因其所含游离谷氨酸多，故其鲜味较高，其汁尤为鲜爽。因其仅食硅藻类，肠胃较洁净，全体可食，无须摘拣。生食牡蛎为法国名菜之一，中国沿海一带常以盐将牡蛎肉稍腌后，拌、炝供食，山东胶东沿海民间则凿开一口，就壳连汁吮食。鲜牡蛎多数熟食，其肉冲洗干净后即可烹制。可作主配原料，以氽、炒、煎、烧、烤、熏、炸等多种方法成菜。可做冷菜、热菜、大菜、汤羹及火锅、馅料等。以之做汤，鲜美可口，色白如牛奶，故有"海底牛奶"之美称。名菜有清氽蛎子、炸蛎黄、炸芙蓉蚝、生炒明蚝、生煎牡蛎等。

牡蛎肉的干制品称为牡蛎干或蚝豉，近似淡菜，但较枯瘦，呈金黄色而有光泽，主产于广东、福建。生牡蛎肉直接晒干的称为"生蚝豉"，以色金黄、肉质饱满者为佳；牡蛎肉入沸水锅煮后捞出晒干为"熟蚝豉"，以色暗黄、形态饱满、有光泽者为佳。煮牡蛎肉的汤经浓缩后即为鲜味调味品"蚝油"。干制品多作配料和调味品使用。鲜品及其干品蚝豉和蚝油为我国传统的出口商品。

（3）营养保健　牡蛎肉南北所产营养成分高低有别，但含碘量远远高出牛乳和蛋黄；

含锌量之高，可为食物之冠；含有多种维生素及铁、铜、锰等微量元素；还含有海洋生物特有的多种活性物质及多种氨基酸。现代医学认为牡蛎肉具有降血压、滋阴养血、健身壮体、提高人体免疫力等多种药用价值。牡蛎是卫生部1987年颁布的第一批既是食物又是药物的品种之一。

（4）注意事项　一般深海无污染的鲜活牡蛎可少量生食。牡蛎能从污水中集聚病毒，受污染的牡蛎常含有"诺瓦克病毒"，这是一种高致病、传染性极强的肠胃病毒，人若生食能导致急性肠胃炎。2006年11～12月，日本共有35多万人感染了诺瓦克病毒。预防的办法就是不要生吃牡蛎等贝壳类海鲜。

（二）蚶类

蚶科贝类的统称。因壳上有自顶端发出的壳肋（如泥蚶18～20条，毛蚶30～34条，魁蚶44条），肋上有状如瓦楞的小结，因此俗称"瓦楞子"。

（1）品种特征　中国沿海分布的蚶类30余种，大多是经济品种，食用最多的是以下3种：

① 泥蚶（*Tegillarca granosa*），又名血蚶、珠蚶、血螺（海南）等，中国沿海均产，为主要经济贝类，商品规格每千克200粒以内，在冬季血液出现血红素是最佳收获季节，这时肉味尤美（见图8-8）。浙江乐清为"中国泥蚶之乡"，商品蚶年产量达2万t，年产值5亿元，已成为全国的泥蚶苗种中心和商品蚶集散地。

图8-8　泥蚶

② 毛蚶（*Scapharca subcrenata*），俗名毛蛤蜊、麻蚶、瓦垄子。是维生素B_{12}含量较高的食用贝类。成体壳长4～5cm，生活于浅海或稍有淡水流入的浅海泥沙中，产量最大，以中国渤海和东海近海较多。20世纪50～60年代，中国毛蚶资源丰富，产量较高，后因忽视资源保护和繁殖，致使蕴藏量大幅下降。

③ 魁蚶（*Scapharca broughtonii*），又称大毛蛤、赤贝（日本）、血贝。为大型蚶，大个体达250g，个别可达500g，肉质丰满，足肥大，血液红色，营养丰富，鲜脆味美。在日本视为佳肴，价格昂贵。主要分布在中国、日本和朝鲜沿海，辽宁省的大连湾产量较多。

中国蚶类名产有浙江宁波奉化蚶子，又称奉蚶（泥蚶），滋味鲜美冠于他地；海南琼山县曲口血蚶（泥蚶），十分肥美；福建则有云肖珠蚶。

（2）烹饪应用　蚶肉味鲜美，是我国著名的经济海产品之一。食前先用清水浸养半天，让它吐尽泥沙。用开水略烫或以小刀撬开蚶壳取肉再烹制。蚶肉色黄，斧足部为深黄色，味鲜美，其汁液也鲜，肉质一般腴滑而嫩，倘火候不当，即老韧难嚼。魁蚶是大型蚶，出肉率高，味鲜美。市销多鲜、冻净肉，即赤贝肉，鲜度极好的赤贝肉可用于火锅，也可以蘸芥末、醋等调料生吃，或与青、黄瓜等混炒，均别具风味。泥蚶均鲜销市场。蚶肉可炒、蒸、熘、烩、焖或氽汤而成菜。菜肴有芥末炝蚶肉、韭黄炒蚶肉、葱爆蚶肉、猪肉炖蚶肉、软炸蚶。生开蚶肉用刀背将斧足拍几下，破坏其肌纤维组织，可保持肉质细嫩，用于氽汤、制羹等。海南民间有以炭火烤食的"原味血蚶"。

（3）营养保健　蚶肉含有丰富的蛋白质和维生素B_{12}及其他微量元素，泥蚶含血红素，故具补血益气、滋补强壮之功用。

（4）注意事项　蚶肉加热如温度稍过、时间稍长，即老韧难消化，但加热时间都应在5min以上，忌生食，因为蚶是病原微生物、寄生虫的中间宿主。1988年上海甲型肝炎流行，主要原因是居民习惯生食已被甲肝病毒污染的毛蚶。实验研究表明，毛蚶可浓缩甲肝病毒29倍，并可在体内存活3个月之久。

（三）扇贝

扇贝属（*Chlamys*）贝类的总称。因其背壳似扇面而得名，见图8-9。

（1）品种特征　扇贝及近缘种达300余种，广布全世界。中国沿海有10余种，主要经济品种有：

① 栉孔扇贝（*C. farreri*），壳近圆形，壳面有放射肋，壳面颜色通常为紫褐色或淡褐色等，多变化。产于辽宁、山东沿岸，此种现已进行人工养殖。其生于壳中的巨大闭壳肌干制后即为名贵海产"干贝"。

图8-9　扇贝

② 华贵栉孔扇贝（*C. nobilis*），暖水性种类，分布于广东、海南等的沿海。闭壳肌也供制干贝。

③ 虾夷扇贝（*Patinopecten yessoensis*），冷水性种类，原产于日本和朝鲜，现已在山东、辽宁等北方沿海进行人工养殖。闭壳肌也供制干贝。

④ 海湾扇贝（*Argopecten irradians*），暖水性种类，1982年中国从美国引进，在辽宁、山东、浙江、福建沿海养殖。闭壳肌含水分较多，不宜加工成干贝。

⑤ 日本日月贝（*Amussium japonica*），因左边贝壳为淡玫瑰红，右边贝壳为白色而得名，主产于南海，在广东、广西沿海分布很广。闭壳肌的干制品可加工成"带子"，是广东等地有名的海珍品。

（2）烹饪应用　扇贝软体部分肥嫩鲜美，营养丰富，属高级水产品。扇贝肉体较小，惟闭壳肌粗大，可连壳入烹，将之连壳洗净，以小刀从足丝孔插入壳中，刀贴右壳将闭壳肌贴底切断，以氽烫或蒸法，至壳张开，原壳装盘，可浇汁也可另备味碟上席。常取出鲜闭壳肌等后供炒、爆、氽、熘等法成菜。菜式有鲜贝冬瓜球、八宝原壳鲜贝、油爆鲜贝、生炒鲜贝等。

（3）营养保健　每100g鲜栉孔扇贝中含有蛋白质11.1g、脂肪0.6g、钙142mg、磷132mg，还含有丰富的铁和锌，维生素B_{12}也十分丰富，是很好的营养补品。也有一定药用价值，扇贝韧带的浸出物可治癌症，卵巢提取物对白细胞病具有较好的疗效。

（四）文蛤

帘蛤科、文蛤属贝类文蛤（*Meretrix meretrix*），又称车螺、花蛤、黄蛤、海蛤、贵妃蚌，在台湾俗称蚶仔。我国滩涂传统养殖的主要贝类之一，具有面广量大，食物链短，养殖成本低，投资见效快等优点。也是我国大宗出口的鲜活水产品。

（1）品种特征　仅分布于日本、朝鲜和中国沿海。文蛤贝壳较大而厚，背缘略呈三角形，腹缘近圆形，两壳相等，前后不等。壳长略大于壳高，壳面光滑似釉（见图8-10）。

栖息于海水盐度较低的河口附近的沙质海底，从潮间带到十几米深的海底都有。它的自然资源丰富，在中国山东渤海湾、江苏东部沿海产量都很大，如东县为盛产区之一，南通烹饪界运用较多，成为著名地方风味特色，且誉之为"天下第一鲜"。

图8-10　文蛤

（2）烹饪应用　文蛤是蛤中上品，肉味美，常以氽、炒、爆、炖、煮方式成菜，菜品风味特别鲜美。文蛤入馔需先用刀挖出蛤肉，在水中清洗去沙。鲜活文蛤肉可直接用酒、酱腌后生食，炒文蛤肉则要将调味料与文蛤肉一并下大火热油锅，快速煸炒瞬间即成，鲜嫩无比，若加热时间稍长，则肉老味次。将文蛤肉切碎与猪肉、丝瓜末等同搅成蓉，用煎或烤法可做成"文蛤饼"；斩碎与其他佐料做成馅，装进文蛤双壳内煎后、焖或蒸成"元宝斩肉"，将文蛤肉装进文蛤单壳内，上烙盘加油烙制，非常鲜嫩。文蛤也可挂糊后炸而食之。又可用文蛤馅做烧麦、包子、饺子等点心。文蛤味极鲜，以之烹制成菜不需添加任何鲜味调味料。菜肴如文蛤狮子头、文蛤豆腐汤等。

可将鲜蛤煮熟后剥取蛤肉，干制成蛤蜊干，一般将蛤蜊和文蛤的干制品通称蛤蜊干，以体形大小均匀、肉饱满厚实、色棕红有光泽、干燥者为佳。常用作汤菜和炒菜中配料，提供鲜美的滋味，但鲜味不及鲜品。

（3）营养保健　文蛤软体部分含有大量的氨基酸、蛋白质和丰富的维生素，还含有一定量的多糖及核酸、矿物质和微量元素，深受消费者欢迎。特别是琥珀酸等含量较多，故其味鲜美，除营养价值外，文蛤肉具有抗突变、降血糖作用，文蛤多糖具有抗癌免疫活性。有资料表明，文蛤提取物对动物移植性肿瘤有抑制作用，还可用于牛磺酸的提取。

二、腹足类

腹足纲是软体动物中种类最多、变化最大的一纲，世界各地都有它们的踪迹，有的生活在深海、浅海或潮间带，有的生活在江河湖沼，也有的生活在草原、森林、沙漠或高山，其中约有50%为淡水和陆生种类。因足部非常发达，位于身体腹面，所以称为腹足纲；由于大多数种类有一螺旋形外壳，所以又称单壳纲。许多种类可作为烹饪原料运用，以其发达的足作为主要的食用部位，如海产皱纹盘鲍、杂色鲍、皱红螺、泥螺、瓜螺、角螺、扁玉螺等；淡水产的田螺、环棱螺；陆生的有非洲蜗牛、法国蜗牛等。

需要注意的是，有些种类是人畜寄生虫的中间宿主，如钉螺是日本血吸虫的中间宿主，椎实螺是肝片吸虫的中间宿主，扁卷螺是布氏姜片虫的中间宿主，为害人畜的健康。原产于南美亚马逊流域的大瓶螺（*Ampullaria gigas*），又称福寿螺，20世纪80年代初引入广东，由于过度繁殖，成为中国南方水域的一大患害。福寿螺还是一种人畜共患寄生虫病的中间宿主，每只福寿螺可寄生广州管原线幼虫多达3000～6000条。2006年，北京蜀国演义酒楼加工凉拌福寿螺肉，因未加热熟透，导致160名顾客患上"广州管圆线虫病"（脑膜炎的一种，严重者可致死）。

（一）鲍

腹足纲、鲍科、鲍属（*Haliotis*）贝类的总称，俗称鲍鱼。是一种可供食用和药用的珍贵海产贝类，在世界水产市场上视为海珍品。中国自古列入"八珍"之一。每年7~8月份水温升高，鲍鱼向浅海做繁殖性移动，称为"鲍鱼上床"，此时鲍鱼的肉足丰厚，最为肥美，是捕捉的好时期，渔谚有"七月流霞鲍鱼肥"之说。鲍鱼散居，捕捉时须潜入水底一个个寻找，捕捞困难，因此价格贵。

（1）品种特征　全世界鲍类有100多种，经济价值较高的有10多种。中国主要的经济鲍有：

① 北方的皱纹盘鲍（*H. discus hannai*），产于渤海、黄海，在国内鲍类中个体最大，占中国鲍总产量的70%以上，其肉质细嫩柔韧，口感上好，是我国各种鲍类中品质最好、价格最高、最受欢迎的种类。

② 南方的杂色鲍（*H. diversicolor*），体形为中小型，末端6~9个呼吸孔，所以又称九孔螺。由于其生长速度较快，养殖产量远超过皱纹盘鲍，其肉质口感、市场价格虽不及皱纹盘鲍，也是鲍中较好的品种，台湾及东南沿海出产较多。

图8-11　鲍

国外进口的鲍鱼多为干品，有产于日本青森县的日本网鲍；产于澳大利亚的澳洲网鲍；产于日本岩手县的吉品鲍（两头稍翘起，形似元宝）；产于日本青森县的窝麻鲍（又称禾麻鲍）；产于中东一带的中东鲍；产于菲律宾的苏洛鲍；产于越南的越南鲍鱼等。常按每500g的头数计算，如每500g窝麻鲍有40只上下；吉品鲍有30只上下；网鲍最大，有1~4只，以2只为最好，港谚有"有钱难买两头鲍"之说。

（2）烹饪应用　鲍的足部相当发达，肉质细嫩，味鲜美，被誉为海味之冠。鲜鲍鱼烹调，可与多种荤、素原料相配，适于爆、炒、烩、拌等烹调法，可得原汁鲜香，如扒原壳鲍鱼、红焖鲍鱼等。

干鲍肉质坚硬，且纹理紧密，浸发及制作过程复杂，涨发干鲍最佳的方法，就是利用沸水焖发。涨发后的鲍鱼，整体发软，肉质膨胀，通常会比原体积大一半左右，同时干制过程中所加入的盐分和石灰质都被抽取出来，而鲍鱼的味道没有流失。发制好后，制作菜肴，品种甚多，应用与鲜鲍鱼相同，但干鲍鱼的鲜香滋味浓醇，胜于鲜鲍。

（3）营养保健　杂色鲍食部每百克鲜品含蛋白质12.6g，脂肪0.8g，碳水化合物6.6g，钠2011.7mg，钙266mg，铁22mg，硒21.38μg；干品含蛋白质54.1g，脂肪5.6g，碳水化合物13.7g，钾366mg，钠2316.2mg，镁352mg，铁6.8mg，磷251mg，硒66.6μg。另含鲍灵素Ⅲ等，对抑制肿瘤有明显效果。中医认为鲍肉味咸性温，具有养血柔肝、行痹通络、滋阴清热等功效，是公认的保健美食。鲍的贝壳（中药称为石决明）有平肝明目功效，可以治疗眼疾。

（4）注意事项　因干鲍鱼是鲜鲍经煮熟后再干制的熟干品，原料中的蛋白质凝固变性，从而造成制品坚硬固结，复水性差。传统的涨发方法常用硼砂助发。硼砂具有增加食物韧性、脆度及改善食物保水性及膨胀等功能，但对人体健康的危害性很大，目前世界各国都已禁止使用，硼砂不允许作为食品添加使用。

（二）田螺

田螺科、圆田螺属（*Cipangopaludina*）动物。淡水螺类，群栖于江河、湖泊、池塘和水田中，以宽大的足匍匐于水草上或爬行于水底。对环境的适应性强，具有耐旱、耐寒的能力。肉可供人食用，也是鱼类的饵料或家畜家禽的饲料。

（1）品种特征 中国已知田螺科贝类有70余种，常见的有中国圆田螺（*C. chinensis*）和中华圆田螺（*C. cathayensis*）。中国圆田螺贝壳较大，成体高可达6cm左右，壳薄而坚固，圆锥形，有6~7层，壳面凸，螺旋部高起呈圆锥形，壳顶尖锐，体螺层膨大；贝壳表面光滑，具有明显而细密的生长线。壳面黄褐色或绿褐色。壳口呈卵圆形。足为肌肉质，甚发达，适于爬行。中国各淡水水域均有分布，见图8-12。产

图8-12 田螺

量大，以12月至次年2月间肉质最好。成螺肉味鲜美，营养价值高。在国内外市场上销售的食用田螺主要种类为中国圆田螺。中华圆田螺略小，成体高5cm左右，螺壳略显矮缩，余均与前者同。广泛分布于华北和黄河平原、长江流域等地，是我国常食的淡水螺之一。

（2）烹饪应用 在烹调前要用清水反复洗净，并用竹刷搅洗至污物去尽。再用清水养3~4d，每天换水几次，直至螺内的泥沙、粪便全部排净为止。田螺可食用部位是其足，肉中水分含量高，结缔组织多，故适合于快速加热烹调，质地才脆嫩。烹制时有整用、出肉两种。整用时剁去螺尾部2层左右，加香料卤煮后供做小吃"卤田螺"。出肉则可取螺肉批片炒食，如炒田螺、五香糟田螺、熘田螺片等，或剞花刀加配料制成"油爆螺球"等，又可批片汆热供拌、炝做凉菜；螺肉取出后与猪肉同剁成肉糜状，然后填至螺壳内，卤煮而成"田螺瓤肉"。用做汤菜料也可，如四川"竹荪响螺汤"。如加热时间稍长，即老而不堪咀嚼。一般调味厚重。

（3）营养保健 田螺肉味美，营养价值高。它含蛋白质、脂肪、碳水化合物、无机盐、维生素B_1和维生素B_2。螺肉还有利尿通便、消暑解渴及治黄疸等功用。

🔗 知识链接

蜗　牛

蜗牛为腹足纲、玛瑙螺科和蜗牛科部分贝类的通称。全球分布的陆生贝类，主要的食用品种有法国蜗牛、意大利庭园蜗牛、褐云玛瑙螺等。我国各地养殖的"白玉蜗牛"，为褐云玛瑙螺的变种。

中国古来即食用蜗牛。蜗牛入烹，可整用，也可经刀工处理后用。适于多种烹调法，包括烤、烙等法。可供制由冷菜至汤羹的各式菜品。如焗蜗牛、烙蜗牛、炸蜗牛等。蜗牛肉经加热后质地挺韧但仍柔嫩，颇堪咀嚼，入味后回味隽永。浙江杭州楼外楼曾研制出"蜗牛宴"。用制西餐，菜式也多。

三、头足类

头足类是软体动物中经济价值较高的种类，因足环列于头部前端而得名，全部为海产，以肥厚肌肉质的外套膜和发达的足作为食用部位。头足纲有43科146属600多种，具有经济价值的约70种，目前已开发的仅48种，集中捕捞的仅22种，因此头足类资源与出现衰退的经济鱼类相比，是一种具有较大潜力、开发前景良好的海洋渔业资源。

中国是世界上捕捞头足类的主要国家之一，近海的头足类资源丰富，包括乌贼科、枪乌贼科、柔鱼科及章鱼科，一般年产量达7~8万t，渔获量仅次于鱼类和虾蟹。东海和南海种类多，产量较大；黄海和渤海种类较少，产量小。中国近海资源种类主要有曼氏无针乌贼、中国枪乌贼、太平洋褶柔鱼、金乌贼等，见图8-13。

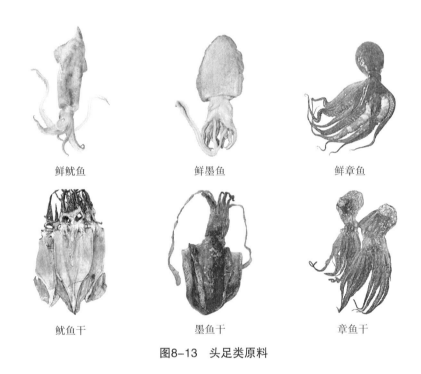

鲜鱿鱼　　　　　　　　鲜墨鱼　　　　　　　　鲜章鱼

鱿鱼干　　　　　　　　墨鱼干　　　　　　　　章鱼干

图8-13　头足类原料

头足类动物肉质肥厚细嫩，味道鲜美，含蛋白质丰富，100g鲜肉中含蛋白质16~17g，与一般经济鱼类的蛋白含量相近。枪乌贼和乌贼的鲜肉中还含有维生素A。头足类的干制品墨鱼干（乌贼）和鱿鱼干（枪乌贼）是重要的海味，在国内外市场上颇负盛名。墨鱼雌性腺制品称为乌鱼蛋，雄性腺干制品称为乌鱼穗，都是名贵食品。

（一）乌贼

乌贼也称墨鱼、墨斗鱼、花枝（粤港俗称），头足纲、乌贼目、乌贼科（Sepiidae）的总称。与大黄鱼、小黄鱼、带鱼并列为中国海洋四大经济海产。

（1）品种特征　中国构成主要捕捞对象的有东海的曼氏无针乌贼（*Sepiellamaindroni*）、黄海的金乌贼（*Sepiaesculenta*）和南海的虎斑乌贼（*S. pharaonis*）。其中以曼氏无针乌贼生殖群体密集，产量最大，年产量4~5万t，约占中国近海乌贼科总渔获量的80%，形成中国最重要的海洋渔业之一。金乌贼年产量约1万t。

乌贼体呈袋形，左右对称，背腹略扁平，侧缘绕以狭鳍。头足发达，腕5对，外套膜肌肉厚，雄体身上有各种斑点，雌体背上发黑。体内墨囊发达，在受到外界刺激时不断放墨，形成墨云，掩护自己急速退却而逃避，所以称为墨鱼，墨中含有生物碱，有麻痹动物嗅觉的作用。乌贼类体大肉肥厚，金乌贼活体呈黄褐色，最大胴长0.21m，最大体重可达2kg；曼氏无针乌贼最大胴长0.19m，最大体重0.7kg。

鲜品乌贼短期贮存宜冷藏。外表多呈青灰色和灰黑色，肉质洁白光亮。若体色转红，则质量下降。

（2）烹饪应用　乌贼类体大肉肥厚，可鲜食，也可干制或制罐。鲜品乌贼肉质柔韧肥美，色泽洁白，味道鲜美。加工时将其头、须与胴体分开，剥去胴内之皮，挤去两眼紫黑色液体和口中两片角质腭，抽去内壳与墨囊等，用清水冲洗干净即可改刀入烹。可切成墨鱼花、墨鱼卷、墨鱼丝，还可剁肉糜加工成小丸子等。适于爆、氽、烧、拌、卤、涮、烤等多种烹调方法，适用各种味型。菜品如爆乌花、熘墨鱼卷、铁板花枝卷（台湾）、卤鲜墨鱼等。

（3）营养保健　每100g鲜乌贼肉中含蛋白质13～17g，比一般贝类高1～2倍，与一般的经济鱼类蛋白质含量相近；所含的维生素A则是鱼肉中所缺少的，还有少量的钙、磷等。中医认为墨鱼具养血滋阴功效。内壳中药称为"海螵蛸"，是重要的中药原料，有收敛止血、涩精止带、敛疮功能，用于溃疡病、胃酸过多、吐血衄血等症，外治损伤出血、疮多脓汁。

（二）鱿鱼

一般将头足纲、枪形目（十腕目）、枪乌贼科（Loliginidae）和柔鱼科（Ommastrephidae）的种类通称为"鱿鱼"。

（1）品种特征　世界枪乌贼科约有50种，其中已成为捕捞对象的约16种；世界柔鱼科约有30种，已开发利用的约14种。中国近海枪乌贼类的主要捕捞对象有南海的中国枪乌贼（Loligochinensis）和黄海的日本枪乌贼（L. japonica），年渔获量为2～3万t；柔鱼类的传统捕捞对象是太平洋褶柔鱼（Todarodes pacificus），世界最高年渔获量曾获70万t，是经济头足类中产量最大的一种，我国分布于黄海北部和东海外海。枪乌贼体由头部、足部、胴部和内壳组成。体呈流线型，相对长度大，阻力小，加上端鳍的辅助推动作用，为头足类中游速最快的类型之一。内壳不发达，如一条细线。太平洋褶柔鱼胴部圆锥形，胴长为胴宽的4～5倍，两鳍相接略呈横菱形，胴背部、头部背面和无柄腕中央的色泽近于褐黑。已知成体最大胴长为300mm。枪乌贼类肉嫩味甜。柔鱼肉质较硬，经过干制、熏制或发酵加工后甚佳。

（2）烹饪应用　鱿鱼肉细嫩洁白，味道鲜美，质量上远超墨鱼，鱿鱼的可食部分达98%。鲜鱿鱼多取胴体肉加工成丝、片或花刀形，用大火热油爆炒成菜，或氽水后拌、炝成菜，成菜质感脆嫩。其头部经刀工处理后一般应用于烧、烩、氽、焖煮菜品中。菜肴有糖醋鱿鱼卷、炸鱿鱼圈、酸辣鱿鱼、铁板烧鱿鱼等。

（3）营养保健　每100g枪乌贼鲜肉含蛋白质约15g，维生素A的含量约为乌贼的1倍，肉质也较软嫩。其淡干品俗称"鱿鱼干"，肉质特佳，是海味中的珍品。柔鱼类蛋白质含量较高，每100g肉中含蛋白质15～18g，副产品的利用有用眼球提炼维生素B_1，用肝脏提炼鱼肝油，用其他内脏制作酱油等。干制品"柔鱼干"肉质略粗，在国际海味市场上次于鱿鱼干，被列为二级品。

四、软体动物制品

软体动物制品是用软体动物原料加工而成的制品。主要有：干贝、干鲍鱼、淡菜、蛤蜊干、蛏干、墨鱼干、鱿鱼干、章鱼干、蚝豉（牡蛎的干制品）、泥螺以及螟脯鲞（乌贼科动物的干制品）、墨鱼蛋（雌性乌贼的缠卵腺之腌干制品）、墨鱼穗（雄性乌贼的生殖腺的干制品）等。

（一）干贝

用瓣鳃纲原料扇贝、江瑶、日月贝的闭壳肌（贝柱）加工的煮干品。有时专指扇贝闭壳肌的干制品。制作干贝，每15～25kg鲜闭壳肌始可加工成500g干贝，故其价格昂贵，属高档原料，常用于高档筵席，因其味道特别鲜美，有"海味极品"之誉，且被列为"海八珍"之一。

（1）品种特征　供食用的贝类闭壳肌干品最常见的是干贝和江瑶柱。干贝为扇贝科贝类闭壳肌的干制品，鲜品即为鲜贝，干制后称为干贝，是所有闭壳肌中质量最好、应用最多的品种。江瑶柱为大型贝类江瑶科贝类闭壳肌的干制品，其后闭壳肌发达，约占体长1/4，体重1/5，其干制品较干贝为大，肌纤维较粗，风味也逊于干贝（见图8-14）。干贝只有一个柱心，江瑶柱有两个柱心。

图8-14　江瑶柱

商品干贝有日本产、越南产、中国产、朝鲜产四大类。质量鉴别分为3级，其中一级品标准为贝体大小均匀、完整、不破不碎，颜色淡黄稍白，有新鲜光泽，口味鲜淡，有甜味感，干度足，似带透明状，肉丝有韧性。

（2）烹饪应用　干贝因干制浓缩，风味尤鲜香浓烈。干品须经涨发后再烹调（多用蒸发），可整用，也可拆散用，烹制时以突出干贝鲜味为主，忌油腻。可作主料，如香酥干贝、葱油干贝等；捻之成丝可作滚粘料，如绣球干贝；或配鸡蛋制成芙蓉干贝；配蔬菜如炒苜蓿干贝、扒干贝冬瓜球、蒜子瑶柱脯等；可作鱼皮、鱼肚、蹄筋等本身味淡原料的增鲜，以及许多烧烩、清蒸等菜品的赋味之用，如干贝鱼肚、海参干贝之类。还可用于烩羹、炖汤、煲粥，均有特色。制汤时也可加入干贝，能较快呈鲜，且味道隽永。

（二）淡菜

淡菜为瓣鳃纲、贻贝科（Mytilidae）动物紫贻贝、厚壳贻贝和翡翠贻贝（俗称"青口"，是贻贝中味道最鲜美、质地最细嫩的一种）的淡干制品。

（1）品种特征　淡菜一般为煮干品，见图8-15。将鲜贻贝先烫煮开壳取肉，洗去肉上的黏液，晒干或烘干即成。煮贻贝的水经浓缩后可制成"淡菜油"。辽宁、山东、浙江、福建、广东沿海均产。

图8-15　淡菜

淡菜因产季、质量不同而分出以下品类：黄梅时所产的称为"梅淡"，身潮、色萎、多直形，带咸性，品质较差；6~8月加工者称为"伏淡"，色泽光亮，干燥适度，多呈扇形，品质优良；11月至翌年2月生产者为"冬淡、春淡"，产量不多；因天气不佳，在不易晒干中制成的称为"卤菜"，咸味，半干，味也很鲜美。淡菜质量一般分3个等级，其中一级品标准为：个大体肥，颜色红黄或黄白有光，贝体完整率达80%，干度足，口味鲜淡而稍甜，无杂物，无足丝，适于长期保管。

（2）烹饪应用　淡菜清香鲜美，四季常销，尤适于夏季，用作炎夏菜肴配料深受欢迎。用前须先洗去外部灰尘，用少量温水先予浸透，水不宜多，浸没为度。数小时后体已胀软，摘去体缝内足丝及杂质，洗净，捞入碗内，滗去水分，加黄酒浸润后，即可供入烹。浸泡淡菜的水或酒均应保留，一并用于菜肴。淡菜与冬瓜或瓠瓜、丝瓜一同作汤或烩菜，是夏令家常菜；也可以与咸肉同炖，与猪肉红烧，民间还常以之与排骨、蹄膀、鸡等一同烧制，或以之与萝卜、菜心、菜花、茭白同炒。菜肴有淡菜烩蹄筋、淡菜甲鱼汤、淡菜白蹄、淡菜豆瓣、贡淡嵌肉等。西餐菜肴如黄油淡菜、奶油淡菜蘑菇汤等。

（3）营养保健　贻贝肉味鲜美，营养丰富，素有"海中鸡蛋"之称。贻贝干含蛋白质59.1%，脂肪7.6%，碳水化合物13.4%，脂肪中有多量的7-脱氢胆固醇，在阳光或紫外线照射下可转化成维生素D，此外还有较多的钙、磷、铁与多种人体必需的氨基酸。

第三节　海参、海胆、海蜇类原料

海参、海胆属于海产的棘皮动物。现生棘皮动物分为5纲（海百合纲、海参纲、海星纲、海胆纲和蛇尾纲），约有5900种，可作为烹饪原料利用的主要是海参纲和海胆纲中的某些品种，海参的食用价值最大，且种类最多。腔肠动物是最原始的后生动物类群，因体内腔兼具消化和水流循环的功能而得名，有1万多种，绝大部分海产，作为烹饪原料的经济品种主要是海蜇。

一、海参

海参为棘皮动物门、海参纲（Holothuroidea）动物的概称。中国食用海参历史悠久，元朝时期，食书中就明列出海参条目，清代《随园食单》认为"海参无味之物，沙多气腥，最难讨好，然天性浓重，断不可以清汤煨也"，说明赋味的必要。清代后期被冠为"海八珍"之首，列为筵上珍品，《清稗类钞》中已有"海参席"。除中国外，东南亚一些国家也有食用的传统，西方人原来视为怪异而不食，现也从中国领略其风味，食者渐多，且自从其医疗保健的功用被报道后，对海参的重视程度正在逐步增强中。

（一）品种特征

海参纲动物有900多种，分布于中国海域的有120种，可供食用的有20多种，以南海所产品种最多。以黄海、渤海产的刺参和南海、西沙群岛产的梅花参最为名贵，有"北刺南梅"之说。一般习惯将商品海参分为两大类：一类为体表生有肉疣、管足者，多为黑色，概称为刺参；一类体表较光滑，多为白色、灰色，概称为光参（见图8-16），主要品种如下：

刺参　　　　　　　　　　梅花参　　　　　　光参（水发大乌参）

图8-16　海参

（1）仿刺参（*Apostichopus japonicus*）又称灰刺参、辽参等，是一种寒温带品种，体壁厚而软糯，为海参中质量最好的种类，被誉为"参中之冠"。分布于我国的山东、辽宁和河北沿海，产于黄渤海交汇处长山列岛的刺参历来为宫廷贡品。仿刺参以肉肥厚、刺多而挺、干燥的淡干品为好。水发涨性大，每500g可发3750～4000g。其生殖腺俗称"参花"，味甚鲜美，常经腌渍、发酵后制成参花酱而食用，非常名贵。

（2）梅花参（*Thelenota ananas*）为中国南海的食用海参中最好的一种，质仅次于仿刺参。形似长圆筒状，背面的肉刺像梅花瓣状，故名"梅花参"；又因为体形有点像菠萝，故又称"菠萝参"。海参纲中，数梅花参的个体最大，体长一般是60～70cm，最大者体长可达90～120cm，加工后的干品重可达500g，被称为"海参之王"。它产于南海东沙、西沙群岛和海南岛等地。干品体色纯黑，一只梅花参重量可达200余g，每500g干参水发后可出参2500g。

（3）黑乳参（*Holothuria nobilis*）又称大乌参、乌乳参、黑猪婆参，身体常具数个大的乳房状突起，故又称"乳房鱼"，海南岛渔民称为"乌尼参"，是一种著名的大型食用海参，在无刺参中，以黑乳参质量最佳。其体粗短呈圆筒状，一般长30cm，皮细为黑褐色，两侧及腹部为褐色，肉为青棕色或青色，呈半透明状，常带白斑，产于广西北海及西沙群岛、海南岛。以参体鼓壮、肉质肥厚坚实、质脆、平展无皱褶、刀口整齐、体内外均无残痕为上品，每500g干参经水发可出水参2750g。上海名菜"虾籽大乌参"和福建名菜"扒烧四宝开乌参"即以此所制。

选择干海参时，应以体形饱满、质重皮薄、肉壁肥厚，水发时涨性大、水发参率高、水发后糯而滑爽、有弹性、质细无沙粒者为好。

（二）烹饪应用

海参的食用部位是其体壁，烹调中多用干品。干品用前须经泡、煮等方式涨发，凡外皮坚硬厚实者，如克参、大乌参、白石参等，先用火将其外皮烤炙至焦黑发脆，用刀刮去焦皮层，再用热水涨发。

海参入烹，可作主料，配荤素各料，也可作辅料；可作热炒、大菜、汤羹菜。由于胶质重，多用扒、烧、烩、焖、蒸、煮等烹调方法，也可煨、煮和做汤成菜，宜于多种味型。因其自身无味，以其肉质细嫩柔糯、富有弹性、爽利滑润的口感取胜，烹制时虽可用咸鲜、酸辣、麻辣、酱汁、鱼香等味型，但必须注意和其他鲜香味原料合烹，否则仍然味差。可以整用，如虾籽大乌参，也可加工成段、条、块、片、丁应用。名菜有葱烧海参、家常海参、鸡米海参等。以海参作筵席头菜的称为"海参席"。

（三）营养保健

海参属高蛋白、低脂肪类食物，有很高的营养，素有"海中人参"之称，历来被认为是一种名贵滋补食品。干海参每100g含蛋白质50.2g，脂肪4.8g，碳水化合物4.5g，维生素A39mg，视黄醇当量39mg，镁1047mg，硒150μg，不含胆固醇。营养素中的镁、硒含量比较突出，海参中精氨酸最为丰富，号称"精氨酸大富翁"，精氨酸是构成男性精细胞的主要成分，又是合成人体胶原蛋白的主要原料，可促进机体细胞的再生和机体受损后的修复，还可以提高人体的免疫功能。除为佐膳佳品外，又有广泛的药用价值。自古以来，陆有人参，海有海参，两参几乎齐名。清代《本草纲目拾遗》载："海参性温补，足敌人参，故名海参。"近代海洋药物研究表明：海参提取物海参毒素可抑制多种霉菌的生长，从海参分离的甾苷海参素有抗原生动物的活性，海参黏多醣具有抗凝血、抗辐射、抗氧化、抗肿瘤四抗作用，硫酸软骨素利于延缓衰老，海参可用于辅助治疗肾虚、胃肠病、肺结核、再生障碍性贫血、糖尿病、癫痫、小儿麻痹和麻疹等疾病。由于刺参中的活性成分比较强烈，食用过多往往会出现鼻出血，这是其活血抗凝成分造成的，每日食用10～20g可达进补效果。

 知识链接

鲜活刺参冻干保藏法

传统的盐干海参在制作过程中要经过盐水煮1～2h，再干制，干品水发的时候再次焖煮数小时，损耗了大量的营养。应用现代食品加工的冻干技术保藏鲜活海参能克服传统弊端。

选取参体肥壮、肌肉厚实、肉刺挺拔的鲜刺参，清洗后，将鲜刺参快速预冻和真空低温升华干燥而成。冻干后的海参能够保留原鲜活刺参的完整的生物和化学结构及其活性，使其固体营养物质仍然保留在原鲜活刺参的位置，避免了传统加热等干燥方式引起的材料收缩，细胞破坏，而造成的营养流失和破坏，表面硬化等现象，且免煮免发，经简单的复水后其外观相貌与鲜活刺参相差不大。

（四）注意事项

某些新鲜的海参味苦涩，有些品种含有海参毒素，有较强的溶血作用，鲜食者处理不当可致中毒，须注意延长水洗与加热时间。干制的海参则较安全，其毒素经水煮、晒干，然后又经涨发、浸泡，多被溶释于水中。

二、海胆

海胆为棘皮动物门、海胆纲（Echinoidea）动物的统称，有坚硬的外壳，壳面上有许多细长或其他形状的棘，行走起来像刺猬，故有"海刺猬"之称。海胆是一种食用价值、药用价值都比较高的海洋经济生物，可食用部分主要是生殖腺，包括雌性的卵巢和雄性的精巢，俗称海胆黄，味道极其鲜美，口感独特，营养丰富。近年海胆人工育苗养殖成功，随着沿海海胆养殖业的兴旺发展，海胆产量日增，四季都有海胆上市，即使在内地，也可以在全年品尝到新鲜的海胆黄，对海胆食用、药用价值的研究也日益成为热点。

（一）品种特征

全世界海胆纲动物有800多种，我国沿海有100多种，其中绝大多数不能食用，尤其色彩斑斓的海胆，一般有毒。能食用而有增殖意义的只是少数大型的正形目海胆（Centrechinoidea）。在我国从北到南都有分布，以辽宁东、南部沿海、山东青岛沿海及福建省沿海产量较多。常见的经济海胆为以下3种：

图8-17　马粪海胆

（1）光棘球海胆（Strongylocentrotus nudus）　也称大连紫海胆，为我国北方沿海最主要的大型经济种类，分布在我国辽东、山东半岛的黄海一侧海域及渤海部分岛礁周围，在日本产量很高。

（2）紫海胆（Anthocidaris crassispina）　为暖海种，是中国东南沿海海胆中最重要的经济种类，产量很大，主要分布于浙江、福建、广东沿海，卵为制海胆酱的上等原料。壳可供药用或作肥料。

（3）马粪海胆（Hemicentrotus pulcherrimus）　为我国和日本沿海的特有种，中国最普通的海胆之一（见图8-17）。雌性生殖腺橙红色，雄性淡黄色，卵味鲜美，为制海胆酱的上等原料。壳可供药用或作肥料。

此外，我国沿海的细雕刻肋海胆、刻肋海胆、心形海胆、石笔海胆、虾夷海胆等的生殖腺也可食用。

（二）烹饪应用

海胆黄是一种上等的海鲜美味。选用生殖腺肥大丰满、接近成熟期、鲜活的可食用海胆。浅黄色和橙黄色的卵黄为上品，老龄海胆生殖腺呈褐色有苦味不宜选用。海胆周身长刺，初加工时应小心洗净其外壳的泥沙及藻类，再用剪刀或专用器具从海胆"步带"处撬开，在海胆半球形的壳内有5小块形似橘子瓣样的性腺团，占海胆全重的10%～15%，排列似五角星状，颗粒分明，用小匙仔细剜出卵块，放入清水中洗去海胆粪及杂质后即可供用，清洗时应注意保持卵块的完整。

新鲜的海胆黄色橙黄鲜亮，味甚鲜美，吃法多种多样，可生食、作汤、煎炒、制酱等。生食时，将洗净的卵块放入冰水加上柠檬、盐浸上10min后，再用芥末和酱油蘸食，软糯鲜香；可烹调成汤，如海胆芦笋汤、海胆黄蛋汤等。中国沿海渔民有采食鲜海胆黄的习惯，与鸡蛋一起炒食或作汤食，还有用海胆黄入馅，包馄饨和饺子。广东汕头一带民间常用海胆黄和面作糕，称为"石尖糕"，风味甚好。利用海胆卵汤泡面条，无需添加任何佐料，其味比鸡汤面还要鲜美。

（三）海胆制品

中国明代屠本畯在《闽中海错疏》中就有利用海胆膏（生殖腺）制酱的记载。日本则把海胆生殖腺及其加工制品视为最名贵、最美味的高档海产品之一，常作为云丹（最高级的鱼子酱）或寿司、刺生的顶级原料，价格不菲。常见的海胆生殖腺加工制品有盐渍海胆、海胆酱、冰鲜海胆和炼海胆等。

（1）盐渍海胆黄 以鲜活海胆的生殖腺经盐渍加工而成的海胆食品，要求尽可能不搅拌，保持海胆生殖腺的原有颗粒状态，2～5℃下可以贮存2～3个月，可供加工配制多种调味海胆食品用。日本人称腌渍海胆黄为酱粒海胆。

（2）海胆酱 又称酒精海胆，用鲜海胆生殖腺加酒精和食盐的发酵食品，此酱块形完整，醇香鲜美，是在盐渍海胆黄的基础上开发的产品，盐渍海胆黄很易因自溶酶作用而分解成稀酱状，添加适量酒精不仅阻止细菌的增殖，抑制异常发酵，还可减缓自溶酶的作用，防止贮藏过程中成分的变化。海胆的香气成分也可与酒精相互作用产生特有的芬芳气味，胡萝卜素类色素也因酒精作用成为鲜艳的红橙色，是中西餐的高档佐料。

（3）冰鲜海胆 鲜海胆生殖腺的冷冻品，将洗净的生殖腺置于不锈钢或塑料的小盘中冻结通过冷链运输、销售。

（4）炼海胆 海胆生殖腺与某些配料混合后经充分发酵的制品。前期加工与海胆酱相似，加入的配料有淀粉、砂糖、味精、酒精、色素、保水剂等，将其混合、捣溃后用充填机装瓶、密封。在日本有的还加入海蜇皮、鱼卵、鲍鱼、鱿鱼等辅料，制成风味各异的炼海胆，味美价高。

（四）营养保健

海胆的生殖腺有着生殖和储存营养双重作用，因此含有大量的蛋白质、种类齐全的氨基酸（以甘氨酸含量最丰富）、脂肪酸、碳水化合物、维生素A、维生素D及磷、铁、钙等营养成分，由于谷氨酸含量高达6%，海胆的味道也特别鲜美。此外，海胆的生殖腺中还含有一些特殊的生理活性物质，具有很高的医疗保健作用。研究表明，海胆含有40种以上的脂肪酸，其中二十烷酸（$C_{19}H_{39}COOH$）可占脂肪酸的30%以上，雄性的生殖腺尤多，而它是预防心血管疾病的有效成分；日本研究人员从海胆肠内提取了抗肿瘤的糖脂成分；海胆药用部位为全壳，壳呈石灰质，药材名为"海胆"，能治疗淋巴结核、胃及十二指肠溃疡等症。我国民间将其视作海味中的上等补品，素有吃海胆黄滋补强身的说法，称其能提神解乏、增强精力。由于海胆具有美味、营养、药用与滋补养生作用，因而国内外市场需求越来越多，开发应用前景极为广阔。

（五）注意事项

某些海胆（如深海紫海胆）的棘刺有毒，加工时要小心被蜇刺而引起中毒。海胆黄容易自溶，海胆捕捞出水后，在空气中放置半日至一日，海胆黄即可能发软变质，不能食用，所以，要么即时吃，要么放置在海水容器内保存，即食即取。为保证食用安全，生吃的海胆，除新鲜外，还必须采自洁净无污染的海域。需将颜色太深或有溃变现象的低质品除掉。

三、海蜇

海蜇属于腔肠动物门、钵水母纲、根口水母目、根口水母科、海蜇属，大型食用水母之一，因其口腕处有许多棒状和丝状触须，上有密集刺丝囊，能分泌毒液，蜇入皮肤，可引起刺痒和红肿而得名。主要产于中国沿海，朝鲜、日本远东水域有少量分布。

我国是世界上最早对食用水母进行开发利用的国家。早在晋代张华的《博物志》中就记有"东海有物，状如凝血，纵横数尺，名曰鲊鱼。无头目，无内脏。所处则虫虾时之，随其东西，人煮食之。"明代，渔家们就已经懂得用食盐、明矾腌制海蜇的方法。我国海蜇资源十分丰富，最高年产量可达6万余t。用盐、矾加工后的海蜇是风味独特的海产佳肴，除供应国内市场外，还出口日本、美国、德国、荷兰等国。近年来，海蜇身价倍增，在海内外筵席上深受青睐。但由于过度捕捞，导致海蜇资源量锐减，价格上涨。目前，南至福建、海南，北至山东、辽宁沿海，均已开展海蜇的人工育苗及养殖。

（一）品种特征

食用水母类有10多种，包括根口水母科的海蜇（*Rhopilema esculenta*）、黄斑海蜇（*R. hispidum*）和棒状海蜇（*R. rhopalophorum*）；口冠水母科的沙蜇（*Stomolophus meleagris*）；叶腕水母科的叶腕海蜇（*Lobonema smithi*）和拟叶腕海蜇（*Lobonemoides gracilis*）等。我国沿海渔业的重要捕捞对象为根口水母科的"海蜇"，全身呈胶质透明而黏滑，伞部隆起呈馒头状，伞径最大可达1m，为中国食用水母的主体，总产量占80%以上。中国近海北起鸭绿江口南至北部湾的广阔水域都有海蜇分布，资源量历史上一直以浙江近海最为丰厚。根据产期不同，海蜇分为梅蜇（夏至至大暑）、秋蜇（立秋至处暑）、白露蜇（白露至秋分）和寒蜇（寒露至霜降）四类；依产地不同分南蜇、北蜇和东蜇，南蜇又称粉蜇，浙江、福州沿海所产，产量高，质量好，为海蜇中的上品，浙江温州和江苏吕四产者为其中精品，多用于出口。北蜇和东蜇质量次之。

新鲜海蜇体内水分含量达95%以上，还含有毒胺及毒肽蛋白等有毒物质，须腌渍脱出大量水分，使毒性黏蛋白凝固脱除，同时使之收缩成适口的质感。夏季温度高，单用食盐腌制不足以迅速脱水阻止腐败变质，而在食盐中拌入一定比例的明矾则可加速脱水腌制。鲜蜇经3次盐矾加工即可，俗称三矾提干海蜇。拌明矾的作用主要是利用硫酸铝在水溶液中解离形成的弱酸性和三价铝离子，对鲜蜇体组织蛋白质有很强的凝固力，使组织收缩加速脱水。腌制后的伞体部分称为海蜇皮，以形状完整呈立体珊瑚状，颜色呈鲜润白色或淡黄色，肉质厚实均匀且有韧性的为好；口腕部分称为海蜇头，见图8-18，以呈白色、黄褐色或红琥珀色等自然色泽，有光泽，只形完整，无蜇须，肉质厚实有韧性，且口感松脆为优质品。

图8-18 海蜇（棉蜇头）

（二）烹饪应用

沿海居民有食用鲜海蜇的习惯，一般取鲜海蜇的伞部，刮净蜇血和黏膜，切成细长条后，用水冲洗数遍，海蜇条渐薄渐细，腥气渐无，变得清亮透明如上等粉丝，再用老醋、盐、味精、蒜泥、鲜辣酱、香菜及芝麻油拌匀便可食用，口感肥美脆嫩、清凉滑爽似凉粉。因鲜品含毒素，不宜久食也不宜多食。

烹饪中多用腌制品。用前须经清水浸泡（也可以80℃左右的热水速烫后再泡），至其脱净盐、矾，洗净泥沙杂质，海蜇皮撕净红皮，即可应用。由于有清脆、爽口的质地，多做凉拌菜，一般蜇头多批成薄片，蜇皮多直切成丝，再用调料拌作凉菜，也可配萝卜丝、黄瓜丝、莴笋丝、芹菜、金针菇等拌食，调味以糖醋、葱油为主。热菜可供炒、油汆、爆、炸、烧、烩等，也可作汤、羹，如韭黄蜇片、芙蓉蜇皮、炒什锦海蜇、海底松汤、鸡火蜇皮、虾仁珊瑚等。热炒时加热时间不宜太长。市场上有即食海蜇，开袋即可食用。

（三）营养保健

海蜇的可食部分主要为中胶质，营养成分中脂肪含量极低，其中腌制海蜇头含水分69%，蛋白质4.2%，灰分（钠、钙、镁、铁、锌、铜）26.1%；海蜇皮含水分67.9%，蛋白质5.7%，灰分24.9%。一般食盐含量18%～25%，明矾含量1.2%～2.2%。

中医认为海蜇具有清热化痰、消积润肠、降压消肿等功效，对气管炎、哮喘、高血压、胃溃疡等症均有辅助疗效。与尘埃接触较多的工作人员，常吃海蜇，可以去尘积、清肠胃，保障身体健康。中医有治高血压之"雪羹汤"，即以海蜇、荸荠煮汤频饮，可治高血压。现代医学研究表明，海蜇的提取液可治疗原发性高血压。

（四）注意事项

新鲜海蜇的刺丝囊内含有毒液，不宜食用，海边渔家因贪食鲜海蜇而引致中毒者屡见不鲜。市场上有时会流入二矾海蜇，外观呈棕红色，含未凝固胶质，味涩而滑，蜇皮厚薄不均，外观呈半透明胶冻样，以手捏挤有液体溢出，因未经充分脱水，含有多肽类毒蛋白等，不可食用；使用硼砂和硼酸作为防腐剂、亚硫酸盐或硫酸盐作为漂白剂的盐渍海蜇也不可食用。另外，海蜇很容易受到嗜盐菌的污染，凉拌海蜇操作过程中要注意卫生，最好是切丝之后再用凉开水反复冲洗干净，加醋调味，以预防细菌性食物中毒。

第四节 两栖、爬行类原料

两栖动物是从水生过渡到陆生的脊椎动物。美国《科学》杂志 2004年10月刊登的一项调查，全球已知的5743种两栖动物中濒临灭绝的有1856种，占总数的32%，除栖息地减少外，人类为饱口福或用作药物而大量捕食也是造成两栖动物处境堪忧的原因。因此，作为烹饪原料，要使用人工养殖的品种，如牛蛙、中国林蛙等均是我国具有很高经济价值的两栖动物。

爬行动物为肺呼吸、混合型血液循环的四足变温脊椎动物。体表被鳞或骨板，现存的爬行纲动物有龟鳖目、鳄目、有鳞目（蛇蜥目）和喙头目4类约5700种，中国有390多种。现在作为烹饪原料运用的品种主要是龟鳖目和有鳞目的动物，多以人工饲养的方式来满足人们饮食保健方面的需要。

一、两栖类

（一）蛙类

蛙类属两栖纲、无尾目、蛙科动物。蛙肉在国内外均有食用者，中国南部各省食用较多，市场对蛙类的需求量越来越大，同时由于农业上使用化肥、农药及工业污染，加上人为对野生蛙类的滥捕，造成了蛙类天然资源的严重破坏，天然产量非常之少，不能满足市场的需求。目前有的种类已成为濒危物种，如虎纹蛙、中国林蛙均属于我国二级保护的野生动物物种。因此，保护野生蛙类物种，发展经济蛙类养殖，可以满足国内外市场对蛙类产品的迫切需求。虎纹蛙、棘胸蛙、林蛙等为我国蛙类中的优良品种，目前除天然资源保护之外，有些地方开始进行人工养殖。牛蛙和美国青蛙为我国引进的新品种。总之，蛙类在我国目前产量还不多，但需求量较大。

（1）品种特征　中国蛙类约180多种，可作为烹饪原料使用的蛙类主要是人工养殖的虎纹蛙、中国林蛙、棘胸蛙及引进种牛蛙、美国青蛙等。

① 牛蛙（*Rana catesbeiana*）：原产北美洲的大型食用蛙，长可达21cm，因雄蛙鼓膜极显著，鸣声非常响亮，远闻如牛叫而得名。1962年从古巴引进一批牛蛙，在四川、江苏及上海等地先后试养，但未能发展起来。20世纪80年代末随着繁殖、饲养技术的不断改进，牛蛙养殖在中国才得到了很快的发展。商品蛙主要在秋冬季。其肉质细嫩、味道鲜美、营养丰富，是低脂肪高蛋白的名贵原料。

② 美国青蛙（*Rana heckstheri*）：又称"猪蛙"，1987年从美国引进的一种集食用、医药、制革等多种经济价值于一身的优良食用蛙。现已在全国各地发展养殖。个体比本地青蛙大，但比牛蛙小，抗寒力强，无冬眠习惯，只要喂食，可照常生长，是一种较牛蛙更适合人工养殖的蛙种（见图8-19）。最大个体500g左右。肉质洁白细嫩，肉味鲜美，是宾馆、饭店餐桌上的珍贵菜肴。与牛蛙相比，美国青蛙肉味略优于牛蛙，且美国青蛙皮肤较光滑，卖相好，易被人们所接受。因此，市场上美国青蛙的价格比牛蛙要高。

图8-19　美国青蛙

③ 中国林蛙（*Rana temporari chensinensis*）：商品名称田鸡，广东称为雪蛤，东北民间称雌性林蛙为油蛤蟆，是我国的重要经济蛙类，在明、清两代已成为贡品。以东北三省为主要产区，吉林长白山所产最为著名。春季上岸早，冬季冬眠晚，比较耐寒，被称为"雪蛤"。每年秋冬季捕捉上市，此时蛙体肥重，肉质细嫩。20世纪50年代开始进行林蛙人工养殖和围栏养殖试验，20世纪90年代以来，林蛙全人工养殖进入了集约化、产业化、高密度的新阶段。

④ 棘胸蛙（*Rana spinosa*）：俗称石鳞、石蛙、岩蛙、石鸡等，是我国特有的大型野生蛙。雄性背面有成行的长疣（刺疣），胸部位有大团刺疣，故称棘胸蛙（如胸腹部满布大小黑刺疣的称为棘腹蛙；胸部有两团对称刺疣的称为双团棘胸蛙）；而雌性背面则有小圆疣，腹面光滑。蛙体肥硕，成蛙体重一般为200~400g。生活于山区溪流下的石块上或附近岩石上，以安徽的黄山、江西的庐山所产最为有名，因肉质细嫩洁白，肉味鲜美，可和鸡肉相媲美而得名"石鸡"，与石鱼、石耳一同称为"庐山三石"，被列为著名山珍佳肴。为满足市场的需要，目前井冈山市已建立了一个年产10t的棘胸蛙人工繁殖场，使国内外到井冈山参观旅游者都能品尝此山珍佳品。

（2）烹饪应用　蛙类一般于宰杀后剥皮取蛙腿应用，全体宜于烧制，或用于制汤。蛙类皮肤无皮下脂肪，皮肤与躯体之间连接疏松，加工时易于剥皮，且蛙皮具有独特质感，可滑炒成菜，颇有特色。蛙卵非常名贵，如牛蛙卵粒色黄，大小如黄豆，可剥取蒸、烩后食用。蛙类由于适应跳跃运动，所以四肢的肌肉发达，尤其是后腿肌肉，由色白而细嫩的肌纤维构成，结缔组织含量少，脂肪含量低，吃口柔滑清利，经烹调能释放出大量的肌溶蛋白及氨基酸等含氮浸出物，因而味道香浓，成为受人喜爱的烹饪原料。在烹制时大多适宜红烧、爆炒、清蒸、清炖、软炸等方式成菜，烹制时用火不可太大，调味多以咸鲜为主。因蛙肉所含脂肪甚少，用油量需适当加大。如牛蛙菜肴有泡椒牛蛙、生炒牛蛙等；棘蛙菜肴有油焖石鳞、生炒石鳞片、软炸石鸡、果仁炒石蹦等。

（3）营养保健 蛙类原料营养丰富，富含蛋白质、多种维生素、矿物元素和人体必需的氨基酸等，而脂肪、胆固醇很低，易被人体消化吸收，特别适宜体弱多病者及老人食用。

某些蛙类不仅是美味食品，还是高级滋补品，具有很高的药用价值。如棘胸蛙具有滋补强身、清心润肺、健肝胃、补虚损，以及解热毒、治疳积等药用，特别适宜于病后身体虚弱、心烦口燥者食用。而且棘胸蛙的蝌蚪，可乌发、清毒解疮，蛙卵还有明目之功效，湖南民间常用棘胸蛙成蛙与草药"夜关门"炖食，据传可治小儿遗尿症。目前棘胸蛙已被一些地方列为绿色滋补品加以开发。中国林蛙是集药用、食补、美容功能于一体的珍稀两栖类动物，雌蛙输卵管提取后的阴干品——哈士蟆油，还是名贵的中药材。中国林蛙以其特有的药用价值与营养价值日益被人们所重视，成为蛙类中经济价值最高的一种。

（4）注意事项 夏秋季节，田间普遍见到的青蛙属农业保护动物，各地均有禁捕条令。但市场上常会出现捕杀销售青蛙的现象，有不少人把青蛙肉当作补品或美味佳肴。现代医学研究证明，青蛙肉不但没有特殊营养，吃多了反而会影响人体健康，野生青蛙很可能大量积聚农药残毒，易引致中毒，青蛙体内藏有一种寄生虫——曼氏裂头蚴，对人体健康威胁很大，这种寄生虫很难被杀死，能随着人体血液循环或在肌肉中游动，如侵入眼部，容易导致角膜溃疡、视力减退，严重的甚至造成双目失明。民间有"蛙肉虽香，当心遭殃"之说。因此，不可用青蛙肉当作烹饪原料。

（二）哈士蟆油

雌性林蛙输卵管的干制品，因其干后呈脂肪状，故称哈士蟆油（oviductus ranae），又称田鸡油、雪蛤膏。自古在民间就被誉为与东北三宝齐名的传世滋补佳品。据《辽海丛书·沈故篇》载："哈士蟆形似田鸡，腹有油如粉条，有子如鲜蟹黄，取以作羹，味极肥美"，又据《黑龙江志稿》"山蛤，多伏岩中，似虾蟆而大。腹黄红色，俗呼'哈士蟆'。其油明润欲滴，饮食上品"。民间有哈士蟆以人参苗为食、吃灵芝草而冬眠的传说，愈发珍贵，被视为珍贵宝物，满族人更视其为能赐福消灾的吉祥之物，有"产于北方的冬虫夏草"和"软黄金"之称。

（1）品种特征 我国东北地区多在9～10月捕捉林蛙。过迟则油少，春季甩籽时则无油。以3龄蛙最好。辽宁将活林蛙直接用绳穿过两眼悬起，其后腿不断挣扎可使腹内两侧之油（输卵管）逐渐下垂成团块，晒干后剖开剥出不碎厚块即可。吉林则将林蛙放在60～70℃水中烫一两分钟，待后退伸直死后，取出吊起晒干。夜间须收起以免受冻。将干林蛙再于沸水中煮一两分钟，盖上麻袋闷一夜，即可取油。如水温太低则不易烫死，且腿弯曲油块不易集中，在取油前须注意，腿断腹碎着不可水煮，否则进入水分，油则膨胀而不符合需用。加工时防止火烤、水烫或摔死，火烤油质变红，热水烫则食用时水烫不开，摔死的油血混合成红色。

哈士蟆油干品呈不规则胶质块状，相互重叠，略呈卵形，表面黄白色，呈脂肪光泽，偶有带灰白色薄膜状干皮（见图8-20），摸之有滑腻感，置温水中浸泡，膨胀时输卵管破裂，24小时后呈白色棉絮状，体积可膨胀10～20倍。气腥，味微甘，嚼之有黏滑感。以块大、肥厚、黄白色、有光泽、不带皮膜、无血筋及蛙卵者为佳。吉林省地处长白山腹地，哈士蟆油的产量大、品质佳，是主要地道药材之一。

图8-20　哈士蟆油

（2）烹饪应用　哈士蟆油是珍贵的烹调原料，干品须经涨发后使用。一般用清水泡透，剥去筋膜，拣去黑色的卵粒，摘除残留的血线（此物最腥臊）和杂质，洗净可用。在烹调中多作主料使用，适宜于氽、煨、烩、蒸、炖等方法，火力不宜太强，调味多取甜味，做甜羹菜，如冰糖哈士蟆油。若制咸味菜品，须借助鲜汤增味。菜肴有雪梨炖哈士蟆、冰糖哈士蟆、鸡粥哈士蟆、芙蓉哈士蟆等菜品。民间多以其与人参、鹿茸、猪手、大枣等补药或补品加冰糖或蜂蜜以小火隔水炖，具有一定的滋补作用。

（3）营养保健　哈士蟆油虽形似脂肪，但其主要成分并非脂肪。通过分析检测表明[①]，哈士蟆油中含有多种对人体有益的营养保健成分和生物活性物质，其中粗蛋白质的含量达样品总量的50%以上，含有人体所需的18种氨基酸；粗脂肪仅为4.3%，不含胆固醇，维生素E达100.5mg/g，含有多种微量元素，如钾、钠、钙、铁、锌、铬含量较高；哈士蟆油中不饱和脂肪酸占脂肪酸总量近40%左右，尤其是人体必需脂肪酸软脂酸、油酸和亚油酸突出。

哈士蟆油是我国传统的保健食品，名贵的中药材，含有多种生理活性物质，如雌二醇25.03μg/g、促绒毛膜性腺激素（HCG）107.5μg/g，及孕酮、睾酮等激素，具有明显的药理保健作用，如有补肾益精、润肺养阴、抗疲劳、抗衰老、调节人体内分泌等多种保健作用，专治肾虚气弱、精力耗损、记忆力减退、妇产出血、产后缺乳及神经衰弱等症，还具有养肺滋肾之特效。目前，人们还从蛙卵巢中提取出了可制备抗昏迷药的物质，并运用到临床实验当中。

二、爬行类

（一）龟鳖类

龟鳖类属于爬行纲、龟鳖亚纲的1目，为陆栖、水栖或海洋生活的爬行类动物。人们食用龟鳖的历史已有千年，《中国濒危动物红皮书——两栖类和爬行类》收入了36种龟鳖类，几乎包含了所有中国原产的龟鳖类物种。因此，作为烹饪原料使用的只能是人工养殖的龟鳖，见图8-21。

（1）品种特征　①龟类：包括龟科的乌龟（*Chinemys reevesii*，又称金龟）、黄喉水龟（*Clemmys mutica*，又称石龟、黄龟、香乌龟）、金钱龟（*Cyclemys trifasciata*，又称驼背龟、三线闭壳龟）和平胸龟科的平胸龟（*Platysternon megacephalum*，又称大头龟、鹰

① 陈晓平等. 林蛙油主要营养成分的研究[J]. 食品科学，2005（8）：361–362.

嘴龟）。常见的乌龟背甲与腹甲在侧面联合成完整的龟壳（而非以韧带联结），背上具有3条纵走的隆起，背甲棕褐色或黑色；腹甲棕黄色，生长缓慢。肉可食，民间视之为滋补品，也作筵上珍品。平胸龟则为出口珍品之一。② 鳖类：指鳖科的爬行动物，如中华鳖（*Trionyx sinensis*）、山瑞等。中华鳖，又称团鱼、甲鱼、水鱼、王八。我国传统有将其作为食物和药物的历史，但野生的中华鳖已经濒危，由于具有巨大的经济价值，我国对中华鳖进行了大量的人工繁殖，目前每年全国养殖的中华鳖在11亿只左右。体略呈圆形，体表无角质盾片，覆盖以柔软的皮肤，通常橄榄绿色，边缘有厚实的裙边，腹面乳白色或稍黄。裙边左右摇动时能将身体埋入沙中。肉和裙边味鲜美，为著名的滋补品。背甲入药，有滋阴清热、软坚散结的功效。山瑞是我国南方特种水产资源，也已经进行人工养殖，并出口创汇。

鳖（甲鱼）

乌龟

图8-21　龟、鳖

 知识链接

绿毛龟

绿毛龟是药用兼观赏的名贵淡水龟类，因龟甲上着生大量丝状绿藻而得名。种类很多，天然被有"绿毛"的有黄喉水龟（上品）和乌龟（下品），人工接种绿毛的有四眼斑水龟等。如龟的头额部、四足、背甲、腹甲上均有藻，称为"五子夺魁"，为名贵品。古书载，经常观看绿毛龟，可消除眼睛疲劳，有恢复视力的医用价值。绿毛龟作为药用的部分是龟板，其成分含胶质、钙盐和脂肪等，具有补心肾、滋补元气、滋阴降火、潜阳退蒸等功效。

（2）烹饪应用　龟鳖类肌肉组织的肌纤维粗糙，结缔组织含量高，所以胶质重。脂肪主要分布在腹腔内，含量少，肌肉间较少，但肉味鲜美。鳖的裙边肉质肥厚，雄鳖裙较雌鳖为肥大，质感柔软，可单独成菜，具有较高的食用价值，是筵上珍品。

龟与鳖的烹制方法基本一致。一般选择500~750g重的龟鳖成菜较好，因为过小的骨多肉少，肉虽嫩但香味不足；过大过老者肉质老硬，滋味不佳。食用龟鳖讲究鲜活，因死后易变质；还须注意春、秋两季所产者为最壮实，分称"菜花甲鱼""桂花甲鱼"，又以后者为佳，民间有"初秋螃蟹深秋鳖，吃好鳖肉过寒冬"的说法。龟鳖的黑色皮膜臊气甚重，宰杀后需用热水适当浸泡，细心刮除。剖腹时勿弄破膀胱，除脏时摘尽黄色油脂，否则肉味腥苦。可整烹，也可剁块烹，或拆肉烹，视菜品需要选用。调味须加胡椒粉，可祛腥提味。龟鳖肉中结缔组织含量较高，需要较长时间煨炖、清蒸、红烧才能使汤汁浓稠而味鲜美，且以保持原汁原味烹制为好。此类菜品应趁热食用，冷后易生腥味。鳖类名肴如清蒸甲鱼、红烧甲鱼、霸王别姬（甲鱼炖鸡）、汽锅人参元鱼、虫枣炖甲鱼、生炒甲鱼、冰糖甲鱼等。

龟类常作药膳原料，多与中药材相配，最宜用烧、焖、煨、蒸等烹调法成菜，从而发挥药食兼用的功效。名肴有炖龟苓汤、党参金龟、潇湘五元龟、虫草炖金龟、蛤蚧炖金龟、龟汁地羊汤等。

（3）营养保健　据分析，每百克鲜鳖肉含蛋白质15.3～17.3g，脂肪0.1～3.5g，碳水化合物1.6～1.49g，还含有镁、钙、铁、磷、维生素A_1、维生素B_1、维生素B_2等。鳖的脂肪以不饱和脂肪酸为主，占75.43%，铁等微量元素是其他食品的几倍甚至几十倍。龟肉与鳖肉营养相近。

鳖自古以来就被人们视为滋补的营养保健品，主要作用有：滋阴，对肝炎和异常功能亢进有控制作用；滋补，提高血浆蛋白含量，促进造血功能，增强体力；清热，降低异常体温升高，可消散体内肿块等。现代医学研究表明，甲鱼中含铁质、叶酸等，能旺盛造血功能，有助于提高运动员的耐力和恢复疲劳。常食可以降低血胆固醇，对高血压、冠心病患者有益。龟的营养滋补功能超过甲鱼，具有滋阴补肾、清热解毒、补血补心等功效，龟甲、龟肉、龟血、龟胆、龟蛋、龟尿均可入药，现代中医药发现龟在治疗癌症、疑难杂症方面有独特疗效。

（4）注意事项　死鳖不可食，因其体内含较多的组胺酸，死后极易腐败变质，组胺酸可分解产生有毒的组胺物质，食后会引起中毒。按照国际标准，中华鳖人工喂养时，严禁添加任何激素和违禁药物。甲鱼按照自然生长速度，一般5～7年才能长到500g，一些水产养殖者为追求快速生长效益和利润，大量添加各类违禁药物成分，包括雌雄激素、抗生素消炎药和消毒剂，只需7个月就可进入市场，摆上餐桌，其肉质松而不实，烹调时间不长即软烂，食之无味，更谈不上什么滋补，对人体安全造成隐患。因此，药物催生的甲鱼不宜食用。

（二）蛇类

蛇类属于爬行纲、有鳞总目、蛇亚目，体形细长，没有四肢，已知约2500种，中国约有200种。中国南方温热潮湿地带较多。蛇的全身都是宝：蛇蜕可入药治溃疡及皮肤顽症；蛇胆具清热解毒明目之功效；蛇毒可治疗坐骨神经痛、风湿骨痛、脑血栓和冠心病等；蛇皮革制品被广泛用于出口创汇；蛇油被用于化妆品护肤养颜；蛇肉味道鲜美早被南方人享用，如今也被北方人接受。蛇类是变温动物，在冬季需要钻入洞穴冬眠，春末夏初出蛰，所以在秋冬季最为肥美。以蛇肉为佳肴，在我国至少有2000多年的历史，蛇餐、蛇宴更是久负盛名。现在作为烹饪原料利用的多为人工养殖的"肉蛇"。

（1）品种特征　肉蛇是形体大、长势快，是人们普遍食用或药用的无毒蛇的统称。人工可以养殖的肉蛇有王锦蛇、乌梢蛇、黑眉锦蛇、滑鼠蛇、灰鼠蛇、三索锦蛇等（见图8-22）。

① 王锦蛇，又称菜花蛇、大王蛇等，是上市量大、受欢迎的肉蛇之一。它是无毒蛇

王锦蛇　　　　　滑鼠蛇

乌梢蛇　　　　　黑眉锦蛇

图8-22　蛇

中（除蟒蛇外）长势最快、形体较大的蛇类。很多蛇场，特别是北方诸省区，大都以它作为饲养对象。其肛腺能散发出一种奇臭，故有"臭黄颔"之称，手握蛇体后要用生姜片擦洗或用香味浓郁的香皂洗手，才能把臭味洗掉。

② 乌梢蛇，俗称乌蛇、水律蛇等，成蛇体躯长达2m，背面颜色由绿褐、棕褐到黑褐，也可分为黄乌梢、青乌梢和黑乌梢，有两条黑线纵贯全身，此黑线在成年蛇的身体后部逐渐隐色。乌梢蛇具有独有的食、药、保健疗效，传统药中的乌蛇即为本蛇的干品。蛇或蛇胆均可独立泡制"乌蛇酒"或"乌蛇胆酒"，深受中外消费者的欢迎。此蛇长势快、适应性强、抗病力高，市场畅销，适宜人工养殖。

③ 黑眉锦蛇，俗称家蛇、广蛇等。眼后有明显的黑纹延伸到颈部，蛇名"黑眉"，是做蛇火锅、蛇肉串、蛇烤片的主要蛇种。

④ 滑鼠蛇，俗称水律蛇、草锦蛇等。蛇身长2m以上，头背黑褐色、后缘黑色，唇鳞淡黄色，与乌梢蛇颜色相仿，但无黑线贯穿，因其皮大而厚实，被推为"最上品"原料之一，蛇与胆均可入药，是治疗风湿病之良药。

此外，人工养殖的经济毒蛇主要有银环蛇、金环蛇、眼镜蛇、眼镜王蛇、尖吻蝮、蝮蛇等六种。银环蛇7d龄的幼蛇经过加工之后可入药；金环蛇、眼镜蛇与灰鼠蛇合称为"三蛇"，是著名食用蛇种。所谓"三蛇药酒"就是用这3种蛇浸酒制成的，"三蛇胆"是中成药原料。三蛇加上乌梢蛇和三索锦蛇称为"五蛇"。

（2）烹饪应用　选择健康的活蛇，斩去蛇头，控净蛇血，从蛇颈处用力撕下整张蛇皮，就得到一条粉色的净条蛇，但对金环蛇和赤链蛇却需要自尾向头的方向剥离蛇皮，否则蛇皮难以剥下。也可将蛇头斩下控净血后，从蛇颈（蛇腹中央）部用剪刀通至肛门，从肛门以上约2cm处剪掉蛇尾，之后从上而下直接撕下蛇皮即可。大型蛇采用生拆法获取净蛇肉。蛇肉分蛇背、蛇腹。蛇背中有蛇柳两条（蛇脊两侧的斜纹肉，每500g蛇，只能得到蛇柳10g），味极鲜美，可切成薄片、细丝、窄块、肉丁等；小型的蛇或较瘦的蛇采用熟拆法取肉，撕下的净蛇肉适合做蛇粥、馅、汤、羹等，老少皆宜，常食有滋补作用。俗话说："蛇肉好吃，腥味难闻"，蛇肉或蛇段在下锅前，应焯水去腥，烹调时加入料酒、葱白、陈皮、胡椒粉、八角等调料，均可起到去腥臭的作用。蛇肉的烹制方法多种多样，有清炖、红烧、炸、煮、炒、焖、烩等，均以蛇肉为主料，或配以山珍野味；或配以走兽家禽；或配以时令蔬菜，调味以清鲜见长，菜品有五彩蛇丝、炒蛇柳、蒜子烧南蛇脯、龙凤汤、花菇炖南蛇、三蛇羹等。蛇有肋间肌和皮肤肌，肋间肌协助腹壁肌肉完成呼吸运动，皮肤肌使蛇类可借助鳞片活动，产生其特殊的运动方式，也使蛇皮具有了可食用性，食用价值较高，可单独成菜，直接炒或制作镶式菜，还可以与蛇肝、蛇肉同烹。

（3）营养保健　蛇肉中含有丰富的蛋白质、碳水化合物类、维生素A、硫胺素、核黄素、钙、磷、铁、铜、锰、硒、钴等营养素，脂肪含量低。最近研究发现，蛇肉中还含有一种能增加脑细胞活力的谷氨酸营养素，以及能帮助消除疲劳的天门冬氨酸。蛇肉中还含有丰富的天然牛磺酸，对促进婴幼儿的脑组织发育和智力发展有重要作用。

蛇肉味道鲜美，营养丰富，还有很高的医疗价值。据有关调查资料初步统计，我国具有医药价值的蛇共有31种，如五步蛇、蝮蛇、中国水蛇、蟒蛇、乌梢蛇、赤链蛇、黄链蛇、双斑锦蛇、王锦蛇、黑眉锦蛇、草游蛇、灰鼠蛇、滑鼠蛇、眼镜蛇、眼镜王蛇、竹叶青蛇等。中医认为蛇肉具有祛风湿、散风寒、舒筋活络的功效，并有止疼、止痒作用。临床应用于风湿性关节炎、风湿性瘫痪、类风湿关节炎、麻风、瘾疹、小儿惊风、疥癣等症。值得一提的是，蛇肉药用不同于一般食用。蛇类一旦作为药用，应重视产地品种、加工炮制方法和采集季节等，并且在用量上颇有讲究。以鲜蛇肉入药，一般认为可保留较多的生物活性物质，药效要略胜于干制品。

同步练习

一、填空题

1. "海米"是_____的干制品，"湖米"是_____的干制品，均为上乘的鲜味品，虾皮为营养学界推荐给小儿和老人的补钙食品之一，是以_____为原料煮熟干制而成。

2. 阳澄湖大闸蟹以_____为特征，这些特点使它赢得了"蟹中之王"的美名。

3. 牡蛎是卫生部1987年颁布的第一批既是食物又是药物的品种之一，含锌量之高，可为食物之冠，现代医学认为牡蛎肉具有_____等药用价值。

4. 我国各种鲍类中品质最好、价格和总产量最高、最受欢迎的种类是_____。

5. 毛蚶可浓缩_____病毒29倍，并可在体内存活3个月之久；大瓶螺（福寿螺）可寄生_____多达3000～6000条；受污染的牡蛎常含有_____病毒，这是一种高致病、传染性极强的肠胃病毒。

二、单项选择题

1. 产于福建、台湾和广东沿海的（　　　　），为对虾属中最大的一种，最大个体体重可达450g以上。

    A. 斑节对虾　　　　B. 日本对虾　　　　C. 长毛对虾　　　　D. 鹰爪虾

2. （　　　　）俗称"河虾""青虾"，遍布全国各地，是中国最重要的淡水食用虾。

    A. 日本沼虾　　　　B. 罗氏沼虾　　　　C. 粗糙沼虾　　　　D. 海南沼虾

3. 中国沿海梭子蟹约有18种，其中产量最大，约占梭子蟹总产量90%左右的是（　　　　）。

    A. 三疣梭子蟹　　　　　　　　　　B. 远海梭子蟹

    C. 红星梭子蟹　　　　　　　　　　D. 银光梭子蟹

4. 南通誉之为"天下第一鲜"的原料是（　　　　）。

    A. 牡蛎　　　　B. 蚶类　　　　C. 扇贝　　　　D. 文蛤

5. 中国捕捞的乌贼产量最大，约占中国近海乌贼科总渔获量的80%，形成中国最重要的海洋渔业之一的品种是（　　　）。

    A. 金乌贼   B. 曼氏无针乌贼

    C. 虎斑乌贼   D. 中国枪乌贼

6. 可用输卵管制哈士蟆油的雌性蛙类是（　　　）。

    A. 棘腹蛙   B. 虎纹蛙   C. 中国林蛙   D. 牛蛙

三、多项选择题

1. 世界三大名虾是指（　　　）。

    A. 中国对虾   B. 中国龙虾   C. 日本沼虾

    D. 墨西哥棕虾   E. 圭亚那白虾

2. 关于贝类的药用功能，说法正确的是（　　　）。

    A. 鲍的贝壳称为"石决明"，有平肝明目功效，可以治疗眼疾

    B. 宝贝的贝壳称为"海巴"，能明目解毒

    C. 珍珠有平肝潜阳、清热解毒、镇心安神、止咳化痰、明目止痛和收敛生肌等作用

    D. 乌贼的贝壳称为"海螵蛸"，可以治疗外伤、心脏病和胃病，以及止血

    E. 蚶、牡蛎、文蛤、青蛤等的贝壳也是中药的常用药材

3. 能加工干贝的原料有（　　　）。

    A. 栉孔扇贝   B. 华贵栉孔扇贝   C. 虾夷扇贝

    D. 日本日月贝   E. 海湾扇贝

4. 中国传统的四大养殖贝类（　　　）。

    A. 牡蛎   B. 缢蛏   C. 泥蚶

    D. 蛤仔   E. 蛤蜊

5. 下列说法描述原料最佳食用季节的有（　　　）。

    A. 中华绒螯蟹有"九月圆脐十月尖"的说法

    B. 海参有"北刺南梅"之说

    C. 初秋螃蟹深秋鳖，吃好鳖肉过寒冬

    D. 鲍鱼有"七月流霞鲍鱼肥"之说

    E. 浅水牡蛎有"冬至到清明，蚝肉亮晶晶""正月肥蚝甜白菜"之说

四、简述题

1. 简述虾类品种及烹饪应用。

2. 烹制蟹类菜肴时应注意哪些问题？

3. 新鲜牡蛎、蛤、虾和螃蟹的重要标志是什么？采用什么方法可保持其新鲜？

4. 多数贝类在烹饪过度后会有哪些变化？

五、案例分析题

古代的"八珍"

八珍，是中国饮食业对八种珍贵的烹饪原料及其制成的食品的称谓，历史有不同的内容。最早出现在周代，有"珍用八物"的说法，指牛、羊、麋、鹿、豕、狗、狼、熊。之后有元代、明代、清代、民国八珍；山水八珍、参翅八珍、海八珍、草八珍，上、中、下八珍等说法，其原料汇总如下：

猩唇、狸唇、驼峰、熊掌、鹿筋、鹿茸、果子狸、豹胎、犀鼻、犀尾、狮乳、猴脑、象拔（象鼻）、凫脯（野鸭胸脯肉）、鹿筋、黄唇胶、燕窝、哈土蟆、裙边、干贝、鱼骨、鱼肠、乌鱼蛋、海参、鱼翅、鲍鱼、鱼肚、干贝、鱼唇、鱼子、大乌参、淡菜（干贻贝肉）、干贝、大乌参、广肚、鳖裙、鱼唇、鱼明骨、鱼肚、鲍鱼、海豹、狗鱼（娃娃鱼）、鱿鱼、龙鱼肠、鲥鱼、红燕、飞龙（产于东北山林中的一种名为榛鸡的鸟）、鹌鹑、天鹅、鹧鸪、彩雀（可能是孔雀）、斑鸠、红头鹰；猴头（菌）川竹苏、银耳、冬菇、竹荪、驴窝菌、羊肚菌、花菇、黄花菜、云香信、川竹笋、大口蘑、龙须菜。

请根据以上案例，分析以下问题：

1. 上述传统的八珍原料中，有哪些原料是什么原因退出烹饪原料行列的？

2. 在国家允许食用的动植物范围内，从"珍、稀、贵、美"的角度能否评选出"现代八珍"？

实训项目

项　目：虾蟹类原料、软体动物原料的主要种类特征识别

实训目的

1. 识别虾蟹类主要原料的特征。

2. 识别软体动物类原料主要种类的特征。

实训内容

对照教材和参考资料，识别下列原料，并记录其主要特征：

1. 虾类：龙虾、对虾、白虾、毛虾、日本沼虾、罗氏沼虾、螯虾。

2. 蟹类：三疣梭子蟹、锯缘青蟹、日本蟳、中华绒螯蟹、溪蟹。

3. 腹足纲：鲍鱼、红螺、扁玉螺、田螺、螺软。

4. 瓣鳃纲：蚶、贻贝、海蚌、江瑶、扇贝、日月贝、牡蛎、文蛤、蛤蜊、西施舌、竹蛏、缢蛏、河蚌。

5. 头足纲：金乌贼、无针乌贼、枪乌贼、长峭、短峭。

实训要求

1. 描述所观察的虾蟹原料及软体动物原料的主要特征。

2. 三疣梭子蟹和中华绒螯蟹、乌贼（墨鱼）和枪乌贼（鱿鱼）的主要形态差别。

建议浏览网站及阅读书刊

[1] http://www.haishennet.cn/（中国海参网）

[2] http://www.fisherycn.com/（中国水产贸易网）

[3] http://www.ccfishery.com/（看水产网）

[4] 戴书经. 海参新厨艺. 沈阳：辽宁科技出版社，2003.

[5] 吴华. 餐馆流行菜（海味两栖爬行类）. 南京：江苏科学技术出版社，2003.

[6] 赵宝丰. 虾类蟹类制品892例. 北京：科学技术文献出版社，2004.

[7] 赵宝丰. 贝类软体类海产制品917例. 北京：科学技术文献出版社，2004.

[8] 张恕玉等. 鱼虾蟹贝菜. 青岛：青岛出版社，2007.

参考文献

[1] 杨德渐，孙世春. 海洋无脊椎动物学. 青岛：青岛海洋大学出版社，1999.

[2] 庄启谦. 中国动物志（软体动物门双壳纲帘蛤科）. 北京：科学出版社，2001.

[3] 中国水产杂志社. 中国经济水产品原色图集. 上海：上海科学技术出版公司，2001.

[4]（美国）安德森. 水产品. 北京：中国海关出版社，2004.

[5] 王清印等. 中国水产生物种质资源与利用（第1卷）. 北京：海洋出版社，2005.

[6] 管恩平，李春风. 贝类卫生控制指南. 青岛：青岛海洋大学出版社，2005.

[7] 宋海棠等. 东海经济虾蟹类. 北京：海洋出版社，2006.

[8] 张素萍. 中国海洋贝类图鉴. 北京：海洋出版社，2008.

第九章

调味料

学习目标

知识目标

- 了解调味料的概念和作用、分类及发展趋势;
- 掌握调味料在烹饪中的作用和常见调味料的烹饪应用;
- 掌握食盐、酱油、味精、糖、蜂蜜、香料等调味料的品质检验与贮存保管。

能力目标

- 能识别各种常见的调味料;
- 能在烹饪中正确使用各种复合调味料;
- 能鉴别常用调味料的品质优劣。

第一节　调味料概述

调味料（condiment）是在饮食、烹饪和食品加工中广泛应用的,用于调和滋味和气味,并具有去腥、除膻、解腻、增香、增鲜等作用的产品。中国菜调味讲究技艺性,菜肴的调味是厨师应具备的基本功,而通晓各种调味料的性质、功用则是掌握调味技术的前提。

人类对食品的本质要求包括4个方面:安全、营养、美味和保健。其中食品的味美占有重要地位,而且是界限性标志。无论是餐饮行业、食品加工企业还是家庭日常饮食,要烹制加工出美味食品,调味品的选择、调味方法的运用是关键因素。我国古人对调味品在调和美肴中的作用即有精解。如《吕氏春秋·本味篇》载:"调和之事,必以甘、酸、苦、辛、咸。先后多少,其齐甚微,皆有自起",达到"久而不弊,熟而不烂,甘而不浓,酸而不酷，咸而不减，辛而不烈，淡而不薄，肥而不腻"的标准。调味品是现代物质生活丰富的折射，随着人民生活水平的不断提高，对食品美味的要求不断提高，对调味品的需求也日益高涨和多样化，并成为推动烹饪行业发展的动力之一。

 知识链接

清代袁枚的《随园食单》中的"须知单·作料须知"

原著：厨者之作料，如妇人之衣服首饰也。虽有天姿，虽善涂抹，而敝衣蓝缕，西子亦难以为容。善烹调者，酱用优酱，先尝甘否；油用香油，须审生熟；酒用酒酿，应去糟粕；醋用米醋，须求清冽。且酱有清浓之分，油有荤素之别，酒有酸甜之异，醋有陈新之殊，不可丝毫错误。其他葱、椒、姜、桂、糖、盐，虽用之不多，而俱宜选择上品。苏州店卖秋油，有上、中、下三等。镇江醋颜色虽佳，味不甚酸，失醋之本旨矣。以板浦醋为第一，浦口醋次之。

译文：厨师用的作料，就好比女人的衣服首饰。女人虽然有天姿国色，善于化妆打扮，然而衣衫褴褛破旧，就是西施也难以打扮得漂亮。善于烹调的人，十分注意所用的佐料，酱要用伏天制作的，用前要先尝一尝味道是否甜；油要用香油，一定要检查油的生熟；酒要用酒酿，还要去掉糟粕；醋要用米醋，必须清冽。同时酱又有清浓之分，油又有荤素之别，酒也有酸甜的差异，醋还有陈醋新醋的区别，这些使用起来不可有丝毫的马虎。其他东西如葱、椒、姜、桂、糖、盐之类，虽用得不多，但都应当选择品质上等的。苏州店出售的秋油（酱油的一种），分为上、中、下三等。镇江的醋颜色虽然不错，但味道不太酸，失去了醋的根本。醋以板浦（江苏灌云县的一个市镇）的最好，浦口（即今南京的浦口）产的次之。

一、调味料的分类

中国烹饪所用的调味料在世界上是最多的，但凡从盐、醋、酱、糖、辣椒到酒、糟、胡椒、花椒乃至中草药等有数百种，种类繁多，其分类方法从不同角度有多种。

中国调味品协会组织制定的于2007年9月1日起正式实施的国家标准《调味品分类》（GB 20903—2007）按照调味品终端产品分为17大类，包括食用盐、食糖、酱油、食醋、味精、芝麻油、酱类、豆豉、腐乳、鱼露、蚝油、虾油、橄榄油、调味料酒、香辛料和香辛料调味品、复合调味料及火锅调料。

食品行业根据其性质分为天然调味料及化学调味料；烹饪行业一般按味道分为基础调味料（包括甜味料、咸味料、酸味料、鲜味料、辣味料、香味料等）和复合调味料（见表9-1）。另外，根据调味料在烹调加工中的作用，可分为呈味调料、呈香调料及呈色调料；按其用途又可分为烧烤专用调料、方便面汤料、火锅调料、十三香调料、快餐调味料等；按商品形态分为液态、油态、粉状、粒状、糊状、膏状等。

表9-1 调味料的分类

依据	类别		实例
按性质或来源	天然调味料	自然生成	食用糖、食盐、花椒、胡椒、桂皮、丁香等
		混合加工	蚝油、蛏油、肉汤精、骨汤精、葱油、芥末粉、咖喱粉、五香粉、鱼露等
		发酵酿造	料酒、酱油、酱、食醋、腐乳、豆豉等
	化学调味料	人工合成人工提纯	味精（谷氨酸钠）、醋精、糖精、肌苷酸、鸟苷酸等
按味感或形态	基础调味料	咸味料	食盐、酱油、酱类等
		甜味料	食糖、糖浆、蜂蜜、糖精等。
		酸味料	食醋、柠檬汁、番茄酱、草莓酱、酸菜汁等
		鲜味料	味精、鸡精等
		香辛料	花椒、辣椒、胡椒、芥末、桂皮、八角、丁香等
	复合调味料	固态调味料	鸡精、鸡粉、牛肉粉、排骨粉、海鲜粉等
		液态调味料	鸡汁调味料、糟卤
		复合调味酱	牛肉辣酱、沙拉酱、蛋黄酱、海胆酱

二、调味料在烹饪中的作用

中国民间俗语有"自古开门七件事，柴米油盐酱醋茶""一人巧做千人食，五味调和百味香"。调味料在烹饪中虽然用量不大，却应用广泛，变化很大，作用不小，对食品的色、香、味、质等风味特色起重要调和作用，许多调味品还有一定的营养保健功能与杀菌消毒作用。

（一）形成菜肴的复合美味

菜肴复合美味的形成，需要去除食物本身的恶味，激发食物固有的美味和创制食物原本没有的新味，其手段是涤除、压盖、化解、烘托、改进与融合。所有的调味料正是通过其所含的成分对人体感官的刺激作用而发挥其效用的，一些调味料主要含有呈味物质，它们溶解于水或唾液后与舌头表面的味蕾接触，刺激味蕾中的味觉神经，并通过味觉神经将信息传至大脑，从而产生味觉。也有一些调味料，主要含有呈香或其他特殊气味的成分，它们具有较强的挥发性，经过鼻腔刺激人的嗅觉神经，然后传至中枢神经而使人感到香气或其他气味。葱、姜、蒜、料酒等香味调料，不但有增香、赋香的作用，还能掩盖一些菜肴中的不良气味，如腥气、膻气、臭气等，因而具有除臭、抑臭的作用。而调味料中的香辛料，除呈香外，还能赋予辛辣的味感，具有良好的增进食欲的作用。也有一些调味料，除了赋予食品味、香外，同时还具有着色性，如用咖喱粉调味，可使原料黄润悦目，用生抽调味，可使原料色泽金红，从而产生诱人食欲的效果。

（二）赋予食品营养保健功能

调味品与人体健康息息相关。如食盐是人体无机盐"钠"的主要来源；味精含有谷氨酸钠成分；醋可软化植物纤维，促进糖、磷、钙的吸收，有保护维生素C的作用；糖是人体热量的主要来源，还能起到保肝的作用；葱、姜、蒜都含有蛋白质、碳水化合物、维生素等营养成分，还有抗菌消炎的作用。含碘量高的碘盐、补血酱油、维生素B_2酱油等都具有增加人体生理功能、治病、防病的功用。

我国有多种多样的香辛料，其不仅具有调味功能，还有较强的药用价值及防腐抗氧化性能，如当归、干姜去寒补血；小茴香健胃理气；丁香、砂仁能防腐保鲜，如能充分利用这些香辛料采用先进的工艺技术可制出各种系列的天然复合香辛调味料。陕西动物所研制的营养调味油就是一例：以豆油、菜油为主体配比调味油，引入花椒、辣椒、茴香、丁香、八角、桂皮、肉豆蔻，营养调味油不仅具有麻辣味、天然香味，还具有药用价值——暖胃、固肠、温肾、健脾。

（三）具有杀菌消毒的作用

有些调味料的成分具有杀灭或抑制微生物生长繁殖的作用。如葱中的挥发性辣素有较强的杀菌作用；蒜中所含蒜氨酸在胃中可生成大蒜素，具有较强的杀菌能力，可以杀死多种致病微生物；辣椒能杀灭胃及腹中的寄生虫；芥末有很高的解毒功能，能解鱼蟹之毒；食醋有很好的杀菌作用，能杀死葡萄球菌、大肠杆菌、嗜盐菌、痢疾杆菌等，防止肠胃疾病的发生。生食蔬菜装盘前，可以加进葱、姜、蒜、醋、盐、芥末等，以达到杀菌的作用。烹调蟹、虾和海蜇等水产品时，先用1%的食醋浸泡1h，可防止嗜盐杆菌引起的食物中毒，餐后的餐具、茶具、酒具，用1%的食醋液煮沸消毒，可防病毒性肝炎、痢疾、伤寒和肠炎等消化道传染病。研究表明，八角提取的莽草酸对细菌有致死作用，特别是八角提取物对病原菌有明显的杀灭作用。在八角调味料提取物浓度为3%，作用时间90～120min的条件下，对几种病原菌杀菌率最高为81.2%～83.5%。

三、调味料的发展趋势

中国在过去、现在和将来都是调味品生产大国和消费大国，这是由中国人的消费特点和人口众多的国情决定的。中国调味品将在营养、卫生、方便、适口的基础上呈现多元化发展的格局。从产品的发展角度看，主要有以下4个方面。

（一）调味料的复合化趋势

在调味品的消费上，普通调味品的口感单一、缺乏层次感，越来越不能满足消费者多样化的要求。随着人们生活节奏的加快，人们迫切需要集多种调味品为一体，既可制成复合型专用拌菜、调面、烹虾、炸鸡调料，又可烹饪中国名菜佳肴调料，也可制成像阿香婆酱一样的膏、糊、汁、块等多形态、多用途的复合型调味品。目前，复合型调味料品种应有尽有，琳琅满目，异彩纷呈，使烹饪变得方便、快捷。复合调料正在向多样化、方便化、高档化、营养化、复合化、功能化的方向发展。新型复合调味品，不仅配比准确，口感丰富，而且可以大大减少烹调菜肴的手续和时间，为家务劳动社会化创造了条件。同时鉴于炊具的快速发展，微波炉、烤箱食品的调味品也将被开发，这些调味品撕袋即可食用，方便、卫生、好吃好看。

（二）调味料的天然化趋势

中国调味品走过了很长的历程，消费者在追求美味的同时更追求健康和安全。目前国内生产的天然调味料量较少，满足不了消费者高品位、纯天然的需求，消费者购买食品，既要求风味，又能对身体有益处，因此，天然调味料将走向高香味化、淡色化、低盐化、无菌及简便化趋势。当今，从畜、禽、鱼、贝、虾类及部分蔬菜中提取的具有天然风味的浸出物调料发展极为迅速。这类调料具有其他化学调味品所不及的优点。如味道鲜美自然，易被人体吸收，鲜味虽淡，但原料原有的鲜味保存良好，不易被破坏，均衡呈鲜作用明显，余味留长，并赋予食物不同浸出物调料特有的风味等。

（三）香辛调料及其制品的发展

在世界范围内，使用颗粒及粉碎香辛调料已有几千年历史。但传统使用的颗粒及粉碎香辛调料因贮藏时间长短不一，从而使其调味质量不稳定，同时易被微生物等污染，并易被掺假，使之调味不均匀。国外早已开始使用灭菌香辛料、精油、油树脂等香辛料提取物替代传统的香辛料，香辛料提取物使用方便、经济、赋香力容易控制，在食品断面不会产生麻点。我国近年也有精油产品面世，如芥末油。相信不久的将来，国内也会有适合中餐调味的各种香辛料精油乳液、油树脂及微胶囊产品等香辛料新型制品面市，使之应用更科学、更方便。

（四）调味品的营养保健功能增强

未来天然调味料不单纯是味觉上的要求，更需要有各种营养和保健功能性。消费者越来越重视调味品对人体健康的影响。因此，我国酿造调味品食盐含量过高的状况将会改变，低盐、浅色及一部分无盐调味品将产生，天然的、具有丰富营养及保健功能的调味料将是新的发展方向。如加碘、加锌、加钙的复合营养盐，改变了食盐单调平淡的口味；利用黑米、薏米、黑豆、蘑菇等分别生产出含各种维生素、矿物质等不同营养成分的调味品；一些酿造厂家生产的苹果醋、荔枝醋、荞麦醋等保健醋类等。而且，我国有着悠久的药膳历史，调味常用的花椒、砂仁、豆蔻、八角、桂皮、茴香等既是调味品，又是中药，因此药膳调味品将会受到越来越多的消费者的青睐，从而为调味品开拓更为广阔的市场。

第二节　常见调味料的烹饪应用

一、基础调味料

传统的油、盐、酱、醋在烹饪调味中各具有不同的特点与作用，它们被称为基础调味料，其呈味作用相对比较单一。

（一）咸味调料

咸味是一种非常重要的基本味。它在调味中有着举足轻重的作用。人们常称之为"百味之王"。单一或复合咸味调料中的咸味主要来源于氯化钠。其他盐类如氯化钾、氯化铵、溴化钾、碘化钠等也都具有咸味，但同时也有苦味、涩味等其他的味感。因此，只有氯化钠的咸味最为纯正。烹饪中常用的咸味调料有食盐、酱油及酱类等。

1. 食用盐

食用盐又称食盐。以氯化钠为主要成分，用于烹调、调味、腌制的盐。食盐有一个大的家族，其成员之多，分布范围之广，都是世界罕见的。

（1）品种特征　食盐在自然界里分布很广，我国有极为丰富的食盐资源。按其生产和加工方法可分为精制盐、粉碎洗涤盐、日晒盐。以添加成分的不同，可分为普通食盐、营养食盐和加味食盐。营养食盐是指在精盐中增加添加剂而制成的食盐，如加碘盐、锌盐、铁盐、铜盐、低钠盐、维生素盐等，以此增加对矿质元素的补充或限制对钠的吸收。加味食盐是指在精盐中加入其他调味品制得的食盐，如胡椒盐、香料盐等。

（2）烹饪应用　食盐是菜肴调味中使用最广的咸味调料，而且有"百味之王"之称，很多其他味必须有食盐参与才能形成，同时具有助酸、助甜和提鲜的作用。由于Na^+和Cl^-具有强烈的水化作用，可帮助蛋白质吸收水分和提高彼此的吸引力，因此，少量的食盐不但可增加肉糜的黏稠力，还可促进面团中面筋质的形成。由于食盐能产生高渗透压，使微生物产生质壁分离，因此食盐还具有防腐杀菌的作用，常用腌制的方法来加工和贮存原料。食盐作为传热介质，具有传热系数大、温度升高快、表面积大等特点，可对一些原料进行加热或半成品加工，如盐炒花生、盐发蹄筋以及用于盐焗类菜肴的制作等。食盐具有高渗透压，能渗透到原料组织内部，增加细胞内蛋白质的持水性，促进部分蛋白质发生变性，因此可以调节原料的质感，增加其脆嫩度。

2. 酱油

酱油是中国的传统调味品，中国历史上最早使用"酱油"名称是在宋朝，林洪撰写的《山家清供》中有"韭叶嫩者，用姜丝、酱油、滴醋拌食"的记述。酱油的成分比较复杂，除食盐的成分外，还有多种氨基酸、碳水化合物、有机酸、色素及香料成分，以咸味为主，也有鲜味、香味等。

（1）品种特征　根据加工方法的不同，酱油分为酿造酱油和配制酱油两大类。酿造酱油（Fermented soy sauce）是以大豆和/或脱脂大豆、小麦和/或麸皮为原料，经微生物发酵制成的具有特殊色、香、味的液体调味品；配制酱油是以酿造酱油为主体，与酸水解植物蛋白调味液、食品添加剂等配制而成的液体调味品。在商品标签上必须注明"酿造酱油"或"配制酱油"被《酿造酱油》国家标准（GB 18186—2000）列为强制执行内容。酿造酱油与配制酱油的区别在于是否加入了酸水解植物蛋白调味液。

根据口味和色泽分：浓口酱油（深色酱油）、淡口酱油（浅色酱油）、白酱油等。抽是提取的意思，分两种，老抽中加入了焦糖色，颜色更深，生抽的色就浅一些，但咸味比老抽要重一点。简单说，老抽用于提色，尤其适合肉类增色，生抽则用于提鲜。

根据酱油的不同配料分：辣味酱油、五香酱油、海鲜酱油、鱼露酱油、虾籽酱油、冬菇酱油等。此外，为适合人体健康需要，还制作出了多种营养保健酱油。如铁强化酱油是按照标准在酱油中加入一定量的乙二胺四乙酸铁钠（NaFeEDTA）制成的营养强化调味品。

根据使用方法的不同分：佐餐酱油和烹饪酱油。佐餐（餐桌）酱油是供人们在饮食时直接入口食用的，比如蘸食、凉拌等，卫生质量要求很高，按国家卫生标准要求，其菌落总数要小于或等于3万个/mL。即使生吃，也不会危害健康。如果标签中标注为佐餐/烹调，则说明这种酱油既可佐餐，又可用于烹调。

（2）烹饪应用　酱油是烹调中使用广泛的调味品。酱油能代替盐起确定咸味、增加鲜味的作用；酱油可增加菜肴色泽，具有上色、起色的作用；酱油的酱香气味可增加菜肴的香气；酱油还有除腥解腻的作用。酱油在菜点中的用量受两个因素的制约，菜点的咸度和色泽，还由于加热中会发生增色反应。因此，一般色深、汁浓、味鲜的酱油用于冷菜和上色菜；色浅、汁清、味醇的酱油多用于加热烹调。另外，由于加热时间过长，会使酱油颜色变黑，所以，长时间加热的菜肴不宜使用酱油，而可采用糖色等增色。

酱油的呈味以咸味为主，也有鲜味、香味等。在烹调中具有为菜肴确定咸味、增加鲜味的作用；还可增色、增香、去腥解腻。多用于冷菜调味和烧、烩菜品之中。此外，还需注意菜品色泽与咸度的关系，一般色深、汁浓、味鲜的酱油用于冷菜和上色菜；色浅、汁清、味醇的酱油多用于加热烹调。

3. 酱类

酱是我国传统的调味品，是以富含蛋白质的豆类和富含淀粉的谷类及其副产品为主要原料，在微生物酶的作用下发酵而成的糊状调味品。在习惯上常将一些加工成糊状的调味品或食品也称为"酱"，如国家标准《调味品分类》中的"酱类"包括豆酱、面酱、番茄酱、辣椒酱、芝麻酱、花生酱、虾酱和芥末酱。

（1）品种特征　酱的种类较多，因其原料不同和工艺的差异，我国主要有豆酱（黄豆酱、蚕豆酱、杂豆酱）、面酱（小麦酱、杂面酱）和复合酱。

豆酱：以豆类或其副产品为主要原料，经微生物发酵酿制的酱类。包括黄豆酱、蚕豆酱、味噌等。成品红褐色有光泽，糊粒状，有独特酱香，味鲜美。常见的为黄豆酱，成品较干润的为干态黄豆酱，较稀稠的为稀态黄豆酱。

面酱：又称甜面酱，以小麦粉为主要原料，经微生物发酵酿制的酱类调味品。成品红褐色或黄褐色，有光泽、带酱香、味咸甜适口，呈黏稠状半流体。

复合酱：又称复制酱，是以大豆酱、面酱、蚕豆酱、虾酱、酱油、食盐、芝麻、花生等为主要原料，另加多种调味品复制而成的具有多种风味的酱类调味品。主要品种有芝麻辣酱、花生酱、火腿酱、海鲜酱等。

（2）烹饪应用　甜面酱一般用于烧、炒、拌类菜肴，主要起增香、增色的作用，并可起解腻的作用，如酱爆肉丁、酱肉丝、酱烧冬笋、回锅肉、酱酥桃仁等；作为食用北京烤鸭、香酥鸭时的葱酱味碟；也可作杂酱包子的馅心、杂酱面的调料；并用于酱菜、酱肉的腌制和酱卤制品的制作，如京酱肉、酱牛肉。豆酱可佐食或复制用。复合酱可作为烧、卤、拌类菜肴的调味料，也可作为蘸料、涂抹食品直接食用。

甜面酱不宜直接放入菜肴中使用，也不宜兑汁使用。正确方法是：先用油、盐等调味品将甜面酱炒熟炒透，除去部分水分，使其淡而不黏，咸中带甜，然后再放入菜肴烹制，这样成菜才有浓郁的酱香，色泽红褐、艳丽而富有光泽。

（二）甜味调料

甜味是除咸味外可单独成味的基本味之一。在烹饪中常用的甜味调味品有各种糖类、蜂蜜、各种食品甜味素。

1. 食糖

用于调味的糖，一般指用甘蔗或甜菜精制的白砂糖或绵白糖，也包括淀粉糖浆、饴糖、葡萄糖、乳糖等。

（1）品种特征　糖类按制糖原料分有：麦芽糖、蔗糖、甜菜糖、甜叶菊糖、玉米糖等；按产品颜色分有：红糖、白糖等；按产品形态分有：绵白糖、砂糖、冰糖、方糖等，见表9-2。

表9-2 烹饪中常用的糖类及特点

品种	特点	应用
白砂糖	将甘蔗或甜菜糖汁提纯后，经煮炼及分蜜所得的洁白砂糖，有粗砂、中砂、细砂之分。颜色洁白，甜味纯正	易结晶，适宜制作挂霜菜肴或一般糕点生产中使用
绵白糖	在细白砂糖中加入适量的转化糖后混合均匀而得的产品。甜度高，甜味柔和，晶粒细小均匀，质地绵软细腻，入口即化	因含少量转化糖，结晶不易析出，适宜制作拔丝菜肴；还用于凉拌菜调味及含水分少的烘烤糕点中
赤砂糖	赤砂糖在加工过程中未经脱色、洗蜜等工序，表面附着糖蜜，还原糖含量高，同时含有色素、胶质等非糖成分。不耐贮存	烹饪中使用不多，可用于红烧肉等，能产生较好的色泽和香气
土红糖	以甘蔗为原料土法生产、未经脱色和净化的食糖	可用于制作复合酱油、腌渍泡菜等。烹调中使用较少
冰糖	白砂糖的再制品，含杂质量少，纯度比白砂糖稍高	多用于银耳、燕窝、哈士蟆油等原料制作的甜菜或用于扒烧菜及药膳的制作
饴糖	以米或麦、粟、玉蜀黍等粮食经处理后再发酵糖化，制成的一种浓稠状的甜味调味品，主要甜味成分是麦芽糖	用于烤、炸菜类，有增色起脆的作用。如"烤鸭""烤乳猪"等，用于糕点中，起到增加甜香、光泽、滋润、弹性和抗蔗糖结晶等作用

（2）烹饪应用 糖类用于菜肴、食品、饮料等的甜味调味，利用蔗糖在不同温度下的变化，可用于制作蜜汁、挂霜、拔丝、琉璃类菜肴及炒制糖色；糖和醋的混合，可产生一种类似水果的酸甜味，十分开胃可口；在面点制作时加入适量的糖可促进发酵；利用高浓度的糖溶液对微生物的抑制和致死作用，可用糖渍的方法保存原料。

2. 蜂蜜

蜂蜜是昆虫蜜蜂从开花植物的花中采得的花蜜存入体内的蜜囊中，归巢后贮于蜡房中经过反复酿造而成的一种有黏性、半透明的甜性胶状液体。我国是世界养蜂大国，据调查，现饲养蜜蜂700多万群，占全球饲养总数的1/7左右，我国蜂群数量和蜂产品产量、出口量均居世界第一，其中蜂蜜一半以上用于出口，出口量占全世界蜂蜜贸易额的25%。

（1）品种特征 蜂蜜因为花源的不同，色、香、味和成分也不同，各国所产的蜂蜜也因花源的不同而有不同的颜色和形态。如紫云英蜜：色淡，微香，少异味；苜蓿花蜜：全世界产量最多，有浓郁的香味和甜味，口感温和；槐花蜜：颜色较淡浅，甜而不腻，不易结晶，有洋槐特有的清香；荔枝蜜：颜色较淡，气味清香，易结晶，有荔枝香味；柑桔花蜜：色淡，微酸，结晶细腻；依不同季节则因不同花源而产生文旦蜜、柑橘蜜、苹果蜜、哈密瓜蜜、咸丰草蜜、蔓泽兰蜜、向日葵蜜等，主要不同在香味上。

（2）烹饪应用 蜂蜜最简单的是用温水冲成饮料，也经常在面包或烤饼上直接涂抹。在烹饪中主要用来代替食糖调味，同时具有矫味、起色等作用，烧烤时加入蜂蜜，甜味和色泽会更好。在面点制作中，使用蜂蜜还可起改进制品色泽、增添香味、增进滋润性和弹性的作用。

蜂蜜也可在咖啡或红茶等的饮料中代替糖作为调味品使用。蜂蜜的主要成分之一果糖，在高温时不容易感觉到甜味，所以在热的饮品中添加蜂蜜时要注意不要过量。在红茶中加入蜂蜜时，会变成黑色，是因为红茶中含有单宁酸，与蜂蜜中的铁分子结合，生成黑色单宁铁的缘故。而在绿茶中加入蜂蜜，会变成紫色，这也是判断蜂蜜真伪的依据之一。

（3）营养保健　蜂蜜的成分中，葡萄糖、果糖占蜂蜜总量的65%～80%，所以蜂蜜很甜，还含有各种维生素、矿物质、氨基酸，1kg的蜂蜜含有2940kcal的热量。蜂蜜是糖的过饱和溶液，低温时会产生结晶，生成结晶的是葡萄糖，不产生结晶的部分主要是果糖。不仅仅是在冰箱里，即使冬天放在室内储藏也会产生结晶。当加热时结晶又会重新变回液体，并不是质量的问题。蜂蜜水分含量少，保存性非常好，细菌和酵母菌都不能在蜂蜜中存活，所以有人说蜂蜜是唯一不会变坏的食品。

蜂蜜被卫生部列为既是食品又是药品的物品，作为一种中药，有润燥通便的疗效，可以用于治疗口腔炎和咳嗽，作为外用药，蜂蜜可以促进伤口愈合，治疗溃疡，与中药材的粉末一起做成蜜丸。吃蜂蜜的时候别吃豆腐，因为蜂蜜有果糖，与豆类食品融合后会出现钙化情况，导致消化不良。

（三）酸味调料

酸味是酸性物质离解出的氢离子在口腔中刺激味觉神经后而产生的一种味觉体验。自然界的酸性物质大多数来自植物性原料。酸味具有缓甜减咸、增鲜降辣、去腥解腻、刺激食欲、帮助消化的独特作用。此外，酸遇碱可发生中和反应而失去酸味；在高温下，酸性成分易挥发也可失去酸味。因此，在使用酸味调味品时，需注意这些变化的发生。在烹调中常用的酸味调味品有食醋、柠檬汁、番茄酱、草莓酱、山楂酱、木瓜酱、酸菜汁等。

1. 食醋

我国食醋西周已有。晋阳（今太原）是我国食醋的发祥地之一，史称公元前8世纪晋阳已有醋坊，春秋时期遍及城乡。至北魏时《齐民要术》共记述了22种制醋方法。

（1）品种特征　根据制作方法不同，一般分为酿造食醋和配制食醋两类。酿造食醋是单独或混合使用各种含有淀粉、糖的物料或酒精，经微生物发酵酿制而成的液体调味品，为我国传统的食用醋，其中除含5%～8%的醋酸外，还含有乳酸、葡萄糖酸、琥珀酸、氨基酸、酯类及矿物质和维生素等其他成分。成品酸味柔和、鲜香适口，并具有一定的保健作用。酿造醋按原料不同分为米醋、麸醋、酒醋、果醋、糟醋、糖醋、熏醋等，以米醋质量为最佳。此外，还有柿醋、苹果酒醋、葡萄酒醋、铁强化醋和红糖醋等。日本和西方国家的食醋，多采用以葡萄汁为主的水果汁或麦芽汁为原料，经液态发酵工艺生产。常见的名醋如山西老陈醋、四川麸醋、镇江香醋、浙江玫瑰米醋、福建永春红曲醋等。

配制食醋是以酿造食醋为主体，与冰乙酸、食品添加剂等混合配制而成的调味食醋。按颜色可分为有色醋和白醋，其酸味单一，不柔和，缺乏鲜香味，具有刺激感。

（2）烹饪应用　醋是烹饪中运用得较多的调味品，主要起赋酸、增香、增鲜、除腥膻、解腻味等作用。在烹饪中主要用于调制复合味，是调制"糖醋味""荔枝味""鱼香味""酸辣味"等的重要调料。醋还具有抑制或杀灭细菌、降低辣味、保持蔬菜脆嫩、防止酶促褐变、保持原料中的维生素C少受损失等功用。醋可促进人体对钙、磷、铁等矿物元素的吸收。用食醋作为主要调味料制作的菜肴有"醋椒鱼""醋熘鳜鱼""西湖醋鱼""咕噜肉""酸辣汤""酸甜竹节肉""糖醋黄河鲤鱼""糖醋排骨"等。

（3）营养保健　食醋的主要成分是醋酸，还含有少量氨基酸、碳水化合物、酯类、不挥发酸等。中医认为，食醋性温味酸苦，具有开胃、养肝、散瘀、止血、止痛、解毒、杀虫等功效。现代医学认为，经常食醋可以起到软化血管、降低血压、预防动脉硬化的作用。此外，食醋还能减肥、美容、抗癌、杀菌，具有独到的保健作用。

（4）注意事项　由于醋酸不耐高温，易挥发，在使用时应根据需要来决定醋的用量和投放时间。如在烧鱼时用于腥味的去除，应在烹制开始时加入；如是制作酸辣汤等呈酸菜肴，应在起锅时加入，或是在汤碗内加醋调制；如是用于凉拌菜起杀菌的作用，则应在腌渍时加入。制作本色或浅色菜肴时应选用白醋，用量一定要少。

2. 果汁（酱）类

以果菜类或水果类原料制得的酸味调味品。其常用的种类及烹调应用见表9-3。

表9-3　　　　　　　　　　烹饪中常用的果汁类酸味调味品

品种	特点	应用
番茄酱	以番茄（西红柿）为原料，添加或不添加食盐、糖和食品添加剂制成的酱类，添加辅料的品种可称为番茄沙司。色泽红艳，汁液滋润，味酸鲜香	广泛应用于冷、热菜肴及汤羹、面点、小吃中。主要用于甜酸味，在炒、熘、煎、烹、烧、烤等烹调方法中常用。也可作味碟醮料
青梅乌梅	为蔷薇科植物梅的未成熟果实，含有多种有机酸。如柠檬酸、苹果酸、琥珀酸等	古代先民多以梅代醋。烹调中可用来调制酸味，如梅汁排骨
柠檬汁	以鲜柠檬经榨挤后所得到的汁液，颜色淡黄，味道极酸并略带微苦味，有浓郁的芳香	西餐必备调味品之一。用之调味，菜肴的酸味爽快可口，入口圆润滋美。另外，还能防止果蔬加工时的褐变
苹果酸	是一种广泛分布于水果、蔬菜中的有机酸，有很强的吸湿性。是食品工业中的一种重要酸味调料	在烹饪中制作糕点时有一定的应用。用其制成的糕点有一种典型的果酸味，成品表面不易干燥开裂
柠檬酸	广泛分布于柠檬、柑橘、草莓等水果中。因最初由柠檬汁分离制取而得名，现在工业上由糖质原料发酵或其他合成法制得。其酸味是所有的有机酸中最柔和而可口的	在食品工业中制作饮料、果酱、罐头、糖果。在烹饪中主要起保色的作用，同时可增加香味及果酸味，使菜品形成特殊的风味

（四）鲜味调料

鲜味是一种优美适口、激发食欲的味觉体验。鲜味物质广泛存在于动植物原料中，如畜肉、禽肉、鱼肉、虾、蟹、贝类、海带、豆类、菌类等原料。产生鲜味的物质主要有氨基酸（谷氨酸、天门冬氨酸）、呈味性核苷酸（肌苷酸、鸟苷酸）、酰胺、氧化三甲基胺、有机酸（琥珀酸）、低肽等。这些物质的钠盐鲜味更显著。鲜味不能独立成味，需在咸味的基础上才能体现。

鲜味可使菜点风味变得柔和、诱人，能促进唾液分泌、增强食欲，所以在烹饪中，应充分发挥鲜味调味品和主配原料自身所含鲜味物质的作用，以达到最佳呈味效果。需注意的是鲜味物质存在着较明显的协同作用，即多种呈鲜物质的共同作用，要比一种呈鲜物质的单独作用，其呈鲜力强。这个特点，在中餐烹饪中得到广泛的应用。

烹调中，常用的鲜味调味品有从植物性原料中提取的或利用微生物发酵产生的，主要有味精、蘑菇浸膏、素汤、香菇粉、腐乳汁、笋油、菌油等；有利用动物性原料生产的鸡精、牛肉精、肉汤、蚝油、虾油、蛏油、鱼露、海胆酱等。除普通味精为单一鲜味物质组成外，其他鲜味调味品基本上都是由多种呈鲜物质组成，所以鲜味浓厚，回味悠长。

1. 味精

味精是日本东京帝国大学的化学教授池田菊苗先生1908年从海带的汁液中发现并提取出来的，随后他便把它推广并应用于日本的调味领域，将其产品命名为"味の素"，中国称之为"味之素"。我国味精的生产始于1922年的上海天厨味精厂，为民族工业家吴蕴初先生所创，品牌为"佛手"牌。

（1）品种特征　国家标准《调味品分类》中的"味精"包括：

① 谷氨酸钠（99%味精）：L-谷氨酸单钠一水化物。以碳水化合物（淀粉、大米、糖蜜等糖质）为原料，经微生物（谷氨酸棒杆菌等）发酵，提取，中和，结晶，制成的具有特殊鲜味的白色结晶或粉末。

② 味精（味素）：指在谷氨酸钠中，定量添加了食用盐且谷氨酸钠含量不低于80%的均匀混合物。

③ 特鲜（强力）味精：指在味精中，定量添加了核苷酸钠[5′-鸟苷酸二钠（简称GMP）或呈味核苷酸钠（简称IMP＋GMP或WMP）]等增味剂，其鲜味超过谷氨酸钠。

🔗 **知识链接**

味精无害

20世纪70～80年代，国际上曾掀起一股所谓的"中国餐馆病"，说是中餐菜肴里含有较多的味精，吃了会引起头痛、脸发麻、肠胃不适等感觉。个别主产鸡精的商家炒作"味精有害健康""吃味精得偏瘫、痴呆""儿童吃味精长不高""鸡精有较高营养价值"等说法，形成气候，误导消费，很快抢占了中国味精市场。为此，我国味精最大生产基地河南项城莲花味精（占全国味精出口额90%以上）等味精企业受到较大损失。

1987年2月联合国粮农组织和世界卫生组织食品添加剂专家联合委员会第19次会议上，根据多年对味精的试验，取消了对食用味精加以限量的规定，宣布"味精无害"。1999年，我国对味精也做了一次严格的毒性试验。专家所做的科学试验告诉我们，一个人每天吃50克、100克的量，一般都没有问题。通常情况下一个人在一日之内是不可能食入这么高的味精量的。2007年10月7日CCTV-新闻频道《每周质量报告》中，权威官方营养专家吴晓松说：味精和鸡精的主要成分都是谷氨酸钠，二者所含的成分差异不足10%；吃味精对健康无害，鸡精只是调味品，主要起调味作用，营养价值并不高。

（2）烹饪应用　味精是现代中餐烹调中应用最广的鲜味调味品，主要用于味淡菜肴的增鲜，可以增进菜肴本味，促进菜肴产生鲜美滋味，增进人们的食欲，有助于对食物的消化吸收。并且可起缓解咸味、酸味和苦味的作用，减少菜肴的某些异味。

（3）注意事项　味精的最佳溶解温度为70～90℃。在一般烹调加工条件下较稳定，但长时间处于高温下，易变为焦谷氨酸钠而使鲜味丧失。另外，在碱性条件下，味精会转变为谷氨酸二钠，鲜味丧失；在酸性条件下，溶解度降低，而使呈鲜能力下降甚至消失。为使味精表现出良好的鲜味，菜肴中添加味精多在出锅前或装盘后进行，不宜将味精与原料一同进行加热，使用时须与食盐配合，在烹调酸甜类菜肴中一般不用。

2. 其他鲜味调料

除味精外，表9-4所示为其他常用的增鲜调料的特点和应用，此外还有蟹酱、鱼子酱、蚬蛳酱、海胆酱、虾籽、蟹籽、虾蛄籽、虾油、蛏油、贻贝油、沙蟹汁、鲜蘑菇汁、鱼酱汁、蘑菇浸膏、酵母浸膏、酵母精、香菇粉等。在味精未被发现和应用于烹饪中之前，历代厨师都非常重视和讲究的鲜汤是最常用的增鲜剂，尤其是用于一些本身无鲜味的原料，如鱼肚、鱼骨、蹄筋等菜肴的制作。

表9-4　　　　　　　　　　　　　烹饪中常用的鲜味调料

品种	特点	应用
鱼露	又称鱼酱油、水产酱油，发源于广东，以鱼、虾为原料发酵而成的调味酱汁，含有多种呈鲜成分及氨基酸，味极鲜美，富于营养，且经久耐藏，是优良的调味料	与酱油运用相似，主要用于菜肴调味，可赋咸、起鲜、增香。适用于煎、炒、蒸、炖等技法，尤宜调拌，或作蘸料，也可兑制鲜汤
海鲜酱	广东特产，是以黄豆、面粉为原料经酿造后加红糖、白醋、酸梅、蒜肉等配料，破碎后高温蒸煮并研磨而成的制品	色泽枣红，以甜为主，略带酸味，味道鲜美，主要用于拌食，有增进食欲、帮助消化的作用
虾酱	以各种小鲜虾为原料，加入适量食盐经发酵后，再经研磨制成的一种黏稠状、具有虾米特有鲜味的酱。外观略似甜面酱	虾酱常用于烹调肉类、蛋类、蔬菜、面食等的增鲜调香用，味道鲜美。也可加葱、姜、酒调味，蒸成小菜食用
蚝油	主产于广东、福建一带，用牡蛎肉渗出液和煮过牡蛎肉的汤汁，经沉淀过滤，加热浓缩而成的味道鲜美的调味品	可作鲜味调料和调色料使用，具有提鲜、增香等作用，适用于炒、烩、烧、扒、煮、炖等多种技法
蟹油	用蟹黄、蟹肉与素油、姜块、葱结、黄酒熬制成的调味品，含有多种鲜味成分，味道特别鲜美	以蟹油加入菜点，鲜香浓醇，风味独特，其鲜味远胜于味精。如冬令的蟹油豆腐、蟹油青菜、蟹黄汤包等
菌油	用鲜菌和植物油混合炼制而成的液体鲜味调味料。鲜美香醇，菌肉脆嫩	多用于制作菜肴，烧豆腐，还可用以拌面条、拌米粉和做汤

（五）香辛调料

2008年10月1日实施的《天然香辛料 分类》（GB/T 21725—2008）中的"天然香辛料"（natural spices）是指可直接使用的具有赋香、调香、调味功能的植物果实、种子、花、根、茎、叶、皮或全株等天然植物性产品。

1. 香辛料概述

在我国，香辛调料绝大多数种类为传统中草药，民间习称为香药料、卤料、佐料等。

（1）品种特征　国际标准化组织（ISO）认可并允许在食物中添加的香辛调料有25科79种。我国已发现的野生香料植物和栽培品种共60多科400多种，香料资源极大地丰富了世界香料植物的宝库。《天然香辛料 分类》（GB/T 21725—2008）依据天然香辛料呈味特征，将其分为浓香型、辛辣型和淡香型三大类，浓香型天然香辛料以浓香为主要呈味特征，呈味成分多为芳香族化合物，无辛、辣等刺激性气味；辛辣型天然香辛料以辛、辣味等强刺激性气味为主要呈味特征，呈味成分多为含硫或酰胺类化合物；淡香型辛料以平和淡香、香韵温和为主要呈味特征，无辛辣等强刺激性气味。见表9-5。

表9-5　　　　　　　　　　　　　天然香辛料的分类及品种

类别	香辛料品种
浓香型	牛至（oregano）、芫荽（coriander）、大清桂（vietnamese cassia）、丁香（clove）、龙蒿（tarragon）、小茴香（fennel）、小豆蔻（small cardamon）、甜罗勒（sweet basil）、芹菜籽（celery）、肉豆蔻（nutmeg）、多香果（pimento allspice）、桂皮（Chinese cassia）、百里香（thyme）、葛缕子（caraway）、阴香（indonesia cassia）、八角茴香（star anise）、香豆蔻（greater Indian cwidamom）、莳萝（dill）
辛辣型	洋葱（onion）、荜拨（long pepper）、韭葱（winter leek）、黑芥子（black mustard）、小葱（chive）、阿魏（asafoetida）、花椒（Chinese prickly ash）、辣根（horseradish）、大蒜（garlic）、大葱（welsh onion）、椒样薄荷（peppermint）、白欧芥（white mustard）、木姜子（litsea）、高良姜（galanga）、辣椒（chilli, capsicum）、砂仁（villosum）、薄荷（fieldmint）、香茅（west Indian lemongrass）、白胡椒、黑胡椒（white pepper）姜（ginger）
淡香型	枯茗（cumin）、香旱芹（ajowan）、菖蒲（sweet flag）、豆蔻（cambodian caidamom）、芝麻（benne）、姜黄（turmeric）、圆叶当归（angelia）、香椿（chinese mahogany）、芒果（mango）、月桂叶（laurel）、迷迭香（rosemary）、留兰香（garden mint）、刺柏（juniper）、甘草（licorice）、调料九里香（curry）、枫茅（srilanka citronella）、刺山柑（caper）、欧芹（parstey）、石榴（pomegranate）、蒙百里香（wild thyme）、草果（tsao-ko）、细叶芹（charvil）、胡芦巴（fenugreek）、甘牛至（sweet marijoram）、香荚兰（vanilla）、罂粟籽（poppy）、藏红花（saffron）、杨桃（carambola）、罗晃子（tamarind）、山柰（kaempferia）

注：根据《天然香辛料 分类》（GB/T 21725—2008）整理。

 知识链接

罂粟籽——调味料里的"另类"

罂粟壳系罂粟植物的干燥果实，含有吗啡、罂粟碱等活性生物碱，具有兴奋、镇痛等作用，也可成瘾，所以一些不法商贩为了招揽回头客以谋取利润，在火锅底料或调料中非法掺入罂粟壳或其粉碎物、浸提物，诱发客户上瘾，具有潜在的吸食毒品的倾向，社会危害大，是行政执法部门打击的违法行为。

罂粟籽与罂粟的其他部位有很大不同，可以说是"出污泥而不染"，虽与鸦片汁液同处于一个果壳内，却神奇般地保持着"百毒不侵"之身，任凭现代最先进的仪器、最严格的检测手段查验，都不可能从它身上找出有毒的成分。而且，根据国家标准（GB/T 21725—2008），还将罂粟籽作为香辛调味料。罂粟籽对人体的许多疾病还有明显的预防和辅助治疗作用，是极具药理价值和独特食疗价值的原料。

欧美发达国家将罂粟籽及其制品作为健康食品已有百年历史，他们主要用其加工制作面包、汉堡包、馅料、沙津酱等。但是，美国毒品执法局十分担心罂粟籽合法销售会对毒品泛滥推波助澜。在我国，也面临同样的问题，政府部门也担心有人趁机浑水摸鱼，这也是这一健康调味品原料难以发展的重要原因。

（2）商品形态　香辛料的利用形态，可以分为天然香辛料和加工香辛料两种形态。经干燥或粉碎的天然香辛料，即粉碎香辛料，是一种最传统的使用方法，主要应用于家庭、餐馆的烹调，也用于餐桌上的调味，如辣椒粉、胡椒粉等。利用香辛料成分易溶于各种食用油和脂肪中加工成香辛料精油，赋香力可任意调整，如八角茴香油、薄荷素油及芥末油等。

我国除有粉碎香辛料、少量香辛料精油及复合香辛料（如五香粉）外，对其他产品的开发则较少。国外对加工的香辛料及其制品的开发与应用已达到较高水平，其产品主要有灭菌粉碎香辛料、复合香辛调味料、香辛料精油、油树脂、香精、香辛料乳液、香辛料煎液、分散的香辛料、胶囊化香辛料及速溶香辛料，其中，油树脂是将香辛料原料中几乎全部香气和呈味成分提取出来，制成的黏稠、颜色略深、含有精油的树脂性产品。其优点是能较完整地代表香辛料的有效成分、香气和口味，不易氧化、聚合、变质，使用方便。

（3）性质功能　香辛料根据其功能的不同，可分为香味料、辛味料、苦味料、着色料、药用料等。香辛料之所以能促进食欲，是各种香气、刺激等综合作用的结果。香辛料特有成分的刺激性，使消化器官的黏膜受到强烈刺激，提高了中枢神经的作用，促使输送到消化器官的血液增多，消化液分泌旺盛，从而促进了食欲并改善了消化。与此同时，也促进了肠道的蠕动，使营养更好地被吸收。中枢神经作用的提高，使血液畅通，在寒冷季节能使身体暖和。辣椒常用于此目的，并被用于治疗冻疮。香辛料的刺激成分，是植物为防止害虫及细菌侵害而具有的，故常常具有驱除人体内蛔虫及其他寄生虫的功效。另外，有的香辛料还具有抗氧化性（如丁香、姜、小茴香等），防止肉类和水产原料中的脂肪氧化。对微生物有杀菌作用（如大蒜），对寄生虫有杀灭作用，可用于食品的防腐，避免食物中毒，在与其他调味品（如食盐、砂糖、醋等）一起使用时，效果更好。香辛料中不少本身就是中药材，具有健胃、调理肠胃、祛痰、驱虫、助消化、健身、止血等良好的药用价值，而被广泛应用。

2. 常用香辛料

（1）辣椒　辣椒为茄科辣椒属能结辣味浆果的一年生或多年生草本植物，是目前世界上普遍栽培的茄果类蔬菜。辣椒能促进食欲，增加唾液分泌及淀粉酶活性，也能促进血液循环，增强机体的抗病能力。作为辣味调料使用的主要是辣椒制品。

① 品种特征：辣椒鲜果可作蔬菜或磨成辣椒酱，或做泡辣椒，老熟果经干燥，即成辣椒干，磨粉可制成辣椒粉或辣椒油。

干辣椒：又称干海椒，是新鲜尖头辣椒的老熟果晒干而成。果皮带革质，干缩而薄，外皮鲜红色或红棕色，有光泽、辣中带香，各地均产，主产于四川、湖南，品种有二金条（见图9-1）、朝天椒、线形椒、羊角椒等。

辣椒粉：又称辣椒面，是将干辣椒碾磨成粉面状的一种调料。因辣椒品种和加工的方法不同，品质也有差异。选择时以色红、质细、籽少、香辣者为佳。

图9-1　干辣椒（二金条）

辣椒油：又称红油，是用油脂将辣椒面中的呈香、呈辣和呈色物质提炼而成的油状调味品。成品色泽艳红，味香辣而平和，是广为使用的辣味调味料之一。

辣椒酱：常用的辣味调料，即将鲜红辣椒剁细或切碎后，再配以花椒、盐、植物油脂等，然后装坛经发酵而成，为制作麻婆豆腐、豆瓣鱼、回锅肉等菜肴及调制"家常味"必备的调味料。使用时需剁细，并在温油中炒香，以使其呈色呈味更佳。加入蚕豆瓣的辣椒酱也称豆瓣酱。

泡辣椒：常以鲜红辣椒为原料，经乳酸菌发酵而成，四川民间制作泡辣椒时常加入活鲫鱼，故又称鱼辣椒。成品色鲜红，质地脆嫩，具有泡菜独有的鲜香风味。

② 烹饪应用：辣椒制品都能增加菜肴的辣味，品种不同，运用略有差异。干辣椒在烹饪中运用极为广泛，具有去腥除异、解腻增香、提辣赋色的作用，广泛应用于荤素菜肴的制作；辣椒粉在烹调中不仅可以直接用于各种凉菜和热菜的调味，或用于粉末状味碟的配制，而且还是加工辣椒油的原料。辣椒油广泛运用于拌、炒、烧等技法的菜肴和一些面食品种。在制作不同辣味的菜肴时也常用到辣椒油，如调制麻辣味、蒜泥味、酸辣味、红油味、怪味等，均需用到辣椒油。泡辣椒是调制"鱼香味"必用的调味料。使用时需将种子挤出，然后整用或切丝、切段后使用。

③ 注意事项：烹调中使用辣椒，应注意因人、因时、因物而异的原则，青年人对辣一般较喜爱，老年人、儿童则少用；秋冬季寒冷、气候干燥当多用；春夏季，气候温和、炎热，当少用；清鲜味浓的蔬菜、水产、海鲜当少用，而牛、羊肉等腥膻味重的原料可以多用。

（2）胡椒　为胡椒科植物胡椒的干燥近成熟或成熟果实，秋末至次春果实呈暗绿色时采收，晒干，为黑胡椒；果实变红时采收，用水浸渍数日，擦去果皮，晒干，为白胡椒（见图9-2）。原产于印度西南海岸，中国海南岛、广东、广西、云南、台湾均有栽培，以海南岛和云南西双版纳所产为好。胡椒是目前世界食用香料中消费量最大，最受欢迎的一种香辛调料。

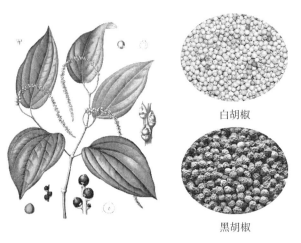

白胡椒

黑胡椒

图9-2　胡椒

① 品种特征：胡椒富含胡椒碱、胡椒脂碱、水芹烯、丁香烯、树脂及吡啶等化学成分，辣味来自于胡椒碱和辣椒素，对口腔有较强的刺激性，属于热辣性辣味化合物。当胡椒加工成细小的粉末使用时，由于粉末飞扬到鼻腔，也可刺激鼻腔的黏膜组织，使人有打喷嚏的现象。

作调味品使用的主要是胡椒粉或胡椒油。胡椒粉是将胡椒研磨成粉末状的制品，分为白胡椒粉和黑胡椒粉两种。胡椒油是以优质胡椒仁为原料，采用科学的工艺浓缩提炼而成的胡椒制品。外观为金黄色，色泽清亮，有少许赤褐色沉淀物，气味辛香，与胡椒粉相比，辛香味更浓，使用起来更方便，效果更佳。

②烹饪应用：胡椒辣味轻微、有芳香感，在烹调中有去腥、提鲜、增香，并有开胃下饭的作用。一些荤腥的动物性原料，如牛肉、羊肉、海产鱼类、贝类、软体动物、淡水鱼类等，用其去腥为主，且能增香，大多出锅前或装盘后，再将胡椒粉撒入；一些清鲜淡雅的原料及菜品，如炖鸡、烩豆腐等放些胡椒粉也能增香，使风味更佳；制作辣酱油，腌制萝卜干、榨菜、腊肉也可放一点；最常见的水饺、面条放点胡椒粉则更为鲜香可口。

（3）花椒　为芸香科植物花椒的干燥果实（见图9-3）。中国原产。我国华北、华中、华南均有分布，以四川产的质量好，以河北、山西产量为高。花椒是中国特有的香料，位列调料"十三香"之首。

图9-3　花椒

①品种特征：花椒果皮含有挥发油，油的主要成分为柠檬烯、枯醇、香叶醇等，此外还含有植物甾醇及不饱和有机酸等多种化合物。品种有山西的小椒、大红袍、白沙椒、狗椒，陕西的小红袍、豆椒，四川的正路花椒、金阳花椒等。花椒有伏椒和秋椒之分，伏椒七八月间成熟，品质较好；秋椒九十月成熟，品质较差。

在烹调中，花椒除颗粒状外，常加工成花椒面、花椒油或花椒盐等形式使用。

②烹饪应用：花椒在烹调中具有去异味增香味的作用，无论红烧、卤味、小菜、四川泡菜、鸡鸭鱼羊牛等菜肴均可用到它，川菜运用最广，形成四川风味的一大特色。花椒与盐炒熟成椒盐，香味才溢出，可用于腌鱼、腌肉、风鸡、风鱼的制作；捣碎的椒盐用于干炸、香炸类菜肴蘸食，香味别致。花椒粉和葱末、盐拌成的葱椒盐，可用于"叉烧鱼""炸猪排"等菜加热前的腌渍。花椒用油炸而成的花椒油，常用于凉拌菜肴中。炖羊肉放点花椒则增香去腥膻。花椒还常与大、小茴香和丁香、桂皮一起配制成"五香粉"，烹调中运用更广。

（4）咖喱粉　咖喱（Carry）起源于古印度，咖喱一词最早是Kart，词源出于泰米尔族，意即香辣料制成的调味品。是用胡椒、肉桂之类芳香性植物捣成粉末和水、酥油混合成的糊状调味品，以印度所产最为有名。18世纪，伦敦克罗斯·布勒威公司把几种香辣料做成粉末来出售，便于携带和调和，大受好评。特别是放入炖牛肉中，令人垂涎欲滴，于是咖喱不胫而走，传遍欧洲、亚洲、美洲。

① 品种特征：咖喱粉因其配方不一，可分为强辣型、中辣型、微辣型，各型中又分高级、中级、低级3个档次，颜色金黄至深色不一。目前，世界各地销售的咖喱粉的配方、工艺均有较大差异且秘而不宣，各生产厂家均视为机密。仅日本就有数家企业生产不同配方的咖喱粉，且都有自己的固定顾客群。咖喱粉虽然诸家配方、工艺不一，但就其香辛料构成来看有10～20余种，并可分为赋香原料、赋辛辣原料和赋色原料3个类型。赋香原料，如肉豆蔻及其衣、芫荽、枯茗、小茴香、小豆蔻、众香子、月桂叶等；赋辛辣原料，如胡椒、辣椒、生姜等；赋色原料，如姜黄、郁金、陈皮、藏红花、红辣椒等。一般赋香原料占40%，赋辛辣原料占20%，赋色原料占30%，其他原料占10%。其中姜黄、胡椒、芫荽、姜、番红花为主要原料，尤其是姜黄更不可少，可谓没有姜黄即不成咖喱粉。

② 烹饪应用：咖喱粉的颜色为金黄色至深黄色，味道辛辣，香气浓郁而十分诱人。它的香气是各种原料香气混合而统一后的综合型香气，是烹饪中的一种特殊香味调料，适用于多种原料和菜肴，无论是中餐、西餐中均能用。如"咖喱牛肉""咖喱鸡块""咖喱鱼""咖喱饭"等。使用时可直接将咖喱粉放入菜肴，也可调浆煸炒后再加其他原料烹制，还可做成调味汁用于冷菜、面食、小吃，或用植物油加些葱花与咖喱粉熬成咖喱油，使用更方便。在烹饪中对咖喱粉的正确使用，可使菜肴的色、香、味等各方面均获得满意的效果。

（六）酒糟类调料

酒不仅是饮品，同时又是人们日常烹调佳肴美味的重要调味料，特别是在烧煮鸡、鸭、鱼、肉、虾、蟹之类腥味原料时，需要烹入一些料酒，这样既能起到除去腥味的作用，又能增加菜肴的鲜香。

酒中的主要成分是乙醇，此外还含有其他的高级醇、酯类、单双糖、氨基酸等成分，具有去腥除异、增香增色、助味渗透的作用。由于低度酒中的呈香成分多，酒精含量低，营养价值较高，所以常作为烹调用酒，如黄酒、葡萄酒、啤酒、醪糟等。高度酒多用于一些特殊菜式的制作，如茅台酒、五粮液、汾酒等。

1. 调味料酒

根据《调味料酒》（SB/T 10416—2007），调味料酒（seasoning wine）是以发酵酒、蒸馏酒或食用酒精成分为主体，添加食用盐（可加入植物香辛料），配制加工而成的液体调味品。

在我国的应用已有上千年的历史，日本、美国、欧洲的某些国家也有使用料酒的习惯。从理论上来说，啤酒、白酒、黄酒、葡萄酒和威士忌都可用作料酒。但人们经过长期的实践、品尝后发现，不同的料酒所烹饪出来的菜肴风味相距甚远。经过反复试验，人们发现以黄酒烹饪为最佳。目前市场上的料酒多是在黄酒的基础上发展的一种烹调专用型黄酒，它是用30%～50%的黄酒做原料，另外再加入一些香料和调味料做成的，与饮用型黄酒在营养卫生指标、风味、价格和包装等方面有一定区别。

烹饪应用　料酒在动物原料的烹调过程中使用极为广泛，无论是原料的腌汁还是加热过程中的调味，都可加以运用。主要作用为去腥膻、解油腻。烹调时加入料酒，能使造成腥膻味的物质溶解于酒精中，随着酒精挥发而被带走。料酒的酯香、醇香同菜肴的香气十分和谐，用于烹饪不仅为菜肴增香，而且通过乙醇挥发，把食物固有的香气诱导挥发出来，使菜肴香气四溢、满座芬芳。料酒中还含有多种多糖类呈味物质，且氨基酸含量很高，用于烹饪能增添鲜味，使菜肴具有芳香浓郁的滋味。在烹饪肉、禽、蛋等菜肴时，调入料酒能渗透到食物组织内部，溶解微量的有机物质，从而令菜肴质地松嫩。

在使用时应该注意用量，不可太多，以不影响菜肴口感、无残留酒味为宜。另外，应根据料酒在烹调中所起的作用不同，在不同时间加入。如主要是去腥除异、助味渗透，应在烹制前码味时加入；如主要是为菜品增色增香，应在烹制过程中加入；如主要是为增加醇香，应勾兑入芡汁在起锅时加入。

2. 香糟

新鲜酒糟（制黄酒或米酒后剩余的残渣）加炒熟的麸皮和茴香、花椒、陈皮、肉桂、丁香等香料（也可选用其中1～2种香料）入坛层层压实，密封3～12个月，即成为具有特殊香气的香糟。香糟的香味很浓郁，带有一种诱人的酒香，醇厚柔和，香糟的香气主要来自于酯类，如乙酸乙醇酯、丙酸乙醇酯、异丁酸乙醇酯等。

（1）品种特征　香糟按颜色可分为白糟和红糟两类。白糟即普通的香糟，呈白色至浅黄色；红糟中含有一定的红曲色素成分，使得酒糟颜色呈粉红玉枣红色，为福建特产。此外，山东省还有用新鲜的墨泰米黄酒的酒糟加15%～20%炒熟的麦麸及2%～3%的五香粉制成的特殊香糟，风味别具一格。

香糟常加工成"糟卤"使用，以稻米为原料制成黄酒糟，添加适量香料进行陈酿，制成香糟；然后萃取糟汁，添加黄酒、食盐等，经配制后过滤而成的汁液，多用于糟香味的冷菜调味，为江南夏令时馔。

（2）烹饪应用　香糟中因含有少量的酒精成分，在烹饪中主要用来增香和调香，还可起到一定的去腥除膻作用。香糟可运用于熘、爆、炝、炒、烧、蒸等多种技法，以烹制动物性原料为主，用于植物性原料不多。如糟扣肉、香糟鱼、糟蛋、糟熘白菜梗、糟鸭等。红糟还可起到美化菜肴色泽或增色的作用。生熟原料均可使用香糟。熟糟是先将白煮成熟后的原料放入坛内，加入香糟或香糟卤以及食盐，密封坛口，经数日便可开坛取出食用，如糟鸡、糟鱼等。所谓生糟就是将用食盐腌制过的原料，再浸入香糟中（有时也可直接将生的原料浸入香糟中），经数日后，取出原料调味蒸熟食用，如糟青鱼块。我国江南一带以及福建等地以糟制的各类食品见长。

二、复合调味品及专用调味品

随着人们生活水平的提高和生活节奏的加快，人们对快捷、方便、味美、富含营养的调味品需求量越来越大。利用调味品信手烹出地道口味，已是广大消费者日趋重视的问题。由此，近年来调味品市场中复合味调味品、专用调味品迅速充满商场，并不断发展、不断翻新。

（一）复合调味品

复合调味品指用两种或两种以上的调味品配制，经特殊加工而成的调味料。传统的花色辣酱、五香粉、复合卤汁调料、太仓糟油、蚝油等，甚至在家烹调时调制的作料汁和饭店的厨师们调制的高档次的调味汁等都属于复合调味品。

复合调味品广泛用于中、西餐烹饪中，如柱侯酱是粤菜柱侯鸡、柱侯牛肉的主要调味品，番茄汁是制作茄汁菜肴所不可缺少的调味品等。应用复合调味品来调制菜肴，比只用单一调味品更具优势，且无论是味型、颜色、香味均胜一筹。菜肴中的复合味型，主要是根据菜式的不同，将多种调味品按一定比例进行调配而成的。在调配过程中，调味品的数量是否准确，投料比例是否得当，添加顺序是否正确，均会影响调配后的口味。食品厂生产出的复合调味品，则是按照工艺流程，严格定量和加工而成的，其色、香、味等理化指标均是一定的。复合调味品种类繁多，国家标准《调味品分类》中的“复合调味料”分固态调味料、液态调味料、复合调味酱（表9-1），也可按表9-6分类。

表9-6　　复合调味料的分类

类别			实例
按加工制成品分类	酱类		沙茶酱、柱侯酱、茄蓉酱、果酱、番茄沙司等
	汁类		有OK汁、煎封汁、香槟汁、西柠汁、红油汁等
	鲜味粉类		如鸡精、牛肉精等
	油料类		如蟹油、香味油、菌油、香辣烹调油、鸡香油等
	其他类		如西瓜豆豉、渣辣椒、泡辣椒等
按味型分类	咸鲜味型	咸味重	如蒜蓉豆豉酱、西瓜豆豉等
		鲜味重	如炝汁、豉油王、煎封汁等
	葱椒味型	葱椒味	如葱椒泥、葱椒绍酒等
		葱香味	以葱香味为主，鲜、咸味为辅，如葱油汁等
		蒜香味	以蒜香味为主，咸、鲜、辣为辅，如蒜酱、蒜蓉酱等
		姜味	以姜味为主，咸、鲜、酸为辅，如姜汁
		蒜姜味	以蒜姜味为主，咸、鲜、辣为辅，如蒜姜调味料
	酸甜味型	酸味略重	如OK汁、西柠汁、茄汁、青梅酱、草莓酱、酸甜汁（粤）、唧汁（噫汁）；香辣的辣甜沙司等；咸辣的鱼露汁
		甜味略重	果汁（粤）、海鲜酱、番茄汁（无锡）、京都汁
	辣香味型	鲜辣为主	如马拉盏酱、辣酱油和川锅酱等
		呈香辣味	如咖喱汁、芥末糊、辣甜豆豉酱、咖喱油和渣辣椒等
		呈麻辣味	糊辣酱、麻酱汁（川）等
		呈辛辣味	咖喱粉、复合咖喱酱等
		呈辣香味	如辣葵花酱等
	香甜味型	香甜为主	如黑香酱、复合奇妙酱、柱侯酱和椒梅酱等
		鲜甜为主	如西汁等
		鲜香为主	如鱼汁、复合柱侯酱、复合调味料、乳精酱和沙嗲汁等
		芳香为主	如五香粉、精卤水和白卤水等
		蛋奶香为主	如吉士粉、沙律汁等
		呈酒香味	醉汁
		呈果香味	如果仁、果酱等
	鲜肉香型	鲜甜味	如火腿汁、蚝油、鸡精和蟹油等
		麻辣味	如鸡香油（粤）等

（二）专用调味品

专用调味品指以天然动物性和植物性烹饪原料及多种调味原料为主料，运用现代加工工艺，研制而成的专门针对某一菜肴或某类菜肴及地方风味小吃的共同口味特点，制成营养价值较高的复合味型调味品。由于是专为某种食品的调味而设计的，因此决定了其品种多和数量多的特性。用专用调味品经简单加热烹制而成的菜肴，其色、香、味不会比厨师逊色，而且省时、省事，保证菜肴风味质量。

国外饮食烹调习惯使用各种专用复合调味料，在日本有大量的适合其民族嗜好、产品品种繁多、用途广泛、产量大的复合调味品企业，专用复合调味品早已进入人们饮食生活之中，常年摆放在超市专用货架上的一般家庭用复合调味品就有200多种，而且每天都会有新的产品出现，种类有西式调味汁（沙司）、调料（司普）、面条蘸汁、煮炖味液和生鲜蔬菜味汁等。我国专用调味品市场也非常广阔，并成系列地开发投入市场。如四川的麻婆豆腐调料、回锅肉调味料、担担面调味料、川味水饺调味料等；广东的盐焗鸡调味料；天津的番茄系列调味料、酸辣汤调味料、红烧鱼调味料等；还有西餐中的咖喱鸡调味料、加州牛肉汤料等。国家标准《调味品分类》中的最后一类"火锅调料"即为食用火锅时专用的调味料，包括火锅底料及火锅蘸料。

第三节　调味料的品质检验与贮藏保管

调味料品种繁多，近几年来，生产销售假冒伪劣调味料的现象和案件不断发生，在调味料中掺杂，掺假，以假充真，以次充好，以不合格调味料冒充合格产品，以非食品原料加工食品等违法和犯罪行为时有发生，国家对酱油、醋等5类食品实施市场准入制度，要加印（贴）"QS"标志，没有加贴QS标志的食品不准进入市场销售。作为烹饪专业人员和消费者，掌握一些食盐、酱油、味精、糖、蜂蜜、香料等调味品的鉴别知识，有利于选择适合烹饪的安全调味品。

一、调料品的鉴别

（一）调料品优劣的鉴别

常见调味料盐、酱油、糖、醋、味精的鉴别见表9-7。

表9-7　　　　　　　　　　　　常见调味料优劣的鉴别

类别		特征
食盐	优质食盐	色泽洁白，有光泽，呈透明或半透明状；具有正常纯正的咸味，无苦涩味，无异味；晶粒形态整齐，坚硬光滑，不结块，无返卤吸潮现象，无杂质
	劣质食盐	色泽灰暗，呈黄褐色，透明性低，有苦涩味和异味；形态为晶体颗粒，不均匀，有结块，有返卤吸潮等异常现象，有杂质
酱油	优质酱油	呈红褐色或棕褐色，鲜艳有光泽，具有酱香或酯香气味，无异味；滋味鲜美、咸淡适口，味醇厚、柔和、稍甜，无苦、酸、涩等异味，无霉味；体态澄清，浓度适中，无沉淀，无浑浊，无霉花，无浮膜。取少量酱油置于碟子中，慢慢倾斜滴1滴酱油于玻璃杯中，有发黏的感觉并且慢慢扩散

续表

类别		特征
酱油	次质酱油	呈暗黑色，无光泽；酱香或酯香气味淡，含氮量低；无鲜味，醇味淡薄，有苦涩味等；有沉淀，有浑浊。慢慢倾斜滴1滴酱油于玻璃杯中，很快扩散或不易扩散
	劣质酱油	色泽灰暗发乌、无光泽；无酱香味，有酸味、苦味，有霉味，浑浊，有沉淀或霉花或浮膜等。慢慢倾斜滴1滴酱油于玻璃杯中，全部滑落或过黏
白砂糖	优质白砂糖	晶体颗粒均匀一致、富有光泽，晶面明显，松散而不粘手；气味和口感纯正、味甜；不含有其他杂物，溶解后溶液清澈透明
	劣质白砂糖	带有苦味、焦味或酒酸味，溶液中出现浑浊现象的白砂糖
绵白糖	优质绵白糖	色泽雪白，晶粒细小、均匀，质地绵软，味甜，无其他异味，没有结块现象。不含有色块状和其他夹杂物，能完全溶解于水形成清澈的水溶液
	劣质绵白糖	气味和口感不纯正，带有异味，溶液中出现悬浮物或沉淀物
味精	优质味精	色泽洁白、光亮，具有特殊的鲜味，略有咸味，无苦涩味、无异味。谷氨酸钠含量为99%的味精呈白色柱状、粒状晶粒，含量为80%、90%的味精呈粉末状，晶形均匀，无肉眼可见杂质
	劣质味精	色泽灰暗，呈黄铁锈色，有异味或不良气味；晶体颗粒不均匀，有杂物
食醋	良质食醋	澄清，浓度适中；呈琥珀色、红棕色或白色，酸味柔和，稍有甜味，不涩，无异味。具有食醋特有的香气，无不良气味。无悬浮物，无沉淀物，无霉花，无浮膜
	次质食醋	呈琥珀色、红棕色或白色，酸味柔和，无异味，不浑浊，无霉花，无浮膜
	劣质食醋	色泽发乌，无光泽。无香味、有刺激性的酸味、涩味、霉味或不良异味。有沉淀、白膜或害虫等

（二）调料品掺假、掺杂的鉴别

常见调味料碘盐、味精、部分香料的掺假、掺杂鉴别见表9-8。

表9-8　　　　　　　　　　常见调味料掺假、掺杂的鉴别

类别		特征
碘盐	真碘盐	外观包装色泽洁白；包装袋两侧平展，没有对折痕迹；防伪标识均在同一位置，十分有规律；包装精美，字迹清晰，封口整齐、严密，其包装袋上下封口都是一封到底，中间没有缝隙，且边缘锁牙（即封口处胶袋边缘的齿状）很规则。将盐撒在一块切开的马铃薯切面上，显示出蓝色，颜色越深含碘量越高。优质碘盐手捏松散，颗粒均匀，无臭味，咸味纯正
	假碘盐	外观包装往往有淡黄、暗黑等异色，并且不够干爽，易潮；包装袋均有明显或不明显的对折痕迹，齿印很明显；防伪标识则贴得不规律，购买时多看几包即可发现；外包装往往字迹模糊，手搓即掉，包装简单，不严密，封口不整齐；将盐撒在一块切开的马铃薯切面上，无颜色反应；假冒碘盐手捏成团，不易散，往往因掺有工业含碘废渣而闻起来有氨味，口尝时咸中带涩
掺假味精	掺入石膏	呈赤白色，不透明，无光泽，颗粒大小不均匀。取少许味精直接放在舌头上，如果是合格味精，舌头感到冰凉，且味道鲜美；若掺了石膏，则有冷滑、黏糊之感
	掺入食盐	味精呈灰白色，无光泽，颗粒较小（晶体状味精洁白如雪，光亮透明，颗粒细长）。取少许味精直接放在舌头上，如果是合格味精，舌头感到冰凉，且味道鲜美；若感到有苦咸味，则是掺了食盐
	掺入面粉或淀粉	可随面粉或淀粉色泽的不同而发生变化，无光泽，带有杂物，手触有光滑感，且取少许味精含在口中会有黏糊感（粉末状味精呈乳白色，光泽好，细小，手触有涩感，口尝有凉感，不易马上溶化，有类似鲜肉的腥味）；还可取样品少许，加一些水，加热溶解，冷却后，加入1～2滴碘酒。若有淀粉掺入，则呈现蓝色或蓝紫色

续表

类别		特征
八角	真八角	瓣角整齐，一般为8个角，瓣纯厚，尖角平直，蒂柄向上弯曲。味甘甜，有强烈而特殊的香气
	假八角*	以莽草果充当大料，瓣角不整齐，大多为8瓣以上，瓣瘦长，尖角呈鹰嘴状，外表极皱缩，蒂柄平直味梢苦，无八角茴香特有的香气味。取少许粗粉加4倍的水，煮沸10min，过滤后加热浓缩，八角茴香溶液为棕黄色；莽草溶液为浅黄色
辣椒粉	正常辣椒粉	呈深红色或红黄色，粉末均匀，有辣椒固有的香辣味，加热灼烧至冒烟时，正常辣椒粉发出浓厚的呛人气味，闻之咳嗽，打喷嚏；将粉末置于饱和食盐水或石油醚中，辣椒粉因相对密度小而浮于水面上；辣椒的红色能溶于石油醚中呈现红色
	掺假辣椒粉	掺假物有麦麸、玉米粉、干菜叶粉、红砖粉、合成色素等。加有麸皮等杂物的辣椒粉一般颜色深浅不均匀，闻之辣味不浓，加热灼烧至冒烟时，只见青烟，呛人的气味不浓；将粉末置于饱和食盐水或石油醚中，红砖粉因相对密度大而沉于水底或石油醚层无色，颜色很淡
花椒粉	正常花椒粉	呈棕褐色，颗粒状，具有花椒粉固有的香味，品尝有花椒味，舌尖有发麻的感觉
	掺假花椒粉	掺假物有麦麸皮、玉米面等。多呈土黄色，粉末状，有时霉变、结块，花椒味很淡，口尝除舌尖有微麻的感觉外还带有苦味。可用碘酒液鉴别是否掺入了淀粉类物质
胡椒粉	正品白胡椒粉	不掺任何辅料，手感微细，颗粒均匀，呈浅棕色，口感辛辣纯正，香气浓郁
	伪劣白胡椒粉	用少量白胡椒粉掺和低价辛辣调料或辣味调料的下脚料及麦麸皮等混合而成的。无微细颗粒感，粗细不均。口感极辣，味道不正，无香味
	正常黑胡椒粉	棕褐色，有香辣味。取少许加水煮沸，上层液为褐色，下层有棕褐色颗粒沉淀
	掺假黑胡椒粉	黑褐色，辣味刺鼻。取少许加水煮沸，上层液为淡褐色，下层有黄橙色或黑褐色颗粒沉淀；可用碘酒液鉴别是否掺入了淀粉类物质

注：莽草果中含有莽草毒素等，误食易引起中毒，其症状在食后30min表现，轻者恶心呕吐，严重者烦躁不安，瞳孔散大，口吐白沫，最后血压下降，呼吸停止而死亡。

二、调味料的贮存保管

调味品在烹调中起着突出菜点风味特色的作用。为了使菜肴符合要求，必须加强调味品的保管，使之保持纯正品质，便于烹调。如果盛装容器不当，保管方法不妥，可能导致调味品变质或串味，严重影响烹调效果，以至菜肴质量低下，风味全无。

首先，调味品的品种很多，有液体、有固体，还有易于挥发的芳香物质，因此对器皿的选用必须注意。有腐蚀性的调料，应该选择玻璃、陶瓷等耐腐蚀的容器；含挥发性的调料，如花椒、大料等应该密封保存；易发生化学反应的调料，如调料油等油脂性调料，由于在阳光作用下会加速脂肪的氧化，故存放时应避光、密封；易潮解的调料，如盐、糖、味精等应选择密闭容器。碘盐中的碘元素的化学性质极为活泼，遇高温、潮湿和酸性物质易挥发，所以在保存、使用碘盐上应该注意这个问题。

其次，环境温度要适宜，如葱、姜、蒜等，温度高易生芽，温度太低易冻伤；温度过高，则糖易溶化，醋易浑浊。湿度太大，会加速微生物的繁殖，酱、酱油易生霉，会加速糖、盐等调味品的潮解；湿度过低，会使葱、姜等调味品大量失水，易枯变质。姜多接触日光易生芽，香料多接触空气易散失香味等等。

最后，应掌握先进先用的原则。调味品一般均不宜久存，所以在使用时应先进先用，以免贮存过久而变质。虽然少数调味品如料酒等越陈越香，但开启后也不宜久存。有些兑汁调料当天未用完，要进冰箱，第二天重新烧开后再使用。酱油如贮存较久，可在酱油中放几瓣切开的大蒜，既能防止霉菌繁殖，又不失酱油的鲜美味道。如香糟、切碎的葱花、姜末等要根据用量掌握加工，避免一次加工太多造成变质浪费。

同步练习

一、填空题

1. 配制酱油是以酿造酱油为主体，与＿＿＿＿＿＿＿＿、食品添加剂等配制而成；配制食醋是以酿造食醋为主体，与＿＿＿＿＿＿＿＿、食品添加剂等混合配制而成。

2. 铁强化酱油是按照标准在酱油中加入一定量的＿＿＿＿＿＿＿＿制成的营养强化调味品。

3. 味精是日本东京帝国大学的化学教授池田菊苗先生于1908年从＿＿＿＿＿＿＿＿的汁液中发现并提取出来的。

4. 国家标准《天然香辛料　分类》依据天然香辛料呈味特征，将其分为＿＿＿＿＿＿＿＿、＿＿＿＿＿＿＿＿和淡香型三大类。

5. 国家对酱油、醋等5类食品实施＿＿＿＿＿＿＿＿制度，要加印（贴）[S质量安全]标志。

二、单项选择题

1. 在全世界大部分地区和文化中最常见的调味料是（　　　）。
   A. 食盐　　　　　　B. 胡椒　　　　　　C. 食糖　　　　　　D. 醋

2. 根据国家卫生标准要求，供人们直接蘸食或凉拌食用的佐餐酱油菌落总数要不大于（　　　）。
   A. 30个/mL　　　　　　　　　　B. 300个/mL
   C. 3000个/mL　　　　　　　　　D. 30000个/mL

3. 目前世界食用香料中消费量最大，最受欢迎的一种香辛调料是（　　　）。
   A. 花椒　　　　　　B. 胡椒　　　　　　C. 咖喱　　　　　　D. 辣椒

4. 咖喱粉的主要原料中，（　　　）必不可少，可谓没有它即不成咖喱粉。
   A. 姜黄　　　　　　B. 胡椒　　　　　　C. 芫荽　　　　　　D. 番红花

5. 为了使菜肴符合要求，必须加强调味品的保管，下列说法错误的是（　　　）。
   A. 有腐蚀性的调料应该选择玻璃、陶瓷等耐腐蚀的容器
   B. 含挥发性的调料，如花椒、大料等应该密封保存
   C. 易发生氧化反应的油脂性调料，应避光、密封
   D. 易潮解的调料，如盐、糖、味精等应选择耐腐蚀的容器

三、多项选择题

1. 调味料酒（seasoning wine）可以用（　　）成分为主体，添加食用盐、香辛料等配制而成。

  A. 发酵酒   B. 蒸馏酒   C. 食用酒精

  D. 黄酒   E. 白酒

2. 蜂蜜被卫生部列为既是食品又是药品的物品，作为一种中药，有（　　）功效。

  A. 润燥通便   B. 可以用于治疗口腔炎

  C. 与中药材的粉末一起作成蜜丸 D. 可以用于治疗咳嗽

  E. 作为外用药，蜂蜜可以促进伤口愈合，治疗溃疡

3. 产生鲜味的物质主要有（　　）。

  A. 氧化三甲基胺   B. 酰胺、低肽

  C. 有机酸（琥珀酸）   D. 核苷酸（肌苷酸、鸟苷酸）

  E. 氨基酸（谷氨酸、天门冬氨酸）

4. 下列调味品的加工生产与油脂无关的是（　　）。

  A. 蟹油   B. 蚝油   C. 虾油

  D. 蛏油   E. 菌油

5. 依据国家标准《天然香辛料 分类》，下列属于浓香型香辛料的是（　　）。

  A. 八角茴香   B. 花椒   C. 丁香

  D. 桂皮   E. 小茴香

四、简述题

1. 豆豉和味噌都是发酵调味品，试比较它们的不同。

2. 沙嗲酱与沙茶酱是一样的调味品吗？

3. 有人认为酿造酱油是有营养的发酵调味品，而配制酱油是用酱色、食盐水、味精及柠檬酸等物质混合而成的劣质酱油，这种说法对吗？

4. 常有误食亚硝酸盐导致食物中毒的事件，如何鉴别食盐与亚硝酸盐？

五、案例分析题

高含盐味精流入百姓餐桌　常食可能影响健康

近来，浙江省兰溪等地的城乡居民发现，味精居然也变咸了，有时烧菜放了味精后，根本用不着再放盐。个中原因，就在于当地市场上出现了大量的"高含盐"味精。当地市场上的味精除了"西湖""蜜蜂"这样的名牌产品外，还有"元源""粒品乐""响当鲜""胖大鲜"等10多个牌子，而且大多数在包装袋上标注着"无盐"字样。

经兰溪市卫生监督所化验，"粒品乐"味精氯化钠含量高达56.7%，其他牌号的"无盐味精"盐含量也在20%～50%，其中建德航埠生产的"全日味精"盐含量高达75%。

据质检部门介绍，味精的主要成分是谷氨酸钠，其原料成本约为每吨8000余元，而无碘盐每吨仅796元，不良厂家大幅提高味精的盐含量，目的就是为了降低成本，牟取高额利润。

"高含盐"味精在省内市场有蔓延的趋势。据浙江省盐管局透露，除兰溪外，仙居、东阳、长兴、慈溪等地也都发现了大量的此类味精，其中盐含量最高的竟达86%，几近于食盐。在兰溪市，目前有20%左右的餐馆尤其是小餐馆都在大量使用"高含盐"味精。

请根据以上案例，分析以下问题：

1. 国家、行业的味精盐含量标准是多少？
2. 长期食用"高含盐"味精，对人体健康有什么不利影响？

实训项目

项　目：烹饪中常用香辛料的识别

实训目的

1. 识别常见香辛料的品种。
2. 掌握常见香辛料的烹调应用。

原料准备

丁香、小茴香、桂皮、八角茴香、莳萝、香豆蔻、肉豆蔻、荜拨、花椒、砂仁、香茅、山柰等。

实训内容

1. 观察各种香辛料的色泽、形状。
2. 嗅闻各种香辛料的气味，部分大颗粒香辛料需剖开，进一步嗅其香气。
3. 将各种香辛料分类。

实训要求：

完成下列表格：

常用天然香辛料及烹调应用

名称	英文名	使用部位	风味特点	烹调应用
丁香				
小茴香				

续表

名称	英文名	使用部位	风味特点	烹调应用
桂皮				
八角茴香				
……				

建议浏览网站及阅读书刊

[1] http://www.chinacondiment.com/（中国调味品网）

[2] http://www.twp35.com/（调味品商务网）

[3]（法国）皮埃尔·拉斯洛. 盐：生命的粮食. 天津：百花文艺出版社，2004.

[4] 张弛，张兵. 醋也酷. 北京：东方出版社，2006.

[5] 范志红. 百味溢香——调味品与营养. 北京：北京师范大学出版社，2007.

[6]（澳）杰克·特纳. 香料传奇. 北京：生活·读书·新知三联书店，2007.

[7] 王仁湘，张征雁. 中国滋味——盐与文明. 沈阳：辽宁人民出版社，2007.

[8]（英国）吉尔斯·密尔顿. 香料角逐. 天津：百花文艺出版社，2008.

[9] 晏新民. 美味的秘密——大厨们的调味秘籍. 武汉：湖北科学技术出版社，2008.

参考文献

[1] 王建新. 香辛料原理与应用. 北京：化学工业出版社，2005.

[2] 张云甫，李长茂. 中外调味大全. 北京：中国城市出版社，2005.

[3] 关培生. 香料调料大全. 上海：世界图书出版公司，2005.

[4] 胡振洲. 调味品及酱货腌制品质量检验. 北京：中国计量出版社，2006.

[5] 中国标准出版社第一编辑室. 中国食品工业标准汇编（调味品卷）. 北京：中国标准出版社，2006.

[6] 朱海涛. 最新调味品及其应用（第三版）. 济南：山东科学技术出版社，2007.

[7] 张卫明等. 中国辛香料植物资源开发与利用. 南京：东南大学出版社，2007.

[8] 阎红. 烹饪调味应用手册. 北京：化学工业出版社，2008.

辅助料

第一节　常用辅助料及烹饪应用

一、烹饪用水

　　水是我们很熟悉的一种物质，是人类宝贵的自然财富。没有水，人和动物、植物都不能生存。水也是参与烹饪的主要辅助原料。所谓烹饪用水，一般是指在烹饪中使用的（如洗涤、菜点原料、传热介质等方面）、矿化度（即水中含矿物质的百分比）小于1g/L、无毒且可食用的淡水。

　　（一）品种特征

　　水是氢和氧最普通的化合物，化学式为H_2O，以固态、液态和气态3种聚集状态存在于自然界中。水在自然界的分布很广，江、河、湖、海约占地球表面积的3/4，地层里、大气中以及动物、植物体内都含有大量的水，但合格的淡水含量很少，因此，淡水是非常重要的自然资源。水的分类及特点见表10-1。

表10-1 水的分类及特点

依据	类别		特点
水的硬度大小	软水	雨水、雪水、纯净水等	硬度小于8的水，可供饮用和烹调用
	硬水	地下水、矿泉水、自来水、江河湖水等	高硬度的水有苦涩味，会使人的胃肠功能紊乱。在加热时会生成水垢，增加燃料的消耗。肉和豆类在硬度大的水中不易煮烂
是否经过人工处理	天然水	地表水 雨雪水 / 江河水 / 湖水 / 塘水 / 窖水	由于地表水是从地面流过，溶解的矿物质较少，硬度低，但常含有黏土、砂、水草、腐殖质、钙镁盐类、其他盐类及细菌等。其中含杂质的情况由于所处的自然条件不同及受外界因素影响不同而有很大差别。近年来，由于工业的发展，大量含有有害成分的废水排入江河，引起地表水污染
		地下水 深井水 / 泉水	由于水透过地质层时，形成了一个自然过滤过程，所以它很少含有泥沙、悬浮物和细菌，水比较澄清，经过地层的渗透和过滤而溶入了各种可溶性矿物质，如钙、镁、铁的碳酸氢盐等
	人工处理水	自来水	将江河湖水等经过沉淀、过滤、除去悬浮杂质，并经过消毒处理，是最主要的饮用和烹调用水
		净化水	将自来水通过净水器装置，去除各种微细物质而得到的干净水，但同时也去除了有益的矿物质成分。一般只作为饮用水
		蒸馏水	将自来水汽化，再经冷却装置冷凝成的水。水质非常纯净，但在去除有害物质的同时，也损失了对人体有益的成分
是否经过加热处理	生水	一切未经煮沸过的水	有冷水、温水、热水之分，一般不宜直接饮用。烹调用须选择水质清洁、卫生、软硬适度、无异臭味的水
	熟水	经过烧煮到100℃的水	有凉开水、温开水、热开水、沸开水之分。凡宜于饮用的水，煮沸后均可作烹饪用水

注：水的硬度指水中含钙、镁、锰、铁等盐类的浓度，把1L水中含有10mg氧化钙或相当10mg氧化钙称为1度。0～4度为很软水；4～8度为软水；8～16度为中度硬水；16～30度为硬水；30度以上为最硬水。我国对饮用水的硬度规定为"不超过25度"。

（二）烹饪应用

水在烹调过程中应用非常广泛，其主要作用有如下几方面。

1. 作为传热介质

水的比热是所有液态和固态物质中最大的（4.184焦/克·度），因此，水作为烹饪传热介质，具有蒸发潜热高、热容量大的特点，一经加热，热量就会靠对流作用，迅速而均匀地传递到各处，便于形成均匀的温度场，使原料受热均匀。原料的初加工（如焯水、干货涨发等）、制汤和许多烹调方法（如炖、焖、煨、汆、煮、烧、卤等）都离不开水。在一个标准大气压下，水的沸点是100℃，沸点随外界压力的增大而升高，所以，欲缩短食物煮制的时间需提高蒸煮温度，即可利用高压容器（如压力锅）进行烹制。此外，水还能以气态形式作为传热介质，通过对流方式逐步向原料内部渗透热量，使蒸制的食物成熟。

2. 溶解分散作用

水是调料的溶剂，精盐、味精、食糖，包括酱油、食醋和料酒等液体调味品中的成分溶于水中，这样调料就以水为传质媒介，向原料组织中扩散或渗透，从而达到入味的目的。水是烹饪原料成分的溶剂，许多营养物质和呈味物质（如水溶性蛋白、氨基酸、碳水化合物、维生素和无机盐等）溶解于水，形成营养美味的鲜汤。胶原蛋白和果胶物质在水中加热能形成胶体溶液，脂肪由于乳化剂作用在水中能形成乳状液。烹饪中制作皮冻、果冻、挂糊、上浆、勾芡、调和面团、制作面筋、制汤工艺等都利用了水的良好溶解能力和分散能力。水是烹饪原料中不良呈味物质的溶剂，如萝卜、竹笋、菠菜等经焯水处理可除去辣味、苦涩味，羊肉、内脏等通过水浸和焯水可除去腥膻气味等。盐分较高的原料，通过水浸可使盐度降低。

3. 食品风味的辅助

如调制猪肉糜、鱼肉糜等，加入一定量的水，通过搅拌，使水分子均匀地和蛋白质分子表面亲水性极性基团接触，逐渐使肉糜充分与水结合，增加其嫩度。用水涨发干货就是把干货原料浸在水中，使原料吸水膨胀后达到细嫩、软烂等目的。面粉具有很强的亲水性，遇水后被面粉颗粒吸收产生黏性，并形成面筋，而使面团具有一定的弹性和可塑性。水既不是主料、配料，也不是调料，但却是一些菜点的重要组成部分。如汤羹、炖菜、烩菜、馄饨、汤圆等，其成品中主要成分是水，而且用水量的多少，还会直接影响这些菜点的质量。

4. 可以清洁防腐

食用淡水卫生，无毒，有很强的洗净力，通过洗涤可以除去原料表面的污物杂质使原料清洁，符合卫生要求。如宰杀后的鱼肉、禽肉及整理后的蔬菜都需要经过水洗，才能进入切配烹调工序。沸水和蒸气有杀菌消毒作用，能使烹饪原料成为可供安全食用的食品。而经过净化的凉水或冰块，温度低，清洁，在一定程度上也能抑制微生物的生理功能，使各种细菌的繁殖比较困难。所以，利用冷水浸泡原料或将原料与冰块放在一起，可短时贮存原料，避免原料腐烂变质。但要注意气候变化，必须勤换清水，以保证品质。马铃薯、藕、茄子及部分水果等含多酚类物质较多的蔬菜，切配后浸泡在冷水中隔氧，可防止酶促褐变，能保持原料的本色。

（三）营养价值

水是生命之源，是人体重要的组成成分，占一个健康成人体重的60%～70%。水在体内不仅构成身体成分，而且还具有重要的生理功能。《中国居民膳食指南》（2007）建议，在温和气候条件下生活的轻体力活动的成年人每日最少饮水1200mL（约6杯），有大量的体力活动的人群，要注意额外补充水分，同时需要考虑补充淡盐水。

（四）注意事项

烹饪用水必须符合饮用水的水质标准。池塘水和浅井水等易受到来自地面的污染，水质恶劣，不宜供烹调应用。海水及某些含矿物质较多的泉水等，一般不直接用于烹饪。江河水要注意水源污染情况。经过长时间烧煮、多次沸腾的千滚水或蒸锅水（蒸饭、蒸馒头的剩锅水）不宜饮用，也不能用于烹饪，因其中原有的重金属和亚硝酸盐会浓缩而含量增高，不利健康。纯净水从卫生学角度对人是安全的，但对补充人体矿物营养或微量元素却为空白。

（五）资源保护

尽管我国有许多河流、湖泊和水库，但淡水量仅占世界的8%，居世界第六位，人均淡水拥有量均不超过2545m³，不到世界人均值的1/4，居世界第110位，已被列入全球13个贫水国之一。中国一半的城市缺水，其中108个城市严重缺水。其次，中国的水资源分布极不平衡，呈现出西北多旱、东南多涝的特点。截至目前，我国有60%的城市饮用水源受到污染，50%的城市地下水受污染，1/3的井水水质达不到饮用水水质标准。北方一些地区"有河皆干，有水皆污"，南方许多重要河流、湖泊污染严重。另外，由于我国工业技术落后，水重复利用率低，对水的消耗过大、浪费惊人。餐饮行业中的用水量很大，包括饮食用水、清洗用水等，中国烹饪协会对我国55个城市的餐饮企业进行了一次资源浪费的调查，结果表明，企业浪费最多、最严重的是水资源。

2002年修订施行的《中华人民共和国水法》明确规定"国家厉行节约用水，大力推行节约用水措施，推广节约用水新技术、新工艺，发展节水型工业、农业和服务业，建立节水型社会。"胡锦涛总书记2004年明确指出"要积极建设节水型社会。要把节水作为一项必须长期坚持的战略方针，把节水工作贯穿于国民经济发展和群众生产生活的全过程。"作为烹饪工作者，除了在日常生活中保护水资源外，在烹饪中更要注意节约用水，无论是洗涤原料、炊具、餐具、冲刷地面，还是制作菜点，都要合理用水，防止浪费。

二、食用油脂

可供人类食用的动、植物油称为食用油脂（fats）。在油脂利用史上，最早是从点灯照明开始的。在烹饪中使用的油脂是油（oil）和脂肪（fat）的总称。一般在常温下呈液体状态的称为油，呈固体状态的称为脂，但两者之间并无严格区分，如猪脂也称为猪油，牛油也称牛脂。从化学上讲，油脂是指甘油与脂肪酸所成的甘油三酯。

油脂原料作为贮存能量的物质，普遍存在于自然界的动植物体中。油脂是一种非常重要的食品原料，是食品中能量最高的营养素。它不仅能提供热量，而且一些构成油脂的脂肪酸还是维持生命活动的必需营养素。油脂内通常还含有油溶性维生素、磷脂、糖脂和固醇类，随油脂被食用而进入体内，使食品更富营养。

（一）品种特征

食用油脂的来源广泛，品种繁多。烹饪中常根据其制作方法及品质特点，分为普通食用油脂、高级食用油脂及食用油脂制品三大类，见表10-2。

表10-2　　　　　　　　　　食用油脂的分类及特点

分类		特点
普通食用油脂	植物油脂	来自植物的种子（如麻油、大豆油、菜籽油、花生油、棉籽油等）、果肉（如棕榈油、橄榄油、椰子油等）以及某些谷物种子的胚芽和麸糠中（如玉米胚芽油、米糠油等）
	动物油脂	都来自陆上和水中动物的脂肪组织及陆上动物的乳汁中，如猪脂、牛脂、羊脂、牛乳脂肪、鱼油等。不同点主要在于水中动物油脂中含有高度不饱和的脂肪酸。由于生活习惯等原因，动物性油脂在流通中占的比例很少，仅占食用油脂总消费的1.5%左右
高级食用油	高级烹调油	植物毛油经脱胶、脱酸、脱色、脱臭，必要时经脱蜡等工序精制而成的高级食用油。可用于烹调炒菜，也用于油炸食物，通常用于油炸后立即食用
	色拉油	色拉油加工同高级烹调油。可生吃，是用于凉拌、人造奶油、蛋黄酱的上乘油脂。此外，也可用于油炸即食食品

续表

分类		特点 。
高级 食用油	调和油	又称调合油，一般是将两种或两种以上成品植物油经科学调配制成符合人体使用需要的高级食用油。调和油合理配比脂肪酸种类和含量，有利于人体健康。常选用精炼花生油、大豆油、菜籽油等为主要原料，还可配有精炼过的玉米胚油、小麦胚油、米糠油、油茶籽油等特种油
食用油 脂制品	人造奶油	又称"白脱""麦淇淋"，一般用精制植物食用油添加水及其他辅料，经乳化、急冷捏合成具有天然奶油特色的可塑性制品，具有保形性、延展性、口溶性的特点，主要是用来制作糕点，也可涂抹在面包上食用
	起酥油	指精炼的动植物油脂、氢化油或其他油脂的混合物，经急冷捏合制造的固态油脂或不经急冷捏合加工出来的固态或流动态的油脂产品。具有可塑性、起酥性、酪化性、乳化性、吸水性、氧化稳定性和油炸性
	代可可脂	能迅速熔化的人造硬脂，其三甘酯的组成与天然可可脂完全不同，而物理性能上接近于天然可可脂。另有从天然植物油（棕榈油、婆罗脂等）中提取的特种脂肪称为类可可脂，也可作为可可脂的代用品
	风味油	指在精炼油脂中添加各种风味物质，调制成具有各种风味的调味油。例如红油、咖喱油、葱油、蒜油、花椒油等，家庭或饭店用来烹制菜肴或凉拌菜肴均可，效果很好

（二）烹饪应用

1. 传热介质

从传热介质的角度看，食用油脂在烹饪中的一些作用是其他介质无法代替的。食用油脂的燃点高，传热速度快，同样加热，油脂比水的温度升高快1倍，停止加热后，温度下降也更快，这些特点都便于灵活地控制和调节温度，使原料受热均匀，迅速成熟，以制作出各种质感的菜肴。需高温长时间炸制菜点时，一般宜选用发烟点比较高的精炼油。

2. 增色保色

在高温油脂中，食品表面发生羰氨反应，形成金黄色、黄褐色的呈色物质。成菜色泽要求洁白时，必须选用颜色较浅的色拉油或猪油。制作汤菜时，如果要求汤色浓白，就要选择乳化作用较强的油脂。油脂可作为溶剂而溶解脂溶性色素，增加烹调菜肴的色泽，如红色的辣椒油、黄色的咖喱油等。食用油脂本身光亮滋润，也能使菜肴增加一定光泽，故有"明油亮芡"之说。

3. 增香调香

表现在两个方面：一是油脂本身具有香味或用作芳香物质溶剂的作用，如为了增加一些菜肴的香气，常在菜肴即将出锅或出锅后淋上一些香味较浓的油脂，如芝麻油、葱油、花椒油、蒜油、鸡油、奶油等；二是通过油脂的高温加热使原料产生香气。油脂在高温作用下，发生多种复杂的化学反应生成具有挥发性的醛类、酮类等芳香物质，从而增加菜肴香味。

4. 调制作用

烹调中大量用到油脂的起酥作用。原料在热油中经过一定时间的煎、炸加热后，可使原料表面甚至内部的水分蒸发，而使菜点具有外酥里嫩或松、香、酥、脆的口感。在调制酥炸菜肴的酥糊时要加入一定量的精炼植物油，油脂加入量的多少是酥糊炸制后是否酥脆的关键。在调制油酥面团时，将油脂和面粉充分搓擦，扩大了油脂的表面积，使油脂均匀地包裹在面粉粒外面，油脂的表面张力使面粉粘连成团，由于没有水分，不能形成面筋网络，因而制成的面点比较松散，口感酥脆。

5. 造形作用

油脂在菜点制作中还有辅助菜点成形的作用，这其实是利用了部分油脂可塑性强的特点。常用油脂中只有猪油和奶油的可塑性较好，在菜点的成形中用得也较多，如江苏名点"藕粉圆子"是用猪油将松散的八宝果仁凝结成团，搓成球形后，再滚上藕粉入锅汆熟而成。奶油中含有部分水分，经搅打后可充入大量的空气，具有很好的可塑性，可用于蛋糕的裱花工艺中。另外，"黄油雕"也是充分利用了奶油的可塑性特点。

6. 润滑作用

食用油脂在菜点烹调过程中常作为润滑剂而广泛应用。例如在烹调菜肴时，原料下锅一般都需要少量的油脂滑锅，防止原料粘锅和原料之间相互粘连，保证菜肴质量；上浆的原料在下锅前加些油，利于原料在滑油时容易散开，便于成型；在面包制作中，常加入适当的油脂降低面团的黏性，便于加工操作，并增加面包制品表面的光洁度、口感和营养；在面点加工中，对使用容器、模具、用具，为防止粘连，在其表面都需涂抹一层油脂。

（三）营养价值

人们日常食用的烹调油包括植物油和动物性脂肪，由于二者脂肪酸的种类不同，各具营养特点，对健康的影响也不同。橄榄油、油茶籽油的单不饱和脂肪酸含量较高。菜籽油中含有较多可能对健康不利的芥酸。玉米油、葵花籽油则富含亚油酸。大豆油则富含两种必需脂肪酸——亚油酸和α-亚麻酸。这两种必需脂肪酸具有降低血脂、胆固醇及促进孕期胎儿大脑生长发育的作用。此外，菜籽油，尤其是低芥酸菜籽油也富含单不饱和脂肪酸及亚油酸，还含有一定量的α-亚麻酸。由此看来，单一油种的脂肪酸构成不同，营养特点也不同，因此应经常更换烹调油的种类，食用多种植物油。动物脂肪中饱和脂肪酸和胆固醇含量高，应少吃。《中国居民膳食指南》（2007）建议，每天烹调油摄入量不宜超过25g或30g，这样才能符合膳食中脂肪提供能量为25%～30%的合理膳食要求。

（四）注意事项

油脂在我国丰富多彩的饮食文化中占有特殊地位，煎、炒、爆、炸等烹调工艺把油脂的利用发展到极致。脂肪是高能量的营养素，经烹调油煎炸后的食物能量会增加许多，能量过剩导致的超重肥胖及相关疾病已成为我国居民特别是城市和富裕农村地区居民的重要营养问题，控制能量摄入是防止能量过剩的重要手段之一。因此，为防止能量过剩应少吃油炸食物。另外，富含淀粉类的食品，如面粉类、薯类食品等，油炸时可能会产生丙烯酰胺等有害成分，不宜多吃。

三、食用淀粉

在第二章介绍了小麦粉的种类和用途，这里的烹饪用粉主要是指淀粉。在烹调工艺中，淀粉既不是主料，也不作配料，而且没有调味作用，但却是一种不可缺少的重要辅料。

（一）品种特征

淀粉广泛存在于大米、玉米、小麦、高粱等粮食作物的种子中，也广泛存在于块根、块茎、果实等食用部位的蔬菜和水果中，经过浸泡、破碎、过筛、分离淀粉、洗涤、干燥和成品整理等工序制得。不同来源的淀粉粒的形状、大小和构造各不相同，如马铃薯淀粉粒为卵形或圆形；玉米淀粉有圆形和多角形两种（见图10-2）。因此可借显微镜观察来鉴别淀粉的来源和种类。

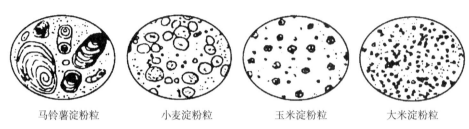

| 马铃薯淀粉粒 | 小麦淀粉粒 | 玉米淀粉粒 | 大米淀粉粒 |

图10-2　几种淀粉粒的形状特征

烹饪中常用的淀粉种类见表10-3。

表10-3　　　　　　　　　　　　　　淀粉的分类及特点

种类	特点
菱角淀粉	颜色洁白且有光泽，细腻而光滑，黏性大，但吸水性较差，产量也较少，是所有淀粉中质量最好的一种。菱肉含淀粉24%左右，一般50kg老菱可制成淀粉4kg左右
绿豆淀粉	色泽洁白，粉质细腻，含直链淀粉较多，约60%以上，淀粉颗粒小而均匀，热黏度高，热黏度的稳定性和透明度均好，糊丝也较长，凝胶强度大。宜作勾芡和制作粉丝、粉皮、凉粉的原料。多用于饭店的烹调，为淀粉中的上品
马铃薯淀粉	色泽白，有光泽，粉质细。淀粉颗粒为卵圆形，颗粒较大，糊化温度较低，一般为59~67℃，糊化速度快，糊化后很快达到最高黏度，黏性较大，糊丝长，透明度好，但黏度稳定性差，胀性一般
玉米淀粉	玉米淀粉颗粒为不规则的多角形，颗粒小而不均匀，含直链淀粉约25%。糊化温度较高，为64~72℃，糊化速度较慢，糊化热黏度上升缓慢，热黏度高，糊丝较短，透明度较差，但凝胶强度好。在使用过程中宜用高温，使其充分糊化，以提高黏度和透明度。是目前在烹饪中使用得最普遍、用量最大的一种淀粉
荸荠粉	粉质细腻，结晶体大，味道香甜。荸荠粉是多用途的食品辅料。为咸、甜菜肴勾芡、挂糊、拍粉常用的芡粉，尤其在粤菜中运用较多，具有冷却后不稀化成汁的优点
木薯淀粉	主要产于我国南方，是广东、福建等地主要的淀粉原料。其特点是粉质细腻，色泽雪白、黏度好、胀性大、杂质少。值得注意的是，木薯粉含氢氰酸，必须用水久浸，再煮熟解除毒性后方能食用

此外，淀粉产品还有小麦淀粉、蚕豆淀粉、豌豆淀粉、甘薯淀粉、藕粉、百合粉、蕨粉、葛粉、蕉芋粉、首乌粉、桃椰粉、芡实粉等。

淀粉的质量以色泽洁白、带有光泽、吸水性强、胀性大、黏性好、无沉淀物、不易吐水、能长时间保持菜肴的形态、色泽和口感者为佳。

（二）烹饪应用

淀粉又称"芡粉"，因品质的不同，其烹饪应用范围也不同。在烹调工艺中的应用极为广泛，主要用于挂糊、拍粉、上浆、勾芡技术及花色菜肴的粘合等。经过挂糊的原料可保证成品外脆里嫩；上浆的原料滑油后质地柔嫩光滑，拍粉的原料炸制后成型美观，花纹清晰，口感香脆；勾芡后的菜肴光亮滑润，滋味醇厚，汤菜勾芡后还能突出主料。食品工业称淀粉为"增稠剂"，可用作糖果制造的填充剂、雪糕和棒冰的增稠稳定剂、某些罐头的增稠剂等。

淀粉也是点心、风味小吃及淀粉制品的原料。如豌豆粉可制作粉丝、粉皮、凉粉等淀粉制品，制作北京小吃"豌豆黄"，云南小吃"凉豌豆粉"等。蚕豆粉可做糕点、面包、粉丝、甜酱、酱油等，用蚕豆粉可制作的著名的云南小吃"抓抓粉"。菱粉可用于冷饮、雪糕、冰淇淋及细糕点的制作。马蹄粉可作为清凉饮料及冰糕食品的用料，还可以做成多种点心、小吃，如以它做成各种马蹄糕，有"透明马蹄糕""生磨马蹄糕""油煎马蹄糕""鸳鸯马蹄糕""三色马蹄糕"等。淀粉常被作为面粉的填充剂，在酥类糕点制作时可降低面筋膨润度，降低成品收缩变形程度，使制品酥、松、脆。

（三）营养保健

淀粉本身属于多糖类营养素，某些淀粉还有一定的保健作用。如中医认为首乌粉具有抗衰老、乌须黑发、补肝肾、益精血、强筋骨、健脾胃、抑制癌瘤等作用，有助于少年儿童发育、增强记忆力和调节机体免疫功能。芡实粉可制作药膳，长期食用能益肾固精、健脾止泻以及治疗老年人下元虚损、小便失禁、大便溏薄等。藕粉性甘、咸、平，具有益血、止血、调中、开胃、治虚损失血的功效。产后及吐血者宜食之，凡一切证，皆可不忌。

四、烹饪用添加剂

烹饪用添加剂主要是食品添加剂中可用于烹饪的少部分种类。食品添加剂是指为改善食品品质和色、香、味以及为防腐和加工工艺的需要而加入食品中的化学合成或天然物质。以增强食品营养成分为目的的食品强化剂，也属于天然营养素范围的食品添加剂。

（一）品种特征

目前，全世界发现的各类食品添加剂有14000多种。《食品安全国家标准　食品添加剂使用标准》（GB 2760—2014），允许使用的食品添加剂有23类约2500种，另外，还有约130种食品营养强化剂。比如我们的日常调味品酱油和配制醋中，就添加了苯甲酸（钠）或山梨酸（钾）。食品添加剂在丰富餐饮业食材品种、提高出品的感官质量，以及保持出品的新鲜卫生等方面，都起到了很大的作用。

食品添加剂按来源不同，国际上通常将其分为三大类：一是天然提取物，如甜菜红、姜黄素、辣椒红素等；二是用发酵等方法制取的物质，如柠檬酸、红曲米和红曲色素等；三是纯化学合成物，如苯甲酸钠、山梨酸钾、苋菜红和胭脂红等。我国按食品添加剂的功能、用途划分为抗氧化剂、漂白剂、膨松剂、着色剂、护色剂、酶制剂、增味剂、面粉处理剂、水分保持剂、防腐剂、稳定剂和凝固剂、甜味剂、增稠剂、增香剂、营养强化剂等23大类。根据食品添加剂在烹饪中的功能分类，常用的添加剂见表10-4。

表10-4　　　　　　　　　　　烹饪中常用的添加剂种类及特点

分类		特点	用途
着色剂	天然色素 · 红曲色素	商品性状为红曲米或红曲粉。色调自然鲜艳，着色稳定，纯天然、安全无毒副作用，且具有防腐、抗氧化功能	肉类菜及肉制品、豆制品等
	天然色素 · 焦糖色素	烹饪中多是烹调师将糖类与少量油脂在高温下加热到一定程度而制得的红褐色焦糖色素，菜肴着色红润光亮	红烧、红扒、红焖等菜肴着色
	天然色素 · 叶绿素	叶绿素可通过工业生产，但在烹饪中，常挤取绿色蔬菜叶片的汁液用于菜点的着色，如菠菜、青菜、塌棵菜等	翡翠饺子、三色鱼圆、菠菜面等
	人工合成色素 · 苋菜红 / 胭脂红 / 柠檬黄 / 日落黄 / 靛蓝	色彩鲜艳、着色力强、性质稳定，可以获得任意色调，且成本较低廉，使用方便。但多属于煤焦油料，毫无营养价值，且有程度不等的毒性。因此对使用量要严格控制。我国规定最大使用量：苋菜红、胭脂红为0.05g/kg；柠檬黄、日落黄、靛蓝为0.1g/kg	偶尔用于中西式糕点的点缀着色
发色剂	硝酸钠 亚硝酸钠	在肉制品中发色、抑菌，尤对肉毒梭菌最有效，还有赋香作用。但量过大时，可使机体血红蛋白的携氧能力丧失，而引起中毒，与胺结合能形成致癌的亚硝胺。注意用量	咸肉、火腿等腌制或熏制肉类食品
膨松剂	碱性膨松剂 · 碳酸氢钠	加热到60～150℃即产生二氧化碳，常与碳酸氢铵混合使用	多用于小吃、糕点、饼干的制作
	碱性膨松剂 · 碳酸氢铵	又称臭粉，有氨臭气味，对热不稳定，60℃即分解出氨、二氧化碳和水	主要用于面点的制作
	碱性膨松剂 · 碳酸钠	又称纯碱、苏打、食用碱面，为白色粉末或细粒	用于发酵面点及干货碱发
	生物膨松剂 · 商品酵母	有压榨酵母和活性干酵母两种。压榨酵母活力较强，发酵前无需促活。活性干酵母发酵力较压榨酵母为弱，使用前需经糖、盐、温水的活化。均能增加制品的风味和营养	用于面包及中式发酵面点的制作
	生物膨松剂 · 老酵面	又称老肥、酵头等，发酵过程中产酸较多，常常需要在发酵结束时加入纯碱中和	
	复合膨松剂 · 发酵粉	由碱性剂、酸性剂和填充剂组成的复合膨松剂。碱性剂与酸性剂产生气体，填充剂防止发酵粉吸湿结块	用于面点的制作及油炸食品
	复合膨松剂 · 泡打粉	又称速发粉、泡大粉或蛋糕发粉，一般由碳酸氢盐、酸、酸式盐、明矾以及淀粉复合而成	常用于蛋糕及西饼的制作
增稠剂	淀粉、琼脂 / 皮冻、明胶	改善食品的物理性质，增加食品黏度，使食品黏滑适口，还可增加食品的稳定性，丰富食物触感，并可按照菜点的要求形成胶冻	菜肴的勾芡、制作汤包、胶冻、水晶菜式
致嫩剂	木瓜蛋白酶 / 菠萝蛋白酶	商品名为嫩肉粉，是用蛋白酶配合食盐、淀粉、碱性膨松剂等制成。可使粗老干硬的肉类变得柔软、多汁和易于咀嚼，并可缩短肉的烹调时间，改善肉的风味	肉类腌渍嫩化

（二）烹饪应用

食品添加剂的种类很多，但用在烹饪中的很少，尤其是人工合成的添加剂。不同的添加剂作用有别，见表10-4。烹饪中特别注重天然成分的添加剂，除上述品种外，还有苋菜汁，可作为"金鱼饺""葡萄豆腐"等菜点的着色剂；用植物油制成的油溶性辣椒色素，可使菜肴的色泽红润光亮，诱人食欲；可作为色素使用的咖啡粉，一般是在制作面点时使用适量的咖啡粉，主要是起调色增香的作用，咖啡粉在制作西式糕点时经常使用，既能使西式糕点装饰和美化，同时又能赋予糕点特殊的咖啡香味。

（三）注意事项

食品添加剂对人们的健康有很大的影响，使用食品添加剂必须遵循一定的规范和要求。违禁、滥用食品添加剂以及超范围、超标准使用添加剂，都会给食品质量、安全卫生以及消费者的健康带来巨大的损害。如人工合成色素在体内的代谢产物有潜在的致癌性，着色剂硝酸钠和亚硝酸钠均有毒，超量使用不良反应相当明显。因此，在食品中加入食品添加剂必须把安全性放在首位，务求做到以最小的用量，达到最佳的效果。另外，还要不影响食品营养价值，具有增强食品感官性状，延长食品的保存期限或提高食品质量的作用。

凡不能作为食品添加剂的物质添加到食品中，或我国的有关规定中允许使用的食品添加剂超范围使用，均属于违禁使用食品添加剂。2008年12月15日，卫生部发布了《食品中可能违法添加的非食用物质和易滥用的食品添加剂品种名单（第一批）》（见表10-5、表10-6）。

表10-5　　　　　　　　食品中可能违法添加的非食用物质名单（第一批）

序号	名称	主要成分	可能添加的主要食品类别	可能的主要作用
1	吊白块	次硫酸钠甲醛	腐竹、粉丝、面粉、竹笋	增白、保鲜、增加口感、防腐
2	苏丹红	苏丹红I	辣椒粉	着色
3	王金黄、块黄	碱性橙II	腐皮	着色
4	蛋白精、三聚氰胺		乳及乳制品	虚高蛋白含量
5	硼酸与硼砂		腐竹、肉丸、凉粉、凉皮、面条、饺子皮	增筋
6	硫氰酸钠		乳及乳制品	保鲜
7	玫瑰红B	罗丹明B	调味品	着色
8	美术绿	铅铬绿	茶叶	着色
9	碱性嫩黄		豆制品	着色
10	酸性橙		卤制熟食	着色
11	工业用甲醛		海参、鱿鱼等干水产品	改善外观和质地
12	工业用火碱		海参、鱿鱼等干水产品	改善外观和质地
13	一氧化碳		水产品	改善色泽
14	硫化钠		味精	
15	工业硫磺		白砂糖、辣椒、蜜饯、银耳	漂白、防腐
16	工业染料		小米、玉米粉、熟肉制品等	着色
17	罂粟壳		火锅	

注：原表中检测方法略。

表10-6　　　　　　食品加工过程中易滥用的食品添加剂品种名单（第一批）

序号	食品类别	可能易滥用的添加剂品种或行为
1	渍菜（泡菜等）	着色剂（胭脂红、柠檬黄等）超量或超范围（诱惑红、日落黄等）使用
2	水果冻、蛋白冻类	着色剂、防腐剂的超量或超范围使用，酸度调节剂（己二酸等）的超量使用
3	腌菜	着色剂、防腐剂、甜味剂（糖精钠、甜蜜素等）超量或超范围使用
4	面点、月饼	馅中乳化剂的超量使用（蔗糖脂肪酸酯等），或超范围使用（乙酰化单甘脂肪酸酯等）；防腐剂，违规使用着色剂超量或超范围使用甜味剂
5	面条、饺子皮	面粉处理剂超量

续表

序号	食品类别	可能易滥用的添加剂品种或行为
6	糕点	使用膨松剂过量（硫酸铝钾、硫酸铝铵等），造成铝的残留量超标准；超量使用水分保持剂磷酸盐类（磷酸钙、焦磷酸二氢二钠等）；超量使用增稠剂（黄原胶、黄蜀葵胶等）；超量使用甜味剂（糖精钠、甜蜜素等）
7	馒头	违法使用漂白剂硫黄熏蒸
8	油条	使用膨松剂（硫酸铝钾、硫酸铝铵）过量，造成铝的残留量超标准
9	肉制品和卤制熟食	使用护色剂（硝酸盐、亚硝酸盐），易出现超过使用量和成品中的残留量超过标准问题
10	小麦粉	违规使用二氧化钛、超量使用过氧化苯甲酰、硫酸铝钾

注：原表中检测方法略。

第二节　辅助料的品质检验与贮藏

一、辅助料的感官鉴定

（一）矿泉水的感官检验

烹饪用水一般只要符合饮用水的水质标准即可，需要鉴别的主要是矿泉水，因为常有不法商家为了赚钱，用浅井水或自来水假冒天然矿泉水。

天然矿泉水是一种矿产资源，是来自地下深处的自然涌出的或人工开采的未受污染的深层地下水，以含有一定量的矿物质或二氧化碳气体为特征。矿泉水口味比较纯净，为透明液体，较耐贮存。国家标准规定，在不改变饮用天然矿泉水的特征和主要成分的条件下，允许暴气、倾析、过滤以及去除或加入二氧化碳，但不得加入其他化学添加剂。

因此正宗的饮用天然矿泉水应是无色、清澈透明，不含杂质，无浑浊现象，并具有该矿泉水的特征口味，口感甘甜、清凉爽口，而普通水缺乏这种口感。在透明玻璃杯中倒入矿泉水，放进一根竹筷子，观察其折光程度，并与普通水进行比较，可见其折射率较大。矿泉水的表面张力大于普通水，将一枚普通硬币轻放于水面，硬币可浮于矿泉水液面上，而不能浮于普通饮用水液面上。矿泉水的热容量大于普通水，其吸热和放热都高于普通水，因此，冷却较慢，加热升温也比较慢。

另外，优质矿泉水：洁净，无色透明，无悬浮物或沉淀物，水体爽口而不黏稠，无异味，有的带有自身的特有口味，如轻微的咸味等；有的有相当大的张力，注入杯中即使漫出杯口也不外溢。劣质矿泉水：水体不洁净，有肉眼可见的悬浮物或沉淀物，杂质也偶尔可见；色泽稍暗，极少数色泽不正，稍显浑浊；有杂异气味，口味平淡而不爽适，甚至有的就是自来水。

（二）食用油脂品质的感官检验

一般是从气味、滋味、颜色、透明度、水分、沉淀物等诸方面进行观察鉴别。

1. 气味

每种油脂都具有特有的气味，可通过嗅觉来辨别是否正常。一般方法有下列几种：一是在盛装油脂的容器开口的瞬间用鼻子挨近容器口，闻其气味；二是取一两滴油样放在手掌或手背上，双手全拢快速摩擦至发热，闻其气味；三是用钢精勺取油样25克左右，加热到50℃上下闻其气味。油脂的气味可以说明原料状况、加工方法及油脂质量好坏。

2. 滋味

每种油脂都具有固有的独特滋味，通过滋味的鉴别可以知道油脂的种类、品质的好坏、酸败的程度、能否正常食用等。用嘴尝试油脂，不正常的变质油脂会带有酸、苦、辛辣等滋味，质量好的油脂则没有任何异味。方法是用玻璃棒取少许油样，点涂在已漱过口的舌头上，辨其滋味。

3. 色泽

每种油脂都有其固有的色泽。根据这一点可以鉴别油脂是否具有该种油脂的正常色泽。就油脂组成成分而言，纯净的油脂是无色透明、常温下略带黏性的液体。但因油料本身有各种色素，在加工过程中这些色素溶解在油脂中而使油脂具有颜色。油脂色泽的深浅，主要取决于油料脂溶性色素的含量、油料籽粒品质的好坏、加工方法、精炼程度及油脂储藏过程中的变化等。从感官上看，正常植物油色泽，除小磨香油允许微浊外，其他种类的油脂要求色泽清淡，清亮透明，无沉淀，无悬浮物。国家标准规定色泽越浅，质量越好。

4. 透明度

品质正常的油脂应该是完全透明的，如果油脂中含有碱脂、类脂、蜡质和含水量较大时，就会出现混浊，使透明度降低，一般用插油管将油吸出用肉眼即可判断透明度，分出清晰透明、微浊、混浊、极浊、有无悬浮物、悬浮物多少等。

5. 沉淀物

油脂在加工过程中混入的机械杂质（如泥砂、料坯粉末、纤维等）和碱脂、蛋白质、脂肪酸黏液、树脂、固醇等非油脂的物质，在一定条件下沉入油脂的下层，称为沉淀物。品质优良的油脂应没有沉淀物，一般用玻璃管插入底部把油脂吸出，即可看出有无沉淀物或沉淀物多少。

6. 水分和杂质

油脂是一种疏水性物质，一般情况下不易和水混合。但油脂中常含有少量的碱脂、固醇和其他杂质等能吸收水分，并可形成胶体物质悬浮于油脂中，所以油脂中仍有少量的水分，这部分水分一般是在制油过程中混入的，同时还混入某些杂质，油脂中的水分和杂质含量过多时，不仅降低其品质，还会加快油脂水解和酸败，影响油品贮存的稳定性。油脂中水分和杂质的鉴别是按照油脂的透明、混浊程度、悬浮物和沉淀物的多少，以及改变条件后出现的各种现象等，凭人的感觉器官来分析判断的。

（三）食用淀粉的品质检验

目前市场上食用淀粉大部分是小麦淀粉、马铃薯淀粉和玉米淀粉，其品质优劣可以通过感官进行初步鉴定。

1. 颜色与光泽

淀粉的色泽与其含杂量有关，光泽与淀粉的颗粒大小有关。品质优良的淀粉色泽洁白，有一定光泽；品质差的淀粉呈黄白或灰白色，并缺乏光泽。一般来说，淀粉的颗粒大时就显得洁白有光泽，而颗粒小时则相反。

2. 纯度与气味

淀粉的纯度越高，杂质越少，品质也越好。淀粉因含纤维素、砂粒等杂质造成斑点，所以斑点的多少，说明淀粉的纯净程度和品质的好坏。可溶于清水中并应很快沉淀，水色清澈；水浑浊或有其他悬浮物，则质量较差或有掺假。品质优良的淀粉应有原料固有的气味，而不应有酸味、霉味及其他不良气味。

3. 质地与干度

用手搓捻淀粉，手感应光滑、细腻，有吱吱响声；掺假的淀粉手感粗糙，响声小或无声。淀粉应该干燥，手攥不应成团，有较好的分散性。

目前，市场上发现的掺假淀粉，主要是掺入面粉、玉米面、荞麦面、红薯干细粉等面类食品，还有极个别的不法商贩在淀粉及淀粉制品中掺入白陶土、滑石粉、非食用色素等杂质。鉴别方法如下：

（1）看堆尖　用手将淀粉攒成堆，看堆的尖尖，纯淀粉堆的尖尖较低而坡缓；掺伪的淀粉尖高而坡陡。用手抓一把淀粉用力握，把手放开后，淀粉被捏成团的，水超标；捏不成团，呈现较松散状的是纯淀粉，含水量在标准以内。

（2）听声音　用手在淀粉的塑料袋外面捏搓，能听到轻微的不间断"咔咔"响声，说明是纯淀粉；没有声响的或声响极小的是掺有面粉、荞麦面或玉米面的淀粉。

（3）嘴咀嚼　取少许淀粉放在嘴里细细咀嚼，有异味或有牙碜感觉的是掺有沙土或白陶土的掺假淀粉。

（4）水检验　取少许淀粉，用冷水滴在上面，仔细观察。若水渗得缓慢，形成的湿粉块松软，其表面粘手指，并有黏的感觉，说明不是纯的淀粉；若水较快渗入淀粉里，形成坚硬的湿粉块，其表面不粘手指，有光滑的感觉，则证明是纯淀粉。

二、辅助料的贮存保管

（一）食用油脂的贮存保管

1. 食用油脂在贮存过程中的劣变

食用油脂如无合理的贮存措施或贮存时间过长，就可能出现劣变，严重的会导致整个油品变质，甚至还可能呈现毒性，从而大大降低油脂产品的食用及营养价值。食用油脂的劣变特性主要表现在以下几个方面。

（1）气味劣变　食用油脂及其制品在制作初期并无异味，但如贮存不当或贮存时间过长，则会产生各种不良的酸败臭味。这是食用油脂劣变的初期阶段新产生的气味，当油脂劣变到一定深度，便产生强烈的"酸败臭"。

（2）回色　油脂经过精炼，制品呈淡黄色或接近无色，但在贮存过程中又逐渐着色，像精炼前的原油颜色转变，产生着色的现象称为"回色"。一般食用油脂贮存后均会出现回色现象，相同条件下，不同的油品，其回色程度也不同，豆油因其色素组成较特殊，回色现象较少。回色现象最突出的是棉籽油。

2. 影响食用油脂安全贮存的因素

（1）空气 空气中的氧是油脂氧化的重要因子，所以应该对油脂进行密闭贮存，有条件时应充氮贮存，若无条件，贮存器具应尽量充满，减小油面上的空间，以减小油脂与氧接触的机会。油品溶氧量随温度的升高而上升，油脂中含氧量的安全值也因油品及等级的不同而不同，低档油品安全值较高；高档油品，如色拉油之类，只含微量的氧也会出现明显氧化变质，故安全值很低。

（2）光线 光对油品质量的影响仅次于氧气。光对油脂的氧化起诱发及加速作用。照射光线的光源可能来自照明灯光，也可能是太阳光。厨房及储存间的照明灯光一般较强，避光问题更应引起重视。

（3）温度 食用油脂的氧化因温度上升而明显加剧。一般而言，在20～60℃范围内，油温每升高10℃，油脂的氧化速度提高1倍，故油脂要求在较低温度下贮存。这在冬天较易办到，但在夏天问题就比较突出，食用油脂也就较易酸败劣变。

（4）水分 水分具有促进食用油脂水解的作用。在解脂酶的作用下，水解速度加快，因而水解酸败多数发生在人造奶油、米糠油等一类产品中，这些油脂或者水含量高，或者解脂酶含量高，如贮存不当，水分对其影响甚大。

（5）微量金属 微量金属在食用油脂中具有促氧化作用，加速油脂氧化变质。其中，危害最大的是铜和铁，极微量存在也能促进油脂氧化。因而，油脂应尽量避免与金属，特别是铜、铁器接触。

（6）抗氧化剂 抗氧化剂有天然抗氧化剂及合成抗氧化剂两类。植物油脂中含有多种天然抗氧化剂，具有不同程度的抗氧化作用或增效作用。其中，抗氧化效果最好、存在最普遍且具有较高营养价值的天然抗氧化剂是生育酚，其他还有芝麻油中的芝麻酚、胡椒中的栎精等。植物油脂因含有微量的生育酚及其他天然抗氧化剂，虽然不饱和脂肪酸多，却比较稳定；而动物油脂不含天然抗氧化剂，饱和脂肪酸虽多，却容易氧化。添加合成抗氧化剂对防止油脂氧化极为有效，但种类及用量必须符合规定，否则会污染油脂。

（7）贮存容器 食用油脂的贮存容器主要有金属、玻璃及塑料3种。其主要特点是：金属既不进氧，也不进光，但价格昂贵；玻璃具有化学惰性，卫生方面最安全，不进氧、水汽，但本身较重且易破碎损坏；塑料价廉，不易破碎，重量轻，加工方便，外形多样美观，但塑料既透光，也透氧、水汽，对其卫生要求也较高。从食用油脂的保护性而言，金属材料最好，玻璃次之，塑料最差。不论用何种容器盛放油脂，都要尽可能早点用完，不能久存。另外，油脂开瓶使用后，就不可能避免油脂与空气中氧接触，所以油脂开瓶要尽快用完。

（二）食用淀粉的保管

淀粉是一种极易变质的原料，在保存时必须注意以下事项。

1. 防潮湿

干淀粉吸湿性很强，保管时间过长或保管空气湿度过大极易吸收空气中水分而受潮变质，产生霉臭味。因此，在保存过程中必须保持干燥，防止潮湿。如果在高湿度情况下再遇到高温度，淀粉就有发生糊化的可能。所以一般室内温度应保持在15℃以下，相对湿度不超过70%为宜，并注意通风。

2. 防止异味

干淀粉也极易吸收异味，所以，保存时应防止与有异味的物品存放在一起。如果沾染上异味，可以进行晾晒，以减轻或消除异味。如果是湿淀粉，首先要尽量缩短存放时间，一时用不完应勤换水，加盖放置，避免污物入内。换水时应先将淀粉与水搅和，待淀粉沉淀后，再倒掉，换上清水。平时须放在阴凉的地方，避免在高温和闷热的环境中存放，防止湿淀粉受热发酵而变酸。一旦发酵变酸便不能使用，否则也能使菜肴有酸味产生。

3. 防止虫蚀鼠咬

淀粉和各种粮食一样，容易引起虫蚀或鼠咬。所以在保存中除保持库房清洁外，应做好防虫灭鼠工作。

同步练习

一、填空题

1. 一般烹饪中使用的淡水要求无毒且可食用，矿化度（即水中含矿物质的百分比）小于_____。

2.《中国居民膳食指南》（2007）建议，每天烹调油摄入量不宜超过_____，在温和气候条件下生活的轻体力活动的成年人每日最少饮水_____mL（约6杯）。

3. 从化学上讲，油脂是指甘油与脂肪酸所成的_____。

4. 大豆油富含两种必需脂肪酸_____和_____，这两种必需脂肪酸具有降低血脂、胆固醇及促进孕期胎儿大脑生长发育的作用。

5. 2008年3月，中国卫生部正式发布新修订的《食品添加剂使用卫生标准》，允许使用的食品添加剂有22类_____种。

二、单项选择题

1. 我国对饮用水的硬度规定为"不超过25度"，那么硬度为25度的水是（　　）。
    A. 软水　　　　B. 中度硬水　　　　C. 硬水　　　　D. 最硬水

2. 亚硝酸盐在肉制品中有发色、抑菌、赋香作用，其使用量不得超过每千克（　　）。
    A. 0.15g　　　　B. 0.15mg　　　　C. 0.5g　　　　D. 0.5mg

3. 鉴别天然矿泉水方法正确的是（　　）。
    A. 在透明玻璃杯中倒入矿泉水，放进一根竹筷子，观察其折光程度，可见其折射率较小

B. 将一枚普通硬币轻放于水面，可浮于矿泉水液面上，而不能浮于普通饮用
水液面上

C. 矿泉水的吸热和放热都低于普通水，因此冷却较快，加热升温也比较快

D. 采用加酒试验法，矿泉水中加入白酒会产生异味，普通水中加入白酒则不
会使水变味

4. 关于高硬度的水，说法错误的是（　　　　）。

A. 会使人的胃肠功能紊乱

B. 肉和豆类容易煮烂

C. 有苦涩味

D. 加热时会生成水垢，增加燃料的消耗

5. 经过长时间烧煮、多次沸腾的千滚水或蒸锅水不宜饮用，因为（　　　）会浓缩
而含量增高，不利健康。

A. 钙盐　　　　　　　　　　　　　B. 钠盐

C. 钾盐　　　　　　　　　　　　　D. 重金属和亚硝酸盐

三、多项选择题

1. 不宜作为烹饪用水的有（　　　　）。

A. 池塘水　　　　B. 浅井水　　　　C. 海水

D. 千滚水或蒸锅水　E. 纯净水

2. 国际上通常按食品添加剂来源不同，将其分为（　　　　）。

A. 天然提取物　　　　　　　　　B. 用发酵等方法制取的物质

C. 纯化学合成物　　　　　　　　D. 抗氧化剂

E. 生物添加剂

3. 通过发酵方法制取的添加剂有（　　　　）。

A. 柠檬酸　　　　B. 红曲米和红曲色素　　　　　　C. 甜菜红

D. 辣椒红素　　　E. 苯甲酸钠

4. 烹饪中特别注重天然成分的添加剂，下列属于天然成分添加剂的有（　　　　）。

A. 泡打粉　　　　B. 辣椒油　　　　C. 咖啡粉

D. 木瓜蛋白酶　　E. 明胶

5. 食用油脂品质的感官检验可从（　　　　）等诸方面进行观察鉴别。

A. 气味　　　　　B. 滋味　　　　　C. 颜色

D. 透明度　　　　E. 水分和沉淀物

四、简述题

1. 餐饮企业如何节约水资源？

2. 如何区别食盐和亚硝酸盐？

3. 食用油脂在烹饪中有哪些作用？怎样科学使用油脂？

4. 食用淀粉在烹饪中有哪些用途？

5. 近年来违禁使用添加剂引起的食品安全事件有哪些？

五、案例分析题

远离反式脂肪酸

2006年12月5日，美国纽约市颁布法律，禁止市内所有餐馆使用人工反式脂肪，并在2007年7月前消除所有餐馆（包括麦当劳、肯德基等快餐连锁店）里的反式脂肪。2007年1月，美国餐饮业巨头星巴克公司继麦当劳、肯德基之后宣布，其全美连锁咖啡店将逐步停用不利于健康的反式脂肪，直至彻底实现无反式脂肪。

我国对反式脂肪酸的研究起步较晚，目前尚无统一的卫生标准和限量标准。由于膳食模式不同，我国居民膳食中反式脂肪酸目前摄入量远低于欧美等国家，膳食中反式脂肪酸提供能量的比例未超过总能量2%的水平，尚不足以达到对机体产生危害的程度。但是也应尽可能少吃富含氢化油脂的食物。

请根据以上案例，分析以下问题：

1. 何为反式脂肪？常用的油脂或食品中哪些含反式脂肪？

2. 查阅资料，说明反式脂肪对人体的危害。

实训项目

项目一：食用淀粉质量的识别

实训目的

1. 识别常见淀粉质量的优劣。

2. 了解淀粉的共同特征。

原料准备

马铃薯粉、红薯粉、马蹄粉、菱角粉等。

实训内容

看：优质淀粉，洁白而有光泽，无杂质；质次淀粉，呈黄色或灰白色，有杂质。

闻：除原料的气味外，不应有其他异味。

捻：这是检验淀粉干湿度的方法。用手指捻一小撮淀粉，如容易松散，且指感润滑，说明淀粉是干燥的；如容易结块，有黏腻感，说明湿度大。

实训要求

1. 记录所观察淀粉的主要特征。

2. 详细描述菱角淀粉、马铃薯淀粉、绿豆淀粉、豌豆淀粉、甘薯淀粉、小麦淀粉、红薯淀粉的特征，并比较它们的异同点。

项目二：烹饪用添加剂的种类识别

实训目的

了解烹饪常用添加剂的种类、品质特征和烹饪应用，识别烹饪常用添加剂的品种。

实训内容

对照教材和参考资料，识别下列烹饪用添加剂：硝酸钠、亚硝酸钠、碳酸氢钠、碳酸氢铵、碳酸钠、商品酵母、发酵粉、泡打粉、木瓜蛋白酶、菠萝蛋白酶。

实训要求

记录、描述所观察烹饪用添加剂的主要特征，并比较它们的异同点。

建议浏览网站及阅读书刊

[1] http://www1.h2o-china.com/（中国水网）

[2] http://www.chinaoils.cn/（中国油脂网）

[3] http://www.starchweb.com/（中国淀粉网）

[4] http://www.food-fac.com/（中国食品添加剂网）

[5] 王显伦，任顺成. 面食品改良剂及应用技术. 北京：中国轻工业出版社，2006.

[6]（美）F·巴特曼. 水是最好的药. 长春：吉林文史出版社，2006.

[7]（美）F·巴特曼. 水这样喝可以治病. 长春：吉林文史出版社，2007.

[8]（美）F·巴特曼. 水是最好的药Ⅲ. 长春：吉林文史出版社，2008.

参考文献

[1] 陈启兵. 水在烹饪中的作用. 扬州大学烹饪学报，2006（1）：33-34.

[2] 李复兴等. 生命之源——水与营养. 北京：北京师范大学出版社，2007.

[3] 倪培德. 油脂加工技术（第二版）. 北京：化学工业出版社，2007.

[4] 魏丽芳等. 食用油脂中反式脂肪酸研究进展. 食品工业科技，2008（2）：294-298.

[5] 谢碧霞，陈训. 中国木本淀粉植物. 北京：科学出版社，2008.

[6] 于春光，程美枫. 食品添加剂的分类及其使用. 职业与健康，2007（4）：303-304.

[7]（加拿大）史密斯. 食品添加剂实用手册. 北京：中国农业出版社，2004.

[8]（日本）安部司. 食品真相大揭秘. 天津：天津教育出版社，2008.

附录一

部分烹饪原料的国家标准名单

资料来源：中国国家标准化管理委员会（http://www.sac.gov.cn）

GB 1351—2008	小麦
GB/T 22499—2008	富硒稻谷
GB/T 22438—2008	地理标志产品 原阳大米
GB/T 19266—2008	地理标志产品 五常大米
GB/T 18824—2008	地理标志产品 盘锦大米
GB/T 21122—2007	营养强化小麦粉
GB/T 11760—2008	裸大麦
GB/T 22503—2008	高油玉米
GB/T 22326—2008	糯玉米
GB/T 22496—2008	玉米糁
GB/T 10463—2008	玉米粉
GB/T 11766—2008	小米
GB/T 19503—2008	地理标志产品 沁州黄小米
GB/T 8231—2007	高粱
GB/T 13359—2008	莜麦
GB/T 13360—2008	莜麦粉
GB/T 10458—2008	荞麦
GB/T 13357—2008	稷
GB/T 13358—2008	稷米
GB/T 13355—2008	黍
GB/T 13356—2008	黍米
GB/T 8232—2008	粟
GB/T 10459—2008	蚕豆
GB/T 10460—2008	豌豆
GB/T 10461—2008	小豆
GB/T 10462—2008	绿豆
GB/T 1532—2008	花生
GB/T 19693—2008	地理标志产品 新昌花生（小京生）
GB/T 20442—2006	地理标志产品 宝清红小豆
GB/T 19048—2008	地理标志产品 龙口粉丝
GB/T 19852—2008	地理标志产品 卢龙粉丝

粮食及制品

GB/T 21002—2007	地理标志产品 中牟大白蒜
GB/T 22212—2008	地理标志产品 金乡大蒜
GB/T 23188—2008	松茸
GB/T 23189—2008	平菇
GB/T 23190—2008	双孢蘑菇
GB/T 14151—2006	蘑菇罐头
GB/T 23191—2008	牛肝菌 美味牛肝菌
GB/T 22746—2008	地理标志产品 泌阳花菇
GB/T 19087—2008	地理标志产品 庆元香菇
GB/T 19742—2008	地理标志产品 宁夏枸杞
GB/T 6192—2008	黑木耳
GB 21046—2007	条斑紫菜
GB 20554—2006	海带
GB/T 13517—2008	青豌豆罐头
GB/T 22369—2008	甜玉米罐头
GB/T 13208—2008	芦笋罐头

蔬菜及制品

GB/T 10650—2008	鲜梨
GB/T 10651—2008	鲜苹果
GB/T 12947—2008	鲜柑橘
GB/T 21488—2008	脐橙
GB/T 22740—2008	地理标志产品 灵宝苹果
GB/T 22444—2008	地理标志产品 昌平苹果
GB/T 18965—2008	地理标志产品 烟台苹果
GB/T 22738—2008	地理标志产品 尤溪金柑
GB/T 20559—2006	地理标志产品 永春芦柑
GB/T 22442—2008	地理标志产品 瓯柑
GB/T 22439—2008	地理标志产品 寻乌蜜桔
GB/T 19697—2008	地理标志产品 黄岩蜜桔
GB/T 19051—2008	地理标志产品 南丰蜜桔
GB/T 20355—2006	地理标志产品 赣南脐橙
GB/T 22440—2008	地理标志产品 琼中绿橙
GB/T 19332—2008	地理标志产品 常山胡柚
GB/T 22741—2008	地理标志产品 灵宝大枣

果 品

GB/T 18846—2008	地理标志产品 沾化冬枣
GB/T 18740—2008	地理标志产品 黄骅冬枣
GB/T 19690—2008	地理标志产品 余姚杨梅
GB/T 22441—2008	地理标志产品 丁岙杨梅
GB/T 19585—2008	地理标志产品 吐鲁番葡萄
GB/T 19586—2008	地理标志产品 吐鲁番葡萄干
GB/T 22445—2008	地理标志产品 房山磨盘柿
GB/T 22446—2008	地理标志产品 大兴西瓜
GB/T 19505—2008	地理标志产品 露水河红松籽仁
GB/T 21142—2007	地理标志产品 泰兴白果
GB/T 20356—2006	地理标志产品 广昌白莲
GB/T 22739—2008	地理标志产品 建莲

畜禽类
及制品

GB/T 8472—2008	北京黑猪
GB/T 8473—2008	上海白猪
GB/T 8476—2008	湖北白猪
GB/T 8477—2008	浙江中白猪
GB/T 2417—2008	金华猪
GB/T 2773—2008	宁乡猪
GB 8130—2006	太湖猪
GB/T 7223—2008	荣昌猪
GB/T 2415—2008	南阳牛
GB/T 3157—2008	中国荷斯坦牛
GB/T 22909—2008	小尾寒羊
GB/T 22912—2008	马头山羊
GB 4631—2006	湖羊
GB/T 2033—2008	滩羊
GB/T 2416—2008	东北细毛羊
GB/T 3822—2008	乌珠穆沁羊
GB/T 3823—2008	中卫山羊
GB 6940—2008	关中驴
GB/T 19694—2008	地理标志产品 平遥牛肉
GB/T 19088—2008	地理标志产品 金华火腿
GB/T 18357—2008	地理标志产品 宣威火腿

GB/T 20711—2006	熏煮火腿
GB/T 20712—2006	火腿肠
GB/T 5410—2008	乳粉
GB/T 5415—2008	奶油
GB/T 5417—2008	炼乳
GB/T 21375—2008	干酪（奶酪）
GB/T 13214—2006	咸牛肉、咸羊肉罐头
GB/T 13213—2006	猪肉糜类罐头
GB/T 9961—2008	鲜、冻胴体羊肉
GB/T 9960—2008	鲜、冻四分体牛肉
GB/T 17238—2008	鲜、冻分割牛肉
GB/T 17239—2008	鲜、冻兔肉
GB/T 9959.2—2008	分割鲜、冻猪瘦肉
GB/T 13515—2008	火腿罐头
GB/T 21677—2008	豁眼鹅
GB/T 21004—2007	地理标志产品 泰和乌鸡
GB/T 19050—2008	地理标志产品 高邮咸鸭蛋
GB/T 20558—2006	地理标志产品 符离集烧鸡

水产原料		
	GB 21045—2007	大口黑鲈
	GB 21047—2007	眼斑拟石首鱼
	GB 16873—2006	散鳞镜鲤
	GB 16874—2006	方正银鲫
	GB 16875—2006	兴国红鲤
	GB/T 21444—2008	青海湖裸鲤
	GB/T 21325—2007	建鲤
	GB/T 22911—2008	黄鳝
	GB/T 21441—2008	牙鲆
	GB/T 22913—2008	石鲽
	GB/T 18108—2008	鲜海水鱼
	GB/T 5055—2008	青鱼、草鱼、鲢、鳙 亲鱼
	GB/T 19853—2008	地理标志产品 抚远鲟鱼子、鳇鱼子、大麻（马）哈鱼子
	GB/T 22655—2008	地理标志产品 南通长江河豚（养殖）

GB/T 22180—2008　冻裹面包屑鱼
GB/T 21290—2007　冻罗非鱼片
GB/T 21289—2007　冻烤鳗
GB/T 15101.1—2008　中国对虾 亲虾
GB 20555—2006　日本沼虾
GB 20556—2006　三疣梭子蟹
GB/T 21442—2008　栉孔扇贝
GB/T 21443—2008　海湾扇贝
GB/T 20710—2006　地理标志产品 大连鲍鱼
GB/T 20709—2006　地理标志产品 大连海参
GB 20552—2006　太平洋牡蛎
GB 20553—2006　三角帆蚌
GB/T 21672—2008　冻裹面包屑虾
GB/T 19507—2008　地理标志产品 吉林长白山中国林蛙油
GB 21044—2007　中华鳖

GB/T 22300—2008　丁香
GB/T 22301—2008　干迷迭香
GB/T 22302—2008　干牛至
GB/T 22303—2008　芹菜籽
GB/T 22304—2008　干甜罗勒
GB/T 22305.1—2008　小豆蔻 第1部分：整果荚
GB/T 22305.2—2008　小豆蔻 第2部分：种子
GB/T 22306—2008　胡荽
GB/T 22266—2008　咖喱粉
GB/T 22324.1—2008　藏红花 第1部分：规格
GB/T 22267—2008　整孜然
GB/T 7900—2008　白胡椒
GB/T 7901—2008　黑胡椒
GB/T 7652—2006　八角
GB/T 13662—2008　黄酒
GB/T 11761—2006　芝麻
GB 8233—2008　芝麻油
GB/T 8937—2006　食用猪油

调辅料

GB/T 21123—2007　营养强化 维生素A食用油

GB/T 8883—2008　食用小麦淀粉

GB/T 8885—2008　食用玉米淀粉

GB/T 8884—2007　马铃薯淀粉

GB/T 20886—2007　食品加工用酵母

GB/T 20706—2006　可可粉

GB/T 20707—2006　可可脂

GB 8537—2008　饮用天然矿泉水

GB 5749—2006　生活饮用水卫生标准

GB/T 20883—2007　麦芽糖

GB 10621—2006　食品添加剂 液体二氧化碳

GB 10783—2008　食品添加剂 辣椒红

GB 4578—2008　食品添加剂 糖精钠

GB 4926—2008　食品添加剂 红曲米（粉）

GB 1903—2008　食品添加剂 冰乙酸（冰醋酸）

GB 17511.1—2008　食品添加剂 诱惑红

GB 3862—2006　食品添加剂 天然薄荷脑

GB 1886—2008　食品添加剂 碳酸钠

GB 1888—2008　食品添加剂 碳酸氢铵

GB 1893—2008　食品添加剂 焦亚硫酸钠

GB 1887—2007　食品添加剂 碳酸氢钠

药膳原料

GB 9697—2008　蜂王浆

GB/T 19776—2008　地理标志产品 昭通天麻

GB/T 21823—2008　地理标志产品 都江堰川芎

GB/T 18765—2008　野山参鉴定及分等质量

GB/T 22742—2008　地理标志产品 灵宝杜仲

GB/T 22743—2008　地理标志产品 卢氏连翘

GB/T 19742—2008　地理标志产品 宁夏枸杞

GB/T 20350—2006　地理标志产品 怀地黄

GB/T 20351—2006　地理标志产品 怀山药

GB/T 20352—2006　地理标志产品 怀牛膝

GB/T 20353—2006　地理标志产品 怀菊花

GB/T 19086—2008　地理标志产品 文山三七

国家级畜禽遗传资源保护名录

（中华人民共和国农业部公告第2061号）

根据《畜牧法》第十二条的规定，结合第二次全国畜禽遗传资源调查结果，我部对《国家级畜禽遗传资源保护名录》（中华人民共和国农业部公告第662号）进行了修订，确定八眉猪等159个畜禽品种为国家级畜禽遗传资源保护品种。

特此公告。

农业部

2014年2月14日

附件：国家级畜禽遗传资源保护名录

一、猪

八眉猪、大花白猪、马身猪、淮猪、莱芜猪、内江猪、乌金猪（大河猪）、五指山猪、二花脸猪、梅山猪、民猪、两广小花猪（陆川猪）、里岔黑猪、金华猪、荣昌猪、香猪、华中两头乌猪（沙子岭猪、通城猪、监利猪）、清平猪、滇南小耳猪、槐猪、蓝塘猪、藏猪、浦东白猪、撒坝猪、湘西黑猪、大蒲莲猪、巴马香猪、玉江猪（玉山黑猪）、姜曲海猪、粤东黑猪、汉江黑猪、安庆六白猪、莆田黑猪、嵊县花猪、宁乡猪、米猪、皖南黑猪、沙乌头猪、乐平猪、海南猪（屯昌猪）、嘉兴黑猪、大围子猪

二、鸡

大骨鸡、白耳黄鸡、仙居鸡、北京油鸡、丝羽乌骨鸡、茶花鸡、狼山鸡、清远麻鸡、藏鸡、矮脚鸡、浦东鸡、溧阳鸡、文昌鸡、惠阳胡须鸡、河田鸡、边鸡、金阳丝毛鸡、静原鸡、瓢鸡、林甸鸡、怀乡鸡、鹿苑鸡、龙胜凤鸡、汶上芦花鸡、闽清毛脚鸡、长顺绿壳蛋鸡、拜城油鸡、双莲鸡

三、鸭

北京鸭、攸县麻鸭、连城白鸭、建昌鸭、金定鸭、绍兴鸭、莆田黑鸭、高邮鸭、缙云麻鸭、吉安红毛鸭

四、鹅

四川白鹅、伊犁鹅、狮头鹅、皖西白鹅、豁眼鹅、太湖鹅、兴国灰鹅、乌鬃鹅、浙东白鹅、钢鹅、溆浦鹅

五、牛马驼

九龙牦牛、天祝白牦牛、青海高原牦牛、甘南牦牛、独龙牛（大额牛）、海子水牛、温州水牛、槟榔江水牛、延边牛、复州牛、南阳牛、秦川牛、晋南牛、渤海黑牛、鲁西牛、温岭高峰牛、蒙古牛、雷琼牛、郏县红牛、巫陵牛（湘西牛）、帕里牦牛、德保矮马、蒙古马、鄂伦春马、晋江马、宁强马、岔口驿马、焉耆马、关中驴、德州驴、广灵驴、泌阳驴、新疆驴、阿拉善双峰驼

六、羊

辽宁绒山羊、内蒙古绒山羊（阿尔巴斯型、阿拉善型、二狼山型）、小尾寒羊、中卫山羊、长江三角洲白山羊（笔料毛型）、乌珠穆沁羊、同羊、西藏羊（草地型）、西藏山羊、济宁青山羊、贵德黑裘皮羊、湖羊、滩羊、雷州山羊、和田羊、大尾寒羊、多浪羊、兰州大尾羊、汉中绵羊、岷县黑裘皮羊、苏尼特羊、成都麻羊、龙陵黄山羊、太行山羊、莱芜黑山羊、牙山黑绒山羊、大足黑山羊

七、其他品种

敖鲁古雅驯鹿、吉林梅花鹿、中蜂、东北黑蜂、新疆黑蜂、福建黄兔、四川白兔

附录三

既是食品又是药品的物品名单

2002年3月，卫生部在《关于进一步规范保健食品原料管理的通知》（卫法监发〔2002〕51号）中，开列了《既是食品又是药品的物品名单》（附件1）、《可用于保健食品的物品名单》（附件2）和《保健食品禁用物品名单》（附件3），对药食同源物品、可用于保健食品的物品和保健食品禁用物品做出具体规定。三类物品名单如下：

一、既是食品又是药品的物品名单（87种）

（按笔划顺序排列）

丁香、八角茴香、刀豆、小茴香、小蓟、山药、山楂、马齿苋、乌梢蛇、乌梅、木瓜、火麻仁、代代花、玉竹、甘草、白芷、白果、白扁豆、白扁豆花、龙眼肉（桂圆）、决明子、百合、肉豆蔻、肉桂、余甘子、佛手、杏仁（甜、苦）、沙棘、牡蛎、芡实、花椒、赤小豆、阿胶、鸡内金、麦芽、昆布、枣（大枣、酸枣、黑枣）、罗汉果、郁李仁、金银花、青果、鱼腥草、姜（生姜、干姜）、枳椇子、枸杞子、栀子、砂仁、胖大海、茯苓、香橼、香（艹下加薷）、桃仁、桑叶、桑葚、桔红、桔梗、益智仁、荷叶、莱（艹下加服）子、莲子、高良姜、淡竹叶、淡豆豉、菊花、菊苣、黄芥子、黄精、紫苏、紫苏籽、葛根、黑芝麻、黑胡椒、槐米、槐花、蒲公英、蜂蜜、榧子、酸枣仁、鲜白茅根、鲜芦根、蝮蛇、橘皮、薄荷、薏苡仁、薤白、覆盆子、藿香。

二、可用于保健食品的物品名单（114种）

（按笔划顺序排列）

人参、人参叶、人参果、三七、土茯苓、大蓟、女贞子、山茱萸、川牛膝、川贝母、川芎、马鹿胎、马鹿茸、马鹿骨、丹参、五加皮、五味子、升麻、天门冬、天麻、太子参、巴戟天、木香、木贼、牛蒡子、牛蒡根、车前子、车前草、北沙参、平贝母、玄参、生地黄、生何首乌、白及、白术、白芍、白豆蔻、石决明、石斛（需提供可使用证明）、地骨皮、当归、竹茹、红花、红景天、西洋参、吴茱萸、怀牛膝、杜仲、杜仲叶、沙苑子、牡丹皮、芦荟、苍术、补骨脂、诃子、赤芍、远志、麦门冬、龟甲、佩兰、侧柏叶、制大黄、制何首乌、刺五加、刺玫果、泽兰、泽泻、玫瑰花、玫瑰茄、知母、罗布麻、苦丁茶、金荞麦、金樱子、青皮、厚朴、厚朴花、姜黄、枳壳、枳实、柏子仁、珍珠、绞股蓝、胡芦巴、茜草、荜茇、韭菜子、首乌藤、香附、骨碎补、党参、桑白皮、桑枝、浙贝母、益母草、积雪草、淫羊藿、菟丝子、野菊花、银杏叶、黄芪、湖北贝母、番泻叶、蛤蚧、越橘、槐实、蒲黄、蒺藜、蜂胶、酸角、墨旱莲、熟大黄、熟地黄、鳖甲。

三、保健食品禁用物品名单

（按笔划顺序排列）

八角莲、八里麻、千金子、土青木香、山莨菪、川乌、广防己、马桑叶、马钱子、六角莲、天仙子、巴豆、水银、长春花、甘遂、生天南星、生半夏、生白附子、生狼毒、白降丹、石蒜、关木通、农吉痢、夹竹桃、朱砂、米壳（罂粟壳）、红升丹、红豆杉、红茴香、红粉、羊角拗、羊踯躅、丽江山慈姑、京大戟、昆明山海棠、河豚、闹羊花、青娘虫、鱼藤、洋地黄、洋金花、牵牛子、砒石（白砒、红砒、砒霜）、草乌、香加皮（杠柳皮）、骆驼蓬、鬼臼、莽草、铁棒槌、铃兰、雪上一枝蒿、黄花夹竹桃、斑蝥、硫磺、雄黄、雷公藤、颠茄、藜芦、蟾酥。

同步练习部分参考答案

第一章　烹饪原料概述答案

一、填空题

1. 主食、菜肴、面点、小吃。2. 小麦、水稻、玉米、大麦、马铃薯、甘薯和木薯；猪、牛、羊、鸡、鸭。3. 必须遵循法律法规；必须杜绝假冒伪劣。4. 良种选育。

二、单项选择题

1. B　2. C　3. D　4. D　5. C

三、多项选择题

1. ADE；　2. ABCD；　3. AD；　4. AE；　5. ABCDE

第二章　粮食原料答案

一、填空题

1. 谷类、豆类和薯类；马铃薯、甘薯、木薯。2. 22%。3. 粮食；制取淀粉；蔬菜。4. 赖氨酸；色氨酸；蛋氨酸。5. 籼米；粳米；糯米。

二、单项选择题

1. D　2. A　3. C　4. C　5. C

三、多项选择题

1. ACD　2. ACE　3. ADE　4. ABCDE　5. ABD

第三章　蔬菜原料答案

一、填空题

1. 300～500。2. 高级脂肪酸和酯。3. 马铃薯（土豆）。4. 润肠、清肺。5. 黄花菜香菇、木耳、冬笋；松茸、灵芝、冬虫夏草、羊肚菌；冬虫夏草。

二、单项选择题

1. B　2. A　3. D　4. B　5. B

三、多项选择题

1. ABC　2. ABCD　3. ABCDE　4. ABCDE　5. ABCDE

五、案例分析题

1. 属于十字花科的有：卷心菜、花椰菜、荠菜、雪里蕻、大白菜

第四章　果品原料答案

一、填空题

1. 200～400。2. 70。3. 维生素及矿物质。4. 胆固醇。5. 苹果、葡萄、柑橘、香

蕉；核桃、榛子仁、腰果、甜杏仁；菠萝、荔枝、香蕉、木瓜。

二、单项选择题

1．C　2．A　3．A　4．A　5．C　6．C

三、多项选择题

1．ABCDE　2．ABCE　3．ABCDE　4．BCD　5．ABCDE

第五章　畜类原料答案

一、填空题

1．1/3；64%。2．脂肪型（脂用型）、腌肉型（瘦肉型）、鲜肉型（兼用型）；乳用、肉用、役用。3．猪肉；牛肉；马肉；羊肉；兔肉。4．单位面积上肌纤维数量增多。5．色氨酸、酪氨酸和蛋氨酸。

二、单项选择题

1．A　2．D　3．C　4．B　5．A

三、多项选择题

1．ABCDE　2．ABCE　3．ABCDE　4．ABCDE

第六章　禽类原料答案

一、填空题

1．白鹜。2．10万。3．90%。4．南安板鸭、遂川板鸭、建瓯板鸭、建昌板鸭。5．中国、美国、日本、俄罗斯、印度。

二、单项选择题

1．C　2．C　3．B　4．C　5．A

三、多项选择题

1．ABCD　2．ABCDE　3．ABC　4．ABCDE　5．BCE

第七章　鱼类原料答案

一、填空题

1．鲱形、鳕形。2．15%～22%。3．暗纹东方鲀。4．组胺。5．肌红蛋白、血红蛋白。

二、单项选择题

1．A　2．A　3．D　4．B　5．A

三、多项选择题

1．BE　2．AE　3．AD　4．ABCD　5．ABCD

第八章　其他水产答案

一、填空题

1. 鹰爪虾；沼虾（河虾）；毛虾。2. "青背""白肚""黄毛金爪"。3. 降血压、滋阴养血、健身壮体、提高人体免疫力。4. 皱纹盘鲍。5.甲肝病毒；广州管原线幼虫；诺瓦克病毒。

二、单项选择题

1. A　2. A　3. A　4. D　5. B　6. C

三、多项选择题

1. ADE　2. ABCDE　3. ABCD　4. ABCD　5. ACDE

第九章　调味料答案

一、填空题

1. 酸水解植物蛋白调味液；冰乙酸。2. 乙二胺四乙酸铁钠。3. 海带。4. 浓香型、辛辣型。5. 准入制度。

二、单项选择题

1. A　2. D　3. B　4. A　5. D

三、多项选择题

1. ABCDE　2. ABCDE　3. ABCDE　4. BCD　5. ACDE

第十章　辅助料答案

一、填空题

1. 1g/L。2. 25g或30g；1200。3. 甘油三酯。4. 亚油酸、α-亚麻酸。5. 1812。

二、单项选择题

1. C　2. A　3. B　4. B　5. D

三、多项选择题

1. ABCD　2. ABC　3. AB　4. BCDE　5. ABCDE